Flutter实战

杜文 编著

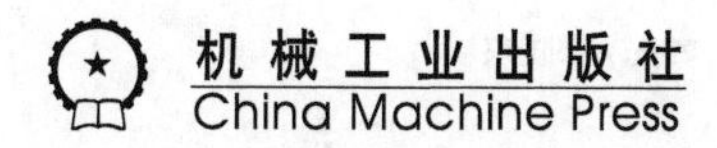
机械工业出版社
China Machine Press

图书在版编目（CIP）数据

Flutter 实战 / 杜文编著 . 一北京：机械工业出版社，2020.1（2021.6 重印）
（移动应用开发技术丛书）

ISBN 978-7-111-64452-1

I. F… II. 杜… III. 移动终端 – 应用程序 – 程序设计 IV. TN929.53

中国版本图书馆 CIP 数据核字（2020）第 004796 号

Flutter 实战

出版发行：机械工业出版社（北京市西城区百万庄大街 22 号 邮政编码：100037）
责任编辑：佘 洁 责任校对：殷 虹
印 刷：北京建宏印刷有限公司 版 次：2021 年 6 月第 1 版第 5 次印刷
开 本：186mm×240mm 1/16 印 张：29
书 号：ISBN 978-7-111-64452-1 定 价：99.00 元

客服电话：（010）88361066 88379833 68326294 投稿热线：（010）88379604
华章网站：www.hzbook.com 读者信箱：hzit@hzbook.com

缘起

在全球范围内，随着越来越多的知名公司将 Flutter 应用在自己的商业 APP 中，Flutter 这门新技术逐渐进入了移动开发者的视野，尤其是当 Google 在 2018 年 IO 大会上发布了第一个 Preview 版本后，国内兴起了一股学习 Flutter 的热潮。

在 Flutter 发布之初，我在看完 Flutter 的原理介绍之后，就对它产生了浓厚的兴趣。当时，身边也有一些人比较关注 Flutter，我也经常被问到关于 Flutter 的一些问题，比如 Flutter 怎么样，其与 RN 有什么区别，Flutter 为什么要用 Dart？当时还听到了一些批评的声音，比如有人认为 Flutter 只是重复造轮子，没有独特亮点，Flutter 最大的缺点就是使用了 Dart 语言等。在听到这些问题及论调时，我深知这是由于评论者对 Flutter 不了解造成的，这与当时国内缺乏 Flutter 中文文档和教程有直接关系，很多人对 Flutter 的了解只停留在 Google 的发布会介绍（配有中文翻译）上。

在深入了解 Flutter 之后，我深知 Flutter 必将成为一个能够改变移动开发格局的里程碑级的作品，它从设计之初就兼顾性能和开发效率，并且借鉴了 React（一个 Web 开发框架）的响应式 UI 框架设计思想等，总之，很难用一两句话说完 Flutter 的优点，同时我也很快成为 Flutter 的追随者。

为了更好地帮助国内开发者了解这门新技术，我于 2018 年年初开始翻译 Flutter 官网文档，同年 4 月上线了 Flutter 中文网，上线后反响很热烈，Flutter 中文网也很快传播开来，百度搜索排名迅速提升到前三，截至目前，Flutter 中文官网日浏览量在 7 万左右，每日独立访问人数近一万。

虽然 Flutter 中文网为国内开发者提供了很好的了解 Flutter 的资料，但是我经常会遇到一些对 Flutter 技术处于围观状态而不愿动手尝试的开发者。这主要是因为当时 Flutter 在国内没有成功案例，再加上新技术都有学习成本，所以即使有文档，也会有一些开发者犹豫是否投入学习。为了打消这部分开发者的疑虑，我想如果能用 Flutter 开发一个完整的 APP 发布到应用商店，这样开发者就可以在犹豫之际预先实际感受一下 Flutter 应用，有一个直观的了解之后，再做出判断就容易多了，为此，我开发了 Gitme，它是一个 GitHub 客户端，它支持源码浏览、Issue、Label 等 GitHub 的大多数功能，到目前为止，通过 Gitme 登录 GitHub 账号的用户有 8000 多人，日活用户有 1000 人。更重要的是，有很多人正是用了 Gitme 之后，才来学习 Flutter 的。

无论是做 Flutter 中文网，还是开发 Gitme，我的主要目标都是帮助开发者学习 Flutter，同时消除围观者的疑虑。但是当开发者们真正开始动手时，Flutter 的生态问题就会变得尤为突出。由于在 2018 年年初 Flutter 才刚起步，很多基础的包和库都是空白，少数一些已有的库也大都是预览版（未到 1.0），存在很多 Bug。这个状况不是一两个人花一两天时间就能解决的，这需要聚集整个 Flutter 开发者社群之力，耗费数年时间才可能会有所改善。因此，在 2018 年 4 月份，我以 Flutter 中文网的名义发起了 Flutter 开源计划，该计划主要是开发一些常用的包来丰富 Flutter 生态，帮助开发者提高开发效率。自从在 GitHub 建立 Flutter 中文开发者社区官方账号以来，该社区前后开源了 dio、cookieJar、flukit 等多个项目，而 dio 在开源两周之后，迅速成为 Flutter 第三方包中星级排名第一的开源库。

虽然已经做了很多事情，但是仍有一些很有必要完成的事情，由于时间原因，一直被搁置。

随着越来越多的人学习 Flutter，一部分开发者通过查看官网的文档就能入门，但也有很多开发者感觉学习时仍然有些吃力，主要原因有两个：首先官网的文档主要是为了引导开发者快速上手而写的，讲解并不是很详细；其次是我们虽然翻译了官方文档，但是对于 Flutter SDK 文档并没有翻译，而在开发中遇到的一些具体问题通常需要查看 SDK 文档才能解决。所以，要解决这两个问题，必须有一个系统化的 Flutter 教程，它不仅要可以快速引导开发者入门，而且要能触及一些细节和原理，最好还能提供一些学习和研究 Flutter 的方法。因此，如果有一本书能系统地介绍 Flutter 的相关知识，那将是非常棒的！但是，当时市面上还没有关于 Flutter 的中文书籍，因此，我便计划写一本能由浅入深、系统地介绍 Flutter 的书。2018 年 12 月，本书初稿完成，并在 GitHub 上开源，同时上线了电子书官网（https://book.flutterchina.club/），至今每天有 3000 多人在线浏览。那么为什么不出版呢？如果直接出版，不仅有稿费，而且能保护知识产权。但是，无论是做中文网、开发 Gitme，还是做 Flutter 开源项目，我的出发点都是为了帮助国内开发者了解、学习 Flutter，这是一件非常有意义的事情。另外，由于成书比较仓促，当时书中存在很多错误，开源之后，有很多读者提建议来纠正书中的错误，时至今日，有 78 名开发者为本书提过建议，在此，我衷心地感谢你们。

起初，我并没有出版纸质书的打算，当时我认为开发者直接在线访问本书官网既方便又不用付费，何乐而不为。但在本书上线之后，很多读者添加笔者微信好友，表示非常有收获，很期待出版纸质图书，甚至还有热心的读者想预订！我理解，这是大家对我所做之事的认可和鼓励。考虑到确实有一部分读者，尤其是还没有毕业的学生，可能更喜欢通过纸质书来学习，为此，我决定与机械工业出版社合作，出版本书的纸质版，以满足部分读者的需求。

本书结构

本书采用由浅入深的方式介绍 Flutter 的技术原理，共分为三篇，15 章，各篇的主要内容具体如下。

- 第一篇，入门篇（第 1 ～ 7 章），包括 Flutter 技术的出现背景和简介、Flutter 各种类型的 Widget 以及如何构建 UI。通过学习本篇内容，读者可以掌握如何使用 Flutter 来构建 UI。
- 第二篇，进阶篇（第 8 ～ 14 章），包括 Flutter 中的事件机制、动画、自定义组件、文件、插件、国际化以及 Flutter 的核心原理等。通过学习本篇内容，读者可以对 Flutter 整体构建及原理有一个深入的认识。
- 第三篇，实例篇（第 15 章），主要通过一个简化版的 GitHub APP 将前面介绍的各章内容结合起来，让开发者对完整的 Flutter APP 开发流程有一个总体了解。

由于 Flutter 的很多知识点都是相互交织的，很难将它们彻底划分开，所以本书中难免会出现一些在前面章节使用后面章节所介绍的知识点的情况，比如，我们在入门篇介绍进度指示器时会用到在进阶篇中才介绍的动画的相关知识。对于这种情况，书中会在相应的章节进行说明。读者既可以直接跳到后面了解相应知识点后再返回之前的章节，也可以先留一个印象，待逐步学习完后面相关章节之后再回顾一下前面的内容。

本书特色

我在大学期间读过侯捷（真名侯俊杰）老师所著的 C++ 相关的一些书籍，在侯老师的《深入浅出 MFC》一书中，有一句话令我印象非常深刻："唯有深入，方能浅出。"我非常认同这句话，对于一门技术而言，只有对其了解得足够深入，才能用最浅显、通俗的话语将其描述出来。做到深入浅出就是本书的一个主要目标。所以，本书不仅是想告诉读者如何使用 Flutter，而且也非常关注各个知识点的底层实现及其设计思想。从本书章节的划分上来看，入门篇为“浅出”，进阶篇则是“深入”。另外，由于PC客户端开发、移动开发、Web开发这些经验我都有，而Flutter本质上是一个UI系统，而UI系统的设计和实现在“大前端”下有很多相通之处，所以对于本书中的一些知识点，我也会对比着其他UI系统（主要是Android或Web）中相应的实现进行讲解，以便于有相关开发经验的读者理解。

读者对象

- 至少熟悉一种编程语言的读者。
- 接触过PC客户端、移动开发或Web前端开发的读者。

关于随书源码

由于篇幅所限，本书中的大多数示例代码都只展示部分核心代码，读者可以通过https://github.com/wendux/flutter_in_action_source_code查看完整源码。

勘误

由于Flutter SDK仍在不断更新，本书中的部分内容（如类的继承关系、参数等）可能会与新版本的Flutter不一致，读者应以最新的Flutter SDK为准。另外，由于时间仓促，书中难免有错误之处，读者可以在本书GitHub项目issues列表中反馈，地址是https://github.com/flutterchina/flutter-in-action/issues。

致谢

感谢一直以来支持Flutter中文网、Flutter开源项目的朋友以及所有对本书提过意见和建议的读者，正是因为有你们的支持，才有了这本书。另外尤其感谢在线上打赏过本书的读者，你们的支持给了我很大的鼓励。

Contents 目　录

第二篇　进阶篇

第三篇 实例篇

第一篇 *Part 1*

入 门 篇

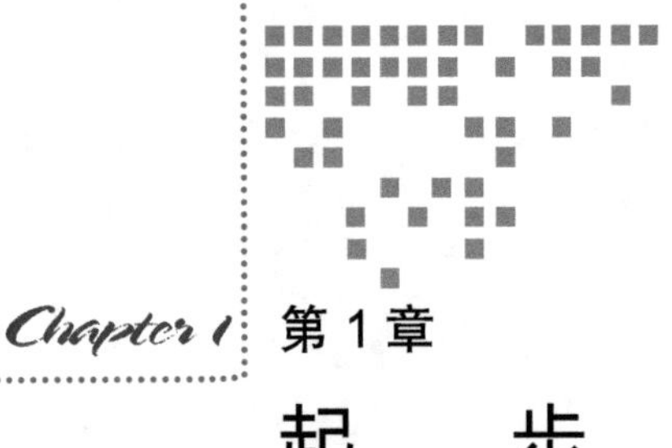

Chapter 1 第1章

起　　步

1.1 移动开发技术简介

本节主要介绍移动开发技术的进化历程，让读者知道 Flutter 技术出现的背景。笔者认为，了解一门新技术出现的背景是非常重要的，因为只有了解该技术出现之前是什么样的，才能理解为什么会是现在这样。

1.1.1 原生开发与跨平台技术

原生开发

原生应用程序是指某一个移动平台（比如 iOS 或安卓）所特有的应用，它使用相应平台支持的开发工具和语言，并直接调用系统提供的 SDK API。比如，Android 原生应用就是指使用 Java 或 Kotlin 语言直接调用 Android SDK 开发的应用程序；而 iOS 原生应用就是指通过 Objective-C 或 Swift 语言直接调用 iOS SDK 开发的应用程序。原生开发具有以下主要优势。

1）可访问平台的全部功能（GPS、摄像头）。

2）速度快、性能高，可以实现复杂的动画效果及绘制，整体用户体验好。

原生开发的主要缺点具体如下。

1）平台特定，开发成本高。不同平台必须维护不同的代码，人力成本随之变大。

2）内容固定，动态化弱，在大多数情况下，有功能更新时只能发版。

在移动互联网发展初期，业务场景并不复杂，原生开发还可以应对产品需求迭代。但是近几年，随着物联网时代的到来，移动互联网高歌猛进、日新月异，在很多业务场景中，传统的纯原生开发已经不能满足日益增长的业务需求。主要表现在如下两个方面。

1）动态化内容需求增大。当需求发生变化时，纯原生应用需要通过版本升级来更新内容，但应用上架、审核是需要周期的，这个周期对高速变化的互联网时代来说是很难接受的，所以，对应用动态化（不发版也可以更新应用内容）的需求就变得迫在眉睫了。

2）业务需求变化快，开发成本变大。由于原生开发一般都要维护 Android、iOS 两个开发团队，版本迭代时，无论人力成本还是测试成本都会变大。

总结一下，纯原生开发主要面临动态化和开发成本两个问题，而针对这两个问题，又诞生了一些跨平台的动态化框架。

跨平台技术简介

针对原生开发面临的问题，人们一直都在努力寻找好的解决方案，然而时至今日，已经存在很多跨平台框架（注意，本书中所指的"跨平台"若无特殊说明，即特指 Android 和 iOS 两个平台），根据其原理，主要可分为如下三类。

1）H5（HTML 5）+ 原生（Cordova、Ionic、微信小程序）。

2）JavaScript 开发 + 原生渲染（React Native、Weex、快应用）。

3）自绘 UI+ 原生（QT Mobile、Flutter）。

接下来，我们将逐个来了解这三类框架的原理及优缺点。

1.1.2 Hybrid 技术简介

H5+ 原生混合开发

这类框架的主要原理是将 APP 需要动态变动的一部分内容通过 H5 来实现，通过原生的网页加载控件 WebView（Android）或 WKWebView（iOS）来加载（以后若无特殊说明，本书将用 WebView 来统一指代 Android 和 iOS 中的网页加载控件）。这样，H5 部分就可以随时改变而不用发版，动态化需求得到满足；同时，由于 H5 代码只需要一次开发，就能同时在 Android 和 iOS 两个平台上正常运行，这也可以降低开发成本，也就是说，H5 部分的功能越多，开发成本就越小。我们称这种 H5+ 原生的开发模式为**混合开发**，对于采用混合模式开发的 APP，我们称之为**混合应用**或 **Hybrid APP**，如果一个应用的大多数功能都是采用 H5 实现的话，我们称其为 **Web APP**。

目前混合开发框架的典型代表有 Cordova、Ionic 和微信小程序，值得一提的是，微信小程序目前是在 WebView 中渲染的，并非原生渲染，但将来有可能会采用原生渲染。

混合开发技术点

如之前所述，原生开发可以访问平台的所有功能，而在混合开发中，H5 代码是运行在 WebView 中的，WebView 实质上就是一个浏览器内核，其 JavaScript 依然运行在一个权限受限的沙箱中，所以对大多数系统能力都没有访问权限，如无法访问文件系统、不能使用蓝牙等，所以，对于 H5 不能实现的功能，都需要原生来实现。而混合框架一般都会在原生代码中预先实现一些访问系统能力的 API，然后暴露给 WebView 以供 JavaScript 调用，这样一来，WebView 就成为 JavaScript 与原生 API 之间通信的桥梁，主要负责 JavaScript 与原生之间调用消息的传递，而消息的传递必须遵守一个标准的协议，其规定了消息的格式与含义，我们将依赖于 WebView 的、用于在 JavaScript 与原生之间通信并实现了某种消息传输协议的工具称为 WebView JavaScript Bridge，简称 JsBridge，它也是混合开发框架的核心。

示例：JavaScript 调用原生 API 获取手机型号

下面我们以 Android 为例，实现一个获取手机型号的原生 API 供 JavaScript 调用。这个示例将展示 JavaScript 调用原生 API 的流程，读者可以直观地感受一下调用流程。我们选用笔者在 GitHub 上开源的 dsBridge 作为 JsBridge 来进行通信。dsBridge 是一个支持同步调用的跨平台的 JsBridge，此示例中只使用其同步调用功能。

1）在原生中实现获取手机型号的 API getPhoneModel，代码如下：

```
class JSAPI {
  @JavascriptInterface
  public Object getPhoneModel(Object msg) {
    return Build.MODEL;
  }
}
```

2）将原生 API 通过 WebView 注册到 JsBridge 中，代码如下：

```
import wendu.dsbridge.DWebView
...
//DWebView 继承自 WebView，由 dsBridge 提供
DWebView dwebView = (DWebView) findViewById(R.id.dwebview);
// 注册原生 API 到 JsBridge
dwebView.addJavascriptObject(new JsAPI(), null);
```

3）在 JavaScript 中调用原生 API，代码如下：

```
var dsBridge = require("dsbridge")
// 直接调用原生 API 'getPhoneModel'
var model = dsBridge.call("getPhoneModel");
// 打印机型
console.log(model);
```

上面的示例代码演示了 JavaScript 调用原生 API 的过程，同样地，一般来说优秀的 JsBridge 也支持原生调用 JavaScript，dsBridge 也是支持的，如果你感兴趣，可以去 GitHub dsBridge 项目主页查看。

现在，我们回头来看一下，混合应用无非就是在第一步中预先实现一系列 API 供 JavaScript 调用，让 JavaScript 有访问系统的能力，看到这里，我相信你也可以自己实现一个混合开发框架了。

总结

混合应用的优点是动态内容是 H5，Web 技术栈、社区及资源丰富，缺点是性能不好，对于复杂的用户界面或动画，WebView 不堪重任。

1.1.3 React Native、Weex 及快应用

本节将主要介绍 **JavaScript 开发 + 原生渲染**的跨平台框架原理。

React Native（简称 RN）是 Facebook 于 2015 年 4 月开源的跨平台移动应用开发框架，是 Facebook 早先开源的 JS 框架 React 在原生移动应用平台的衍生产物，目前支持 iOS 和 Android 两个平台。RN 使用 JavaScript 语言——类似于 HTML 的 JSX，以及 CSS 来开发移动应用，因此熟悉 Web 前端开发的技术人员只需要投入很少的学习就可以进入移动应用开发领域。

由于 RN 和 React 原理相通，并且 Flutter 也是受 React 启发，因此很多思想都是相通的，万丈高楼平地起，我们有必要深入了解一下 React 原理。React 是一个响应式的 Web 框架，我们先了解两个重要的概念：DOM 树与响应式编程。

DOM 树与控件树

文档对象模型（Document Object Model，DOM）是 W3C 组织推荐的处理可扩展标志语言的标准编程接口，其以一种独立于平台和语言的方式访问和修改一个文档的内容和结构。换句话说，这是表示和处理一个 HTML 或 XML 文档的标准接口。简单来说，DOM 就是文档树，与用户界面控件树相对应，在前端开发中通常是指与 HTML 对应的渲染树，但广义的 DOM 也可以指 Android 中的与 XML 布局文件对应的控件树，而术语 **DOM 操作**是指直接操作渲染树（或控件树），因此可以看到，其实 DOM 树和控件树是等价的概念，只不过前者常用于 Web 开发，而后者常用于原生开发。

响应式编程

React 中提出了一个重要的思想：状态改变则 UI 随之自动改变，而 React 框架本身就是响应用户状态改变的事件而执行重新构建用户界面的工作，这就是典型的**响应式**编程范式，下面我们总结一下 React 中响应式原理：

1）开发者只需要关注状态转移（数据），当状态发生变化时，React 框架会自动根据新的状态重新构建 UI。

2）React 框架在接收到用户状态改变的通知后，会根据当前渲染树，结合最新的状态改变，通过 Diff 算法，计算出树中发生变化的部分，然后只更新变化的部分（DOM 操作），从而避免整棵树进行重构，以提高性能。

值得注意的是，在第二步中，状态变化后 React 框架并不会立即计算并渲染 DOM 树的变化部分，相反，React 会在 DOM 的基础上建立一个抽象层，即**虚拟 DOM 树**，对数据和状态所做的任何改动都会被自动且高效地同步到虚拟 DOM，最后再批量同步到真实 DOM 中，

而不是对于每次改变都操作一次 DOM。为什么不能在每次改变时都直接操作 DOM 树呢？这是因为在浏览器中每一次 DOM 操作都有可能引起浏览器的重绘或回流，具体说明如下。

1）如果 DOM 只是外观风格发生变化（如颜色变化），则会导致浏览器重绘界面。

2）如果 DOM 树的结构发生变化（如尺寸、布局、节点隐藏等导致的变化），则浏览器就需要回流（以及重新排版布局）。

而浏览器的重绘和回流都是成本比较高的操作，如果每一次改变都直接对 DOM 进行操作，这会带来性能问题，而批量操作只会触发一次 DOM 更新。

思考题 难道 Diff 操作和 DOM 批量更新不应该是浏览器的职责吗？在第三方框架中去做是否合适？

React Native

上文已经提到 React Native 是 React 在原生移动应用平台的衍生产物，那么两者之间主要的区别是什么呢？其实，主要的区别在于虚拟 DOM 映射的对象是什么？ React 中虚拟 DOM 最终会映射为浏览器 DOM 树，而 RN 中虚拟 DOM 会通过 JavaScriptCore 映射为原生控件树。

JavaScriptCore 是一个 JavaScript 解释器，它在 React Native 中主要起到如下两个作用。

1）为 JavaScript 提供运行环境。

2）是 JavaScript 与原生应用之间通信的桥梁，作用与 JsBridge 一样，事实上，在 iOS 中，很多 JsBridge 的实现都是基于 JavaScriptCore 的。

而在 RN 中，将虚拟 DOM 映射为原生控件的过程主要分为如下两步。

1）布局消息传递；将虚拟 DOM 布局信息传递给原生。

2）原生根据布局信息通过对应的原生控件渲染控件树。

至此，React Native 便实现了跨平台操作。相对于混合应用，由于 React Native 是原生控件渲染，所以性能会比混合应用中的 H5 好很多，同时，React Native 使用了 Web 开发技术栈，也只需要维护一份代码，同样也是跨平台框架。

Weex

Weex 是阿里巴巴于 2016 年发布的跨平台移动端开发框架，其思想及原理与 React Native 类似，最大的不同之处是语法层面，Weex 支持 Vue 语法和 Rax 语法，Rax 的 DSL（Domain Specific Language）语法是基于 React JSX 语法而创造的。与 React 不同的是，在 Rax 中 JSX 是必选的，它不支持通过其他方式创建组件，所以学习 JSX 是使用 Rax 的必要基础。React Native 只支持 JSX 语法。

快应用

快应用是华为、小米、OPPO、魅族等国内 9 大主流手机厂商共同制定的轻量级应用标准，目标直指微信小程序。它也是采用 JavaScript 语言开发，原生控件渲染，快应用与

React Native 和 Weex 相比主要有两点不同之处，具体如下。

1）快应用自身不支持 Vue 或 React 语法，其采用原生 JavaScript 开发，其开发框架与微信小程序很像，值得一提的是，小程序目前已经可以使用 Vue 语法开发（mpvue），从原理上来讲，Vue 的语法也可以移植到快应用上。

2）React Native 和 Weex 的渲染 / 排版引擎是集成到框架中的，每一个 APP 都需要打包一份，因此安装包体积较大。而快应用渲染 / 排版引擎是集成到 ROM 中的，应用中无须打包，因此安装包体积较小，正因为如此，快应用才能在保证性能的同时做到快速分发。

总结

JavaScript 开发 + 原生渲染的方式主要优点具体如下。

1）采用 Web 开发技术栈，社区庞大、上手快、开发成本相对较低。

2）原生渲染，性能相比 H5 提高很多。

3）动态化较好，支持热更新。

不足之处具体如下。

1）渲染时需要 JavaScript 和原生之间通信，在某些场景（如拖动）下可能会因为通信频繁而导致卡顿。

2）JavaScript 为脚本语言，执行时需要 JIT（Just In Time），执行效率相比 AOT（Ahead Of Time）代码仍有差距。

3）由于渲染依赖原生控件，因此不同平台的控件需要单独维护，并且当系统更新时，社区控件可能会滞后；除此之外，其控件系统也会受到原生 UI 系统的限制。例如，在 Android 中手势冲突消歧规则是固定的，在使用不同人写的控件嵌套时，手势冲突问题将会变得非常棘手。

1.1.4 QT Mobile

在本书中，我们来看一下最后一种跨平台技术：自绘 UI+ 原生。这种技术的思路是，通过在不同的平台实现一个统一接口的渲染引擎来绘制 UI，而不是依赖系统的原生控件，所以可以做到不同平台 UI 的一致性。注意，自绘引擎解决的是 UI 的跨平台问题，如果涉及其他系统能力调用，则依然要涉及原生开发。这种平台技术的优点具体如下。

1）性能高。由于自绘引擎是直接调用系统 API 来绘制 UI，所以性能与原生控件接近。

2）灵活、组件库易维护、UI 外观保真度和一致性高。由于 UI 渲染不依赖原生控件，也就不需要根据不同平台的控件单独维护一套组件库，所以代码很容易维护。由于组件库是同一套代码、同一个渲染引擎，所以在不同的平台上，组件显示外观可以做到高保真和高一致性。另外，由于不依赖原生控件，因此该技术就不会受到原生布局系统的限制，这样布局系统会非常灵活。

这种平台技术的不足之处具体如下。

1）动态性不足。为了保证UI绘制性能，自绘UI系统一般都会采用AOT模式编译其发布包，所以应用发布之后，不能像Hybrid和RN那些使用JavaScript（JIT）作为开发语言的框架那样动态下发代码。

2）开发效率低。C++作为一门静态语言，在UI开发方面灵活性不及JavaScript这样的动态语言。另外，C++需要开发者手动管理内存分配，而没有JavaScript及Java中垃圾回收（GC）的机制。

也许，你已经猜到Flutter就属于这一类跨平台技术，没错，Flutter确实实现了一套自绘引擎，并拥有一套自己的UI布局系统。不过，自绘引擎的思路并不是什么新概念，Flutter也并不是第一个尝试这么做的，在它之前有一个典型的代表，即大名鼎鼎的QT。

QT简介

QT是一个由Qt Company于1991年开发的跨平台C++图形用户界面应用程序开发框架。2008年，Qt Company科技被诺基亚公司收购，QT也因此成为诺基亚旗下的编程语言工具。2012年，QT被Digia收购。2014年4月，跨平台集成开发环境QT Creator 3.1.0正式发布，实现了对于iOS的完全支持，新增WinRT、Beautifier等插件，废弃了无Python接口的GDB调试支持，集成了基于Clang的C/C++代码模块，并对Android支持做出了调整，至此实现了全面支持iOS、Android、WP，它为应用程序开发者提供了构建图形用户界面所需的所有功能。但是，QT虽然在PC端获得了巨大成功，备受社区追捧，然而其在移动端却表现不佳，在近几年，虽然偶尔能听到QT的声音，但一直很弱，无论QT本身技术如何、设计思想如何，但事实上终究还是败了，究其原因，笔者认为主要有如下四点。

1）QT移动开发社区太小，学习资料不足，生态不好。

2）官方推广不利，支持不够。

3）移动端发力较晚，市场已被其他动态化框架（如Hybrid和RN）占领。

4）在移动开发中，C++开发和Web开发栈相比有着先天的劣势，导致的直接结果就是QT开发效率太低。

基于以上四点原因，尽管QT是移动端开发跨平台自绘引擎的“先驱”，却成了“烈士”。

1.1.5 Flutter问世

“千呼万唤始出来”，铺垫这么久，现在终于等到本书的主角出场了！

Flutter是Google发布的一个用于创建跨平台、高性能移动应用的框架。Flutter与QT Mobile一样，都没有使用原生控件，相反都实现了一个自绘引擎，使用自身的布局、绘制系统。那么，我们可能会担心，对于QT Mobile所面对的问题Flutter是否也一样要面对，Flutter会不会步入QT Mobile的后尘，成为另一个“烈士”？要回答这个问题，我们先来看看Flutter的诞生过程，具体如下。

1）2017年Google I/O大会上，Google首次推出了一款新的用于创建跨平台、高性能的移动应用框架——Flutter。

2）2018 年 2 月，Flutter 发布了第一个 beta 版本，同年 5 月，在 2018 年 Google I/O 大会上，Flutter 更新到了 beta 3 版本。

3）2018 年 6 月，Flutter 发布了首个预览版本，这意味着 Flutter 进入了正式版（1.0）发布前的最后阶段。

观其发展，在 2018 年 5 月，Flutter 进入了 GitHub Star 排行榜前 100 名，已有 2.7 万的 Star。而在 2019 年 5 月底，已经有 6.5 万的 Star。经历了短短两年多的时间，Flutter 生态系统得以快速增长，由此可见，Flutter 在开发者中受到了热烈的欢迎，其未来发展值得期待！

现在，我们来将 Flutter 与 QT Mobile 做一个对比，具体如下。

1）生态：从 GitHub 上来看，目前 Flutter 活跃用户正在高速增长。从 StackOverflow 上的提问来看，Flutter 社区现在已经很庞大。Flutter 的文档、资源也越来越丰富，开发过程中遇到的很多问题都可以在 StackOverflow 或其 GitHub issue 中找到答案。

2）技术支持：现在 Google 正在大力推广 Flutter，Flutter 的作者中很多人都来自 Chromium 团队，并且 GitHub 上活跃度很高。从另一个角度来看，从 2019 年上半年 Flutter 频繁的版本发布也可以看出，Google 对 Flutter 投入的资源不小，所以在官方技术支持这方面，大可不必担心。

3）开发效率：Flutter 的热重载可以帮助开发者快速地进行测试、构建 UI、添加功能，并更快、更高效地修复错误。在 iOS 和 Android 模拟器或真机上可以实现毫秒级热重载，并且不会丢失状态。这一点真的很棒，相信我，如果你是一名原生开发者，体验了 Flutter 开发流之后，很可能就再也不想重新回去做原生了，毕竟很少会有人不抱怨原生开发的编译速度。

基于以上三点，相信读者和笔者一样，对于 Flutter 未来如何，心中自有定论。到现在为止，我们已经对移动端开发技术有了一个全面的了解，接下来，我们即将开始进入本书的主题，你准备好了吗？

1.1.6 总结

本节主要介绍了目前移动开发中的三种跨平台技术，现在我们从框架的角度对比一下它们，具体如表 1-1 所示。

表 1-1 跨平台技术对比

技术类型	UI 渲染方式	性能	开发效率	动态化	框架代表
H5+ 原生	WebView 渲染	一般	高	支持	Cordova、Ionic
JavaScript+ 原生渲染	原生控件渲染	好	中	支持	RN、Weex
自绘 UI+ 原生	调用系统 API 渲染	好	Flutter 高，QT 低	默认不支持	QT、Flutter

在表 1-1 中，开发语言主要是指 UI 的开发语言。而开发效率，则是指整个开发周期的效率，包括编码时间、调试时间，以及排错、兼容时间。动态化主要指是否支持动态下发

代码和是否支持热更新。值得注意的是，Flutter 的 Release 包默认是使用 Dart AOT 模式编译的，所以不支持动态化，但 Dart 还有 JIT 或 snapshot 运行方式，这些模式都是支持动态化的。

1.2 初识 Flutter

1.2.1 Flutter 简介

Flutter 是 Google 推出并开源的移动应用开发框架，主要特点是跨平台、高保真、高性能。开发者可以通过 Dart 语言开发 APP，一套代码可以同时运行在 iOS 和 Android 平台上。Flutter 提供了丰富的组件、接口，开发者可以很快地为 Flutter 添加 Native 扩展。同时 Flutter 还可以使用 Native 引擎渲染视图，这无疑能为用户提供良好的体验。

跨平台自绘引擎

Flutter 与用于构建移动应用程序的其他大多数框架不同，因为 Flutter 既不使用 WebView，也不使用操作系统的原生控件。相反，Flutter 使用自己的高性能渲染引擎来绘制 Widget。这样不仅可以保证在 Android 和 iOS 上 UI 的一致性，而且可以避免因对原生控件依赖而带来的限制及高昂的维护成本。

Flutter 使用 Skia 作为其 2D 渲染引擎，Skia 是 Google 的一个 2D 图形处理函数库，包含字形、坐标转换，以及点阵图，且都有高效能且简洁的表现，Skia 是跨平台的，并且其还提供了非常友好的 API，目前 Google Chrome 浏览器和 Android 均采用 Skia 作为其绘图引擎。

目前，Flutter 默认支持 iOS、Android、Fuchsia（Google 新的自研操作系统）三个移动平台。但 Flutter 亦可支持 Web 开发（Flutter for Web）和 PC 开发，本书的示例和介绍主要是基于 iOS 和 Android 平台的，对于其他平台，读者可以自行了解。

高性能

Flutter 的高性能主要靠两点来保证，首先，Flutter APP 采用 Dart 语言开发。Dart 在 JIT（即时编译）模式下，速度与 JavaScript 基本持平。同时 Dart 还支持 AOT，当以 AOT 模式运行时，JavaScript 便远远追不上了。速度的提升对高帧率下的视图数据计算很有帮助。其次，Flutter 使用自己的渲染引擎来绘制 UI，布局数据等由 Dart 语言直接控制，所以在布局过程中不需要像 RN 那样要在 JavaScript 和 Native 之间通信。这一点在一些滑动和拖动的场景下具有明显的优势，因为滑动和拖动的过程往往会引起布局发生变化，所以 JavaScript 需要与 Native 不停地同步布局信息，这与在浏览器中要 JavaScript 频繁操作 DOM 所带来的问题是相同的，都会带来比较可观的性能开销。

采用 Dart 语言开发

这是一个很有意思，但也颇具争议的问题，在了解 Flutter 为什么选择 Dart 而不是

JavaScript 之前，我们先来介绍两个概念：JIT 和 AOT。

目前，程序主要有两种运行方式：静态编译与动态解释。静态编译的程序在执行前全部被翻译为机器码，通常将这种类型称为 AOT（Ahead Of Time），即“提前编译”；而解释执行的运行方式则是一句一句，边翻译边运行，通常将这种类型称为 JIT（Just In Time），即“即时编译”。AOT 程序的典型代表是用 C/C++ 开发的应用，它们必须在执行前编译成机器码，而 JIT 的代表则非常多，如 JavaScript、Python 等，事实上，所有脚本语言都支持 JIT 模式。但需要注意的是，JIT 和 AOT 指的是程序运行的方式，与编程语言并不是强关联的，有些语言既可以以 JIT 的方式运行，也可以以 AOT 的方式运行，如 Java、Python，它们可以在第一次执行时编译成中间字节码，然后在之后执行时直接执行字节码。也许有人会说，中间字节码并非机器码，在程序执行时仍然需要动态地将字节码转为机器码。是的，这没有错，不过通常我们区分是否为 AOT 的标准就是看代码在执行之前是否需要编译，只要是需要编译，无论其编译产物是字节码还是机器码，都属于 AOT。在此，读者不必纠结于概念，概念就是为了传达精神而出现的，只要读者能够理解其原理即可，得其神而忘其形。

现在，我们看看 Flutter 为什么选择 Dart 语言。笔者根据官方解释以及自己对 Flutter 的理解总结了以下几条（由于其他跨平台框架都将 JavaScript 作为其开发语言，所以这里主要将 Dart 和 JavaScript 做一个对比）。

- 开发效率高

Dart 运行时与编译器支持 Flutter 的两个关键特性的组合，具体说明如下。

基于 JIT 的快速开发周期：Flutter 在开发阶段采用 JIT 模式，这样就避免了每次改动都要进行编译，极大地节省了开发时间。

基于 AOT 的发布包：Flutter 在发布时可以通过 AOT 生成高效的 ARM 代码以保证应用性能，而 JavaScript 则不具有这个能力。

- 高性能

Flutter 旨在提供流畅、高保真的 UI 体验。为了实现这一点，Flutter 需要能够在每个动画帧中运行大量的代码。这就意味着需要一种能够提供高性能的语言，而不会出现丢帧的周期性暂停，而 Dart 支持 AOT，在这一点上其做得比 JavaScript 更好。

- 快速内存分配

Flutter 框架使用函数式流，这使得它在很大程度上依赖于底层的内存分配器。因此，拥有一个能够有效地处理琐碎任务的内存分配器将显得十分重要，在缺乏此功能的语言中，Flutter 将无法有效地工作。当然 Chrome V8 的 JavaScript 引擎在内存分配上也已经做得很好了，事实上，Dart 开发团队的很多成员都来自 Chrome 团队，所以在内存分配上，Dart 并不能超越 JavaScript 的优势，而对于 Flutter 来说，它需要这样的特性，而 Dart 也正好满足而已。

- 类型安全

由于 Dart 是类型安全的语言，支持静态类型检测，所以可以在编译前发现一些类型方面的错误，并排除潜在问题，这一点对于前端开发者来说可能会更具有吸引力。与之不同的是，JavaScript 是一个弱类型语言，因此前端社区出现了很多给 JavaScript 代码添加静态类型检测的扩展语言和工具，如微软的 TypeScript 以及 Facebook 的 Flow。相比之下，Dart 本身就支持静态类型，这是它的一个重要优势。

❑ Dart 团队就在你身边

看似不起眼，实则举足轻重。由于有 Dart 团队的积极投入，Flutter 团队可以获得更多、更方便的支持，正如 Flutter 官网所述："我们正与 Dart 社区进行密切合作，以改进 Dart 在 Flutter 中的使用。例如，当我们最初采用 Dart 时，该语言并没有提供生成原生二进制文件的工具链（这对于实现可预测的高性能具有很大的帮助），但是现在它实现了，因为 Dart 团队专门为 Flutter 构建了该工具链。同样，Dart VM 之前已经针对吞吐量进行了优化，而且团队现在正在优化 VM 的延迟时间，这对于 Flutter 的工作负载更为重要。"

总结

本节主要介绍了 Flutter 的特点，如果你感到有些地方还不是很好理解，不用着急，随着日后对 Flutter 细节的了解，再回过头来看，相信你会有更深的体会。

1.2.2 Flutter 框架结构

本节我们先对 Flutter 的框架做一个整体介绍，旨在让读者对 Flutter 有一个整体的印象，这对初学者来说非常重要。如果一下子便深入 Flutter 中，就会像一个人在沙漠中没有地图，即使可以找到一个绿洲，他也不会知道下一个绿洲在哪里。因此，无论学习什么技术，都要先拥有一张清晰的"地图"，而我们的学习过程就是"按图索骥"，这样我们才不会陷于细节而"目无全牛"。言归正传，下面我们来看一下 Flutter 官方提供的 Flutter 框架图，如图 1-1 所示。

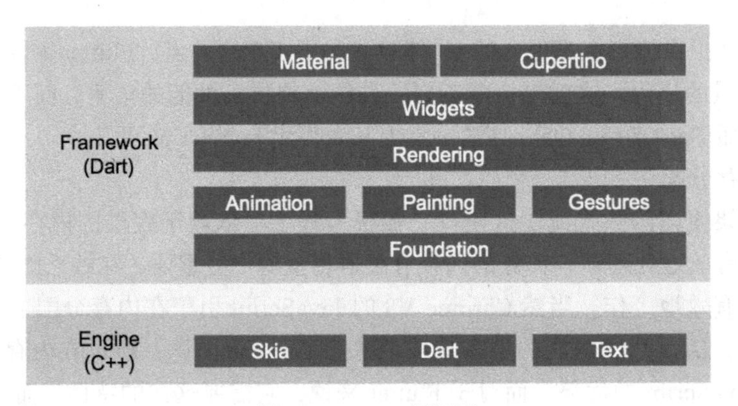

图 1-1 Flutter 框架图

Flutter 是一个纯 Dart 实现的 SDK，它实现了一套基础库，自底向上，我们来逐个简单介绍一下。

- 底下两层（Foundation 和 Animation、Painting、Gestures）在 Google 的一些视频中被合并为一个 Dart UI 层，对应的是 Flutter 中的 dart:ui 包，它是 Flutter 引擎暴露的底层 UI 库，提供了动画、手势及绘制功能。
- Rendering 层，这一层是一个抽象的布局层，它依赖于 Dart UI 层，Rendering 层会构建一个 UI 树，当 UI 树发生变化时，会计算出发生变化的那一部分，然后更新 UI 树，最终将 UI 树绘制到屏幕上，这个过程有些类似于 React 中的虚拟 DOM。Rendering 层可以说是 Flutter UI 框架最核心的部分，它除了确定每个 UI 元素的位置、大小之外，还要进行坐标变换、绘制（调用底层 dart:ui）。
- Widgets 层是 Flutter 提供的一套基础组件库，在基础组件库之上，Flutter 还提供了 Material 和 Cupertino 两种视觉风格的组件库。而 **Flutter 开发的大多数场景，只是与这两层打交道。**

Flutter Engine

这是一个纯 C++ 实现的 SDK，其中包括了 Skia 引擎、Dart 运行时、文字排版引擎等。在代码调用 dart:ui 库时，调用最终会走到 Engine 层，然后实现真正的绘制逻辑。

总结

Flutter 框架本身有着良好的分层设计，本节旨在让读者对 Flutter 整体框架有一个大概的印象，相信到现在为止，读者已经对 Flutter 有一个初始的印象了，在正式动手之前，我们还需要了解一下 Flutter 的开发语言 Dart。

1.2.3 如何学习 Flutter

本节会为大家提供一些学习建议，分享笔者在学习 Flutter 时的一些心得体会，希望可以帮助大家提高学习效率，避开不必要的“坑”。

资源

- 官网：阅读 Flutter 官网的资源是快速入门的最佳方式，同时官网也是了解 Flutter 最新发展动态的地方，由于目前 Flutter 仍然处于快速发展阶段，所以建议读者经常去官网看看有没有新的动态。
- 源代码及注释：源代码及注释应作为学习 Flutter 的第一文档，Flutter SDK 的源代码是开源的，并且注释非常详细，也列举了很多示例，实际上，Flutter 官方的 SDK 文档就是通过注释生成的。源代码结合注释可以帮助你解决大多数问题。
- GitHub：如果遇到的问题在 StackOverflow 上也没有找到答案，则可以在 GitHub Flutter 项目下创建 issue。
- Gallery 源代码：Gallery 是 Flutter 官方示例 APP，里面包含了丰富的示例，读者可以在网上下载安装。Gallery 的源代码在 Flutter 源代码的“examples”目录下。

社区

- StackOverflow：StackOverflow 是目前全球最大的程序员问答社区，现在也是活跃度最高的 Flutter 问答社区。在 StackOverflow 社区中，除了世界各地的 Flutter 使用者会在其中交流之外，Flutter 开发团队的成员也经常在上面回答问题。
- Flutter 中文网社区：Flutter 中文网（https://flutterchina.club）是由笔者维护的 Flutter 中文网站，目前也是最大的 Flutter 中文资源社区，上面提供了 Flutter 官网的文档翻译、开源项目及案例，还有申请加入组织的入口。
- 博客：随着 Flutter 技术的推广，网络上将会有很多 Flutter 相关的文章、博客，读者可以多浏览、阅读。

总结

有了资料和社区的辅助，对于我们学习者自身来说，最重要的还是要多动手、多实践，在本书后面的章节中，希望读者能够亲自动手编写示例代码。准备好了吗？下一节我们将正式进入 Flutter 的世界！

1.3 搭建 Flutter 开发环境

工欲善其事，必先利其器。本节首先分别介绍在 Windows 和 Mac OS 下 Flutter SDK 的安装方法，然后再介绍如何配置 IDE 和模拟器的使用。

1.3.1 安装 Flutter

由于 Flutter 会同时构建 Android 和 iOS 两个平台的发布包，所以 Flutter 同时依赖 Android SDK 和 iOS SDK，在安装 Flutter 时也需要安装相应平台的构建工具和 SDK。下面我们分别介绍一下 Windows 和 Mac OS 下的环境搭建。

> 注意 本节介绍的安装方式随着 Flutter 的升级可能会发生变化，如果下面介绍的内容在你安装 Flutter 时已经失效，请访问 Flutter 官网，按照官网最新的安装教程进行安装。

使用镜像

由于在国内访问 Flutter 官网有时可能会受到限制，Flutter 官方为国内开发者搭建了临时镜像，大家可以将如下环境变量加入用户环境变量：

```
export PUB_HOSTED_URL=https://pub.flutter-io.cn
export FLUTTER_STORAGE_BASE_URL=https://storage.flutter-io.cn
```

> 注意 此镜像为临时镜像，并不能保证一直可用，读者可以参考 https://flutter.io/community/china，以获得有关镜像服务器的最新动态。

在 Windows 上搭建 Flutter 开发环境

系统要求

若要安装并运行 Flutter，则开发环境必须满足以下最低要求。

- 操作系统：Windows 7 或更高版本（64 位）。
- 磁盘空间：400 MB（不包括 Android Studio 的磁盘空间）。
- 工具：Flutter 需要依赖下面这些命令行工具。
  - PowerShell 5.0 或更新的版本。
  - Git for Windows（Git 命令行工具）。

如果已经安装了 Git for Windows，那么请确保可以在命令提示符或 PowerShell 中运行 git 命令。

获取 Flutter SDK

1）从 Flutter 官网下载其最新可用的安装包，下载地址为：https://flutter.dev/docs/development/tools/sdk/releases，打开后如图 1-2 所示。

注意，Flutter 的渠道版本会不停地发生变动，请以 Flutter 官网为准。另外，在我国的大陆地区，要想正常获取安装包列表或下载安装包，读者可以从 Flutter GitHub 项目中下载安装包，下载地址为：https://github.com/flutter/flutter/releases。

2）将安装包解压到你想安装 Flutter SDK 的路径（如 C:\src\flutter；注意，**不要**将 Flutter 安装到需要某些高权限的路径，如 C:\Program Files\）。

3）在 Flutter 安装目录的 flutter 文件下找到 flutter_console.bat，双击运行并启动 Flutter 命令行，接下来，你就可以在 Flutter 命令行运行 flutter 命令了。

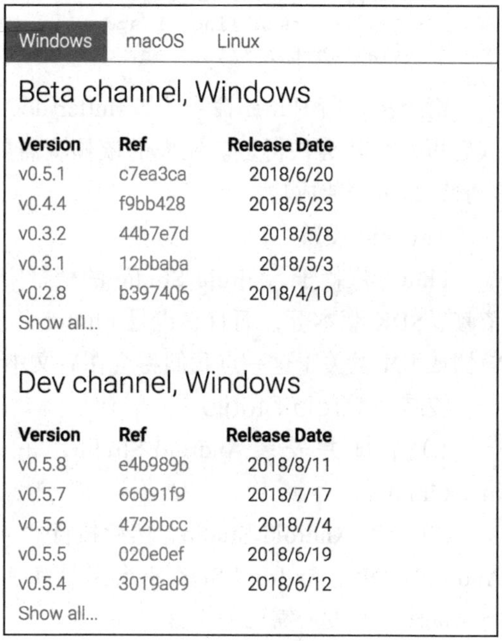

Windows macOS Linux

Beta channel, Windows

Version	Ref	Release Date
v0.5.1	c7ea3ca	2018/6/20
v0.4.4	f9bb428	2018/5/23
v0.3.2	44b7e7d	2018/5/8
v0.3.1	12bbaba	2018/5/3
v0.2.8	b397406	2018/4/10

Show all...

Dev channel, Windows

Version	Ref	Release Date
v0.5.8	e4b989b	2018/8/11
v0.5.7	66091f9	2018/7/17
v0.5.6	472bbcc	2018/7/4
v0.5.5	020e0ef	2018/6/19
v0.5.4	3019ad9	2018/6/12

Show all...

图 1-2 Flutter 安装包下载

更新环境变量

如果你想在 Windows 系统自带命令里以运行 Flutter 命令，则需要添加以下环境变量到用户 PATH。

- 依次选择“控制面板 > 用户账户 > 更改我的环境变量”。
- 在“用户变量”选项下检查是否有名为“Path”的条目。
  - 如果该条目存在，则追加 flutter，使用“;”作为分隔符。
  - 如果该条目不存在，则创建一个新用户变量 PATH，然后将 flutter\bin 的全路径作为它的值。

重启 Windows 以应用此更改。

运行 flutter doctor 命令

在 Flutter 命令行运行如下命令来查看是否还需要安装其他依赖，如果需要，则安装它们：

```
flutter doctor
```

该命令用于检查你的环境并在命令行窗口中显示报告。Dart SDK 已经打包在 Flutter SDK 里了，没有必要单独安装 Dart。仔细检查命令行输出以获取可能需要安装的其他软件或需要进一步执行的任务。

例如：

```
[-] Android toolchain - develop for Android devices
  · Android SDK at D:\Android\sdk
  ☒ Android SDK is missing command line tools; download from
    https://goo.gl/XxQghQ
  · Try re-installing or updating your Android SDK,
    visit https://flutter.io/setup/#android-setup for detailed instructions.
```

第一次运行 flutter 命令（如 flutter doctor）时，它会下载它自己的依赖项并自行编译，以后再运行就会快得多。缺失的依赖项需要先安装，安装完成后再运行 flutter doctor 命令来验证是否安装成功。

Android 设置

Flutter 依赖于 Android Studio 的全量安装。Android Studio 不仅可以管理 Android 平台依赖、SDK 版本等，而且它也是 Flutter 开发推荐的 IDE 之一（当然，你也可以使用其他编辑器或 IDE，关于这一点我们将会在后文中讨论）。

安装 Android Studio

1）下载并安装 Android Studio，下载地址为：https://developer.android.com/studio/index.html。

2）启动 Android Studio，然后执行“ Android Studio 安装向导”。该向导将安装最新的 Android SDK、Android SDK 平台工具和 Android SDK 构建工具，这些都是使用 Flutter 进行 Android 开发所需要的工具。

安装遇到问题?

如果在安装过程中遇到问题，则可以先在 Flutter 官网查看一下安装方式是否发生了变化，或者在网上搜索一下解决方案。

在 Mac OS 上搭建 Flutter 开发环境

在 Mac OS 下可以同时进行 Android 和 iOS 设备的测试。

系统要求

若要安装并运行 Flutter，则开发环境必须满足以下最低要求。

- 操作系统：Mac OS（64 位）
- 磁盘空间：700 MB（不包括 Xcode 或 Android Studio 的磁盘空间）。
- 工具：Flutter 依赖下面这些命令行工具：bash、mkdir、rm、git、curl、unzip、which。

获取 Flutter SDK

1）从 Flutter 官网上下载其最新可用的安装包，官网下载地址为：https://flutter.io/sdk-archive/#macos。

注意，Flutter 的渠道版本会不停地发生变动，请以 Flutter 官网为准。另外，在我国的大陆地区，要想正常获取安装包列表或下载安装包，读者可以从 Flutter GitHub 项目中下载安装包，下载地址为：https://github.com/flutter/flutter/releases。

2）解压安装包到你想安装的目录，如：

```
cd ~/development
unzip ~/Downloads/flutter_macos_v0.5.1-beta.zip
```

3）添加 flutter 相关工具到 PATH 中：

```
export PATH=`pwd`/flutter/bin:$PATH
```

此代码只能暂时针对当前命令行窗口设置 PATH 环境变量，要想将 Flutter 永久添加到 PATH 中，请参考下面的**更新环境变量**部分。

运行 flutter doctor 命令

这一步与 Windows 下的步骤一致，此处不再赘述。

更新环境变量

若将 Flutter 添加到 PATH 中，则可以在任何终端会话中运行 flutter 命令。

对所有终端会话永久修改此变量的步骤是与特定的计算机系统相关的。通常，你会在打开新窗口时将设置环境变量的命令添加到执行的文件中，具体步骤如下。

1）确定你的 Flutter SDK 的目录记为“FLUTTER_INSTALL_PATH”，你将在步骤 3 中用到。

2）打开（或创建）$HOME/.bash_profile。在你的电脑上，文件路径和文件名可能会有所不同。

3）添加以下路径：

```
export PATH=[FLUTTER_INSTALL_PATH]/flutter/bin:$PATH
```

例如，笔者的 Flutter 安装目录是“~/code/flutter_dir”，那么代码为：

```
export PATH=~/code/flutter_dir/flutter/bin:$PATH
```

4）运行 source $HOME/.bash_profile 以刷新当前终端窗口。

> 注意 如果你使用的终端是 zsh，终端启动时 ~/.bash_profile 将不会被加载，解决办法就是修改～ /.zshrc，在其中添加 source ～ /.bash_profile。

5）验证“flutter/bin”是否已在 PATH 中：

```
echo $PATH
```

安装 Xcode

若要为 iOS 开发 Flutter 应用程序，则需要 Xcode 9.0 或更高版本，安装步骤具体如下。

1）安装 Xcode 9.0 或更新版本（通过链接下载或苹果应用商店）。

2）配置 Xcode 命令行工具以使用新安装的 Xcode 版本：sudo xcode-select --switch /Applications/Xcode.app/Contents/Developer。对于大多数情况，当你想要使用最新版本的 Xcode 时，这是正确的路径。如果你需要使用不同的版本，那么请指定相应的路径。

3）确保 Xcode 许可协议是通过打开一次 Xcode 或通过命令 sudo xcodebuild -license 同意过了的。

使用 Xcode，你可以在 iOS 设备或模拟器上运行 Flutter 应用程序。

安装 Android Studio

与 Windows 一样，要在 Android 设备上构建并运行 Flutter 程序都需要先安装 Android Studio，读者可以先自行下载并安装 Android Studio，在此不再赘述。

升级 Flutter

Flutter SDK 分支

Flutter SDK 包含了多个分支，如 beta、dev、master、stable，其中 stable 分支为稳定分支（日后有新的稳定版本发布后可能也会有新的稳定分支，如 1.0.0），dev 和 master 为开发分支，安装 Flutter 后，你可以运行 flutter channel 查看所有分支，比如，笔者在本地运行后，结果如下：

```
Flutter channels:
  beta
  dev
* master
```

带“*”号的分支即本地的 Flutter SDK 跟踪的分支，若要切换分支，则可以使用 flutter channel beta 或 flutter channel master，Flutter 官方建议跟踪稳定分支，但你也可以跟踪 master 分支，这样可以查看最新的变化，不过，这样做稳定性要低得多。

升级 Flutter SDK 和依赖包

要想升级 Flutter SDK，只需一句命令，如下：

```
flutter upgrade
```

该命令会同时更新 Flutter SDK 和你的 Flutter 项目依赖包。如果只想更新项目依赖包

（不包括 Flutter SDK），则可以使用如下命令：

- flutter packages get：获取项目所有的依赖包。
- flutter packages upgrade：获取项目所有依赖包的最新版本。

1.3.2 IDE 配置与使用

理论上可以使用任何文本编辑器与命令行工具来构建 Flutter 应用程序。不过，Flutter 官方建议使用 Android Studio 和 VS Code 之一以获得更好的开发体验。Flutter 官方提供了这两款编辑器插件，通过 IDE 和插件可以获得代码补全、语法高亮、Widget 编辑辅助、运行和调试支持等功能，可以帮助我们极大地提高开发效率。下面我们分别介绍一下 Android Studio 和 VS Code 的配置及使用（关于 Android Studio 和 VS Code 的安装，读者可以在其官网上分别获得最新的安装包，由于安装方法比较简单，故在此不再赘述）。

Android Studio 的配置与使用

由于 Android Studio 是基于 IntelliJ IDEA 开发的，所以读者也可以使用 IntelliJ IDEA。

安装 Flutter 和 Dart 插件

需要安装两个插件，具体如下：

- Flutter 插件：支持 Flutter 开发工作流（运行、调试、热重载等）。
- Dart 插件：提供代码分析（输入代码时进行验证、代码补全等）。

安装步骤具体如下。

1）启动 Android Studio。

2）打开插件首选项（Mac OS：Preferences>Plugins；Windows：File>Settings>Plugins）。

3）选择“Browse repositories...”，选择 Flutter 插件并点击 install。

4）重启 Android Studio 后插件生效。

接下来，让我们用 Android Studio 创建一个 Flutter 项目，然后运行，并体验“热重载”。

创建 Flutter 应用

1）选择 File>New Flutter Project。

2）选择 Flutter application 作为 project 类型，然后点击 Next。

3）输入项目名称（如 myapp），然后点击 Next。

4）点击 Finish。

5）等待 Android Studio 安装 SDK 并创建项目。

上述命令用于创建一个 Flutter 项目，项目名为 myapp，其中包含一个使用 Material 组件的简单演示应用程序。

在项目目录中，应用程序的代码位于 lib/main.dart 中。

运行应用程序

1）定位到 Android Studio 工具栏，如图 1-3 所示。

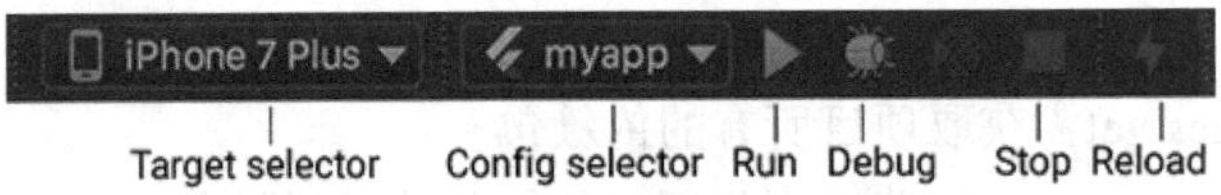

iPhone 7 Plus　myapp

Target selector　Config selector　Run　Debug　Stop　Reload

图 1-3　Android Studio 工具栏

2）在 Target selector 中，选择一个运行该应用的 Android 设备。如果没有列出可用设备，那么请选择 Tools>Android>AVD Manager，并在那里创建一个。

3）在工具栏中点击 Run 图标。

4）如果一切正常，那么在你的设备或模拟器上应该会看到启动的应用程序，如图 1-4 所示。

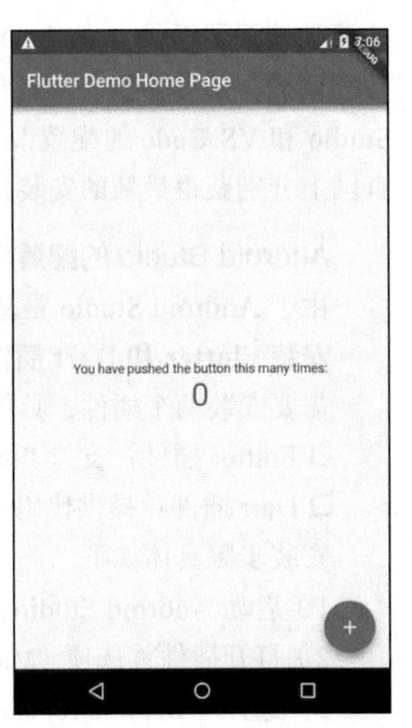

图 1-4　应用首页

体验热重载

Flutter 可以通过**热重载（hot reload）**实现快速的开发周期，热重载就是无须重启应用程序就能实时加载修改后的代码，并且不会丢失状态。对代码进行简单的更改，然后告诉 IDE 或命令行工具你需要重新加载（点击 Reload 按钮），你就会在你的设备或模拟器上看到更改，具体步骤如下。

1）打开 lib/main.dart 文件。

2）将字符串“You have pushed the button this many times:”更改为“You have clicked the button this many times:”。

3）不要点击 Stop 按钮，让你的应用继续运行。

4）要想查看更改，请调用 Save（cmd-s / ctrl-s），或者点击**热重载按钮**（带有闪电图标的按钮）。

你会立即在运行的应用程序中看到更新的字符串。

VS Code 的配置与使用

VS Code 是一个轻量级编辑器，支持 Flutter 运行和调试。

安装 Flutter 插件

1）启动 VS Code。

2）调用“View>Command Palette...”。

3）输入“install”，然后选择 Extensions: Install Extension。

4）在搜索框输入“flutter”，在搜索结果列表中选择“Flutter”，然后点击 Install。

5）选择“OK”，重新启动 VS Code。

6）验证配置，具体如下。

- 调用“View>Command Palette...”。
- 输入“doctor”，然后选择“Flutter: Run Flutter Doctor”。
- 查看 OUTPUT 窗口中的输出是否有问题。

创建 Flutter 应用

1）启动 VS Code。

2）调用“View>Command Palette...”。

3）输入“flutter”，然后选择“Flutter: New Project”。

4）输入 Project 名称（如 myapp），然后按回车键。

5）指定放置项目的位置，然后点击蓝色的确定按钮。

6）等待项目创建继续，并显示 main.dart 文件。

体验热重载

1）打开 lib/main.dart 文件。

2）将字符串“ You have pushed the button this many times:”更改为“ You have clicked the button this many times:”。

3）不要点击 Stop 按钮，让你的应用继续运行。

4）要想查看你的更改，请调用 Save（cmd-s / ctrl-s），或者点击**热重载按钮**（绿色圆形箭头按钮）。

你会立即在运行的应用程序中看到更新的字符串。

1.3.3 连接设备运行 Flutter 应用

Windows 只支持为 Android 设备构建并运行 Flutter 应用，而 Mac OS 同时支持 iOS 和 Android 设备。下面分别介绍如何连接 Android 和 iOS 设备以运行 Flutter 应用。

连接 Android 模拟器

要准备在 Android 模拟器上运行并测试 Flutter 应用，请按照以下步骤进行操作。

1）启动 Android Studio>Tools>Android>AVD Manager，并选择 Create Virtual Device。

2）选择一个设备并选择 Next。

3）为要模拟的 Android 版本选择一个或多个系统镜像，然后选择 Next。建议使用 x86 或 x86_64 image。

4）在“Emulated Performance”下，选择“Hardware - GLES 2.0”以启用硬件加速。

5）验证 AVD 配置是否正确，然后选择 Finish。

6）在“ Android Virtual Device Manager”中，点击工具栏的 Run。模拟器启动并显示所选操作系统版本或设备的启动画面。

7）运行 flutter run 以启动你的设备。连接的设备名是“ Android SDK built for <platform>”，其中 platform 是芯片系列，如 x86。

连接 Android 真机设备

要准备在 Android 设备上运行并测试 Flutter 应用，需要 Android 4.1（API level 16）或更高版本的 Android 设备。

1）在 Android 设备上启用**开发人员选项**和 **USB 调试**。详细说明可在 Android 相关文档中找到。

2）使用 USB 将手机插入电脑。如果设备出现调试授权提示，请授权你的电脑可以访问该设备。

3）在命令行运行 flutter devices 命令以验证 Flutter 识别你连接的 Android 设备。

4）运行并启动你的应用程序 flutter run。

在默认情况下，Flutter 使用的 Android SDK 版本是基于你的 adb 工具版本。如果想让 Flutter 使用不同版本的 Android SDK，则必须将该 ANDROID_HOME 环境变量设置为相应的 SDK 安装目录。

连接 iOS 模拟器

要准备在 iOS 模拟器上运行并测试 Flutter 应用，请按照以下步骤进行操作。

1）在你的 MAC 上，通过 Spotlight 或以下命令找到模拟器：

```
open -a Simulator
```

2）检查模拟器 Hardware > Device 菜单中的设置，以确保模拟器正在使用 64 位设备（iPhone 5s 或更高版本）。

3）根据电脑屏幕的大小，模拟高清屏 iOS 设备可能会溢出屏幕。可以在模拟器的 Windows > Scale 菜单下设置设备比例。

4）运行 flutter run 以启动 Flutter 应用程序。

连接 iOS 真机设备

要将 Flutter 应用安装到 iOS 真机设备，需要一些额外的工具和一个 Apple 账户，还需要在 Xcode 中进行一些设置。

1）安装 homebrew（如果已经安装了 brew，则跳过此步骤）。

2）打开终端并运行如下这些命令：

```
brew update
brew install --HEAD libimobiledevice
brew install ideviceinstaller ios-deploy cocoapods
pod setup
```

如果这些命令中的任何一个失败并出现错误提示，请运行 brew doctor 并按照提示说明解决问题。

3）遵循 Xcode 签名流程来配置你的项目，流程具体如下。

- 在你的 Flutter 项目目录中通过 open ios/Runner.xcworkspace 打开默认的 Xcode workspace。
- 在 Xcode 中，选择导航面板左侧的 Runner 项目。
- 在 Runner target 设置页面中，确保在 General > Signing > Team 下选择的是你的开

发团队。当你选择一个团队时，Xcode 会创建并下载开发证书，向你的设备注册你的账户，并且创建和下载配置文件（如果需要的话）。

- 若要开始你的第一个 iOS 开发项目，则可能需要使用你的 Apple ID 登录 Xcode，如图 1-5 所示。

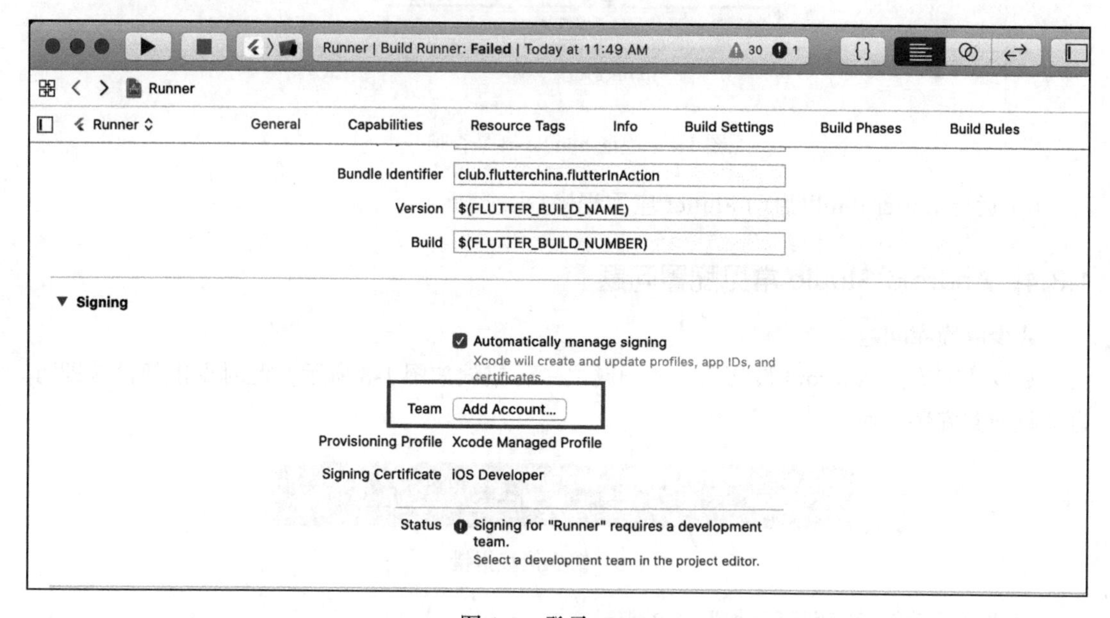

图 1-5　登录 Xcode

任何 Apple ID 都支持开发和测试，但若想将应用分发到 App Store，就必须注册 Apple 开发者计划，相关详情读者可以自行了解。

4）当你第一次连接真机设备进行 iOS 开发时，需要同时信任你的 Mac 和该设备上的开发证书。首次将 iOS 设备连接到 Mac 时，请在对话框中选择 Trust，如图 1-6 所示。

图 1-6　添加信任

然后，转到 iOS 设备上的**设置菜单**，选择**常规 > 设备管理**，并信任你的证书。

5）如果 Xcode 中的自动签名失败，则验证项目的 General > Identity > Bundle Identifier 值是否唯一，如图 1-7 所示。

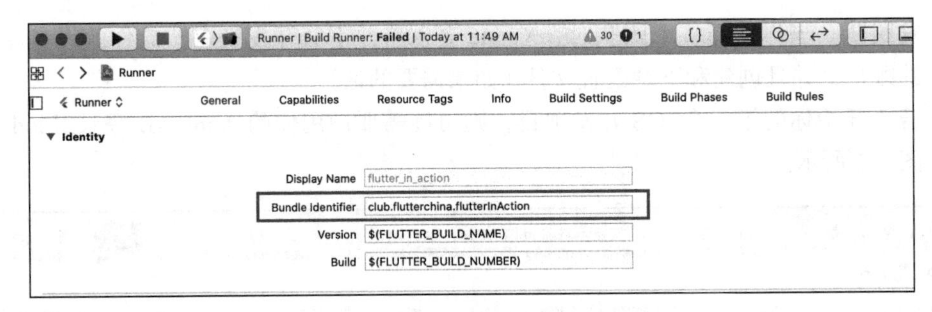

图 1-7 验证 bundle id 是否唯一

6）运行 flutter run 以启动 Flutter 应用程序。

1.3.4 Android Studio 常见配置问题

缺少依赖库问题

缺少依赖库是 Android 最常遇见的问题之一，错误如图 1-8 所示，此时点击超链接即可自动跳转到安装页面。

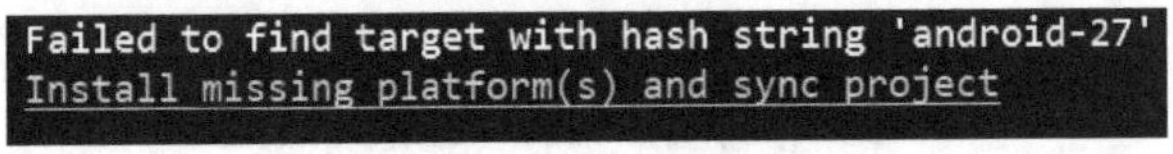

```
Failed to find target with hash string 'android-27'
Install missing platform(s) and sync project
```

图 1-8 缺少依赖报错

安装之后重新运行即可，如图 1-9 所示。

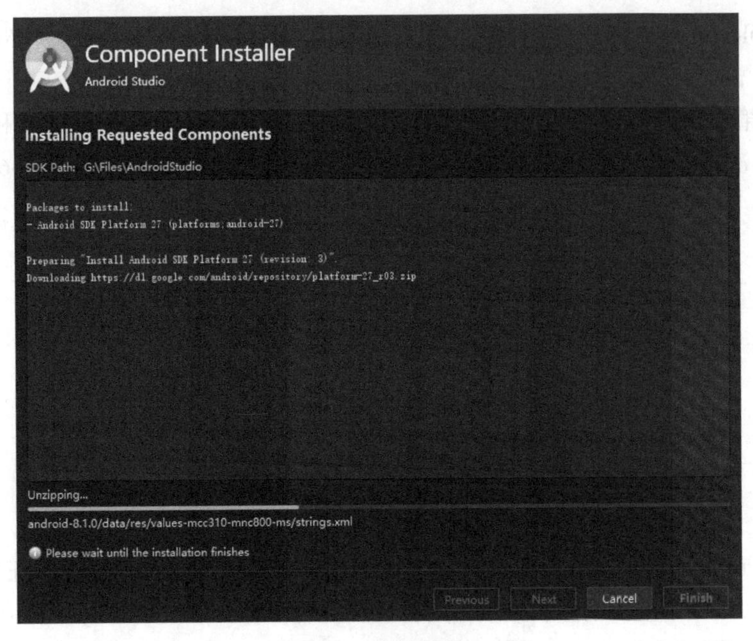

图 1-9 安装依赖

连接不上 Android Repository

这也是最常见的问题之一，当你发现自己无法下载部分依赖的时候，请优先考虑这种情况。进入 File > Settings > Appearance & Behavior > System Settings > Android SDK > SDK Update Sites 列表，可以看到此时的 Android Repository 无法连接，如图 1-10 所示。

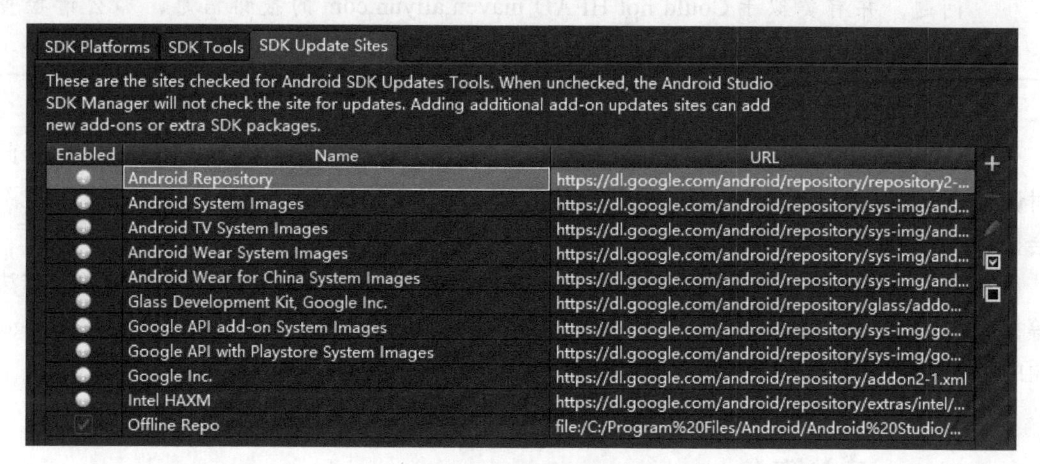

图 1-10　下载依赖失败

这是由于要通过 Google 下载 Android SDK，但目前在国内无法访问 Google 所致，因此，我们可以配置代理或使用 vpn。

Android 包配置问题

一般格式为：

```
Could not HEAD **
Could not Get **
```

例如：

```
Android Studio Could not GET gradle-3.2.0.pom
```

这一类问题是由于无法连接到 Maven 库造成的，解决步骤具体如下。

1）进入当前所在项目名 /android。

2）打开 build.gradle。

3）找到下面这一部分，并添加一句：

```
allprojects {
    repositories {
      google()
      jcenter()
      maven { url 'http://maven.aliyun.com/nexus/content/groups/public/' } // 添
加这一句
   }
}
```

4）进入 File > Settings > Build, Execution, Deployment > BuildTools > Gradle > Android Studio 中，勾选上 Enable embedded Maven repository，重启 Android Studio 即可解决。

注意 可能会存在这样一种情况，当你根据上述步骤进行设置之后，依旧无法解决这个问题，并有类似于 Could not HEAD maven.aliyun.com 的报错信息，那么请检查 C:\Users\{user_name}\.gradle\gradle.properties 是否设置了代理。删除后问题即可解决。

热重载失效问题

在为 Terminal 之类的终端模拟器设置代理之后，会导致"Hot Reload"重载失效，此时调用 Save（cmd-s / ctrl-s）将不会进行热重载，**热重载按钮**（带有闪电图标的按钮）也不会显示，将代理移除即可解决该问题。

另外，某些情况下热重载是不生效的，比如修改了 main 函数、修改了全局静态方法等，读者可以认为"Hot Reload"只会重新构建整个 Widget 树，如果变动不在构建 Widget 树的过程当中，"Hot Reload"就不会起作用。

1.4 Dart 语言简介

在前文中，我们已经介绍过 Dart 语言的相关特性，读者可以翻看一下，如果读者已经熟悉了 Dart 语法，则可以跳过本节。如果你还不了解 Dart，那么也不用担心，按照笔者的经验，如果你有其他编程语言学习经验（尤其是 Java 和 JavaScript）的话，也会非常容易上手 Dart。当然，如果你是 iOS 开发者，也不用担心，Dart 中也有一些与 Swift 比较相似的特性，如命名参数等，笔者当时学习 Dart 时，只花费了一个小时，看完 Dart 官网的 Language Tour，就开始动手编写 Flutter 应用了。

在笔者看来，Dart 的设计目标应该是同时借鉴了 Java 和 JavaScript。Dart 在静态语法方面与 Java 非常相似，如类型定义、函数声明、泛型等，而在动态特性方面又与 JavaScript 很像，如函数式特性、异步支持等。除了融合 Java 和 JavaScript 语言之所长之外，Dart 也具有一些其他具有表现力的语法，如可选命名参数、".."（级联运算符）和"?."（条件成员访问运算符）以及"??"（判空赋值运算符）。其实，对编程语言了解比较多的读者将会发现，在 Dart 中看到的不只有 Java 和 JavaScript 的影子，它还具有其他编程语言的影子，如命名参数在 Objective-C 和 Swift 中很普遍，而"??"操作符在 PHP 7.0 语法中就已经存在了，因此我们可以看到 Google 对 Dart 语言寄予厚望，是想将 Dart 打造成一门集百家之所长的编程语言。

接下来，我们先对 Dart 语法做一个简单的介绍，然后再将 Dart 与 JavaScript 和 Java 做一个简要的对比，方便读者更好地理解 Dart。

> 注意 由于本书并非专门介绍Dart语言的书籍，所以本节将主要介绍一下Dart在Flutter开发中常用的语法特性，如果想更多地了解Dart语言，读者可以通过Dart官网学习，现在互联网上Dart的相关资料已经很多了。另外Dart 2.0已经正式发布，所以本书所有示例均采用Dart 2.0语法。

1.4.1 变量声明

var

类似于JavaScript中的var，它可以接收任何类型的变量，但最大的不同之处是Dart中var变量一旦赋值，类型便会确定，即不能再改变其类型，如：

```
var t;
t = "hi world";
// 下面代码在Dart中会报错，因为变量t的类型已经确定为String
// 类型一旦确定后就不能再更改其类型
t = 1000;
```

上面的代码在JavaScript中是没有问题的，前端开发者需要注意一下，之所以有此差异是因为Dart本身是一个强类型语言，任何变量都是有确定类型的，在Dart中，当用var声明一个变量之后，Dart在编译时会根据第一次赋值数据的类型来推断其类型，编译结束后其类型就已经被确定，而JavaScript是纯粹的弱类型脚本语言，var只是变量的声明方式而已。

dynamic和Object

Object是Dart所有对象的根基类，也就是说所有类型都是Object的子类（包括Function和Null），所以任何类型的数据都可以赋值给Object声明的对象。dynamic与var一样都是关键词，声明的变量可以赋值任意对象。而dynamic与Object的相同之处在于，它们声明的变量可以在后期改变赋值类型。示例代码如下：

```
dynamic t;
Object x;
t = "hi world";
x = 'Hello Object';
// 下面的代码就没有问题
t = 1000;
x = 1000;
```

dynamic与Object不同的是，对于dynamic声明的对象，编译器会提供所有可能的组合，而Object声明的对象只能使用Object的属性与方法，否则编译器会报错。如：

```
dynamic a;
Object b;
main() {
  a = "";
```

```
  b = "";
  printLengths();
}

printLengths() {
  // no warning
  print(a.length);
  // warning:
  // The getter 'length' is not defined for the class 'Object'
  print(b.length);
}
```

变量 a 不会报错，对于变量 b，编译器会报错。

dynamic 的这个特性与 Objective-C 中的 id 作用很像。dynamic 的这个特点使得我们在使用它时需要格外注意，这样很容易引入一个运行时错误。

final 和 const

如果你从未打算更改一个变量，那么请使用 final 或 const，而不是 var，也不是一个类型。一个 final 或 const 变量只能被设置一次，两者的区别在于：const 变量是一个编译时常量，final 变量则是在第一次使用时就被初始化。对于被 final 或者 const 修饰的变量，其变量类型可以省略，如：

```
// 可以省略 String 这个类型声明
final str = "hi world";
//final String str = "hi world";
const str1 = "hi world";
//const String str1 = "hi world";
```

1.4.2 函数

Dart 是一种真正的面向对象语言，所以即使是函数也是对象，并且有一个类型 Function。这意味着函数可以赋值给变量或作为参数传递给其他函数，这是函数式编程的典型特征。

函数声明，示例代码如下：

```
bool isNoble(int atomicNumber) {
  return _nobleGases[atomicNumber] != null;
}
```

Dart 函数声明如果没有显式声明返回值的类型时，会默认当作 dynamic 处理，注意，函数返回值没有类型推断。示例代码如下：

```
typedef bool CALLBACK();

// 不指定返回类型，此时默认为 dynamic，而不是 bool
isNoble(int atomicNumber) {
```

```
  return _nobleGases[atomicNumber] != null;
}

void test(CALLBACK cb){
    print(cb());
}
//报错，isNoble 不是 bool 类型
test(isNoble);
```

对于只包含一个表达式的函数，可以使用简写语法，如：

```
bool isNoble (int atomicNumber)=> _nobleGases [ atomicNumber ] ! = null ;
```

函数作为变量，示例代码如下：

```
var say = (str){
  print(str);
};
say("hi world");
```

函数作为参数传递，示例代码如下：

```
void execute(var callback) {
  callback();
}
execute(() => print("xxx"))
```

可选的位置参数，示例代码如下：
包装一组函数参数，用“[]”标记为可选的位置参数：

```
String say(String from, String msg, [String device]) {
  var result = '$from says $msg';
  if (device != null) {
    result = '$result with a $device';
  }
  return result;
}
```

下面是一个不带可选参数而调用这个函数的例子：

```
say('Bob', 'Howdy'); //结果是: Bob says Howdy
```

下面是用第三个参数调用这个函数的例子：

```
say('Bob', 'Howdy', 'smoke signal'); //结果是: Bob says Howdy with a smoke signal
```

可选的命名参数，示例代码如下：
定义函数时使用 {param1, param2, ...}，可用于指定命名参数：

```
//设置 [bold] 和 [hidden] 标志
void enableFlags({bool bold, bool hidden}) {
```

```
  // ...
}
```

调用函数时，可以使用指定命名参数。例如“paramName: value”。

```
enableFlags(bold: true, hidden: false);
```

可选命名参数在 Flutter 中使用非常普遍。

1.4.3 异步支持

Dart 类库有非常多的返回 Future 或者 Stream 对象的函数。这些函数称为**异步函数**：它们只会在设置好一些耗时操作之后返回，比如 IO 操作，而不是等到这个操作完成。

async 和 await 关键词支持异步编程，允许你写出与同步代码类似的异步代码。

Future

Future 与 JavaScript 中的 Promise 非常相似，表示一个异步操作的最终完成（或失败）及其结果值的表示。简单来说，它就是用于处理异步操作的，如果异步处理成功了就执行成功的操作，如果异步处理失败了就捕获错误或者停止后续操作。一个 Future 只会对应于一个结果，要么成功，要么失败。

由于 Future 本身包含的功能比较多，因此这里我们只介绍其常用的 API 及特性。还有，请记住，Future 的所有 API 的返回值仍然是一个 Future 对象，所以可以很方便地进行链式调用。

Future.then

为了方便举例讲解，在本例中，我们使用 Future.delayed 创建一个延时任务（实际场景会是一个真正的耗时任务，比如一次网络请求），即 2 秒后返回结果字符串“hi world!”，然后我们在 then 中接收异步结果并打印结果，代码如下：

```
Future.delayed(new Duration(seconds: 2),(){
  return "hi world!";
}).then((data){
  print(data);
});
```

Future.catchError

如果异步任务发生错误，那么我们可以在 catchError 中捕获错误，我们将上面的示例代码修改如下：

```
Future.delayed(new Duration(seconds: 2),(){
  //return "hi world!";
  throw AssertionError("Error");
}).then((data){
  //执行成功会走到这里
  print("success");
```

```
}).catchError((e){
  //执行失败会走到这里
  print(e);
});
```

在本示例中，我们在异步任务中抛出了一个异常，then的回调函数将不会被执行，取而代之的是catchError回调函数将被调用；但是，并不是只有catchError回调才能捕获错误，then方法还有一个可选参数onError，我们也可以用它来捕获异常，代码如下：

```
Future.delayed(new Duration(seconds: 2), () {
  //return "hi world!";
  throw AssertionError("Error");
}).then((data) {
  print("success");
}, onError: (e) {
  print(e);
});
```

Future.whenComplete

有些时候，我们会遇到无论异步任务执行成功或失败都需要做一些事情的场景，比如，在网络请求前弹出加载对话框，在请求结束后关闭对话框。对于这种场景，有两种方法可以处理，第一种方法是分别在then或catch中关闭对话框，第二种是使用Future的whenComplete回调函数，我们将上面的示例代码修改如下：

```
Future.delayed(new Duration(seconds: 2),(){
  //return "hi world!";
  throw AssertionError("Error");
}).then((data){
  //执行成功会走到这里
  print(data);
}).catchError((e){
  //执行失败会走到这里
  print(e);
}).whenComplete((){
  //无论成功或失败都会走到这里
});
```

Future.wait

有些时候，我们需要等待多个异步任务都执行结束后才进行一些操作，比如我们有一个界面，需要先分别从两个网络接口处获取数据，获取成功后，我们需要将两个接口数据进行特定的处理后再显示到UI上，应该怎么做呢？答案是Future.wait，它接受一个Future数组参数，只有数组中所有的Future都执行成功后，才会触发then的成功回调，只要有一个Future执行失败，就会触发错误回调。下面我们通过模拟Future.delayed来模拟两个数据获取的异步任务，当这两个异步任务都执行成功时，将两个异步任务的结果拼接并打印出来，代码如下：

```
Future.wait([
  // 2 秒后返回结果
  Future.delayed(new Duration(seconds: 2), () {
    return "hello";
  }),
  // 4 秒后返回结果
  Future.delayed(new Duration(seconds: 4), () {
    return " world";
  })
]).then((results){
  print(results[0]+results[1]);
}).catchError((e){
  print(e);
});
```

执行上面的代码，4 秒后你会在控制台中看到“hello world”。

Async/await

Dart 中的 async/await 和 JavaScript 中的 async/await 的功能和用法一模一样，如果你已经了解了 JavaScript 中的 async/await 的用法，则可以直接跳过本节。

回调地狱（Callback Hell）

如果代码中存在大量异步逻辑，并且出现大量异步任务依赖其他异步任务的结果时，必然会出现 Future.then 回调中套回调的情况。举个例子，比如现在有个需求场景是用户先登录，登录成功后会获得用户 ID，然后通过用户 ID 再请求用户的个人信息，获取到用户个人信息后，为了使用方便，我们需要将其缓存在本地文件系统中，代码如下：

```
//先分别定义各个异步任务
Future<String> login(String userName, String pwd){
  ...
  //用户登录
};
Future<String> getUserInfo(String id){
  ...
  //获取用户信息
};
Future saveUserInfo(String userInfo){
  ...
  // 保存用户信息
};
```

接下来，执行整个任务流：

```
login("alice","******").then((id){
  //登录成功后通过 id 获取用户信息
  getUserInfo(id).then((userInfo){
      //获取用户信息后保存
      saveUserInfo(userInfo).then((){
        //保存用户信息，接下来执行其他操作
          ...
```

```
        });
    });
})
```

可以感受一下，如果业务逻辑中有大量异步依赖的情况，则会出现上面这种在回调里面套回调的情况，过多的嵌套会导致代码的可读性下降以及出错率提高，并且非常难以维护，这个问题被形象地称为**回调地狱**。回调地狱问题在JavaScript中非常突出，也是JavaScript被抱怨最多的点，但随着ECMAScript6和ECMAScript7标准的发布，这个问题得到了非常好的解决，而解决回调地狱的两大神器正是ECMAScript6引入的Promise，以及ECMAScript7中引入的async/await。而Dart几乎是完全平移了JavaScript中的这两者：Future相当于Promise，而async/await连名字都没有改。接下来我们看看通过Future和async/await如何消除上面示例中的嵌套问题。

1）使用Future消除回调地狱

```
login("alice","******").then((id){
      return getUserInfo(id);
}).then((userInfo){
      return saveUserInfo(userInfo);
}).then((e){
    //执行接下来的操作
}).catchError((e){
  //错误处理
  print(e);
});
```

正如上文所述，“Future的所有API的返回值仍然是一个Future对象，所以可以很方便地进行链式调用”，如果在then中返回的是一个Future的话，那么该Future会执行，执行结束后会触发后面的then回调，这样依次向下，就避免了层层嵌套。

2）使用async/await消除回调地狱

通过在Future回调中再返回Future的方式虽然能避免层层嵌套，但是还是有一层回调，那么，有没有一种方式能够让我们可以像写同步代码那样来执行异步任务而不使用回调的方式？答案是肯定的，这就要使用async/await了，下面我们先直接看代码，然后再解释，代码如下：

```
task() async {
  try{
    String id = await login("alice","******");
    String userInfo = await getUserInfo(id);
    await saveUserInfo(userInfo);
    //执行接下来的操作
  } catch(e){
    //错误处理
    print(e);
  }
}
```

- async 用于表示函数是异步的，定义的函数会返回一个 Future 对象，可以使用 then 方法添加回调函数。
- await 后面是一个 Future，表示等待该异步任务完成，异步任务完成之后才会继续往下运行；await 必须出现在 async 函数内部。

可以看到，我们通过 async/await 将一个异步流用同步的代码表示出来了。

其实，无论是在 JavaScript 中还是在 Dart 中，async/await 都只是一个语法糖，编译器或解释器最终都会将其转化为一个 Promise（Future）的调用链。

1.4.4 Stream

Stream 也可用于接收异步事件数据，与 Future 不同的是，它可以接收多个异步操作的结果（成功的或失败的）。也就是说，在执行异步任务时，可以通过多次触发成功或失败事件来传递结果数据或错误异常。Stream 常用于需要多次读取数据的异步任务的场景，如网络内容下载、文件读写等。举个例子：

```
Stream.fromFutures([
  // 1 秒后返回结果
  Future.delayed(new Duration(seconds: 1), () {
      return "hello 1";
  }),
  // 抛出一个异常
  Future.delayed(new Duration(seconds: 2),(){
      throw AssertionError("Error");
  }),
  // 3 秒后返回结果
  Future.delayed(new Duration(seconds: 3), () {
      return "hello 3";
  })
]).listen((data){
    print(data);
},  onError: (e){
    print(e.message);
},onDone: (){

});
```

上面的代码依次会输出：

```
I/flutter (17666): hello 1
I/flutter (17666): Error
I/flutter (17666): hello 3
```

代码很简单，具体解释就不赘述了。

思考题 既然 Stream 可以接收多次事件，那能不能用 Stream 来实现一个订阅者模式的事件总线呢？

1.4.5 Dart与Java及JavaScript的对比

通过上面的介绍，相信你对Dart应该有了一个初步的印象，由于笔者平时也使用Java和JavaScript，下面笔者根据自己的经验，结合Java和JavaScript谈一下自己的看法。

之所以将Dart与Java和JavaScript进行对比，因为这两者分别是强类型语言和弱类型语言的典型代表，并且Dart语法中很多地方也都借鉴了Java和JavaScript。

Dart与Java

客观地讲，Dart在语法层面确实比Java更有表现力；在VM层面，Dart VM在内存回收和吞吐量方面都进行了反复的优化。至于具体的性能对比，笔者没有找到相关的测试数据，但在笔者看来，只要Dart语言能流行，VM的性能就不用担心，毕竟Google在Go（没用VM但有GC)、JavaScript(v8)、Dalvik(Android上的Java VM）上已经有了很多技术积淀。值得注意的是，Dart在Flutter中已经可以将GC做到10毫秒以内，所以Dart与Java相比，决胜因素并不会是在性能方面。而在语法层面，Dart要比Java更有表现力，最重要的是，Dart对函数式编程的支持要远强于Java（目前只停留在Lambda表达式上)，而Dart目前真正的不足是**生态**，但笔者相信，随着Flutter的逐渐火热，会回过头来反推Dart生态的加速发展，对于Dart来说，现在需要的是时间。

Dart与JavaScript

JavaScript的弱类型一直被诟病，所以TypeScript、CoffeeScript甚至是Facebook的flow（虽然并不能算JavaScript的一个超集，但也通过标注和打包工具提供了静态类型检查）才有市场。在笔者使用过的脚本语言中（笔者曾使用过Python、PHP)，JavaScript无疑是**动态化**支持最好的脚本语言，比如，在JavaScript中可以对任何对象在任何时候动态扩展属性，对于精通JavaScript的高手来说，这无疑是一把利剑。但是，任何事物都有两面性，JavaScript强大的动态化特性也是一把双刃剑，你可能会经常听到另一个声音，认为JavaScript的这种动态性糟糕极了，太过灵活反而导致代码很难预期，无法限制不被期望的修改。毕竟有些人总是对自己或别人写的代码不放心，他们希望能够让代码变得可控，并期望拥有一套静态类型检查系统来帮助自己减少错误。正因如此，在Flutter中，Dart几乎放弃了脚本语言动态化的特性，如不支持反射，也不支持动态创建函数等。并且Dart在2.0版强制开启了类型检查（strong Mode)，原先的检查模式（checked mode）和可选类型（optional type）将淡出，所以从类型安全这个层面来说，Dart和TypeScript、CoffeeScript是差不多的。如果单从这一点来看，Dart并不具备什么明显优势，但综合起来看，Dart能同时进行服务端脚本开发、APP开发、Web开发，这就是其优势！

综上所述，笔者还是很看好Dart语言的未来的，之所以表态，是因为在新技术发展初期，很多人可能还有所摇摆，有所犹豫，所以有必要为大家打一剂强心针。当然，这是一个见仁见智的问题，大家可以各抒己见。

Chapter 2 第2章

第一个 Flutter 应用

2.1 计数器应用示例

用 Android Studio 和 VS Code 创建的 Flutter 应用模板默认是一个简单的计数器示例。本节先详细讲解一下这个计数器 Demo 的源代码，让读者对 Flutter 应用程序结构有一个基本了解，随后的小节将会基于此示例，逐步添加一些新的功能来介绍 Flutter 应用的其他概念与技术。

对于接下来的示例，希望读者随着本书一起亲自动手实践一下，这样不仅可以加深印象，而且会对介绍的概念与技术有一个真切的体会。如果你还不是很熟悉 Dart 语言或者还没有移动开发的经验，不用担心，只要你熟悉面向对象和基本编程的概念（如变量、循环和条件控制），就可以完成本示例。

2.1.1 创建 Flutter 应用模板

通过 Android Studio 或 VS Code 创建一个新的 Flutter 工程，命名为“first_flutter_app”。创建好后，就会得到一个计数器应用的 Demo。

> 注意 默认 Demo 示例可能会随着编辑器 Flutter 插件版本的变化而变化，本例中会介绍计数器示例的全部代码，所以不会对本示例产生影响。

我们先运行创建的工程，效果如图 2-1 所示。

在图 2-1 所示的计数器示例中，每点击一次右下角带“+”号的悬浮按钮，屏幕中央的数字就会加 1。

在这个示例中，主要 Dart 代码存在于 lib/main.dart 文件中，下面是它的源代码：

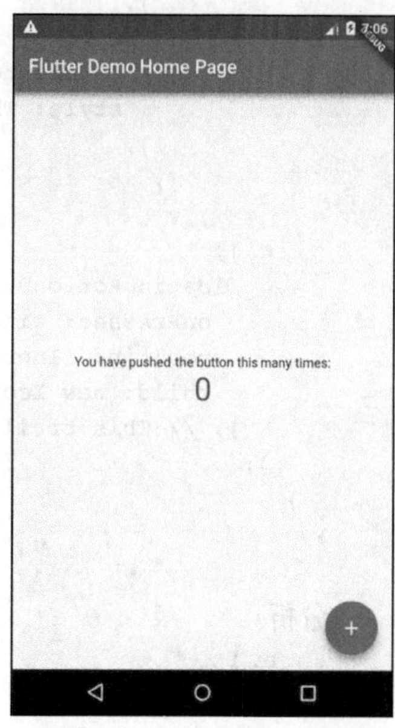

图 2-1 计数器示例

```
import 'package:flutter/material.dart';

void main() => runApp(new MyApp());

class MyApp extends StatelessWidget {
  @override
  Widget build(BuildContext context) {
    return new MaterialApp(
      title: 'Flutter Demo',
      theme: new ThemeData(
        primarySwatch: Colors.blue,
      ),
      home: new MyHomePage(title: 'Flutter Demo
Home Page'),
    );
  }
}

class MyHomePage extends StatefulWidget {
  MyHomePage({Key key, this.title}) : super(key: key);
  final String title;

  @override
  _MyHomePageState createState() => new _MyHomePageState();
}

class _MyHomePageState extends State<MyHomePage> {
  int _counter = 0;

  void _incrementCounter() {
    setState(() {
      _counter++;
    });
  }

  @override
  Widget build(BuildContext context) {
    return new Scaffold(
      appBar: new AppBar(
        title: new Text(widget.title),
      ),
      body: new Center(
        child: new Column(
          mainAxisAlignment: MainAxisAlignment.center,
          children: <Widget>[
            new Text(
```

```
              'You have pushed the button this many times:',
            ),
            new Text(
              '$_counter',
              style: Theme.of(context).textTheme.display1,
            ),
          ],
        ),
      ),
      floatingActionButton: new FloatingActionButton(
        onPressed: _incrementCounter,
        tooltip: 'Increment',
        child: new Icon(Icons.add),
      ), // This trailing comma makes auto-formatting nicer for build methods.
    );
  }
}
```

分析

1）导入包。

```
import 'package:flutter/material.dart';
```

此行代码的作用是导入了 Material UI 组件库。Material 是一种标准的移动端和 Web 端的视觉设计语言，Flutter 默认提供了一套丰富的 Material 风格的 UI 组件。

2）应用入口。

```
void main() => runApp(MyApp());
```

- 与 C/C++、Java 类似，在 Flutter 应用中 main 函数为应用程序的入口。main 函数中调用了 runApp 方法，它的功能是启动 Flutter 应用。runApp 接受一个 Widget 参数，在本示例中它是一个 MyApp 对象，MyApp() 是 Flutter 应用的根组件。
- main 函数使用了“=>”符号，这是 Dart 中单行函数或方法的简写。

3）应用结构。

```
class MyApp extends StatelessWidget {
  @override
  Widget build(BuildContext context) {
    return new MaterialApp(
      //应用名称
      title: 'Flutter Demo',
      theme: new ThemeData(
        //蓝色主题
        primarySwatch: Colors.blue,
      ),
      //应用首页路由
      home: new MyHomePage(title: 'Flutter Demo Home Page'),
```

```
    );
  }
}
```

- MyApp 类代表 Flutter 应用，其继承了 StatelessWidget 类，这也就意味着应用本身也是一个 Widget。
- 在 Flutter 中，大多数东西都是 Widget，包括对齐（alignment）、填充（padding）和布局（layout）等，它们都是以 Widget 的形式提供的。
- Flutter 在构建页面时，会调用组件的 build 方法，Widget 的主要工作是提供一个 build() 方法来描述如何构建 UI（通常是通过组合、拼装其他基础 Widget 来实现的）。
- MaterialApp 是 Material 库中提供的 Flutter APP 框架，其可用于设置应用的名称、主题、语言、首页及路由列表等。MaterialApp 也是一个 Widget。
- Scaffold 是 Material 库中提供的页面脚手架，其包含导航栏、Body 以及 FloatingActionButton（如果需要的话）。在本书后面的示例中，默认路由都是通过 Scaffold 创建的。
- home 为 Flutter 应用的首页，其也是一个 Widget。

2.1.2　首页

```
class MyHomePage extends StatefulWidget {
    MyHomePage({Key key, this.title}) : super(key: key);
    final String title;
    @override
    _MyHomePageState createState() => new _MyHomePageState();
}

class _MyHomePageState extends State<MyHomePage> {
  ...
}
```

MyHomePage 是 Flutter 应用的首页，其继承自 StatefulWidget 类，表示它是一个有状态的组件（Stateful Widget）。关于 Stateful Widget 我们将在 3.1 节中进行详细介绍，现在我们只需简单地认为有状态的组件和无状态的组件（Stateless Widget）具有如下两点不同之处即可。

1）Stateful Widget 可以拥有状态，这些状态在 Widget 生命周期中是可以发生改变的，而 Stateless Widget 则是不可变的。

2）Stateful Widget 至少由两个类组成，具体如下。

- 一个 StatefulWidget 类。
- 一个 State 类；StatefulWidget 类本身是不会变化的，但是 State 类中持有的状态在 Widget 生命周期中则可能会发生变化。

_MyHomePageState 类是 MyHomePage 类对应的状态类。看到这里，读者可能已经发现：与 MyApp 类不同，MyHomePage 类中并没有 build 方法，build 方法被挪到了 _MyHomePageState 方法中，至于为什么要这样做，先留个疑问，在分析完完整的代码之后再来解答。

State 类

接下来，我们看看 _MyHomePageState 中都包含哪些内容。

1）该组件的状态。由于我们只需要维护一个计数器，所以这里定义一个 _counter 状态即可：

```
int _counter = 0; //用于记录按钮点击的总次数
```

_counter 用于保存屏幕右下角带“+”号按钮点击次数的状态。

2）设置状态的自增函数。

```
void _incrementCounter() {
  setState(() {
    _counter++;
  });
}
```

当按钮被点击时，计数器会调用此函数，该函数的作用是先自增 _counter，然后调用 setState 方法。setState 方法的作用是通知 Flutter 框架有状态发生了改变，Flutter 框架收到通知后，会执行 build 方法来根据新的状态重新构建界面，Flutter 对此方法进行了优化，使重新执行变得很快，所以你可以重新构建任何需要更新的东西，而无须分别修改各个 Widget。

3）构建 UI。

构建 UI 的逻辑在 build 方法中，当 MyHomePage 第一次创建时，_MyHomePageState 类会随之创建，当初始化完成后，Flutter 框架会调用 Widget 的 build 方法来构建 Widget 树，最终将 Widget 树渲染到设备屏幕上。下面，我们就来看看 _MyHomePageState 的 build 方法中都实现了什么功能：

```
Widget build(BuildContext context) {
  return new Scaffold(
    appBar: new AppBar(
      title: new Text(widget.title),
    ),
    body: new Center(
      child: new Column(
        mainAxisAlignment: MainAxisAlignment.center,
        children: <Widget>[
          new Text(
            'You have pushed the button this many times:',
          ),
```

```
            new Text(
              '$_counter',
              style: Theme.of(context).textTheme.display1,
            ),
          ],
        ),
      ),
      floatingActionButton: new FloatingActionButton(
        onPressed: _incrementCounter,
        tooltip: 'Increment',
        child: new Icon(Icons.add),
      ),
    );
  }
```

- Scaffold 是 Material 组件库中提供的一个组件，它提供了默认的导航栏、标题和包含主屏幕 Widget 树（后同“组件树”或“部件树”）的 body 属性。组件树可以很复杂。
- body 的组件树中包含了一个 Center 组件，Center 可以将其子组件树对齐到屏幕中心。此例中，Center 子组件中是一个 Column 组件，Column 的作用是将其所有子组件沿屏幕垂直方向依次排列。此例中的 Column 子组件是两个 Text：第一个 Text 显示固定文本“ You have pushed the button this many times:”，第二个 Text 显示 _counter 状态的数值。
- floatingActionButton 是页面右下角的带“+”的悬浮按钮，它的 onPressed 属性接受一个回调函数，代表该按钮被点击后的处理器，本例中直接将 _incrementCounter 方法作为其处理函数。

现在，我们将整个计数器执行流程串联起来：当右下角的 floatingActionButton 按钮被点击之后，会调用 _incrementCounter 方法。在 _incrementCounter 方法中，首先会自增 _counter 计数器（状态），然后 setState 会通知 Flutter 框架状态发生变化，接着，Flutter 框架会调用 build 方法以新的状态重新构建 UI，最终显示在设备屏幕上。

为什么要将 build 方法放在 State 中，而不是放在 StatefulWidget 中呢？我们将在 3.1 节中解释。

现在，我们回答之前提出的问题，为什么 build() 方法放在 State（而不是 StatefulWidget）中？这主要是为了提高开发的灵活性。如果将 build() 方法放在 StatefulWidget 中则会出现如下两个问题。

- 状态访问不便。

试想一下，如果我们的 StatefulWidget 包含很多状态，而每次状态发生改变都要调用 build 方法，由于状态是保存在 State 中的，如果 build 方法在 StatefulWidget 中，那么 build 方法和状态就分别位于两个类中，这样，构建时读取状态将会很不方便！试想一下，如果真的将 build 方法放在 StatefulWidget 中，由于构建用户界面过程需要依赖 State，所以 build 方法将必须添加一个 State 参数，大概是如下面这样：

```
Widget build(BuildContext context, State state){
  //state.counter
  ...
}
```

这样就只能将 State 的所有状态声明为公开的状态，才能在 State 类的外部访问状态！但是，将状态设置为公开后，状态将不再具有私密性，这就会导致对状态的修改将会变得不可控。可是如果将 build() 方法放在 State 中，那么构建过程不仅可以直接访问状态，而且也无须公开私有状态，这样就会非常方便。

❑ 继承 StatefulWidget 不便。

例如，Flutter 中有一个动画 Widget 的基类 AnimatedWidget，它继承自 StatefulWidget 类。AnimatedWidget 中引入了一个抽象方法 build(BuildContext context)，继承自 AnimatedWidget 的动画 Widget 都要实现这个 build 方法。现在设想一下，如果 StatefulWidget 类中已经有了一个 build 方法，那么，如上面所述，此时 build 方法需要接收一个 state 对象，这就意味着 AnimatedWidget 必须将自己的 State 对象（记为 _animatedWidgetState）提供给其子类，因为子类需要在其 build 方法中调用父类的 build 方法，代码可能如下：

```
class MyAnimationWidget extends AnimatedWidget{
  @override
  Widget build(BuildContext context, State state){
    // 由于子类要用到 AnimatedWidget 的状态对象 _animatedWidgetState，
    // 所以 AnimatedWidget 必须通过某种方式将其状态对象
    //_animatedWidgetState 暴露给其子类
    super.build(context, _animatedWidgetState)
  }
}
```

这样操作很显然是不合理的，具体原因如下。

1）AnimatedWidget 的状态对象是 AnimatedWidget 的内部实现细节，不应该暴露给外部。

2）如果要将父类状态暴露给子类，那么必须要有一套传递机制，而实现这一套传递机制是无意义的，因为父子类之间状态的传递与子类本身的逻辑是无关的。

综上所述，可以发现，对于 StatefulWidget，将 build 方法放在 State 中，可以为开发带来很大的灵活性。

2.2 路由管理

路由（Route）在移动开发中通常是指页面（Page），这与 Web 开发中单页应用的 Route 概念的意义是相同的，Route 在 Android 中通常是指一个 Activity，在 iOS 中则是指一个 ViewController。所谓路由管理，就是管理页面之间如何跳转，通常也可称为导航管理。Flutter 中的路由管理与原生开发类似，无论是 Android 还是 iOS，导航管理都会维护一个路由栈，路由入栈（push）操作对应于打开一个新页面，路由出栈（pop）操作对应于页面关闭操作，而路由管理则主要是指如何管理路由栈。

2.2.1　一个简单示例

我们在 2.1 节的基础上，做如下修改。

1）创建一个新路由，命名为“NewRoute”，代码如下。

```
class NewRoute extends StatelessWidget {
  @override
  Widget build(BuildContext context) {
    return Scaffold(
      appBar: AppBar(
        title: Text("New route"),
      ),
      body: Center(
        child: Text("This is new route"),
      ),
    );
  }
}
```

新路由继承自 StatelessWidget，界面很简单，在页面中间显示一句“This is new route”。

2）在 _MyHomePageState.build 方法中，为 Column 的子 Widget 添加一个按钮（FlatButton），代码如下：

```
Column(
    mainAxisAlignment: MainAxisAlignment.center,
    children: <Widget>[
    ... //省略无关代码
    FlatButton(
        child: Text("open new route"),
        textColor: Colors.blue,
        onPressed: () {
          //导航到新路由
          Navigator.push( context,
            MaterialPageRoute(builder: (context) {
              return NewRoute();
            }));
          },
        ),
      ],
  )
```

我们添加了一个打开新路由的按钮，并将按钮文字的颜色设置为蓝色，点击该按钮后就会打开新的路由页面，效果如图 2-2 和图 2-3 所示。

图 2-2 添加打开新路由按钮

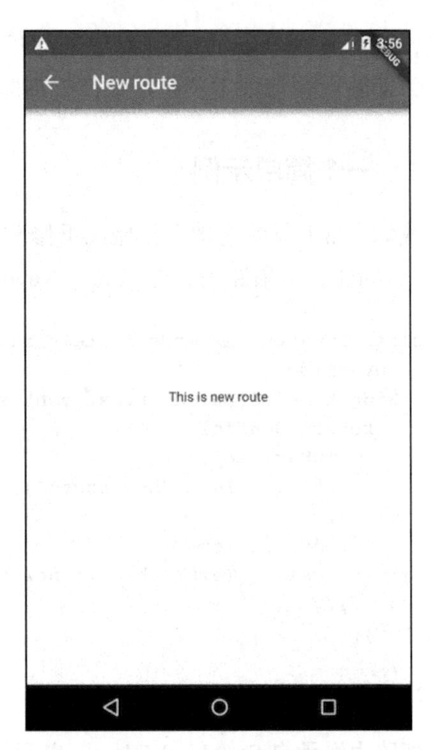

图 2-3 新路由页面

2.2.2 MaterialPageRoute

MaterialPageRoute 继承自 PageRoute 类，PageRoute 类是一个抽象类，表示占有整个屏幕空间的一个模态路由页面，它还定义了路由构建及切换时过渡动画的相关接口及属性。MaterialPageRoute 是 Material 组件库提供的组件，它可以针对不同的平台，实现与平台页面切换动画风格一致的路由切换动画，具体说明如下。

- 对于 Android，当打开新页面时，新的页面会从屏幕底部滑动到屏幕顶部；当关闭页面时，当前页面会从屏幕顶部滑动到屏幕底部后消失，同时上一个页面会显示到屏幕上。
- 对于 iOS，当打开页面时，新的页面会从屏幕右侧边缘一直滑动到屏幕左边，直到新页面全部显示到屏幕上，而上一个页面则会从当前屏幕滑动到屏幕左侧而消失；当关闭页面时，正好相反，当前页面会从屏幕右侧滑出，同时上一个页面会从屏幕左侧滑入。

下面我们介绍一下 MaterialPageRoute 构造函数中各个参数的意义：

```
MaterialPageRoute({
  WidgetBuilder builder,
  RouteSettings settings,
```

```
  bool maintainState = true,
  bool fullscreenDialog = false,
})
```

- builder 是一个 WidgetBuilder 类型的回调函数，它的作用是构建路由页面的具体内容，返回值是一个 Widget。我们通常需要实现此回调，返回新路由的实例。
- settings 包含路由的配置信息，如路由名称、是否初始路由（首页）等。
- maintainState：默认情况下，当入栈一个新路由时，原来的路由仍然会被保存在内存中，如果想在路由没用的时候释放其所占用的所有资源，则可以将 maintainState 设置为 false。
- fullscreenDialog 表示新的路由页面是否为一个全屏的模态对话框，在 iOS 中，如果 fullscreenDialog 为 true，则新页面将会从屏幕底部滑入（而不是在水平方向）。

如果想自定义路由切换动画，那么可以自己继承 PageRoute 来实现，我们将在后面介绍动画时实现一个自定义的路由组件。

2.2.3 Navigator

Navigator 是一个路由管理的组件，它提供了打开和退出路由页的方法。Navigator 通过一个栈来管理活动路由集合。通常，当前屏幕显示的页面就是栈顶的路由。Navigator 提供了一系列方法来管理路由栈，在此我们只介绍其最常用的两个方法，具体如下。

```
Future push(BuildContext context, Route route)
```

将给定的路由入栈（即打开新的页面），返回值是一个 Future 对象，用于接收新路由出栈（即关闭）时的返回数据。

```
bool pop(BuildContext context, [ result ])
```

将栈顶路由出栈，result 为页面关闭时返回给上一个页面的数据。

Navigator 还有很多其他的方法，如 Navigator.replace、Navigator.popUntil 等，详情请参考 API 文档或 SDK 源码注释，在此不再赘述。后面我们需要介绍一下与路由相关的另一个概念“命名路由”。

实例方法

Navigator 类中第一个参数为 context 的**静态方法**都对应于 Navigator 的一个**实例方法**，比如 Navigator.push(BuildContext context, Route route) 等价于 Navigator.of(context).push(Route route)，后面命名路由相关的方法也是一样的。

2.2.4 路由传值

很多时候，在路由跳转时我们需要带一些参数，比如打开商品详情页时，我们需要带一个商品 id，这样商品详情页才知道所展示的是哪一个商品信息；又比如我们在填写订单时需要选择收货地址，打开地址选择页后，可以将用户选择的地址返回到订单页，等等。下面我们通过一个简单的示例来演示新旧路由如何传参。

示例

首先创建一个 TipRoute 路由，它接受一个提示文本参数，负责将传入它的文本显示在页面上，另外向 TipRoute 中添加一个“返回”按钮，点击后在返回上一个路由的同时会带上一个返回参数，下面我们来看一下实现代码：

TipRoute 实现代码如下：

```
class TipRoute extends StatelessWidget {
  TipRoute({
    Key key,
    @required this.text,  // 接收一个 text 参数
  }) : super(key: key);
  final String text;

  @override
  Widget build(BuildContext context) {
    return Scaffold(
      appBar: AppBar(
        title: Text(" 提示 "),
      ),
      body: Padding(
        padding: EdgeInsets.all(18),
        child: Center(
          child: Column(
            children: <Widget>[
              Text(text),
              RaisedButton(
                onPressed: () => Navigator.pop(context, " 我是返回值 "),
                child: Text(" 返回 "),
              )
            ],
          ),
        ),
      ),
    );
  }
}
```

下面是打开新路由 TipRoute 的代码：

```
class RouterTestRoute extends StatelessWidget {
  @override
  Widget build(BuildContext context) {
    return Center(
      child: RaisedButton(
        onPressed: () async {
```

```
            //打开 TipRoute，并等待返回结果
            var result = await Navigator.push(
              context,
              MaterialPageRoute(
                builder: (context) {
                  return TipRoute(
                    //路由参数
                    text: "我是提示 xxxx",
                  );
                },
              ),
            );
            //输出 TipRoute 路由返回的结果
            print("路由返回值：$result");
          },
          child: Text("打开提示页"),
        ),
      );
    }
  }
```

运行上面的代码，点击 RouterTestRoute 页的“打开提示页”按钮，会打开 TipRoute 页，运行效果如图 2-4 所示。

图 2-4　路由传参示例图

对于上述代码，需要说明如下两点。

1）提示文案“我是提示 xxxx”是通过 TipRoute 的 text 参数传递给新路由页的。我们可以通过等待 Navigator.push(...) 返回的 Future 来获取新路由的返回数据。

2）在 TipRoute 页中有两种方式可以返回到上一页；第一种方式是直接点击导航栏返回箭头，第二种方式是点击页面中的“返回”按钮。这两种返回方式的区别是前者不会向上一个路由返回数据，而后者会。下面是分别点击页面中的返回按钮和导航栏返回箭头后，RouterTestRoute 页中 print 方法在控制台输出的内容：

```
I/flutter (27896): 路由返回值：我是返回值
I/flutter (27896): 路由返回值：null
```

上面介绍的是非命名路由的传值方式，命名路由的传值方式会有所不同，我们会在下面介绍命名路由时详细讲解。

2.2.5　命名路由

所谓“命名路由”(Named Route) 即有名字的路由，我们可以先给路由起一个名字，然后就可以通过路由名字直接打开新的路由了，这为路由管理提供了一种直观、简单的方式。

路由表

要想使用命名路由，我们必须先提供并注册一个路由表（routing table)，这样应用程序

才知道哪个名字与哪个路由组件相对应。其实注册路由表就是为路由起名字，路由表的定义如下：

```
Map<String, WidgetBuilder> routes;
```

它是一个 Map，key 为路由的名字，是一个字符串；value 是一个 builder 回调函数，用于生成相应的路由 Widget。我们在通过路由名字打开新路由时，应用会根据路由名字在路由表中查找到对应的 WidgetBuilder 回调函数，然后调用该回调函数生成路由 Widget 并返回。

注册路由表

路由表的注册方式很简单，我们回到之前"计数器"的示例，在 MyApp 类的 build 方法中找到 MaterialApp，添加 routes 属性，代码如下：

```
MaterialApp(
  title: 'Flutter Demo',
  theme: ThemeData(
      primarySwatch: Colors.blue,
  ),
  //注册路由表
  routes:{
    "new_page":(context)=>NewRoute(),
      ... // 省略其他路由注册信息
  } ,
  home: MyHomePage(title: 'Flutter Demo Home Page'),
);
```

现在，我们就完成了路由表的注册。在上面的代码中 home 路由并没有使用命名路由，如果我们也想将 home 注册为命名路由应该怎么做呢？其实很简单，直接看代码：

```
MaterialApp(
  title: 'Flutter Demo',
  initialRoute:"/", //名为"/"的路由将作为应用的home(首页)
  theme: ThemeData(
      primarySwatch: Colors.blue,
  ),
  //注册路由表
  routes:{
    "new_page":(context)=>NewRoute(),
    "/":(context)=> MyHomePage(title: 'Flutter Demo Home Page'), //注册首页路由
  }
);
```

可以看到，我们只需要在路由表中注册一下 MyHomePage 路由，然后将其名字作为 MaterialApp 的 initialRoute 属性值即可，该属性决定了应用的初始路由页是哪一个命名路由。

通过路由名打开新路由页

要通过路由名称打开新路由，可以使用 Navigator 的 pushNamed 方法，代码如下：

```
Future pushNamed(BuildContext context, String routeName,{Object arguments})
```

除了 pushNamed 方法，Navigator 还有 pushReplacementNamed 等其他管理命名路由的方法，读者可以自行查看 API 文档。接下来，我们通过路由名来打开新的路由页，修改 FlatButton 的 onPressed 回调代码，代码修改如下：

```
onPressed: () {
  Navigator.pushNamed(context, "new_page");
  //Navigator.push(context,
  //  new MaterialPageRoute(builder: (context) {
  //  return new NewRoute();
  //}));
},
```

热重载应用，再次点击“open new route”按钮，依然可以打开新的路由页。

命名路由参数传递

在 Flutter 最初的版本中，命名路由是不能传递参数的，后来才支持了参数；下面就来展示命名路由是如何传递并获取路由参数的。

首先，我们注册一个路由，代码如下：

```
routes:{
    "new_page":(context)=>EchoRoute(),
  } ,
```

在路由页，通过 RouteSetting 对象获取路由参数，代码如下：

```
class EchoRoute extends StatelessWidget {

  @override
  Widget build(BuildContext context) {
    //获取路由参数
    var args=ModalRoute.of(context).settings.arguments
    //... 省略无关代码
  }
}
```

在打开路由时传递参数，代码如下：

```
Navigator.of(context).pushNamed("new_page", arguments: "hi");
```

适配

假设我们也想将上面路由传参示例中的 TipRoute 路由页注册到路由表中，以便可以通过路由名来打开它。但是，由于 TipRoute 接受的是一个 text 参数，那么，我们如何在不改变 TipRoute 源码的前提下适配这种情况呢？其实很简单，代码如下：

```
MaterialApp(
```

```
    ... // 省略无关代码
    routes: {
      "tip2": (context){
        return TipRoute(text: ModalRoute.of(context).settings.arguments);
      },
  },
);
```

2.2.6 路由生成钩子

假设我们要开发一个电商APP，当用户没有登录时可以查看店铺、商品等信息，但交易记录、购物车、用户个人信息等页面需要登录后才能查看。为了实现上述功能，我们需要在打开每一个路由页前判断用户的登录状态！如果每次打开路由页前我们都需要做一次判断，那么将会非常麻烦。有什么更好的办法吗？有！

MaterialApp有一个onGenerateRoute属性，它在打开命名路由时可能会被调用，之所以说可能，是因为当调用Navigator.pushNamed(...)打开命名路由时，如果指定的路由名在路由表中已注册，则会调用路由表中的builder函数来生成路由组件；如果路由表中没有注册，则会调用onGenerateRoute来生成路由。onGenerateRoute回调签名如下：

```
Route<dynamic> Function(RouteSettings settings)
```

有了onGenerateRoute回调，再要实现上面控制页面权限的功能就非常容易了：我们放弃使用路由表，取而代之的是提供一个onGenerateRoute回调，然后在该回调中进行统一的权限控制，代码如下：

```
MaterialApp(
  ... // 省略无关代码
  onGenerateRoute:(RouteSettings settings){
      return MaterialPageRoute(builder: (context){
          String routeName = settings.name;
        // 如果访问的路由页需要登录，但当前未登录，则直接返回登录页路由，
        // 引导用户登录；其他情况下则是正常打开路由
      }
    );
  }
);
```

注意，onGenerateRoute只会对命名路由生效。

2.2.7 总结

本节首先介绍了Flutter中的路由管理、传参的方式，然后又着重介绍了命名路由的相关内容。在此需要说明的是，由于命名路由只是一种可选的路由管理方式，在实际开发中，读者心中可能会犹豫到底应该使用哪种路由管理方式。在此，根据笔者的经验，建议读者

最好统一使用命名路由的管理方式，这将会带来如下好处。

1）语义化更明确。

2）代码更好维护；如果使用匿名路由，则必须在调用 Navigator.push 的地方创建新路由页，这样不仅需要导入新路由页的 dart 文件，而且这样的代码还将会变得非常分散。

3）可以通过 onGenerateRoute 做一些全局的路由跳转前置处理逻辑。

综上所述，笔者推荐使用命名路由，当然这并不是什么金科玉律，读者可以根据自己的偏好或实际情况来决定。

另外，还有一些关于路由管理的内容，比如路由 MaterialApp 中还有 navigatorObservers 和 onUnknownRoute 两个回调属性，前者可以监听所有路由跳转动作，后者在打开一个不存在的命名路由时会被调用，由于这些功能并不常用，而且通常也比较简单，因此我们在此不再赘述，读者可以自行查看 API 文档。

2.3　包管理

在软件开发中，很多时候有一些公共的库或 SDK 可能会用于很多项目中，因此将这些代码作为一个独立模块，然后在哪个项目需要使用时再直接集成这个模块，可大大提高开发效率。很多编程语言或开发工具都支持这种“模块共享”机制，如 Java 语言中这种独立模块会被打包成一个 jar 包，或 Android 中的 aar 包、Web 开发中的 npm 包等。为了方便表述，我们将这种可共享的独立模块统一称为“包”(Package)。

一个 APP 在实际开发中往往会依赖很多包，而这些包通常都存在交叉依赖、版本依赖等，如果由开发者手动管理应用中的依赖包，则管理会非常麻烦。因此，各种开发生态或编程语言官方通常都会提供一些包管理工具，比如，Android 提供了 Gradle 来管理依赖，iOS 采用 Cocoapods 或 Carthage 来管理依赖，Node 中通过 npm 管理依赖等。而 Flutter 开发也有自己的包管理工具。本节我们将主要介绍 Flutter 如何使用配置文件 pubspec.yaml（位于项目的根目录中）来管理第三方依赖包。

YAML 是一种直观的、可读性高并且容易被人类阅读的文件格式，与 XML 或 JSON 相比，YAML 的语法简单并且非常容易解析，所以 YAML 常用于配置文件，Flutter 也使用 YAML 文件作为配置文件。Flutter 项目默认的配置文件是 pubspec.yaml，下面我们看一个简单的示例，代码如下：

```
name: flutter_in_action
description: First Flutter application.

version: 1.0.0+1

dependencies:
  flutter:
    sdk: flutter
```

```
  cupertino_icons: ^0.1.2

dev_dependencies:
  flutter_test:
    sdk: flutter

flutter:
  uses-material-design: true
```

下面我们逐一解释各个字段的意义。

- name：应用或包的名称。
- description：应用或包的描述、简介。
- version：应用或包的版本号。
- dependencies：应用或包依赖的其他包或插件。
- dev_dependencies：开发环境依赖的工具包（而不是 Flutter 应用本身依赖的包）。
- flutter：Flutter 相关的配置选项。

如果我们的 Flutter 应用本身依赖于某个包，那么我们需要将所依赖的包添加到 dependencies 下，接下来，我们通过一个例子来演示如何添加、下载并使用第三方包。

Pub 仓库

Pub（https://pub.dartlang.org/）是 Google 官方的 Dart Packages 仓库，类似于 Node 中的 npm 仓库，Android 中的 jcenter。我们既可以在 Pub 上查找需要的包和插件，也可以向 Pub 发布包和插件。我们将在后面的章节中介绍如何向 Pub 发布包和插件。

示例

接下来，我们实现一个显示随机字符串的 Widget。有一个名为"english_words"的开源软件包，其中包含了数千个常用的英文单词以及一些实用功能。我们首先在 Pub 上找到 english_words 这个包（如图 2-5 所示），确定其最新的版本号及其是否支持 Flutter。

从图 2-5 中，我们可以看到"english_words"包最新的版本是 3.1.3，并且支持 Flutter，接下来我们完成如下操作。

1）将"english_words"（3.1.3 版本）添加到依赖项列表，代码如下：

```
dependencies:
  flutter:
    sdk: flutter

  cupertino_icons: ^0.1.0
  # 新添加的依赖
  english_words: ^3.1.3
```

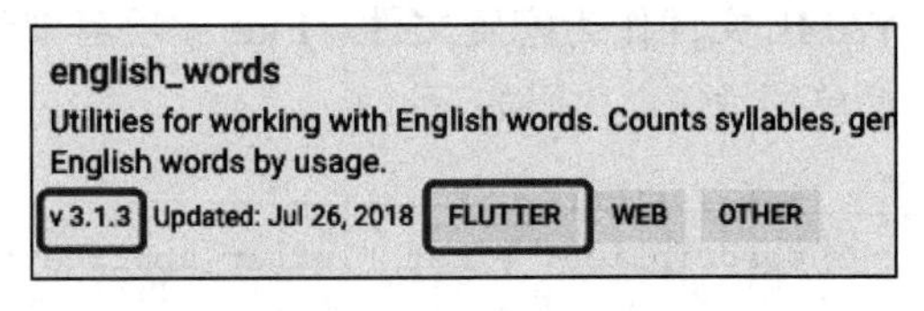

图 2-5 Pub 上的包信息

2）下载包。在 Android Studio 的编辑器视图中查看 pubspec.yaml 时（如图 2-6 所示），单击右上角的 Packages get。

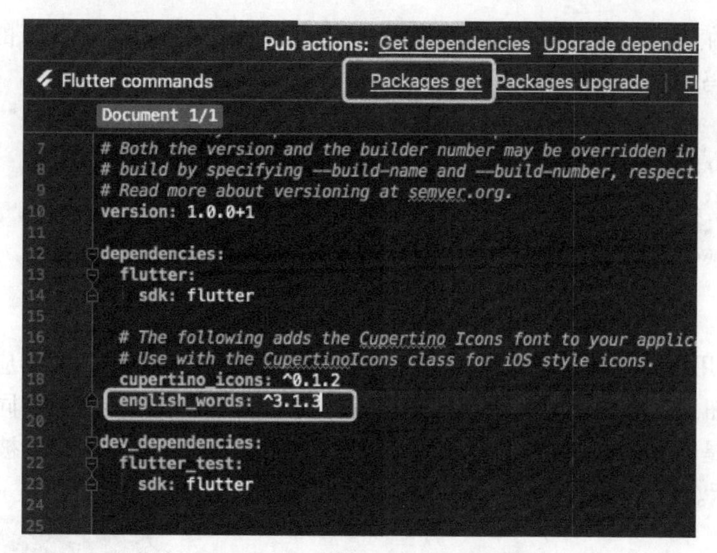

图 2-6 在 .yaml 中添加包依赖

这会将依赖包安装到你的项目中。我们可以在控制台中看到以下内容：

```
flutter packages get
Running "flutter packages get" in flutter_in_action...
Process finished with exit code 0
```

我们也可以在控制台定位到当前工程目录，然后手动运行 flutter packages get 命令来下载依赖包。另外，需要注意 dependencies 和 dev_dependencies 的区别，前者的依赖包将作为 APP 源码的一部分参与编译，生成最终的安装包。而后者的依赖包只是作为开发阶段的一些工具包，主要用于帮助我们提高开发和测试的效率，比如 Flutter 的自动化测试包等。

3）引入 english_words 包，代码如下：

```
import 'package:english_words/english_words.dart';
```

在输入时，Android Studio 会自动提供有关库导入的建议选项。导入后该行代码将会显示为灰色，表示导入的库尚未使用。

4）使用 english_words 包来生成随机字符串，代码如下：

```
class RandomWordsWidget extends StatelessWidget {
  @override
  Widget build(BuildContext context) {
    // 生成随机字符串
      final wordPair = new WordPair.random();
      return Padding(
        padding: const EdgeInsets.all(8.0),
        child: new Text(wordPair.toString()),
      );
  }
}
```

下面，我们将 RandomWordsWidget 添加到 _MyHomePageState.build 的 Column 的子 Widget 中，代码如下：

```
Column(
  mainAxisAlignment: MainAxisAlignment.center,
  children: <Widget>[
    ... // 省略无关代码
    RandomWordsWidget(),
  ],
)
```

5）如果应用程序正在运行，那么请使用热重载按钮来更新正在运行的应用程序。每次单击热重载按钮或保存项目时，都会在正在运行的应用程序中随机选择不同的单词对。这是因为单词对是在 build 方法内部生成的。每次热更新时，build 方法都会被执行，运行效果如图 2-7 所示。

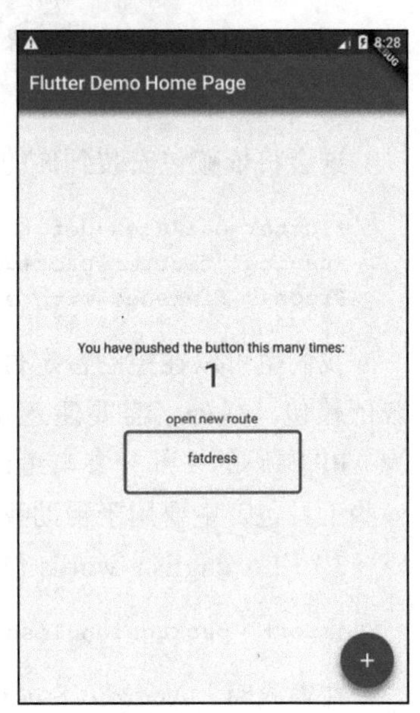

图 2-7 热重载

其他依赖方式

上文所述的依赖方式是依赖 Pub 仓库的，我们还可以依赖本地包和 Git 仓库，具体操作如下。

1）依赖本地包。如果我们正在本地开发一个包，包名为 pkg1，那么我们可以通过如下方式实现依赖：

```
dependencies:
  pkg1:
    path: ../../code/pkg1
```

路径既可以是相对的，也可以是绝对的。

2）依赖 Git。你也可以依赖存储在 Git 仓库中的包。如果软件包位于仓库的根目录中，那么请使用如下语法：

```
dependencies:
  pkg1:
    git:
      url: git://github.com/xxx/pkg1.git
```

上面假定包位于 Git 存储库的根目录中。如果不是这种情况，则可以使用 path 参数指定相对位置，示例代码如下：

```
dependencies:
  package1:
    git:
      url: git://github.com/flutter/packages.git
      path: packages/package1
```

上面介绍的这些依赖方式是 Flutter 开发中常用的依赖方式，还有一些其他依赖方式，完整的内容读者可以自行查看：https://www.dartlang.org/tools/pub/dependencies。

总结

本节介绍了 Flutter 中包管理、引用、下载的整体流程，接下来我们将在后面的章节中介绍如何开发并发布自己的包。

2.4 资源管理

Flutter APP 安装包中会包含代码和 assets（资源）两部分。assets 是会打包到程序安装包中的，可在运行时访问。常见类型的 assets 包括静态数据（例如，JSON 文件）、配置文件、图标和图片（JPEG、WebP、GIF、动画 WebP / GIF、PNG、BMP 和 WBMP）等。

指定 assets

与包管理一样，Flutter 也使用 pubspec.yaml 文件来管理应用程序所需的资源，举个例子，示例代码如下：

```
flutter:
  assets:
    - assets/my_icon.png
    - assets/background.png
```

assets 用于指定应包含在应用程序中的文件，每个 asset 都通过相对于 pubspec.yaml 文件所在的文件系统路径来标识自身的路径。asset 的声明顺序是无关紧要的，asset 的实际目录可以是任意文件夹（在本示例中是 assets 文件夹）。

在构建期间，Flutter 将 asset 放置在称为 asset bundle 的特殊存档中，应用程序可以在运行时读取它们（但不能修改）。

asset 变体（variant）

构建过程支持“asset 变体”的概念：不同版本的 asset 可能会显示在不同的上下文中。在 pubspec.yaml 的 assets 部分中指定 asset 路径时，构建过程会在相邻的子目录中查找具有相同名称的任何文件。这些文件随后会与指定的 asset 一起被包含在 asset bundle 中。

例如，如果应用程序目录中包含了以下文件：

- .../pubspec.yaml
- .../graphics/my_icon.png
- .../graphics/background.png
- .../graphics/dark/background.png
- ...etc.

同时，pubspec.yaml 文件中只需要包含以下内容：

```
flutter:
```

```
  assets:
    - graphics/background.png
```

那么，这两个 graphics/background.png 和 graphics/dark/background.png 都将包含在你的 asset bundle 中。前者被认为是 _main asset_（主资源），后者被认为是一种变体（variant）。

在选择匹配当前设备分辨率的图片时，Flutter 会使用到 asset 变体（见下文），将来，Flutter 可能会将这种机制扩展到本地化、阅读提示等方面。

加载 assets

你的应用可以通过 AssetBundle 对象访问 asset。有两种主要方法允许从 asset bundle 中加载字符串或图片（二进制）文件。

加载文本 assets

1）通过 rootBundle 对象加载：每个 Flutter 应用程序都有一个 rootBundle 对象，通过它可以轻松访问主资源包，直接使用 package:flutter/services.dart 中全局静态的 rootBundle 对象来加载 asset 即可。

2）通过 DefaultAssetBundle 加载：建议使用 DefaultAssetBundle 来获取当前 BuildContext 的 AssetBundle。这种方法并不是使用应用程序构建的默认的 asset bundle，而是使父级 Widget 在运行时动态替换不同的 AssetBundle，这对于本地化或测试场景很有用。

通常，可以使用 DefaultAssetBundle.of() 在应用运行时间接加载 asset（例如 JSON 文件），而在 Widget 上下文之外，或其他 AssetBundle 句柄不可用时，使用 rootBundle 直接加载这些 asset，示例代码如下：

```
import 'dart:async' show Future;
import 'package:flutter/services.dart' show rootBundle;

Future<String> loadAsset() async {
  return await rootBundle.loadString('assets/config.json');
}
```

加载图片

类似于原生开发，Flutter 也可以为当前设备加载适合其分辨率的图像。

1）声明分辨率相关的图片 assets。

AssetImage 可以将 asset 的请求逻辑映射到最接近当前设备像素比例（dpi）的 asset。为了使这种映射起作用，必须根据特定的目录结构来保存 asset，具体如下：

- …/image.png
- …/Mx/image.png
- …/Nx/image.png
- …etc.

其中，M 和 N 是数字标识符，对应于其中包含的图像的分辨率，也就是说，它们用于指定不同设备像素比例的图片。

主资源默认对应于1.0倍的分辨率图片。看一个例子：

- …/my_icon.png
- …/2.0x/my_icon.png
- …/3.0x/my_icon.png

在设备像素比率为1.8的设备上，…/2.0x/my_icon.png将被选择。对于设备像素比率为2.7的设备，…/3.0x/my_icon.png将被选择。

如果未在Image Widget上指定渲染图像的宽度和高度，那么Image Widget将占用与主资源相同的屏幕空间大小。也就是说，如果…/my_icon.png是72像素×72像素，那么…/3.0x/my_icon.png应该是216像素×216像素；但是如果未指定宽度和高度，那么它们都将渲染为72像素×72像素（以逻辑像素为单位）。

pubspec.yaml中asset部分的每一项都应与实际文件相对应，但主资源项除外。当主资源缺少某个资源时，会按分辨率从低到高的顺序进行选择，也就是说1x中没有的话会在2x中查找，2x中仍没有的话就在3x中找，以此类推。

2）加载图片。

要加载图片，可以使用AssetImage类。例如，我们可以从上面的asset声明中加载背景图片，代码如下：

```
Widget build(BuildContext context) {
  return new DecoratedBox(
    decoration: new BoxDecoration(
      image: new DecorationImage(
        image: new AssetImage('graphics/background.png'),
      ),
    ),
  );
}
```

注意，AssetImage并不是一个Widget，它实际上是一个ImageProvider，有些时候你可能会期望直接得到一个显示图片的Widget，那么你可以使用Image.asset()方法，代码如下：

```
Widget build(BuildContext context) {
  return Image.asset('graphics/background.png');
}
```

使用默认的asset bundle加载资源时，内部会自动处理分辨率等，这些处理对开发者来说是无感知的（如果使用一些更低级别的类，如ImageStream或ImageCache时，你会注意到其中包含了与缩放相关的参数）。

3）加载依赖包中的资源图片

要加载依赖包中的图像，必须为AssetImage提供package参数。

例如，假设你的应用程序依赖于一个名为“my_icons”的包，它具有如下目录结构：

- .../pubspec.yaml
- .../icons/heart.png
- .../icons/1.5x/heart.png
- .../icons/2.0x/heart.png
- ...etc.

然后加载图像，代码如下：

```
new AssetImage('icons/heart.png', package: 'my_icons')
```

或：

```
new Image.asset('icons/heart.png', package: 'my_icons')
```

注意 包在使用本身资源时也应该加上 package 参数来获取。

如果在 pubspec.yaml 文件中声明了期望的资源，那么它将会打包到相应的 package 中。特别是，包本身所使用的资源必须在 pubspec.yaml 中指定。

包也可以选择在其 lib/ 文件夹中包含未在其 pubspec.yaml 文件中声明的资源。在这种情况下，对于要打包的图片，应用程序必须在 pubspec.yaml 中指定要包含哪些图像。例如，一个名为“fancy_backgrounds”的包，可能包含以下文件：

- .../lib/backgrounds/background1.png
- .../lib/backgrounds/background2.png
- .../lib/backgrounds/background3.png

要包含第一张图像，必须在 pubspec.yaml 的 assets 部分中声明它：

```
flutter:
  assets:
    - packages/fancy_backgrounds/backgrounds/background1.png
```

lib/ 是隐含的，所以它不应该包含在资产路径中。

特定平台 assets

上面的资源都是包含在 Flutter 应用中的资源，这些资源只有在 Flutter 框架运行之后才能使用，如果要为我们的应用设置 APP 图标或者更新启动页，那么我们必须使用特定平台的 assets。

1）设置 APP 图标。

更新 Flutter 应用程序启动图标的方式与在本机 Android 或 iOS 应用程序中更新启动图标的方式相同。

- Android

在 Flutter 项目的根目录中，导航到 .../android/app/src/main/res 目录，里面包含了各种

资源文件夹（如 mipmap-hdpi 已包含占位符图像“ ic_launcher.png”，见图 2-8）。只需要按照 Android 开发人员指南中的说明，将其替换为所需的资源，并遵守每种屏幕密度（dpi）的建议图标大小标准即可。

注意　如果想要重命名 .png 文件，则必须在 AndroidManifest.xml 的 <application> 标签的 android:icon 属性中更新名称。

❑ iOS

在 Flutter 项目的根目录中，导航到 .../ios/Runner。该目录中 Assets.xcassets/Appicon.appiconset 已经包含了占位符图片（见图 2-9），只需要将它们替换为适当大小的图片，保留原始文件名称即可。

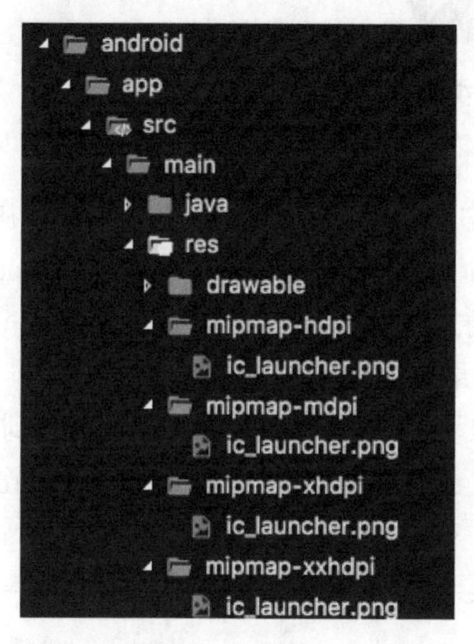

图 2-8　设置 APP 图标（Android）

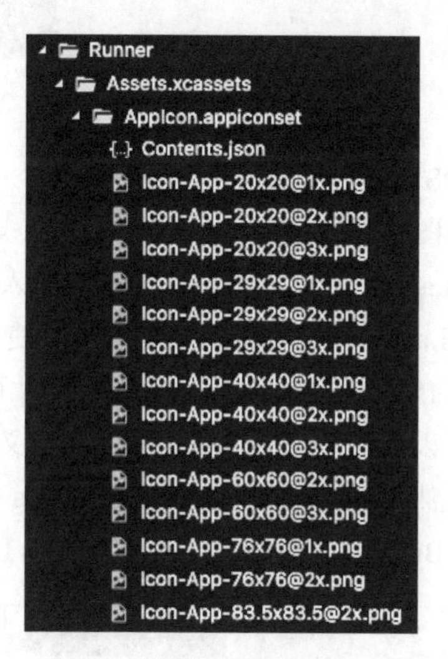

图 2-9　设置 APP 图标（iOS）

2）更新启动页。

在加载 Flutter 框架时，Flutter 会使用本地平台机制绘制启动页（如图 2-10 所示）。此启动页将持续到 Flutter 渲染应用程序的第一帧时。

注意　这就意味着如果不在应用程序的 main() 方法中调用 runApp 函数（或者更具体地说，如果不调用 window.render 去响应 window.onDrawFrame），那么启动屏幕将永远持续显示。

❑ Android

要想将启动屏幕（splash screen）添加到你的 Flutter 应用程序，请导航至 .../android/app/src/main。在 res/drawable/launch_background.xml 中，自定义 drawable 可用来实现自定义启动界面（你也可以直接换一张图片）。

图 2-10 应用启动页

❑ iOS

要将图片添加到启动屏幕（splash screen）的中心，请导航至 .../ios/Runner。在 Assets.xcassets/LaunchImage.imageset 中，拖入图片，并命名为 LaunchImage.png、LaunchImage@2x.png、LaunchImage@3x.png。如果使用了不同的文件名，那么你还必须更新同一目录中的 Contents.json 文件，图片的具体尺寸可以查看苹果官方制定的标准。

也可以通过打开 Xcode 完全自定义 storyboard。在 Project Navigator 中导航到 Runner/Runner，然后通过打开 Assets.xcassets 拖入图片，或者在 LaunchScreen.storyboard 中使用 Interface Builder 进行自定义，如图 2-11 所示。

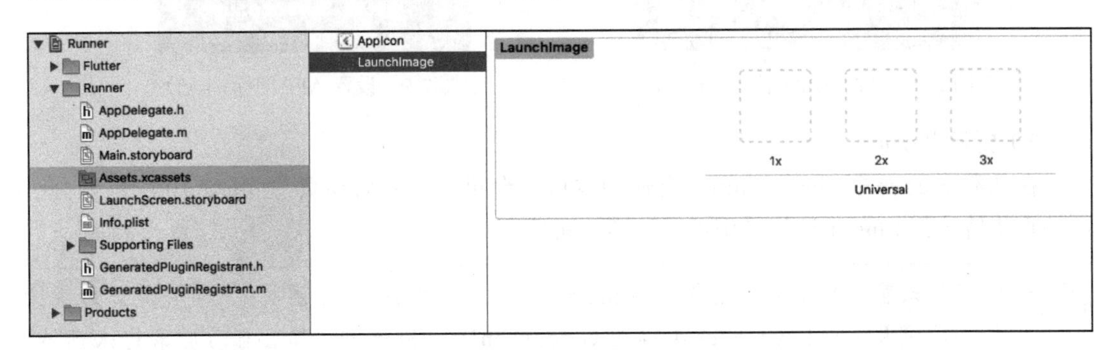

图 2-11 Xcode 中设置启动页

2.5 调试 Flutter 应用

有各种各样的工具和功能可用于帮助调试 Flutter 应用程序。

Dart 分析器

在运行应用程序之前，请运行 flutter analyze 测试你的代码。该工具是一个静态代码检查工具，其是 dartanalyzer 工具的一个包装，主要用于分析代码并帮助开发者发现可能存在的错误，比如，Dart 分析器大量使用了代码中的类型注释来帮助追踪问题，避免 var、无类型的参数、无类型的列表文字等。

如果你使用 IntelliJ 的 Flutter 插件，那么分析器在打开 IDE 时就已经自动启用了，如果读者使用的是其他 IDE，那么强烈建议读者启用 Dart 分析器，因为在大多数时候，Dart 分析器可以在代码运行之前就发现大多数问题。

Dart Observatory（语句级的单步调试和分析器）

如果我们使用 flutter run 启动应用程序，那么当它运行时，我们可以打开 Observatory 工具的 Web 页面，例如，Observatory 默认监听 http://127.0.0.1:8100/，可以在浏览器中直接打开该链接，直接使用语句级单步调试器连接到你的应用程序。如果你使用的是 IntelliJ，则还可以使用其内置的调试器来调试应用程序。

Observatory 同时支持分析、检查堆等。有关 Observatory 的更多信息请参考相关文档。

如果你使用 Observatory 进行分析，那么请确保通过 --profile 选项运行 flutter run 命令来运行应用程序。否则，配置文件中可能出现的主要问题将是调试断言，以验证框架的各种不变量（请参阅下面的"调试模式断言"内容）。

❑ debugger() 声明

当使用 Dart Observatory（或者另一个 Dart 调试器，如 IntelliJ IDE 中的调试器）时，可以使用该 debugger() 语句插入编程式断点。要想使用这个，必须添加" import 'dart:developer';"到相关文件的顶部。

debugger() 语句采用一个可选 when 参数，可以指定该参数仅在特定条件为真时中断，代码如下所示：

```
void someFunction(double offset) {
  debugger(when: offset > 30.0);
  // ...
}
```

❑ print、debugPrint、flutter logs

Dart print() 会将内容输出到系统控制台，可以使用 flutter logs 来查看它（实际上这是 adb logcat 命令的一个包装）。

如果一次性输出太多，那么 Android 有时会丢弃一些日志行。为了避免出现这种情况，可以使用 Flutter 的 foundation 库中的 debugPrint()。这是一个封装 print，用于将输出限制在一个级别，以避免被 Android 内核丢弃。

Flutter 框架中的许多类都有 toString 实现。按照惯例，这些输出通常包括对象的 runtimeType（类型名称）。树中使用的一些类也具有 toStringDeep，用于从该点返回整个子树的多行描述。一些具有详细信息 toString 的类会实现一个 toStringShort，用于返回对象的类型或其他非常简短的（一个或两个单词）描述。

调试模式断言

在 Flutter 应用调试过程中，Dart assert 语句被启用，并且 Flutter 框架使用该语句来执行许多运行时检查以验证是否违反一些不可变的规则。

当违反一个不可变的规则时，它将报告给控制台，并带有一些上下文信息来帮助追踪问题的根源。

要关闭调试模式并使用发布模式，请使用 flutter run --release 来运行你的应用程序，这也关闭了 Observatory 调试器。一个中间模式可以关闭除 Observatory 之外的所有调试辅助工具，称为“profile mode”，用 --profile 替代 --release 即可。

调试应用程序层

Flutter 框架的每一层都提供了将其当前状态或事件转储（dump）到控制台（使用 debugPrint）的功能。

Widget 树

要转储 Widgets 树的状态，请调用 debugDumpApp()。只要应用程序已经构建了至少一次（即在调用 build() 之后的任何时间），那么你可以在应用程序未处于构建阶段（即不在 build() 方法内调用）的任何时间调用此方法（在调用 runApp() 之后）。

下面举例说明，应用程序代码如下：

```
import 'package:flutter/material.dart';

void main() {
  runApp(
    new MaterialApp(
      home: new AppHome(),
    ),
  );
}

class AppHome extends StatelessWidget {
  @override
  Widget build(BuildContext context) {
    return new Material(
      child: new Center(
        child: new FlatButton(
          onPressed: () {
            debugDumpApp();
          },
          child: new Text('Dump App'),
        ),
      ),
    );
```

```
    }
}
```

输出内容（精确的细节会根据框架的版本、设备的大小等的不同而变化）如下所示：

```
    I/flutter ( 6559): WidgetsFlutterBinding - CHECKED MODE
    I/flutter ( 6559): RenderObjectToWidgetAdapter<RenderBox>([GlobalObjectKey
RenderView(497039273)]; renderObject: RenderView)
    I/flutter ( 6559): └MaterialApp(state: _MaterialAppState(1009803148))
    I/flutter ( 6559):  └ScrollConfiguration()
    I/flutter ( 6559):   └AnimatedTheme(duration: 200ms; state: _
AnimatedThemeState(543295893; ticker inactive; ThemeDataTween(ThemeData(Brightness.
light Color(0xff2196f3) etc...) → null)))
    I/flutter ( 6559):    └Theme(ThemeData(Brightness.light Color(0xff2196f3)
etc...))
    I/flutter ( 6559):     └WidgetsApp([GlobalObjectKey _MaterialAppState
(1009803148)]; state: _WidgetsAppState(552902158))
    I/flutter ( 6559):      └CheckedModeBanner()
    I/flutter ( 6559):       └Banner()
    I/flutter ( 6559):        └CustomPaint(renderObject: RenderCustomPaint)
    I/flutter ( 6559):         └DefaultTextStyle(inherit: true; color: Color
(0xd0ff0000); family: "monospace"; size: 48.0; weight: 900; decoration: double
Color(0xffffff00) TextDecoration.underline)
    I/flutter ( 6559):          └MediaQuery(MediaQueryData(size: Size(411.4,
683.4), devicePixelRatio: 2.625, textScaleFactor: 1.0, padding: EdgeInsets(0.0, 24.0,
0.0, 0.0)))
    I/flutter ( 6559):           └LocaleQuery(null)
    I/flutter ( 6559):            └Title(color: Color(0xff2196f3))
    ... # 省略剩余内容
```

这是一个“扁平化”的树，其显示了通过各种构建函数投影的所有 Widget（如果你在 Widget 树的根中调用 toStringDeepwidget，那么这就是你获得的树）。你会看到很多在你的应用源代码中没有出现的 Widget，因为它们是由框架中 Widget 的 build() 函数插入的。例如，InkFeature 是 Material Widget 的一个实现细节。

当按钮从“被按下”变为“被释放”时，debugDumpApp() 被调用，FlatButton 对象同时调用 setState()，并将自己标记为“ dirty”。这就是为什么如果你看转储，就会看到特定的对象被标记为“ dirty”。你还可以查看已注册了哪些手势监听器；在这种情况下，一个单一的 GestureDetector 被列出，并且监听“ tap”手势（“ tap”是 TapGestureDetector 的 toStringShort 函数输出的）。

如果你编写自己的 Widget，则可以通过覆盖 debugFillProperties() 来添加信息。将 DiagnosticsProperty 对象作为方法参数，并调用父类方法。该函数是该 toString 方法用来填充小部件描述信息的。

渲染层

如果你想尝试调试布局问题，那么 Widgets 树可能还不够详细。在这种情况下，可以通过调用 debugDumpRenderTree() 转储渲染树。正如 debugDumpApp()，除布局或绘制阶段之外，你可以随时调用此函数。作为一般规则，从 frame 回调或事件处理器中调用它是最佳的解决方案。

要想调用 debugDumpRenderTree()，需要添加“ import'package:flutter/rendering.dart';”到你的源文件。

上面这个小例子的输出结果如下所示：

```
I/flutter ( 6559): RenderView
I/flutter ( 6559):  │ debug mode enabled - android
I/flutter ( 6559):  │ window size: Size(1080.0, 1794.0) (in physical pixels)
I/flutter ( 6559):  │ device pixel ratio: 2.625 (physical pixels per logical
pixel)
I/flutter ( 6559):  │ configuration: Size(411.4, 683.4) at 2.625x (in logical
pixels)
I/flutter ( 6559):  │
I/flutter ( 6559):  └─child: RenderCustomPaint
I/flutter ( 6559):    │ creator: CustomPaint ← Banner ← CheckedModeBanner ←
I/flutter ( 6559):    │   WidgetsApp-[GlobalObjectKey _
MaterialAppState(1009803148)] ←
I/flutter ( 6559):    │   Theme ← AnimatedTheme ← ScrollConfiguration ←
MaterialApp ←
I/flutter ( 6559):    │   [root]
I/flutter ( 6559):    │ parentData: <none>
I/flutter ( 6559):    │ constraints: BoxConstraints(w=411.4, h=683.4)
I/flutter ( 6559):    │ size: Size(411.4, 683.4)
... # 省略
```

上述结果是根 RenderObject 对象的 toStringDeep 函数的输出。

调试布局问题时，关键要看 size 和 constraints 字段，约束（constraints 字段）沿着树向下传递，尺寸（size 字段）则向上传递。

如果你想编写自己的渲染对象，则可以通过覆盖 debugFillProperties() 将信息添加到转储。将 DiagnosticsProperty 对象作为方法的参数，并调用父类方法。

Layer 树

读者可以理解为渲染树是可以分层的，而最终绘制需要将不同的层合成起来，而 Layer 则是绘制时需要合成的层，如果你尝试调试合成问题，则可以使用 debugDumpLayerTree()。对于上面的例子，它的输出如下：

```
I/flutter : TransformLayer
I/flutter :  │ creator: [root]
I/flutter :  │ offset: Offset(0.0, 0.0)
I/flutter :  │ transform:
I/flutter :  │   [0] 3.5,0.0,0.0,0.0
I/flutter :  │   [1] 0.0,3.5,0.0,0.0
I/flutter :  │   [2] 0.0,0.0,1.0,0.0
I/flutter :  │   [3] 0.0,0.0,0.0,1.0
I/flutter :  │
```

```
I/flutter : ├─child 1: OffsetLayer
I/flutter :  │ │ creator: RepaintBoundary ← _FocusScope ← Semantics ← Focus-[GlobalObjectKey MaterialPageRoute(560156430)] ← _ModalScope-[GlobalKey 328026813] ← _OverlayEntry-[GlobalKey 388965355] ← Stack ← Overlay-[GlobalKey 625702218] ← Navigator-[GlobalObjectKey _MaterialAppState(859106034)] ← Title ← …
I/flutter :  │ │ offset: Offset(0.0, 0.0)
I/flutter :  │ │
I/flutter :  │ └─child 1: PictureLayer
I/flutter :  │
I/flutter :  └─child 2: PictureLayer
```

上述结果是根 Layer 的 toStringDeep 输出的。

根部的变换是应用设备像素比的变换，在这种情况下，每个逻辑像素代表 3.5 个设备像素。

RepaintBoundary Widget 在渲染树的层中创建了一个 RenderRepaintBoundary，这用于减少需要重绘的需求量。

语义树

你还可以调用 debugDumpSemanticsTree() 获取语义树（呈现给系统可访问性 API 的树）的转储。要使用此功能，必须首先启用辅助功能，如启用系统辅助工具或 SemanticsDebugger（后文有讨论）。

对于上面的例子，它的输出结果如下：

```
I/flutter : SemanticsNode(0; Rect.fromLTRB(0.0, 0.0, 411.4, 683.4))
I/flutter : ├SemanticsNode(1; Rect.fromLTRB(0.0, 0.0, 411.4, 683.4))
I/flutter : │ └SemanticsNode(2; Rect.fromLTRB(0.0, 0.0, 411.4, 683.4); canBeTapped)
I/flutter : └SemanticsNode(3; Rect.fromLTRB(0.0, 0.0, 411.4, 683.4))
I/flutter :   └SemanticsNode(4; Rect.fromLTRB(0.0, 0.0, 82.0, 36.0); canBeTapped; "Dump App")
```

调度

要找出相对于帧的开始 / 结束事件发生的位置，可以切换 debugPrintBeginFrameBanner 和 debugPrintEndFrameBanner 布尔值以将帧的开始和结束打印到控制台。

示例代码如下：

```
I/flutter : ▄▄▄▄▄▄▄▄ Frame 12         30s 437.086ms ▄▄▄▄▄▄▄▄
I/flutter : Debug print: Am I performing this work more than once per frame?
I/flutter : Debug print: Am I performing this work more than once per frame?
I/flutter : ▄▄▄▄▄▄▄▄▄▄▄▄▄▄▄▄▄▄▄▄▄▄▄▄▄▄▄▄▄▄▄▄▄▄▄▄▄▄▄▄▄▄▄▄▄▄▄▄▄▄
```

debugPrintScheduleFrameStacks 还可以用来打印导致当前帧被调度的调用堆栈。

可视化调试

你也可以通过将 debugPaintSizeEnabled 设置为 true 以可视化的方式调试布局问题，这是来自 rendering 库的布尔值。它可以在任何时候启用，并在为 true 时影响绘制。设置它的最简单的方法是在 void main() 的顶部设置。

当它被启用时，所有的盒子都会得到一个明亮的深青色边框，padding（来自 Widget，如 Padding）显示为浅蓝色，子 Widget 周围有一个深蓝色的框，对齐方式（来自 Widget，如 Center 和 Align）显示为黄色箭头，空白（如没有任何子节点的 Container）以灰色显示。

debugPaintBaselinesEnabled 实现了类似的操作，但对于具有基线的对象，文字基线以绿色显示，表意（ideographic）基线以橙色显示。

debugPaintPointersEnabled 标志打开一个特殊模式，任何正在点击的对象都会以深青色突出显示。这可以帮助你确定某个对象是否以某种不正确的方式进行 hit 测试（Flutter 检测点击的位置是否有能响应用户操作的 Widget），例如，如果它实际上超出了其父项的范围，那么首先它不会考虑通过 hit 测试。

如果你尝试调试合成图层，例如，用于确定是否添加以及在何处添加 RepaintBoundary Widget，则可以使用 debugPaintLayerBordersEnabled 标志，该标志用橙色或轮廓线标出每个层的边界，或者使用 debugRepaintRainbowEnabled 标志，只要它们重绘，该标志就会使该层被一组旋转色所覆盖。

所有这些标志都只能在调试模式下工作。通常，Flutter 框架中以 " debug..." 开头的任何内容都只能在调试模式下工作。

调试动画

调试动画最简单的方法是减慢它们的速度。为此，请将 timeDilation 变量（在 scheduler 库中）设置为大于 1.0 的数字，如 50.0。最好是在应用程序启动时只设置一次。如果你要在运行中更改它，尤其是在动画运行时将其值减小，则在观察时可能会出现倒退，这可能会导致断言并且通常还会对你的工作产生干扰。

调试性能问题

要了解导致你的应用程序重新布局或重新绘制的原因，你可以分别设置 debugPrintMarkNeedsLayoutStacks 和 debugPrintMarkNeedsPaintStacks 标志。每当渲染盒被要求重新布局或重新绘制时，会将堆栈跟踪记录到控制台。如果这种方法对你有用，那么你可以使用 services 库中的 debugPrintStack() 方法按需打印堆栈痕迹。

统计应用启动时间

要收集有关 Flutter 应用程序启动所需时间的详细信息，可以在运行 flutter run 时使用 trace-startup 和 profile 选项，代码如下：

```
$ flutter run --trace-startup --profile
```

跟踪输出为 start_up_info.json，保存在 Flutter 工程目录的 build 目录下。输出列出了从应用程序启动到这些跟踪事件（以微秒捕获）所用的时间，具体如下。

- 进入 Flutter 引擎时。
- 展示应用第一帧时。
- 初始化 Flutter 框架时。
- 完成 Flutter 框架初始化时。

示例如下：

```
{
  "engineEnterTimestampMicros": 96025565262,
  "timeToFirstFrameMicros": 2171978,
  "timeToFrameworkInitMicros": 514585,
  "timeAfterFrameworkInitMicros": 1657393
}
```

跟踪 Dart 代码性能

要想执行自定义性能跟踪和测量 Dart 任意代码段的 wall/CPU 时间（类似于在 Android 上使用 systrace），可以使用 dart:developer 的 Timeline 工具来包含你想测试的代码块，示例代码如下：

```
Timeline.startSync('interesting function');
// iWonderHowLongThisTakes();
Timeline.finishSync();
```

然后打开你的应用程序的 Observatory timeline 页面，在“ Recorded Streams”中选择‘Dart’复选框，并执行你想测量的功能。

刷新页面将在 Chrome 的跟踪工具中显示应用按时间顺序排列的 timeline 记录。

请确保在运行 flutter run 时带有 --profile 标志，以确保运行时性能特征与最终产品差异最小。

2.6 Flutter 异常捕获

在介绍 Flutter 异常捕获之前必须先了解一下 Dart 单线程模型，只有了解了 Dart 的代码执行流程，我们才能知道应该在什么地方捕获异常。

2.6.1 Dart 单线程模型

在 Java 和 Objective-C（以下简称“ OC”）中，如果程序发生了异常但没有被捕获，那么程序将会终止，但是这种问题在 Dart 或 JavaScript 中则不会出现！究其原因，这与它们的运行机制有关。Java 和 OC 都是多线程模型的编程语言，任意一个线程触发异常且该异常未被捕获时，都会导致整个进程退出。但 Dart 和 JavaScript 不会，它们都是单线程模型，运行机制很相似（但也有区别）。下面我们通过 Dart 官方提供的一张图来看看 Dart 大致的运行原理，如图 2-12 所示。

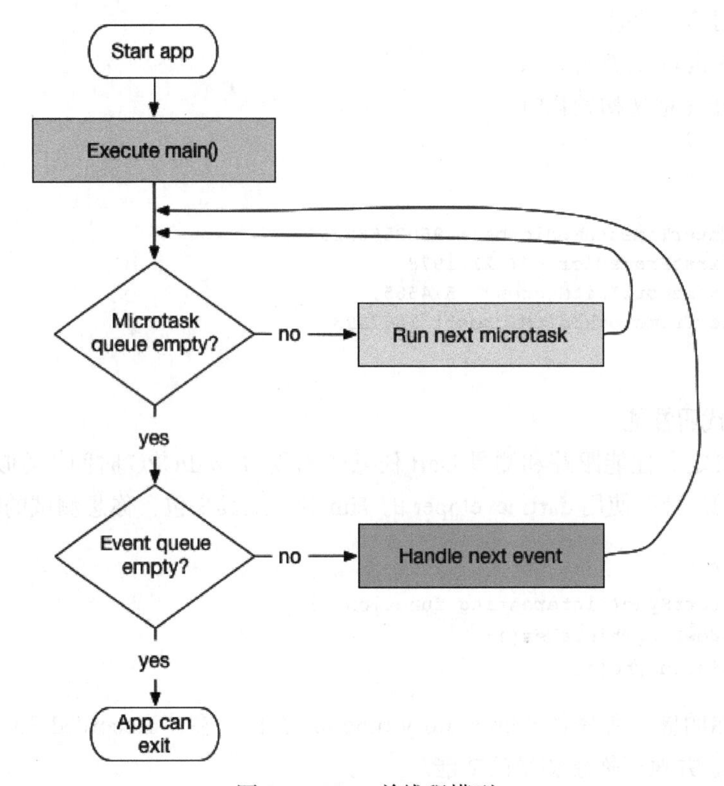

图 2-12 Dart 单线程模型

Dart 在单线程中是以消息循环的机制来运行的，其中包含两个任务队列，一个是“微任务队列”(microtask queue)，另一个是“事件队列”(event queue)。从图 2-12 中可以发现，微任务队列的执行优先级高于事件队列。

现在我们来介绍一下 Dart 线程的运行过程，如图 2-12 所示，入口函数 main() 执行完毕后，消息循环机制便启动了。首先其会按照先进先出的顺序逐个执行微任务队列中的任务，当所有微任务队列全部执行完后便开始执行事件队列中的任务，事件任务执行完毕后程序便会退出，但是，在事件任务执行的过程中也可以插入新的微任务和事件任务，在这种情况下，整个线程的执行过程便是一直在循环，不会退出。而对于 Flutter，主线程的执行过程正是如此，永不终止。

在 Dart 中，所有的外部事件任务都在事件队列中，如 IO、计时器、点击，以及绘制事件等，而微任务则通常来源于 Dart 内部，并且微任务非常少，之所以如此，是因为微任务队列优先级较高，如果微任务太多，那么执行时间总和就会越久，事件队列任务的延迟也就越久，对于 GUI 应用来说，最直观的表现就是比较卡，所以必须保证微任务队列不会太长。值得注意的是，我们可以通过 Future.microtask(...) 方法向微任务队列中插入一个任务。

在事件循环中，当某个任务发生异常并且没有被捕获时，程序并不会退出，而直接导致的结果就是**当前任务**的后续代码不会再执行了，也就是说一个任务中的异常是不会影响其他任务执行的。

2.6.2 异常捕获

Dart 中可以通过 try/catch/finally 来捕获代码块异常，这点与其他编程语言类似，如果读者不清楚，可以查看 Dart 语言文档，此处不再赘述，下面我们看看 Flutter 中的异常捕获。

Flutter 框架异常捕获

Flutter 框架在很多关键的方法中都进行了异常捕获。这里列举一个例子，当我们的布局发生越界或不合规范时，Flutter 就会自动弹出一个错误界面，这是因为 Flutter 已经在执行 build 方法时添加了异常捕获，最终的源代码如下：

```
@override
void performRebuild() {
  ...
    try {
      //执行build方法
      built = build();
    } catch (e, stack) {
      //有异常时则弹出错误提示
      built = ErrorWidget.builder(_debugReportException('building $this', e,
stack));
    }
    ...
}
```

可以看到，在发生异常时，Flutter 默认的处理方式是弹出一个 ErrorWidget，但是，如果我们想自己捕获异常并上报到报警平台时应该怎么做呢？下面我们进入 _debugReport-Exception() 方法再看看：

```
FlutterErrorDetails _debugReportException(
  String context,
  dynamic exception,
  StackTrace stack, {
  InformationCollector informationCollector
}) {
  //构建错误详情对象
  final FlutterErrorDetails details = FlutterErrorDetails(
    exception: exception,
    stack: stack,
    library: 'widgets library',
    context: context,
    informationCollector: informationCollector,
  );
  //报告错误
```

```
  FlutterError.reportError(details);
  return details;
}
```

我们可以发现，错误是通过 FlutterError.reportError 方法上报的，继续跟踪：

```
static void reportError(FlutterErrorDetails details) {
  ...
  if (onError != null)
    onError(details); //调用了 onError 回调
}
```

我们可以发现，onError 是 FlutterError 的一个静态属性，它有一个默认的处理方法 dumpErrorToConsole，到这里就清晰了，如果我们想自己上报异常，则只需要提供一个自定义的错误处理回调即可，代码如下：

```
void main() {
    FlutterError.onError = (FlutterErrorDetails details) {
      reportError(details);
    };
  ...
}
```

这样我们就可以处理那些 Flutter 为我们捕获的异常了，接下来再来看看如何捕获其他异常。

其他异常捕获与日志收集

在 Flutter 中，还有一些没有为我们捕获的异常，如调用空对象方法异常、Future 中的异常等。在 Dart 中，异常可分为两类，即同步异常和异步异常，同步异常可以通过 try/catch 捕获，而异步异常则比较麻烦。如下所示的示例代码是捕获不了 Future 的异常的：

```
try{
  Future.delayed(Duration(seconds: 1)).then((e) => Future.error("xxx"));
}catch (e){
  print(e)
}
```

Dart 中有一个 runZoned(...) 方法，可以为执行对象指定一个 Zone。Zone 表示一个代码执行的环境范围，为了方便理解，读者可以将 Zone 类比为一个代码执行沙箱，不同沙箱之间是隔离的，沙箱可以捕获、拦截或修改一些代码行为，如 Zone 中可以捕获日志输出、Timer 创建、微任务调度的行为，同时，Zone 也可以捕获所有未处理的异常。下面我们来看一下 runZoned(...) 方法定义，代码如下：

```
R runZoned<R>(R body(), {
  Map zoneValues,
  ZoneSpecification zoneSpecification,
  Function onError,
})
```

参数说明如下。

- zoneValues：Zone 的私有数据，可以通过实例 zone[key] 获取，可以理解为每个“沙箱”的私有数据。
- zoneSpecification：Zone 的一些配置，可以自定义一些代码行为，比如拦截日志输出行为等，下面就来列举一个例子。

下面是拦截应用中所有调用 print 输出日志的行为，代码如下：

```
main() {
  runZoned(() => runApp(MyApp()), zoneSpecification: new ZoneSpecification(
    print: (Zone self, ZoneDelegate parent, Zone zone, String line) {
      parent.print(zone, "Intercepted: $line");
    }),
  );
}
```

这样一来，我们 APP 中调用 print 方法输出日志的所有行为都会被拦截，通过这种方式，我们也可以在应用中记录日志，等到应用触发未捕获的异常时，将异常信息和日志统一上报。ZoneSpecification 还可以自定义一些其他的行为，读者可以查看 API 文档。

- onError：Zone 中未捕获异常处理回调，如果开发者提供了 onError 回调或者通过 ZoneSpecification.handleUncaughtError 指定了错误处理回调，那么这个 Zone 将会变成一个 error-zone，该 error-zone 中发生未捕获异常（无论是同步还是异步）时都会调用开发者提供的回调，代码如下：

```
runZoned(() {
  runApp(MyApp());
}, onError: (Object obj, StackTrace stack) {
  var details=makeDetails(obj,stack);
  reportError(details);
});
```

这样一来，结合上面的 FlutterError.onError，我们就可以捕获 Flutter 应用中的全部错误了！需要注意的是，error-zone 内部发生的错误是不会跨越当前 error-zone 的边界的，如果想跨越 error-zone 的边界捕获异常，则可以通过共同的“源”zone 来捕获，示例代码如下：

```
var future = new Future.value(499);
runZoned(() {
  var future2 = future.then((_) { throw "error in first error-zone"; });
  runZoned(() {
    var future3 = future2.catchError((e) { print("Never reached!"); });
  }, onError: (e) { print("unused error handler"); });
}, onError: (e) { print("catches error of first error-zone."); });
```

总结

我们最终的异常捕获和上报代码大致如下：

```
void collectLog(String line){
    ... //收集日志
}
void reportErrorAndLog(FlutterErrorDetails details){
    ... //上报错误和日志逻辑
}

FlutterErrorDetails makeDetails(Object obj, StackTrace stack){
    ...//构建错误信息
}

void main() {
  FlutterError.onError = (FlutterErrorDetails details) {
    reportErrorAndLog(details);
  };
  runZoned(
    () => runApp(MyApp()),
    zoneSpecification: ZoneSpecification(
      print: (Zone self, ZoneDelegate parent, Zone zone, String line) {
        collectLog(line); //收集日志
      },
    ),
    onError: (Object obj, StackTrace stack) {
      var details = makeDetails(obj, stack);
      reportErrorAndLog(details);
    },
  );
}
```

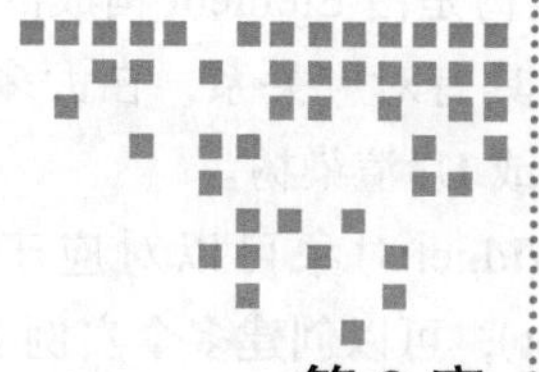

第3章 Chapter 3

基础组件

3.1 Widget 简介

3.1.1 概念

在前面的介绍中，我们了解到，在 Flutter 中几乎所有的对象都是一个 Widget。与原生开发中的“控件”不同的是，Flutter 中 Widget 的概念更广泛，它不仅可以表示 UI 元素，也可以表示一些功能性组件，如：用于手势检测的 GestureDetector Widget、用于 APP 主题数据传递的 Theme，等等，而原生开发中的控件通常只是指 UI 元素。在后面的内容中，我们在描述 UI 元素时可能会用到“控件”“组件”这样的概念，读者需要知道这些概念指的就是 Widget，只是在不同场景中采用了不同的表述而已。由于 Flutter 主要是用于构建用户界面的，所以，在大多数时候读者可以认为 Widget 就是一个控件，不必纠结于概念。

3.1.2 Widget 与 Element

在 Flutter 中，Widget 的功能是“描述一个 UI 元素的配置数据”，也就是说，Widget 其实并不是表示最终绘制在设备屏幕上的显示元素，其只是描述显示元素的一个配置数据。

实际上，Flutter 中真正代表屏幕上显示元素的类是 Element，也就是说，Widget 只是描述 Element 的配置数据！我们将在本书后面的高级部分深入介绍 Element 的详细信息，现在，读者只需要知道：**Widget 只是 UI 元素的一个配置数据，并且一个 Widget 可以对应多个 Element**。这是因为同一个 Widget 对象可以被添加到 UI 树的不同部分，而真正渲染时，UI 树的每一个 Element 节点都会对应一个 Widget 对象。下面做一个小小的总结。

- Widget 实际上就是 Element 的配置数据，Widget 树实际上是一个配置树，而真正的

UI 渲染树是由 Element 构成的；不过，由于 Element 是通过 Widget 生成的，所以它们之间具有对应关系，在大多数场景中，我们可以宽泛地认为 Widget 树就是指 UI 控件树或 UI 渲染树。

- 一个 Widget 对象可以对应于多个 Element 对象。这很好理解，根据同一份配置（Widget），可以创建多个实例（Element）。

读者应该将这两点牢记在心中。

3.1.3 Widget 主要接口

我们先来看一下 Widget 类的声明，代码如下：

```
@immutable
abstract class Widget extends DiagnosticableTree {
  const Widget({ this.key });
  final Key key;

  @protected
  Element createElement();

  @override
  String toStringShort() {
    return key == null ? '$runtimeType' : '$runtimeType-$key';
  }

  @override
  void debugFillProperties(DiagnosticPropertiesBuilder properties) {
    super.debugFillProperties(properties);
    properties.defaultDiagnosticsTreeStyle = DiagnosticsTreeStyle.dense;
  }

  static bool canUpdate(Widget oldWidget, Widget newWidget) {
    return oldWidget.runtimeType == newWidget.runtimeType
      && oldWidget.key == newWidget.key;
  }
}
```

下面解释一下这段代码。

- Widget 类继承自 DiagnosticableTree，DiagnosticableTree 即“诊断树”，主要作用是提供调试信息。
- key：这个 key 属性类似于 React/Vue 中的 key，主要的作用是决定是否在下一次创建时复用旧的 Widget，条件在 canUpdate() 方法中。
- createElement()：正如前文所述“一个 Widget 可以对应多个 Element”；Flutter Framework 在构建 UI 树时，会先调用此方法生成对应节点的 Element 对象。此方法是 Flutter Framework 隐式调用的，在开发过程中基本上不会调用。

- debugFillProperties(...)：复写父类的方法，主要是设置诊断树的一些特性。
- canUpdate(...)：一个静态方法，它主要用于在 Widget 树重新创建时复用旧的 Widget，其实具体来说，应该是“是否用新的 Widget 对象更新旧 UI 树上所对应的 Element 对象的配置”；通过其源代码我们可以看到，只要 newWidget 与 oldWidget 的 runtimeType 和 key 同时相等时，就会用 newWidget 更新 Element 对象的配置，否则就会创建新的 Element。

有关 key 和 Widget 复用的细节将会在本书后面的高级部分深入讨论，读者现在只需要知道，为 Widget 显式添加 key 的话可能（但不一定）会使 UI 在重新构建时变得高效，读者目前可以先忽略此参数。在本书后面的示例中，只会在构建列表项 UI 时显式指定 key。

另外，Widget 类本身是一个抽象类，其中最核心的部分就是定义了 createElement() 接口，在 Flutter 开发中，我们一般不用直接继承 Widget 类来实现一个新组件，相反，我们通常会通过继承 StatelessWidget 或 StatefulWidget 来间接继承 Widget 类来实现新组件。StatelessWidget 和 StatefulWidget 都是直接继承自 Widget 类的，而这两个类也正是 Flutter 中非常重要的两个抽象类，它们引入了两种 Widget 模型，接下来我们将重点介绍这两个类。

3.1.4 StatelessWidget

在之前的章节中，我们已经简单介绍过 StatelessWidget 了，StatelessWidget 相对来说比较简单，它继承自 Widget 类，重写了 createElement() 方法，代码如下：

```
@override
StatelessElement createElement() => new StatelessElement(this);
```

StatelessElement 间接继承自 Element 类，与 StatelessWidget 相对应（作为其配置数据）。

StatelessWidget 用于不需要维护状态的场景，它通常在 build 方法中通过嵌套其他 Widget 来构建 UI，在构建过程中会递归地构建其嵌套的 Widget。下面我们来看一个简单的例子，代码如下：

```
class Echo extends StatelessWidget {
  const Echo({
    Key key,
    @required this.text,
    this.backgroundColor:Colors.grey,
  }):super(key:key);

  final String text;
  final Color backgroundColor;

  @override
  Widget build(BuildContext context) {
    return Center(
      child: Container(
```

```
        color: backgroundColor,
        child: Text(text),
      ),
    );
  }
}
```

上面的代码实现了一个回显字符串的 Echo Widget。

按照惯例，Widget 的构造函数参数应使用命名参数，命名参数中的必要参数需要添加 @required 标注，这样做有利于静态代码分析器进行检查。另外，在继承 Widget 时，第一个参数通常应该是 key，另外，如果 Widget 需要接收子 Widget，那么 child 或 children 参数通常应被放在参数列表的最后。同样是按照惯例，Widget 的属性应尽可能地被声明为 final，以防止被意外改变。然后，我们可以通过如下方式使用它：

```
Widget build(BuildContext context) {
  return Echo(text: "hello world");
}
```

运行后的效果如图 3-1 所示。

图 3-1 StatelessWidget 示例

context

build 方法有一个 context 参数，它是 BuildContext 类的一个实例，表示当前 Widget 在 Widget 树中的上下文，每一个 Widget 都会对应一个 context 对象（因为每一个 Widget 都是 Widget 树上的一个节点）。实际上，context 是当前 Widget 在 Widget 树中执行“相关操作”的一个句柄，比如，它提供了从当前 Widget 开始向上遍历 Widget 树以及按照 Widget 类型查找父级 Widget 的方法。下面是在子树中获取父级 Widget 的一个示例，代码如下：

```
class ContextRoute extends StatelessWidget {
  @override
  Widget build(BuildContext context) {
    return Scaffold(
      appBar: AppBar(
        title: Text("Context 测试"),
      ),
      body: Container(
        child: Builder(builder: (context) {
          // 在 Widget 树中向上查找最近的父级 Scaffold Widget
          Scaffold scaffold = context.ancestorWidgetOfExactType(Scaffold);
          // 直接返回 AppBar 的 title，此处实际上是 Text("Context 测试")
          return (scaffold.appBar as AppBar).title;
        }),
      ),
```

```
    );
  }
}
```

运行后的效果如图 3-2 所示。

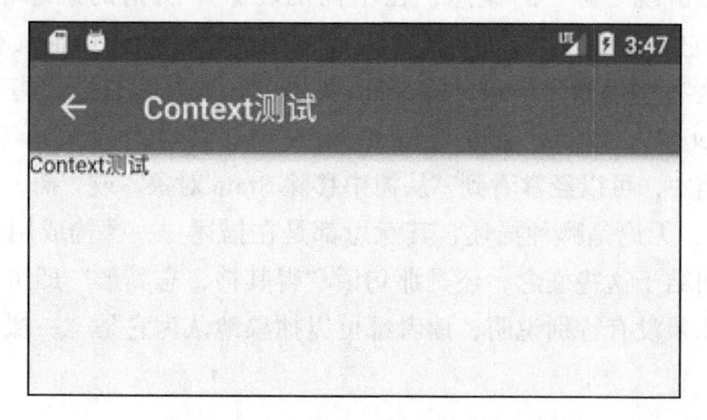

图 3-2　通过 Context 查找父 Widget

> 注意　对于 BuildContext，读者现在可以先做了解，随着本书后面内容的展开，也会用到 context 的一些方法，读者可以通过具体的场景对其有个直观的认识。关于 BuildContext 的更多内容，我们将在后文的高级部分再深入介绍。

3.1.5　StatefulWidget

与 StatelessWidget 一样，StatefulWidget 也是继承自 Widget 类，并重写了 createElement() 方法，不同的是返回的 Element 对象并不相同；另外 StatefulWidget 类中添加了一个新的接口 createState()。

下面我们看看 StatefulWidget 类的定义，代码如下：

```
abstract class StatefulWidget extends Widget {
  const StatefulWidget({ Key key }) : super(key: key);

  @override
  StatefulElement createElement() => new StatefulElement(this);

  @protected
  State createState();
}
```

下面是对该代码段的说明。

- StatefulElement 间接继承自 Element 类，与 StatefulWidget 相对应（作为其配置数据）。StatefulElement 中可能会多次调用 createState() 来创建状态（State）对象。
- createState() 用于创建与 Stateful Widget 相关的状态，该方法在 Stateful Widget 的生

命周期中可能会被多次调用。例如，当一个 Stateful Widget 同时插入到 Widget 树的多个位置时，Flutter framework 就会调用该方法为每一个位置生成一个独立的 State 实例，其本质上就是一个 StatefulElement 对应于一个 State 实例。

本书中经常会出现“树”的概念，在不同的场景中所指的意思也可能不同，在说“Widget 树”时，它可以指 Widget 结构树，但由于 Widget 与 Element 存在对应关系（一可能对多），因此在有些场景（Flutter 的 SDK 文档中）下也可能是代指“UI 树”的意思。而在 stateful Widget 中，State 对象也与 StatefulElement 具有对应关系（一对一），所以在 Flutter 的 SDK 文档中，可以经常看到“从树中移除 State 对象”或“插入 State 对象到树中”这样的描述。其实，无论是哪种描述，其意思都是在描述“一棵构成用户界面的节点元素的树”，读者不必纠结于这些概念，还是那句话“得其神，忘其形”即可，因此，本书中出现的各种“树”，如果没有特别说明，读者都可以抽象地认为它是“一棵构成用户界面的节点元素的树”。

3.1.6 State

一个 StatefulWidget 类会对应于一个 State 类，State 表示与其对应的 StatefulWidget 所要维护的状态，State 中的保存的状态信息可以有如下操作。

- 在 Widget 构建时可以被同步读取。
- 在 Widget 生命周期中可以被改变，当 State 发生改变时，可以手动调用其 setState() 方法通知 Flutter framework 状态发生改变，Flutter framework 在收到消息后，会重新调用其 build 方法重新构建 Widget 树，从而达到更新 UI 的目的。

State 中有两个常用的属性 Widget 和 context，说明如下。

- Widget，表示与该 State 实例关联的 Widget 实例，由 Flutter framework 动态设置。注意，这种关联并不是永久的，因为在应用生命周期中，UI 树上的某一个节点的 Widget 实例在重新构建时可能会发生变化，但 State 实例只会在第一次插入到树中时被创建，在重新构建时，如果 Widget 被修改了，那么 Flutter framework 会动态设置 State.widget 为新的 Widget 实例。
- context。StatefulWidget 对应的 BuildContext，作用与 StatelessWidget 的 BuildContext 相同。

State 生命周期

理解 State 的生命周期对 Flutter 开发非常重要，为了加深读者的印象，本节将通过一个实例来演示一下 State 的生命周期。在接下来的示例中，我们会实现一个计数器 Widget，点击它可以使计数器加 1，由于要保存计数器的数值状态，所以我们应继承 StatefulWidget，代码如下：

```
class CounterWidget extends StatefulWidget {
```

```
  const CounterWidget({
    Key key,
    this.initValue: 0
  });

  final int initValue;

  @override
  _CounterWidgetState createState() => new _CounterWidgetState();
}
```

CounterWidget 用于接收一个 initValue 整型参数，其表示计数器的初始值。下面我们就来看一下 State 的代码：

```
class _CounterWidgetState extends State<CounterWidget> {
  int _counter;

  @override
  void initState() {
    super.initState();
    //初始化状态
    _counter=widget.initValue;
    print("initState");
  }

  @override
  Widget build(BuildContext context) {
    print("build");
    return Scaffold(
      body: Center(
        child: FlatButton(
          child: Text('$_counter'),
          //点击后计数器自增
          onPressed:()=>setState(()=> ++_counter,
          ),
        ),
      ),
    );
  }

  @override
  void didUpdateWidget(CounterWidget oldWidget) {
    super.didUpdateWidget(oldWidget);
    print("didUpdateWidget");
  }

  @override
  void deactivate() {
    super.deactivate();
    print("deactive");
```

```
  }

  @override
  void dispose() {
    super.dispose();
    print("dispose");
  }

  @override
  void reassemble() {
    super.reassemble();
    print("reassemble");
  }

  @override
  void didChangeDependencies() {
    super.didChangeDependencies();
    print("didChangeDependencies");
  }

}
```

接下来，我们创建一个新路由，在新路由中我们只显示一个 CounterWidget，代码如下：

```
Widget build(BuildContext context) {
  return CounterWidget();
}
```

下面运行应用并打开该路由页面，在打开新路由页之后，屏幕的中央就会出现一个数字 0，然后控制台输出日志如下：

```
I/flutter ( 5436): initState
I/flutter ( 5436): didChangeDependencies
I/flutter ( 5436): build
```

可以看到，在 StatefulWidget 插入 Widget 树时，首先会调用 initState 方法，然后我们点击热重载按钮，控制台输出日志如下：

```
I/flutter ( 5436): reassemble
I/flutter ( 5436): didUpdateWidget
I/flutter ( 5436): build
```

可以看到，此时 initState 和 didChangeDependencies 都没有被调用，而此时调用的是 didUpdateWidget。

接下来，我们在 Widget 树中移除 CounterWidget，将路由 build 方法改为：

```
Widget build(BuildContext context) {
  // 移除计数器
  //return CounterWidget();
  // 随便返回一个 Text()
```

```
    return Text("xxx");
  }
```

然后热重载，输出日志如下：

```
I/flutter ( 5436): reassemble
I/flutter ( 5436): deactive
I/flutter ( 5436): dispose
```

我们可以看到，在 CounterWidget 从 Widget 树中移除时，deactive 和 dispose 会依次被调用。

下面我们来看一下各个回调函数，说明如下。

- initState：当 Widget 第一次插入到 Widget 树时会被调用，对于每一个 State 对象，Flutter framework 只会调用一次该回调，所以，通常会在该回调中做一些一次性的操作，如状态初始化、订阅子树的事件通知等。不能在该回调中调用 BuildContext.inheritFromWidgetOfExactType（该方法用于在 Widget 树上获取离当前 Widget 最近的一个父级 InheritFromWidget，关于 InheritedWidget 我们将在后面章节详细介绍），原因是在初始化完成后，Widget 树中的 InheritFromWidget 也可能会发生变化，所以正确的做法应该是在 build() 方法或 didChangeDependencies() 中调用它。
- didChangeDependencies()：当 State 对象的依赖发生变化时会被调用；例如，在之前的 build() 中包含了一个 InheritedWidget，然后在之后的 build() 中 InheritedWidget 发生了变化，那么此时 InheritedWidget 的子 Widget 的 didChangeDependencies() 回调都会被调用。典型的场景是当系统语言 Locale 或应用主题发生改变时，Flutter framework 会通知 Widget 调用此回调。
- build()：对于此回调，读者现在应该已经相当熟悉了，其主要用于构建 Widget 子树，如下场景会调用 build() 回调函数。
  - 在调用 initState() 之后。
  - 在调用 didUpdateWidget() 之后。
  - 在调用 setState() 之后。
  - 在调用 didChangeDependencies() 之后。
  - 在 State 对象从树中一个位置移除后（会调用 deactivate）又重新插入到树的其他位置之后。
- reassemble()：此回调是专门为了开发调试而提供的，在热重载（hot reload）时会被调用，此回调在 Release 模式下永远不会被调用。
- didUpdateWidget()：在 Widget 重新构建时，Flutter framework 会调用 Widget.canUpdate 来检测 Widget 树中同一位置的新旧节点，然后决定是否需要更新，如果 Widget.canUpdate 返回 true 则会调用此回调。正如之前所述，Widget.canUpdate 会在新旧 Widget 的 key 和 runtimeType 同时相等时返回 true，也就是说，在新旧 Widget

的 key 和 runtimeType 同时相等时，didUpdateWidget() 就会被调用。

❑ deactivate()：当 State 对象从树中移除时，会调用此回调。在一些场景下，Flutter framework 会将 State 对象重新插入树中，如包含此 State 对象的子树从树的一个位置移动到另一个位置时（可以通过 GlobalKey 来实现）。如果移除后没有重新插入树中，则紧接着会调用 dispose() 方法。

❑ dispose()：当 State 对象从树中被永久移除时调用；在此回调中通常会释放资源。

StatefulWidget 的生命周期如图 3-3 所示。

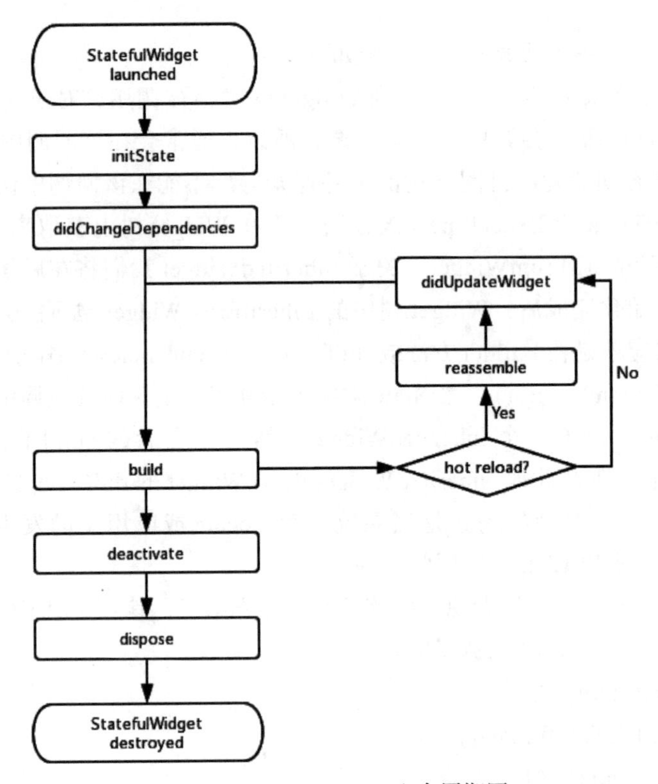

图 3-3　StatefulWidget 生命周期图

> 注意　在继承 StatefulWidget 重写其方法时，对于包含 @mustCallSuper 标注的父类方法，都要在其子类方法中先调用父类方法。

为什么要将 build 方法放在 State 中，而不是放在 StatefulWidget 中？

现在，我们可以回答之前提出的问题了，为什么 build() 方法放在 State（而不是 StatefulWidget）中？这主要是为了提高开发的灵活性。如果将 build() 方法放在 StatefulWidget 中则会存在如下两个问题。

❑ 状态访问不方便。

试想一下，假设我们的StatefulWidget存在很多状态，而每次的状态改变都要调用build方法，由于状态是保存在State中的，如果build方法在StatefulWidget中，那么build方法和状态分别处于两个类中，那么构建时读取状态将会很不方便！试想一下，如果真的将build方法放在StatefulWidget中，由于构建用户界面过程需要依赖State，所以build方法将必须添加一个State参数，大概是下面这样：

```
Widget build(BuildContext context, State state){
  //state.counter
  ...
}
```

这样的话，就只能将State的所有状态声明为公开的状态，这样才能在State类的外部访问状态！但是，将状态设置为公开之后，状态将不再具有私密性，这就会导致对状态的修改将变得不可控。但是，如果将build()方法放在State中，那么构建过程不仅可以直接访问状态，而且也无须公开私有状态，这样做将会非常方便。

❑ 继承StatefulWidget不方便。

例如，Flutter中有一个动画Widget的基类AnimatedWidget，它继承自StatefulWidget类。AnimatedWidget中引入了一个抽象方法build（BuildContext context），继承自AnimatedWidget的动画Widget都要实现这个build方法。现在设想一下，如果StatefulWidget类中已经有了一个build方法，正如上面所述，此时build方法需要接收一个State对象，这就意味着AnimatedWidget必须将自己的State对象（记为_animatedWidgetState）提供给其子类，因为子类需要在其build方法中调用父类的build方法，代码可能如下：

```
class MyAnimationWidget extends AnimatedWidget{
  @override
  Widget build(BuildContext context, State state){
    // 由于子类要用到 AnimatedWidget 的状态对象 _animatedWidgetState,
    // 所以 AnimatedWidget 必须通过某种方式将其状态对象 _animatedWidgetState
    // 暴露给其子类
    super.build(context, _animatedWidgetState)
  }
}
```

这样做很显然是不合理的，原因如下。

- AnimatedWidget的状态对象是AnimatedWidget内部的实现细节，不应该暴露给外部。
- 如果要将父类状态暴露给子类，那么必须要有一种传递机制，而做这一套传递机制是毫无意义的，因为父子类之间状态的传递和子类本身的逻辑是无关的。

综上所述，可以发现，对于StatefulWidget，将build方法放在State中，可以为开发带来很大的灵活性。

3.1.7 在 Widget 树中获取 State 对象

由于 StatefulWidget 的具体逻辑都在其 State 中，所以很多时候我们需要获取 StatefulWidget 对应的 State 对象来调用一些方法，比如，Scaffold 组件对应的状态类 ScaffoldState 中就定义了打开 SnackBar（路由页底部提示条）的方法。我们有两种方法可以从子 Widget 树中获取父级 StatefulWidget 的 State 对象。

通过 context 获取

context 对象有一个 ancestorStateOfType(TypeMatcher) 方法，该方法可以从当前节点沿着 Widget 树向上查找指定类型的与 StatefulWidget 对应的 State 对象。下面是实现打开 SnackBar 的示例，代码如下：

```
Scaffold(
  appBar: AppBar(
    title: Text(" 子树中获取 State 对象 "),
  ),
  body: Center(
    child: Builder(builder: (context) {
      return RaisedButton(
        onPressed: () {
          // 查找父级最近的与 Scaffold 对应的 ScaffoldState 对象
          ScaffoldState _state = context.ancestorStateOfType(
              TypeMatcher<ScaffoldState>());
          // 调用 ScaffoldState 的 showSnackBar 来弹出 SnackBar
          _state.showSnackBar(
            SnackBar(
              content: Text(" 我是 SnackBar"),
            ),
          );
        },
        child: Text(" 显示 SnackBar"),
      );
    }),
  ),
);
```

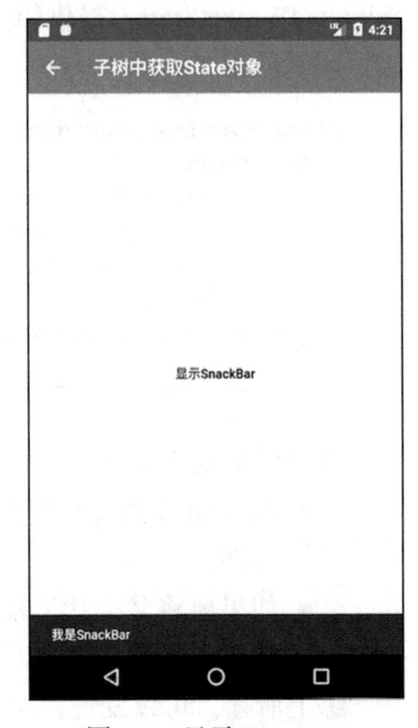

图 3-4　显示 SnackBar

运行上面的示例代码，点击“显示 SnackBar”，效果如图 3-4 所示。

一般来说，如果 StatefulWidget 的状态是私有的（不应该向外部暴露），那么我们在代码中就不应该去直接获取其 State 对象；如果 StatefulWidget 的状态是希望暴露出来的（通常还包含一些组件的操作方法），则我们可以直接获取其 State 对象。但是通过 context.ancestorStateOfType 获取 StatefulWidget 的状态的方法是通用的，我们并不能在语法层面指定 StatefulWidget 的状态是否私有，所以在 Flutter 开发中便有了一个默认的约定：如果 StatefulWidget 的状态是希望暴露在外的，则应当在 StatefulWidget 中提供一个 of 静态方法来获取其 State 对象，开发者便可以直接通过该方法来获取；如果 State 不希望暴露在外，则不提供 of 方法。这个约定在 Flutter SDK 里随处可见。所以，上面示例中的 Scaffold 也提供了一个 of 方法，我们其实是可以直接调用它的，代码如下：

```
...// 省略无关代码
// 直接通过 of 静态方法来获取 ScaffoldState
ScaffoldState _state=Scaffold.of(context);
_state.showSnackBar(
  SnackBar(
    content: Text(" 我是 SnackBar"),
  ),
);
```

通过 GlobalKey

Flutter 还有一种通用的获取 State 对象的方法，即通过 GlobalKey 来获取，步骤分为如下两步。

1）给目标 StatefulWidget 添加 GlobalKey，代码如下：

```
// 定义一个 globalKey，由于 GlobalKey 要保持全局唯一性，因此我们使用静态变量存储
static GlobalKey<ScaffoldState> _globalKey= GlobalKey();
...
Scaffold(
  key: _globalKey , // 设置 key
  ...
)
```

2）通过 GlobalKey 来获取 State 对象，代码如下：

```
_globalKey.currentState.openDrawer()
```

GlobalKey 是 Flutter 提供的一种在整个 APP 中引用 element 的机制。如果一个 Widget 设置了 GlobalKey，那么我们便可以通过 globalKey.currentWidget 获得该 Widget 对象、以及通过 globalKey.currentElement 来获得与 Widget 对应的 element 对象，如果当前 Widget 是 StatefulWidget，则可以通过 globalKey.currentState 来获得与该 Widget 对应的 State 对象。

注意 使用 GlobalKey 开销较大，如果有其他可选方案，应尽量避免使用它。另外，同一个 GlobalKey 在整个 Widget 树中必须是唯一的，不能重复。

3.1.8 Flutter SDK 内置组件库介绍

Flutter 提供了一套丰富的、强大的基础组件，在基础组件库之上，Flutter 又提供了一套 Material 风格（Android 默认的视觉风格）和一套 Cupertino 风格（iOS 视觉风格）的组件

库。要使用基础组件库，需要先导入：

```
import 'package:flutter/widgets.dart';
```

下面我们介绍一下常用的组件。

基础组件

- ❑ Text：该组件可以让你创建一个带格式的文本。
- ❑ Row、Column：这些具有弹性空间的布局类 Widget 可以让你在水平（Row）和垂直（Column）方向上创建灵活的布局。其设计是基于 Web 开发中的 Flexbox 布局模型。
- ❑ Stack：取代线性布局（与 Android 中的 FrameLayout 相似），Stack 允许子 Widget 堆叠，这里可以使用 Positioned 来定位它们相对于 Stack 的上下左右四条边的位置。Stacks 是基于 Web 开发中的绝对定位（absolute positioning）布局模型设计的。
- ❑ Container：Container 可以让你创建矩形视觉元素。container 可以装饰一个 BoxDecoration，如 background、一个边框，或者一个阴影等。Container 也可以具有边距（margins）、填充（padding）和应用于其大小的约束（constraints）。另外，Container 可以使用矩阵并在三维空间中对其进行变换。

Material 组件

Flutter 提供了一套丰富的 Material 组件，它可以帮助我们构建遵循 Material Design 设计规范的应用程序。Material 应用程序以 MaterialApp 组件开始，该组件在应用程序的根部创建了一些必要的组件，比如 Theme 组件，其用于配置应用的主题。是否使用 MaterialApp 完全是可选的，但是使用它是一个很好的做法。在之前的示例中，我们已经使用过多个 Material 组件了，如 Scaffold、AppBar、FlatButton 等。要使用 Material 组件，需要先引入它：

```
import 'package:flutter/material.dart';
```

Cupertino 组件

Flutter 还提供了一套丰富的 Cupertino 风格的组件，尽管目前还没有 Material 组件那么丰富，但是它仍在不断完善。值得一提的是，在 Material 组件库中有一些组件可以根据实际运行平台来切换表现风格，比如 MaterialPageRoute，在进行路由切换时，如果是 Android 系统，它将会使用 Android 系统默认的页面切换动画（从底向上），如果是 iOS 系统，它会使用 iOS 系统默认的页面切换动画（从右向左）。由于在前面的示例中还没有 Cupertino 组件的示例，下面我们就来实现一个简单的 Cupertino 组件风格的页面，代码如下：

```
// 导入 Cupertino Widget 库
import 'package:flutter/cupertino.dart';

class CupertinoTestRoute extends StatelessWidget {
  @override
```

```
  Widget build(BuildContext context) {
    return CupertinoPageScaffold(
      navigationBar: CupertinoNavigationBar(
        middle: Text("Cupertino Demo"),
      ),
      child: Center(
        child: CupertinoButton(
          color: CupertinoColors.activeBlue,
          child: Text("Press"),
          onPressed: () {}
        ),
      ),
    );
  }
}
```

如图 3-5 所示的是在 iPhoneX 上运行页面效果的截图。

图 3-5 Cupertino 组件示例

关于示例

本章后面章节的示例中会使用一些布局类组件，如 Scaffold、Row、Column 等，这些组件将在第 4 章中详细介绍，读者可以先不用关注。

总结

Flutter 提供了丰富的组件，在实际的开发中你可以根据需要随意使用它们，而不必担心引入过多的组件库会让你的应用安装包变大，这不是 Web 开发，Dart 在编译时只会编译你使用了的代码。由于 Material 和 Cupertino 都在基础组件库之上，所以如果我们的应用中引入了这两者之一，则不需要再引入 flutter/widgets.dart 了，因为它们在内部已经引入了。

3.2 状态管理

响应式编程框架中都存在一个永恒的主题——“状态（State）管理”，无论是在 React/Vue（两者都是支持响应式编程的 Web 开发框架）还是 Flutter 中，它们涉及的问题和解决问题的思想都是一致的。所以，如果你对 React/Vue 的状态管理有所了解，那么你可以跳过本节。言归正传，我们思考这样一个问题：StatefulWidget 的状态应该被谁管理？ Widget 本身？父 Widget ？都会？还是另一个对象？答案是取决于实际情况！以下是管理状态的最常见方法。

- ❑ Widget 管理自己的状态。
- ❑ Widget 管理子 Widget 状态。
- ❑ 混合管理（父 Widget 和子 Widget 都管理状态）。

如何决定使用哪种管理方法？下面是官方给出的一些原则可以帮助你做出决定。

- 如果状态是用户数据，如复选框的选中状态、滑块的位置，则该状态最好由父 Widget 管理。
- 如果状态是有关界面外观效果的，例如，颜色、动画，那么状态最好由 Widget 本身来进行管理。
- 如果某一个状态是不同 Widget 共享的，则最好由它们共同的父 Widget 进行管理。

在 Widget 内部，管理状态的封装性会更好一些，而在父 Widget 中，管理会比较灵活。有些时候，如果不确定到底该怎么管理状态，那么推荐的首选是在父 Widget 中管理（灵活性会显得更重要一些）。

接下来，我们将通过创建的三个简单示例 TapboxA、TapboxB 和 TapboxC 来说明管理状态的不同方式。这些例子的功能是相似的——创建一个盒子，在点击它时，盒子的背景色会在绿色与灰色之间切换。状态 _active 用来确定颜色，该状态有两个值——true 和 false，为 trun 时盒子背景色为绿色（图 3-6 中标注为 Active），为 false 时盒子背景色为灰色（图 3-6 中标注为 Inactive）。

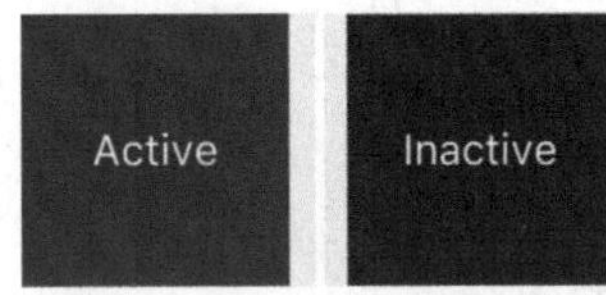

图 3-6 状态管理示例

下面的例子将使用 GestureDetector 来识别点击事件，关于该 GestureDetector 的详细内容我们将在第 8 章中详细介绍。

3.2.1 Widget 管理自身状态

_TapboxAState 类实现的功能如下。

- 管理 TapboxA 的状态。
- 定义 _active：确定盒子的当前颜色的布尔值。
- 定义 _handleTap() 函数，该函数在点击该盒子时更新 _active，并调用 setState() 函数更新 UI。
- 实现 Widget 的所有交互式行为。

TapboxA 管理自身状态，代码如下：

```
//------------------------- TapboxA ----------------------------------

class TapboxA extends StatefulWidget {
  TapboxA({Key key}) : super(key: key);

  @override
  _TapboxAState createState() => new _TapboxAState();
}

class _TapboxAState extends State<TapboxA> {
  bool _active = false;
```

```
  void _handleTap() {
    setState(() {
      _active = !_active;
    });
  }

  Widget build(BuildContext context) {
    return new GestureDetector(
      onTap: _handleTap,
      child: new Container(
        child: new Center(
          child: new Text(
            _active ? 'Active' : 'Inactive',
            style: new TextStyle(fontSize: 32.0, color: Colors.white),
          ),
        ),
        width: 200.0,
        height: 200.0,
        decoration: new BoxDecoration(
          color: _active ? Colors.lightGreen[700] : Colors.grey[600],
        ),
      ),
    );
  }
}
```

3.2.2 父 Widget 管理子 Widget 的状态

对于父 Widget 来说，管理状态并告诉其子 Widget 何时更新通常是比较好的方式。例如，IconButton 是一个图标按钮，但它是一个无状态的 Widget，因为我们认为父 Widget 需要知道该按钮是否被点击以采取相应的处理。

在以下示例中，TapboxB 通过回调将其状态导出到其父组件中，状态由父组件管理，因此它的父组件为 StatefulWidget。但是由于 TapboxB 不管理任何状态，所以 TapboxB 为 StatelessWidget。

ParentWidgetState 类实现的功能如下。

- 为 TapboxB 管理 _active 状态。
- 实现 _handleTapboxChanged()，当盒子被点击时调用的方法。
- 当状态发生改变时，调用 setState() 更新 UI。

TapboxB 类实现的功能如下。

- 继承 StatelessWidget 类，因为所有状态都由其父组件进行处理。
- 当检测到点击时，它会通知父组件。

```
// ParentWidget 为 TapboxB 管理状态

//------------------------ ParentWidget --------------------------------
```

```
class ParentWidget extends StatefulWidget {
  @override
  _ParentWidgetState createState() => new _ParentWidgetState();
}

class _ParentWidgetState extends State<ParentWidget> {
  bool _active = false;

  void _handleTapboxChanged(bool newValue) {
    setState(() {
      _active = newValue;
    });
  }

  @override
  Widget build(BuildContext context) {
    return new Container(
      child: new TapboxB(
        active: _active,
        onChanged: _handleTapboxChanged,
      ),
    );
  }
}

//------------------------ TapboxB ----------------------------------

class TapboxB extends StatelessWidget {
  TapboxB({Key key, this.active: false, @required this.onChanged})
      : super(key: key);

  final bool active;
  final ValueChanged<bool> onChanged;

  void _handleTap() {
    onChanged(!active);
  }

  Widget build(BuildContext context) {
    return new GestureDetector(
      onTap: _handleTap,
      child: new Container(
        child: new Center(
          child: new Text(
            active ? 'Active' : 'Inactive',
            style: new TextStyle(fontSize: 32.0, color: Colors.white),
          ),
        ),
        width: 200.0,
        height: 200.0,
```

```
        decoration: new BoxDecoration(
          color: active ? Colors.lightGreen[700] : Colors.grey[600],
        ),
      ),
    );
  }
}
```

3.2.3 混合状态管理

对于一些组件来说，混合管理的方式会非常有用。在这种情况下，组件自身管理一些内部状态，而父组件则管理一些其他的外部状态。

在下面 TapboxC 的示例中，当手指按下时，盒子的周围会出现一个深绿色的边框，抬起时，边框消失。点击完成后，盒子的颜色发生改变。TapboxC 将其 _active 状态导出到其父组件中，但在内部管理其 _highlight 状态。这个例子包含两个状态对象，分别是 _ParentWidgetCState 和 _TapboxCState。

_ParentWidgetCState 类实现的功能如下。

- 管理 _active 状态。
- 实现 _handleTapboxChanged()，当盒子被点击时调用。
- 当点击盒子并且 _active 状态发生改变时调用 setState() 更新 UI。

_TapboxCState 对象实现的功能如下。

- 管理 _highlight 状态。
- GestureDetector 监听所有的 tap 事件。当用户点击时，会添加高亮（深绿色边框）；当用户释放时，会移除高亮。
- 当按下、抬起，或者取消点击时更新 _highlight 状态，调用 setState() 更新 UI。
- 当点击时，将状态的改变传递给父组件。

```
//---------------------------- ParentWidget ----------------------------

class ParentWidgetC extends StatefulWidget {
  @override
  _ParentWidgetCState createState() => new _ParentWidgetCState();
}

class _ParentWidgetCState extends State<ParentWidgetC> {
  bool _active = false;

  void _handleTapboxChanged(bool newValue) {
    setState(() {
      _active = newValue;
    });
  }

  @override
```

```
  Widget build(BuildContext context) {
    return new Container(
      child: new TapboxC(
        active: _active,
        onChanged: _handleTapboxChanged,
      ),
    );
  }
}

//----------------------------- TapboxC ------------------------------

class TapboxC extends StatefulWidget {
  TapboxC({Key key, this.active: false, @required this.onChanged})
      : super(key: key);

  final bool active;
  final ValueChanged<bool> onChanged;

  @override
  _TapboxCState createState() => new _TapboxCState();
}

class _TapboxCState extends State<TapboxC> {
  bool _highlight = false;

  void _handleTapDown(TapDownDetails details) {
    setState(() {
      _highlight = true;
    });
  }

  void _handleTapUp(TapUpDetails details) {
    setState(() {
      _highlight = false;
    });
  }

  void _handleTapCancel() {
    setState(() {
      _highlight = false;
    });
  }

  void _handleTap() {
    widget.onChanged(!widget.active);
  }

  @override
  Widget build(BuildContext context) {
```

```
    //在按下时添加绿色边框，在抬起时，取消高亮
    return new GestureDetector(
      onTapDown: _handleTapDown, //处理按下事件
      onTapUp: _handleTapUp, //处理抬起事件
      onTap: _handleTap,
      onTapCancel: _handleTapCancel,
      child: new Container(
        child: new Center(
          child: new Text(widget.active ? 'Active' : 'Inactive',
            style: new TextStyle(fontSize: 32.0, color: Colors.white)),
        ),
        width: 200.0,
        height: 200.0,
        decoration: new BoxDecoration(
          color: widget.active ? Colors.lightGreen[700] : Colors.grey[600],
          border: _highlight
            ? new Border.all(
                color: Colors.teal[700],
                width: 10.0,
              )
            : null,
        ),
      ),
    );
  }
}
```

另一种实现可能会将高亮状态导出到父组件，但同时保持 _active 状态为内部状态，但是，如果其他人要使用该 TapBox，可能没有什么意义。开发人员只会关心该框是否处于 Active 状态，而不在乎高亮显示是如何管理的，所以应该让 TapBox 在内部处理这些细节。

3.2.4 全局状态管理

当应用中存在一些跨组件（包括跨路由）的状态需要同步时，上面介绍的方法便很难胜任了。比如我们有一个设置页，里面可以设置应用的语言，为了让设置实时生效，我们期望在语言状态发生改变时，APP 中依赖应用语言的组件能够重新创建一次，但这些依赖应用语言的组件和设置页并不在一起，所以对于这种情况，用上面的方法将很难管理。这时，正确的做法是通过一个全局状态管理器来处理这种相距较远的组件之间的通信。目前主要有两种办法，具体如下。

1）实现一个全局的事件总线，将语言状态改变对应为一个事件，然后在 APP 中依赖应用语言的组件的 initState 方法中订阅语言改变的事件。当用户在设置页切换语言之后，我们发布语言改变事件，而订阅了此事件的组件就会收到通知，收到通知后，调用 setState(...) 方法重新创建一下自身即可。

2）使用一些专门用于状态管理的包，如 Provider、Redux，读者可以通过相关资料查

看其详细信息。

本书将在第 7 章中详细介绍 Provider 包的实现原理及用法，同时也将会在第 8 章中实现一个全局事件总线，读者有需要可以直接翻看。

3.3 文本及样式

3.3.1 Text

Text 用于显示简单样式文本，它包含一些控制文本显示样式的属性，一个简单的例子如下：

```
Text("Hello world",
  textAlign: TextAlign.left,
);

Text("Hello world! I'm Jack. "*4,
  maxLines: 1,
  overflow: TextOverflow.ellipsis,
);

Text("Hello world",
  textScaleFactor: 1.5,
);
```

图 3-7 Text 示例

示例代码运行效果如图 3-7 所示。

对上述代码段中的参数说明如下。

- textAlign：文本的对齐方式；可以选择左对齐、右对齐或者居中对齐。注意，对齐的参考系是 Text Widget 本身。本例中虽然是指定了居中对齐，但因为 Text 文本内容的宽度不足一行，Text 的宽度与文本内容的长度相等，那么这时指定对齐方式是没有意义的，只有 Text 的宽度大于文本内容的长度时指定此属性才有意义。下面我们指定一个较长的字符串：

```
Text("Hello world "*6,  //字符串重复六次
  textAlign: TextAlign.center,
);
```

Hello world Hello world Hello world Hello world
Hello world Hello world

图 3-8 Text 居中对齐示例

运行效果如图 3-8 所示。

字符串内容超过一行，Text 宽度等于屏幕宽度，第二行文本便会居中显示。

- maxLines、overflow：指定文本显示的最大行数。默认情况下，文本是自动折行的，如果指定此参数，则文本最多不会超过指定的行。如果有多余的文本，可以通过 overflow 来指定截断方式，默认是直接截断，本例中指定的截断方式为 TextOverflow.ellipsis，它会将多余的文本截断后以省略符“...”表示；TextOverflow

的其他截断方式请参考 SDK 文档。

- ❑ textScaleFactor：代表文本相对于当前字体大小的缩放因子，相对于去设置文本的样式 style 属性的 fontSize，它是调整字体大小的一个快捷方式。该属性的默认值可以通过 MediaQueryData.textScaleFactor 来获得，如果没有 MediaQuery，那么其默认值将会为 1.0。

3.3.2 TextStyle

TextStyle 用于指定文本显示的样式，如颜色、字体、粗细、背景等。下面我们来看一个示例：

```
Text("Hello world",
  style: TextStyle(
    color: Colors.blue,
    fontSize: 18.0,
    height: 1.2,
    fontFamily: "Courier",
    background: new Paint()..color=Colors.yellow,
    decoration:TextDecoration.underline,
    decorationStyle: TextDecorationStyle.dashed
  ),
);
```

Hello world

图 3-9 TextStyle 示例

示例代码运行效果如图 3-9 所示。

此示例只展示了 TextStyle 的部分属性，它还有一些其他的属性，属性名基本上都是自解释的，在此不再赘述，读者可以查阅 SDK 文档。这里需要注意如下几点。

- ❑ height：该属性用于指定行高，但它并不是一个绝对值，而是一个因子，具体的行高等于 fontSize*height。
- ❑ fontFamily：由于不同平台默认支持的字体集不同，所以在手动指定字体时，一定要先在不同的平台上测试一下。
- ❑ fontSize：该属性与 Text 的 textScaleFactor 都用于控制字体大小。但是有两个主要的区别，具体如下。
  - fontSize 可以精确指定字体大小，而 textScaleFactor 只能通过缩放比例来进行控制。
  - textScaleFactor 主要是用于系统字体大小设置发生改变时，对 Flutter 应用字体进行全局调整，而 fontSize 通常用于单个文本，字体大小不会跟随系统字体的大小而变化。

3.3.3 TextSpan

在上面的例子中，Text 的所有文本内容都只能按照同一种样式显示，如果我们需要对一个 Text 内容的不同部分按照不同的样式进行显示，这时就可以使用 TextSpan 了，它代表文本的一个“片段”。下面我们来看看 TextSpan 的定义，代码如下：

```
const TextSpan({
  TextStyle style,
  Sting text,
  List<TextSpan> children,
  GestureRecognizer recognizer,
});
```

其中，style 和 text 属性代表该文本片段的样式和内容。children 是一个 TextSpan 的数组，也就是说 TextSpan 可以包括其他 TextSpan。而 recognizer 用于对该文本片段上的手势进行识别处理。下面我们看一个效果（如图 3-10 所示），然后用 TextSpan 实现它。

实现源码如下：

```
Text.rich(TextSpan(
  children: [
    TextSpan(
       text: "Home: "
    ),
    TextSpan(
       text: "https://flutterchina.club",
       style: TextStyle(
         color: Colors.blue
       ),
       recognizer: _tapRecognizer
    ),
  ]
))
```

Home: https://flutterchina.club

图 3-10 TextSpan 示例

对上述代码的说明如下。

- 上面的代码中，我们通过 TextSpan 实现了一个基础文本片段和一个链接片段，然后通过 Text.rich 方法将 TextSpan 添加到 Text 中，之所以可以这样做，是因为 Text 其实就是 RichText 的一个包装，而 RichText 是可以显示多种样式（富文本）的 Widget。
- _tapRecognizer，它是点击链接后的一个处理器（代码已省略），关于手势识别的更多内容我们将在后面单独介绍。

3.3.4 DefaultTextStyle

在 Widget 树中，文本的样式默认是可以被继承的（子类文本类组件未指定具体样式时可以使用 Widget 树中父级设置的默认样式），因此，如果在 Widget 树的某一个节点处设置一个默认的文本样式，那么该节点的子树中所有文本都会默认使用这个样式，而 DefaultTextStyle 正是用于设置默认文本样式的。下面我们来看一个例子：

```
DefaultTextStyle(
```

```
  //1.设置文本默认样式
  style: TextStyle(
    color:Colors.red,
    fontSize: 20.0,
  ),
  textAlign: TextAlign.start,
  child: Column(
    crossAxisAlignment: CrossAxisAlignment.start,
    children: <Widget>[
      Text("hello world"),
      Text("I am Jack"),
      Text("I am Jack",
        style: TextStyle(
          inherit: false, //2.不继承默认样式
          color: Colors.grey
        ),
      ),
    ],
  ),
);
```

上面的代码中，首先设置了一个默认的文本样式，即字体为 20 像素（逻辑像素）、颜色为红色。然后通过 DefaultTextStyle 设置给了子树 Column 节点处，这样一来，Column 的所有子孙 Text 默认都会继承该样式，除非 Text 显示指定不继承样式，如代码中注释 2。示例运行效果如图 3-11 所示。

图 3-11 DefaultTextStyle 示例

3.3.5 字体

可以在 Flutter 应用程序中使用不同的字体。例如，我们可能会使用设计人员创建的自定义字体，或者其他第三方的字体，如 Google Fonts 中的字体。本节将介绍如何为 Flutter 应用配置字体，并在渲染文本时使用它们。

在 Flutter 中使用字体可分成两步来完成。首先在 pubspec.yaml 中声明它们，以确保它们会打包到应用程序中，然后通过 TextStyle 属性使用字体。

在 asset 中声明

要将字体文件打包到应用中，与使用其他资源一样，首先要在 pubspec.yaml 中声明它。然后将字体文件复制到在 pubspec.yaml 中指定的位置，代码如下：

```
flutter:
  fonts:
    - family: Raleway
      fonts:
        - asset: assets/fonts/Raleway-Regular.ttf
        - asset: assets/fonts/Raleway-Medium.ttf
          weight: 500
```

```
        - asset: assets/fonts/Raleway-SemiBold.ttf
          weight: 600
    - family: AbrilFatface
      fonts:
        - asset: assets/fonts/abrilfatface/AbrilFatface-Regular.ttf
```

使用字体

```
//声明文本样式
const textStyle = const TextStyle(
  fontFamily: 'Raleway',
);

//使用文本样式
var buttonText = const Text(
  "Use the font for this text",
  style: textStyle,
);
```

Package 中的字体

要使用 Package 中定义的字体，**必须提供 package 参数**。例如，假设上面的字体声明位于 my_package 包中，那么创建 TextStyle 的过程如下：

```
const textStyle = const TextStyle(
  fontFamily: 'Raleway',
  package: 'my_package', //指定包名
);
```

如果在 package 包内部使用其自己定义的字体，那么它应该在创建文本样式时指定 package 参数，如上例所示。

一个包也可以只提供字体文件而不需要在 pubspec.yaml 中声明。这些文件应该存放在包的 lib/ 文件夹中。字体文件不会自动绑定到应用程序中，应用程序可以在声明字体时有选择地使用这些字体。假设一个名为 my_package 的包中有一个字体文件：

```
lib/fonts/Raleway-Medium.ttf
```

然后，应用程序可以声明一个字体，如下面的示例代码所示：

```
flutter:
  fonts:
    - family: Raleway
      fonts:
        - asset: assets/fonts/Raleway-Regular.ttf
        - asset: packages/my_package/fonts/Raleway-Medium.ttf
          weight: 500
```

其中，lib/ 是隐含的，所以它不应该包含在 asset 路径中。

在这种情况下，由于应用程序本地定义了字体，所以在创建 TextStyle 时可以不指定 package 参数，代码如下：

```
const textStyle = const TextStyle(
  fontFamily: 'Raleway',
);
```

3.4 按钮

3.4.1 Material 组件库中的按钮

Material 组件库中提供了多种按钮组件，如 RaisedButton、FlatButton、OutlineButton 等，它们都是直接或间接对 RawMaterialButton 组件的包装定制，所以它们的大多数属性都与 RawMaterialButton 一样。在介绍各个按钮时我们先介绍其默认外观，而按钮的外观大都可以通过属性来进行自定义，我们将在后面统一介绍这些属性。另外，Material 库中的所有按钮都具有如下相同点。

- 按下时都会有“水波动画”（又称“涟漪动画”，即点击时按钮上会出现水波荡漾的动画）的效果。
- 有一个 onPressed 属性来设置点击回调，当按钮按下时会执行该回调，如果不提供该回调，则按钮会处于禁用状态，禁用状态不响应用户点击。

RaisedButton

RaisedButton 即“漂浮”按钮，它默认带有阴影和灰色背景。按下后，阴影会变大，如图 3-12 所示。

使用 RaisedButton 非常简单，示例代码如下：

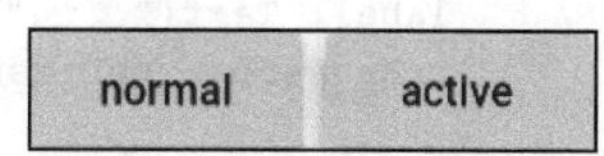

图 3-12 RaisedButton 示例

```
RaisedButton(
  child: Text("normal"),
  onPressed: () {},
);
```

FlatButton

FlatButton 即扁平按钮，默认背景透明并且不带阴影。按下后，会有背景色，如图 3-13 所示。

使用 FlatButton 也很简单，示例代码如下：

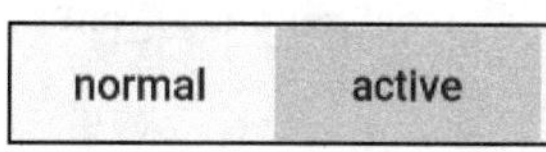

图 3-13 FlatButton 示例

```
FlatButton(
  child: Text("normal"),
  onPressed: () {},
)
```

OutlineButton

OutlineButton 默认有一个边框，不带阴影且背景透明。按下后，边框颜色会变亮、同时出现背景和阴影（较弱），如图 3-14 所示。

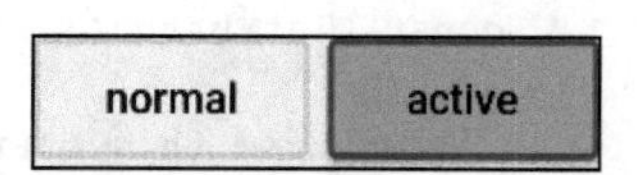

图 3-14 OutlineButton 示例

使用 OutlineButton 也很简单，示例代码如下：

```
OutlineButton(
  child: Text("normal"),
  onPressed: () {},
)
```

IconButton

IconButton 是一个可点击的 Icon，不包括文字，默认没有背景，点击后会出现背景，如图 3-15 所示。

使用 IconButton 的示例代码如下：

```
IconButton(
  icon: Icon(Icons.thumb_up),
  onPressed: () {},
)
```

图 3-15　IconButton 示例

带图标的按钮

RaisedButton、FlatButton、OutlineButton 都有一个 icon 构造函数，通过它们可以轻松创建带图标的按钮，如图 3-16 所示。

创建带图标的按钮示例代码如下：

```
RaisedButton.icon(
  icon: Icon(Icons.send),
  label: Text("发送"),
  onPressed: _onPressed,
),
OutlineButton.icon(
  icon: Icon(Icons.add),
  label: Text("添加"),
  onPressed: _onPressed,
),
FlatButton.icon(
  icon: Icon(Icons.info),
  label: Text("详情"),
  onPressed: _onPressed,
),
```

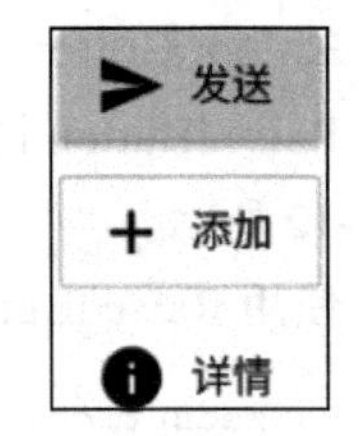

图 3-16　带图标的按钮

3.4.2　自定义按钮外观

按钮外观可以通过其属性进行定义，不同按钮的属性大同小异，下面我们以 FlatButton 为例，介绍一下常见的按钮属性，详细的信息可以查看 API 文档：

```
const FlatButton({
  ...
  @required this.onPressed, //按钮点击回调
  this.textColor, //按钮文字颜色
```

```
    this.disabledTextColor, //按钮禁用时的文字颜色
    this.color, //按钮背景颜色
    this.disabledColor,//按钮禁用时的背景颜色
    this.highlightColor, //按钮按下时的背景颜色
    this.splashColor, //点击时，水波动画中水波的颜色
    this.colorBrightness,//按钮主题，默认是浅色主题
    this.padding, //按钮的填充
    this.shape, //外形
    @required this.child, //按钮的内容
  })
```

其中大多数属性名都是自解释的，在此我们不再赘述。下面我们通过一个示例来看看如何自定义按钮。

示例

定义一个背景为蓝色，两边为圆角的按钮。效果如图 3-17 所示。

图 3-17 两边为圆角的按钮

实现代码如下：

```
FlatButton(
  color: Colors.blue,
  highlightColor: Colors.blue[700],
  colorBrightness: Brightness.dark,
  splashColor: Colors.grey,
  child: Text("Submit"),
  shape:RoundedRectangleBorder(borderRadius: BorderRadius.circular(20.0)),
  onPressed: () {},
)
```

很简单吧，在上面的代码中，我们主要通过 shape 来指定其外形为一个圆角矩形。因为按钮的背景是蓝色（深色），因此我们需要指定按钮主题 colorBrightness 为 Brightness.dark，这是为了保证按钮文字颜色为浅色。

Flutter 中没有提供去除背景的设置，如果我们需要去除背景，则可以通过将背景颜色设置为全透明来实现。对应于上面的代码，便是将 color: Colors.blue 替换为 color: Color(0x000000)。

细心的读者可能会发现这个按钮没有阴影（点击之后也没有），这样会显得没有质感。其实这个问题也很容易解决，将上面的 FlatButton 换成 RaisedButton 即可，其他代码不用修改（这里的 color 也不需要做更改），换了之后的效果如图 3-18 所示。

是不是有质感了！之所以会这样，是因为 RaisedButton 默认有配置阴影，代码如下：

```
const RaisedButton({
  ...
  this.elevation = 2.0, //正常状态下的阴影
  this.highlightElevation = 8.0,//按下时的阴影
  this.disabledElevation = 0.0,//禁用时的阴影
  ...
}
```

图 3-18 两边圆角、带阴影的按钮

值得注意的是，在 Material 组件库中，我们会在很多组件中见到 elevation 相关的属性，它们都是用来控制阴影的，这是因为阴影在 Material 设计风格中是一种很重要的表现形式，后文在介绍其他组件时，将不再赘述。

如果我们想实现一个背景渐变的圆角按钮，那么按钮有没有相应的属性呢？答案是没有，但是可以通过其他方式来实现，可参见第 10 章。

3.5 图片及 ICON

3.5.1 图片

在 Flutter 中，我们可以通过 Image 组件来加载并显示图片，Image 的数据源可以是 asset、文件、内存以及网络。

ImageProvider

ImageProvider 是一个抽象类，主要定义了图片数据获取的接口 load()，从不同的数据源获取图片需要实现不同的 ImageProvider，如 AssetImage 是实现了从 Asset 中加载图片的 ImageProvider，而 NetworkImage 实现了从网络加载图片的 ImageProvider。

Image

Image Widget 有一个必选的 image 参数，它对应于一个 ImageProvider。下面我们分别演示一下如何从 asset 和网络中加载图片。

从 asset 中加载图片

1）在工程根目录下创建一个 images 目录，并将图片 avatar.png 复制到该目录。

2）在 pubspec.yaml 中的 flutter 部分添加如下内容：

```
assets:
  - images/avatar.png
```

由于 yaml 文件对缩进要求严格，所以必须严格按照每一层两个空格的方式进行缩进，此处 assets 前面应有两个空格。

3）加载该图片，代码如下：

```
Image(
  image: AssetImage("images/avatar.png"),
  width: 100.0
);
```

Image 也提供了一个快捷的构造函数 Image.asset 用于从 asset 中加载、显示图片，具体如下：

```
Image.asset("images/avatar.png",
```

```
  width: 100.0,
)
```

从网络加载图片

```
Image(
  image: NetworkImage(
    "https://avatars2.githubusercontent.com/u/20411648?s=460&v=4"),
  width: 100.0,
)
```

Image 也提供了一个快捷的构造函数 Image.network 用于从网络加载、显示图片，具体如下：

```
Image.network(
  "https://avatars2.githubusercontent.com/u/20411648?s=460&v=4",
  width: 100.0,
)
```

图 3-19　Image 示例

运行上面两个示例，图片加载成功后如图 3-19 所示。

参数

Image 在显示图片时定义了一系列参数，通过这些参数，我们可以控制图片的显示外观、大小、混合效果等。下面我们看一下 Image 的主要参数：

```
const Image({
  ...
  this.width, //图片的宽度
  this.height, //图片的高度
  this.color, //图片的混合色值
  this.colorBlendMode, //混合模式
  this.fit,//缩放模式
  this.alignment = Alignment.center, //对齐方式
  this.repeat = ImageRepeat.noRepeat, //重复方式
  ...
})
```

对代码中的参数说明如下。

- width、height：用于设置图片的宽、高，当不指定宽高时，图片会根据当前父容器的限制，尽可能地显示其原始大小，如果只设置 width、height 的其中一个，那么另一个属性默认会按比例缩放，但是可以通过下面介绍的 fit 属性来指定适应规则。
- fit：该属性用于在图片的显示空间和图片本身大小不同时指定图片的适应模式。适应模式是在 BoxFit 中定义的，是一个枚举类型，包含如下取值，取值及其说明具体如下。
  - fill：会拉伸并填充满显示空间，图片本身的长宽比会发生变化，图片会变形。
  - cover：会按图片的长宽比放大后居中填满显示空间，图片不会变形，超出显示空

间的部分会被剪裁。

- contain：这是图片的默认适应规则，该模式会在保证图片本身的长宽比不变的情况下缩放以适应当前显示空间，图片不会变形。
- fitWidth：图片的宽度会缩放到显示空间的宽度，高度会按比例缩放，然后居中显示，图片不会变形，超出显示空间的部分会被剪裁。
- fitHeight：图片的高度会缩放到显示空间的高度，宽度会按比例缩放，然后居中显示，图片不会变形，超出显示空间的部分会被剪裁。
- none：图片没有适应策略，会在显示空间内显示图片，如果图片比显示空间大，则显示空间只会显示图片中间的部分。

一图胜万言！我们对一个宽高相同的头像图片应用不同的 fit 值，效果如图 3-20 所示。

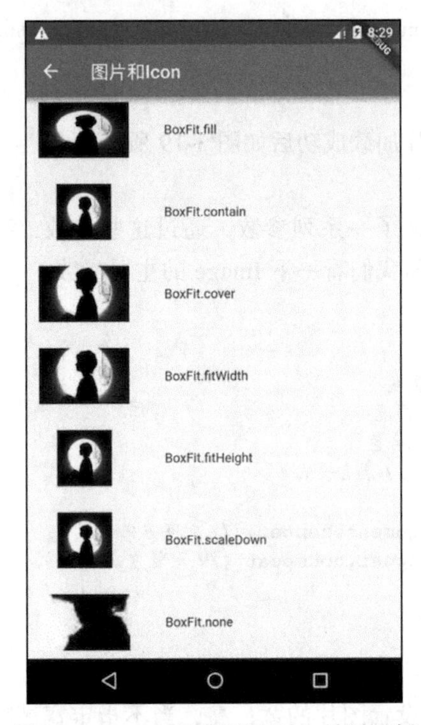

图 3-20 Image 各种不同的 fit 效果示例

- color 和 colorBlendMode：在图片绘制时可以对每一个像素进行颜色混合处理，color 用于指定混合色，colorBlendMode 用于指定混合模式，下面是一个简单的示例：

```
Image(
  image: AssetImage("images/avatar.png"),
  width: 100.0,
  color: Colors.blue,
  colorBlendMode: BlendMode.difference,
);
```

运行效果如图 3-21 所示。

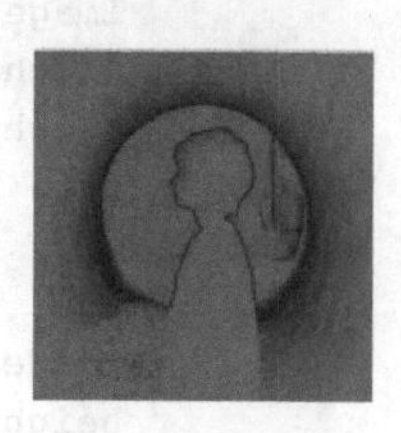

图 3-21 Image colorBlendMode 效果示例

❑ repeat：当图片本身的大小小于显示空间时，指定图片的重复规则。简单示例代码如下：

```
Image(
  image: AssetImage("images/avatar.png"),
  width: 100.0,
  height: 200.0,
  repeat: ImageRepeat.repeatY ,
)
```

运行后的效果如图 3-22 所示。

图 3-22 Image repeat 效果示例

完整的示例代码如下：

```
import 'package:flutter/material.dart';

class ImageAndIconRoute extends StatelessWidget {
  @override
  Widget build(BuildContext context) {
    var img=AssetImage("imgs/avatar.png");
    return SingleChildScrollView(
      child: Column(
        children: <Image>[
          Image(
            image: img,
            height: 50.0,
            width: 100.0,
            fit: BoxFit.fill,
          ),
          Image(
            image: img,
            height: 50,
            width: 50.0,
            fit: BoxFit.contain,
          ),
          Image(
            image: img,
            width: 100.0,
            height: 50.0,
            fit: BoxFit.cover,
          ),
          Image(
            image: img,
            width: 100.0,
            height: 50.0,
            fit: BoxFit.fitWidth,
          ),
          Image(
            image: img,
            width: 100.0,
            height: 50.0,
```

```
            fit: BoxFit.fitHeight,
          ),
          Image(
            image: img,
            width: 100.0,
            height: 50.0,
            fit: BoxFit.scaleDown,
          ),
          Image(
            image: img,
            height: 50.0,
            width: 100.0,
            fit: BoxFit.none,
          ),
          Image(
            image: img,
            width: 100.0,
            color: Colors.blue,
            colorBlendMode: BlendMode.difference,
            fit: BoxFit.fill,
          ),
          Image(
            image: img,
            width: 100.0,
            height: 200.0,
            repeat: ImageRepeat.repeatY ,
          )
        ].map((e){
          return Row(
            children: <Widget>[
              Padding(
                padding: EdgeInsets.all(16.0),
                child: SizedBox(
                  width: 100,
                  child: e,
                ),
              ),
              Text(e.fit.toString())
            ],
          );
        }).toList()
      ),
    );
  }
}
```

Image 缓存

Flutter 框架对加载的图片是有缓存的（内存），默认最大缓存数量是 1000，最大缓存空间为 100MB。关于 Image 的详细内容及原理我们将会在后面的进阶部分深入介绍。

3.5.2 ICON

在 Flutter 中，可以像 Web 开发一样使用 iconfont，iconfont 即“字体图标”，它是将图标做成字体文件，然后通过指定不同的字符而显示不同的图片。

在字体文件中，每一个字符都对应于一个位码，而每一个位码又对应于一个显示字形，不同的字体就是指不同的字形，即字符对应的字形是不同的。而在 iconfont 中，只是将位码对应的字形做成了图标，所以不同的字符最终就会渲染成不同的图标。

在 Flutter 开发中，iconfont 与图片相比具有如下优势。

- 体积小：可以减小安装包的大小。
- 是矢量的：iconfont 都是矢量图标，放大后不会影响其清晰度。
- 可以应用文本样式：可以像文本一样改变字体图标的颜色、大小对齐等。
- 可以通过 TextSpan 与文本混用。

使用 Material Design 字体图标

Flutter 默认包含了一套 Material Design 的字体图标，其在 pubspec.yaml 文件中的配置如下：

```
flutter:
  uses-material-design: true
```

Material Design 的所有图标都可以在其官网上查看，网址为 https://material.io/tools/icons/。

下面我们看一个简单的例子，代码如下：

```
String icons = "";
// accessible: &#xE914; or 0xE914 or E914
icons += "\uE914";
// error: &#xE000; or 0xE000 or E000
icons += " \uE000";
// fingerprint: &#xE90D; or 0xE90D or E90D
icons += " \uE90D";

Text(icons,
  style: TextStyle(
      fontFamily: "MaterialIcons",
      fontSize: 24.0,
      color: Colors.green
  ),
);
```

图 3-23　字体图标示例

上述代码运行效果如图 3-23 所示。

通过这个示例我们可以看到，使用图标就像使用文本一样，但是这种方式需要我们提供每个图标的码点，这对开发者并不友好，所以，Flutter 封装了 IconData 和 Icon 来专门显示字体图标，上面的例子也可以用如下方式实现：

```
Row(
  mainAxisAlignment: MainAxisAlignment.center,
  children: <Widget>[
    Icon(Icons.accessible,color: Colors.green,),
    Icon(Icons.error,color: Colors.green,),
    Icon(Icons.fingerprint,color: Colors.green,),
  ],
)
```

Icons 类中包含了所有 Material Design 图标的 IconData 静态变量定义。

使用自定义字体图标

我们也可以使用自定义字体图标。iconfont.cn 上有很多字体图标素材，选择自己需要的图标打包下载后，会生成一些不同格式的字体文件，在 Flutter 中，我们使用 ttf 格式即可。

假设我们在项目中需要使用一个书籍图标和微信图标，打包下载后导入，实现步骤具体如下。

- 导入字体图标文件；这一步与导入字体文件相同，假设我们的字体图标文件保存在项目的根目录下，路径为“fonts/iconfont.ttf”，代码如下：

```
fonts:
  - family: myIcon  #指定一个字体名
    fonts:
      - asset: fonts/iconfont.ttf
```

- 为了使用方便，我们定义一个 MyIcons 类，功能与 Icons 类一样。将字体文件中的所有图标都定义成静态变量，代码如下：

```
class MyIcons{
  // book 图标
  static const IconData book = const IconData(
      0xe614,
      fontFamily: 'myIcon',
      matchTextDirection: true
  );
  //微信图标
  static const IconData wechat = const IconData(
      0xec7d,
      fontFamily: 'myIcon',
      matchTextDirection: true
  );
}
```

- 使用代码如下：

```
Row(
  mainAxisAlignment: MainAxisAlignment.center,
  children: <Widget>[
    Icon(MyIcons.book,color: Colors.purple,),
```

```
      Icon(MyIcons.wechat,color: Colors.green,),
    ],
  )
```

图 3-24 自定义字体图标示例

运行后的效果如图 3-24 所示。

3.6 单选开关和复选框

Material 组件库中提供了 Material 风格的单选开关 Switch 和复选框 Checkbox，它们都继承自 StatelessWidget，所以它们本身并不会保存当前的选择状态，因此它们的选中状态都是由父组件来管理的。当点击 Switch 或 Checkbox 时，会触发它们的 onChanged 回调，我们可以在此回调中处理选中状态改变逻辑。下面来看一个简单的例子，代码如下：

```
class SwitchAndCheckBoxTestRoute extends StatefulWidget {
  @override
  _SwitchAndCheckBoxTestRouteState createState() => new _SwitchAndCheckBoxTest-
RouteState();
}

class _SwitchAndCheckBoxTestRouteState extends State<SwitchAndCheckBoxTestRoute>
{
  bool _switchSelected=true; //维护单选开关状态
  bool _checkboxSelected=true;//维护复选框状态
  @override
  Widget build(BuildContext context) {
    return Column(
      children: <Widget>[
        Switch(
          value: _switchSelected,//当前状态
          onChanged:(value){
            //重新构建页面
            setState(() {
              _switchSelected=value;
            });
          },
        ),
        Checkbox(
          value: _checkboxSelected,
          activeColor: Colors.red, //选中时的颜色
          onChanged:(value){
            setState(() {
              _checkboxSelected=value;
            });
          } ,
        )
      ],
    );
```

```
  }
}
```

在上面的代码中，由于需要维护 Switch 和 Checkbox 的选中状态，所以 SwitchAndCheckBoxTestRoute 继承自 StatefulWidget。在其 build 方法中分别构建了一个 Switch 和 Checkbox，初始状态都为选中状态（如图 3-25 所示），当用户点击时，会将状态置反，然后会调用 setState() 通知 Flutter framework 重新构建 UI。

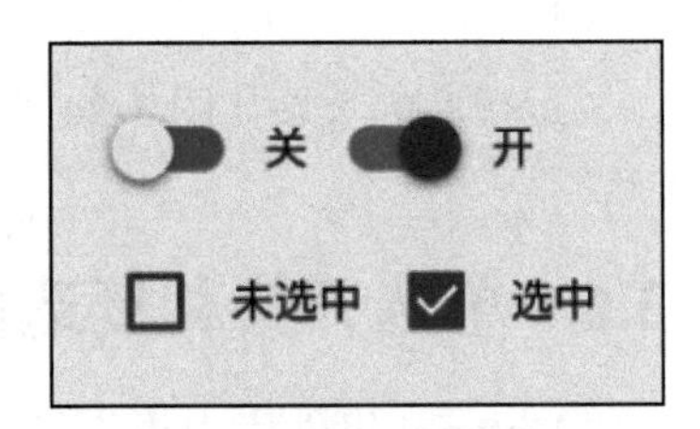

图 3-25 单选、复选框示例

3.6.1 属性及外观

Switch 和 Checkbox 的属性比较简单，读者可以查看 API 文档，它们都有一个 activeColor 属性，用于设置激活态的颜色。至于大小，到目前为止，Checkbox 的大小是固定的，无法自定义，而 Switch 只能定义宽度，高度也是固定的。值得一提的是，Checkbox 有一个属性 tristate，表示是否为三态，其默认值为 false，这时，Checkbox 有两种状态即“选中”和“不选中”，对应的 value 值为 true 和 false。当 tristate 的值为 true 时，value 的值会增加一个状态 null，读者可以自行了解。

3.6.2 总结

通过 Switch 和 Checkbox 我们可以看到，虽然它们本身是与状态（是否选中）相关联的，但它们并不是自己来维护状态，而是需要父组件来管理状态，然后，当用户点击时，再通过事件通知给父组件，这样操作是合理的，因为 Switch 和 Checkbox 是否选中本就与用户数据相关联，而这些用户数据也不可能是它们的私有状态。我们在自定义组件时也应该思考一下哪种状态的管理方式最为合理。

3.7 输入框及表单

Material 组件库中提供了输入框组件 TextField 和表单组件 Form。下面我们分别介绍一下。

3.7.1 TextField

TextField 用于文本输入，它提供了很多属性，我们先简单介绍一下主要属性的作用，然后通过几个示例来演示一下关键属性的用法。示例代码如下：

```
const TextField({
  ...
  TextEditingController controller,
```

```
  FocusNode focusNode,
  InputDecoration decoration = const InputDecoration(),
  TextInputType keyboardType,
  TextInputAction textInputAction,
  TextStyle style,
  TextAlign textAlign = TextAlign.start,
  bool autofocus = false,
  bool obscureText = false,
  int maxLines = 1,
  int maxLength,
  bool maxLengthEnforced = true,
  ValueChanged<String> onChanged,
  VoidCallback onEditingComplete,
  ValueChanged<String> onSubmitted,
  List<TextInputFormatter> inputFormatters,
  bool enabled,
  this.cursorWidth = 2.0,
  this.cursorRadius,
  this.cursorColor,
  ...
})
```

下面是对上述代码段的参数说明。

- controller：编辑框的控制器，通过它可以设置 / 获取编辑框的内容、选择编辑内容、监听编辑文本改变事件。大多数情况下，我们都需要显式提供一个 controller 来与文本框进行交互。如果没有提供 controller，则 TextField 会在内部自动创建一个。
- focusNode：用于控制 TextField 是否占有当前键盘的输入焦点。它是我们与键盘交互的一个句柄（handle）。
- InputDecoration：用于控制 TextField 的外观显示，如提示文本、背景颜色、边框等。
- keyboardType：用于设置该输入框默认的键盘输入类型，取值如表 3-1 所示。

表 3-1 TextInputType 枚举

值	含义
text	文本输入键盘
multiline	多行文本，需要与 maxLines 配合使用（设为 null 或大于 1）
number	数字，会弹出数字键盘
phone	将优化后的电话号码输入键盘，会弹出数字键盘并显示"* #"
datetime	将优化后的日期输入键盘，Android 上会显示": -"
emailAddress	优化后的电子邮件地址，会显示"@ ."
url	将优化后的 url 输入键盘，会显示"/ ."

- textInputAction：键盘动作按钮图标（即回车键位图标），其是一个枚举值，有多个可选值，关于其全部的取值列表，读者可以查看 API 文档，如图 3-26 所示的是当值为 TextInputAction.search 时，原生 Android 系统下的键盘样式。

- style：正在编辑的文本样式。
- textAlign：输入框内编辑文本在水平方向的对齐方式。
- autofocus：是否自动获取焦点。
- obscureText：是否隐藏正在编辑的文本，如用于输入密码的场景等，文本内容会用“•”替换。
- maxLines：输入框的最大行数，默认为 1；如果为 null，则无行数限制。

图 3-26　Android 键盘搜索模式

- maxLength 和 maxLengthEnforced：maxLength 代表输入框文本的最大长度，设置后输入框右下角会显示输入的文本计数。maxLengthEnforced 决定了当输入文本长度超过 maxLength 时是否阻止输入，为 true 时会阻止输入，为 false 时不会阻止输入但输入框会变红。
- onChange：输入框内容发生改变时的回调函数。注意，内容改变事件也可以通过 controller 来监听。
- onEditingComplete 和 onSubmitted：这两个回调都是在输入框输入完成时触发，比如按了键盘的完成键（对号图标）或搜索键（🔍图标）。不同的是两个回调的签名不同，onSubmitted 回调是 ValueChanged<String> 类型，它接收当前输入内容做为参数，而 onEditingComplete 不接收参数。
- inputFormatters：用于指定输入格式；当用户输入的内容发生改变时，会根据指定的格式来进行校验。
- enable：如果为 false，则输入框会被禁用，禁用状态不接收输入和事件，同时显示禁用态样式（在其 decoration 中定义）。
- cursorWidth、cursorRadius 和 cursorColor：这三个属性分别用于自定义输入框光标宽度、圆角和颜色。

示例：登录输入框

布局

```
Column(
        children: <Widget>[
          TextField(
            autofocus: true,
            decoration: InputDecoration(
                labelText: "用户名",
                hintText: "用户名或邮箱",
                prefixIcon: Icon(Icons.person)
            ),
          ),
          TextField(
```

```
            decoration: InputDecoration(
                labelText: "密码",
                hintText: "您的登录密码",
                prefixIcon: Icon(Icons.lock)
            ),
            obscureText: true,
          ),
        ],
);
```

运行上述代码段，效果如图 3-27 所示。

图 3-27　登录输入框示例

获取输入内容

可使用如下两种方式来获取输入内容

1）定义两个变量，用于保存用户名和密码，然后在 onChange 触发时，各自保存一下输入内容。

2）通过 controller 直接获取。

第一种方式比较简单，这里不再举例说明，下面我们来重点看一下第二种方式，这里以用户名输入框举例。

定义一个 controller，代码如下：

```
//定义一个controller
TextEditingController _unameController = TextEditingController();
```

然后设置输入框 controller，代码如下：

```
TextField(
    autofocus: true,
    controller: _unameController, //设置controller
    ...
)
```

通过 controller 获取输入框内容，代码如下：

```
print(_unameController.text)
```

监听文本变化

监听文本变化可使用如下两种方式。

1）设置 onChange 回调，代码如下：

```
TextField(
    autofocus: true,
    onChanged: (v) {
      print("onChange: $v");
    }
)
```

2）通过 controller 监听，代码如下：

```
@override
void initState() {
  //监听输入改变
  _unameController.addListener((){
    print(_unameController.text);
  });
}
```

将这两种方式相比较，onChanged专门用于监听文本变化，而controller的功能则更多一些，除了能监听文本变化之外，它还可以设置默认值、选择文本，下面我们来看一个例子，创建一个controller，示例代码如下：

```
TextEditingController _selectionController =  TextEditingController();
```

设置默认值，并从第三个字符开始选中后面的字符，代码如下：

```
_selectionController.text="hello world!";
_selectionController.selection=TextSelection(
    baseOffset: 2,
    extentOffset: _selectionController.text.length
);
```

设置controller，代码如下：

```
TextField(
  controller: _selectionController,
)
```

图3-28 输入框内容选中示例

运行效果如图3-28所示。

控制焦点

焦点可以通过FocusNode和FocusScopeNode进行控制，默认情况下，焦点由FocusScope来管理，其代表焦点控制范围，在这个范围之内，可以通过FocusScopeNode在输入框之间移动焦点、设置默认焦点等。我们可以通过FocusScope.of(context)来获取Widget树中默认的FocusScopeNode。下面来看一个示例，此示例中需要创建两个TextField，第一个用于自动获取焦点，然后创建两个按钮，按钮功能如下。

- 点击第一个按钮，可以将焦点从第一个TextField移到第二个TextField。
- 点击第二个按钮可以关闭键盘。

我们要实现的效果如图3-29所示。

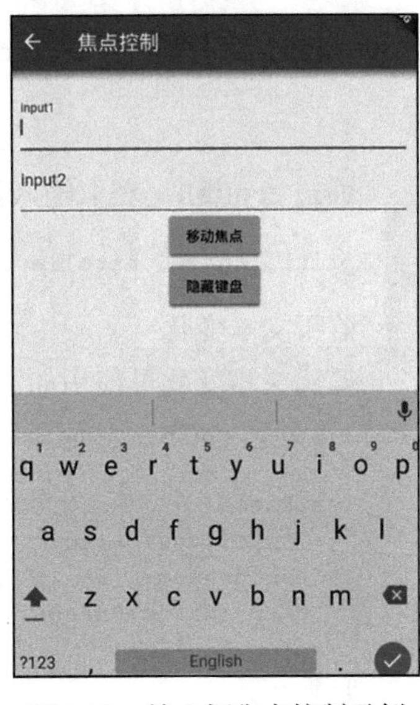

图3-29 输入框焦点控制示例

示例代码如下：

```
class FocusTestRoute extends StatefulWidget {
  @override
  _FocusTestRouteState createState() => new _FocusTestRouteState();
}

class _FocusTestRouteState extends State<FocusTestRoute> {
  FocusNode focusNode1 = new FocusNode();
  FocusNode focusNode2 = new FocusNode();
  FocusScopeNode focusScopeNode;

  @override
  Widget build(BuildContext context) {
    return Padding(
      padding: EdgeInsets.all(16.0),
      child: Column(
        children: <Widget>[
          TextField(
            autofocus: true,
            focusNode: focusNode1,//关联 focusNode1
            decoration: InputDecoration(
                labelText: "input1"
            ),
          ),
          TextField(
            focusNode: focusNode2,//关联 focusNode2
            decoration: InputDecoration(
                labelText: "input2"
            ),
          ),
          Builder(builder: (ctx) {
            return Column(
              children: <Widget>[
                RaisedButton(
                  child: Text("移动焦点"),
                  onPressed: () {
                    //将焦点从第一个 TextField 移到第二个 TextField
                    // 这是一种写法 FocusScope.of(context).requestFocus(focusNode2);
                    // 这是第二种写法
                    if(null == focusScopeNode){
                      focusScopeNode = FocusScope.of(context);
                    }
                    focusScopeNode.requestFocus(focusNode2);
                  },
                ),
                RaisedButton(
                  child: Text("隐藏键盘"),
                  onPressed: () {
                    // 当所有编辑框都失去焦点时键盘就会收起
                    focusNode1.unfocus();
                    focusNode2.unfocus();
```

```
                    },
                  ),
                ],
              );
            },
          ),
        ],
      ),
    );
  }

}
```

FocusNode 和 FocusScopeNode 还有一些其他的方法，详情可以查看 API 文档。

监听焦点状态改变事件

FocusNode 继承自 ChangeNotifier，通过 FocusNode 可以监听焦点的改变事件，示例代码如下：

```
...
//创建 focusNode
FocusNode focusNode = new FocusNode();
...
// focusNode绑定输入框
TextField(focusNode: focusNode);
...
//监听焦点变化
focusNode.addListener((){
   print(focusNode.hasFocus);
});
```

获得焦点时 ,focusNode.hasFocus 的值为 true，失去焦点时为 false。

自定义样式

虽然我们可以通过 decoration 属性来定义输入框样式，但是有一些样式的默认颜色及宽度都是不能直接自定义的，下面以自定义输入框下划线颜色为例来介绍一下：

```
TextField(
  decoration: InputDecoration(
    labelText: "请输入用户名",
    prefixIcon: Icon(Icons.person),
    // 未获得焦点下划线设置为灰色
    enabledBorder: UnderlineInputBorder(
      borderSide: BorderSide(color: Colors.grey),
    ),
    //获得焦点下划线设置为蓝色
    focusedBorder: UnderlineInputBorder(
      borderSide: BorderSide(color: Colors.blue),
    ),
  ),
),
```

在上面的代码中，我们直接通过 InputDecoration 的 enabledBorder 和 focusedBorder 分别设置了输入框在未获取焦点和获得焦点后的下划线颜色。另外，我们也可以通过主题来自定义输入框的样式，下面我们探索一下如何在不使用 enabledBorder 和 focusedBorder 的情况下自定义下划线颜色。

由于 TextField 在绘制下划线时使用的颜色是主题色里面的 hintColor，同时，提示文本颜色用的也是 hintColor，如果我们直接修改 hintColor，那么下划线和提示文本的颜色都会改变。值得高兴的是，decoration 中可以设置 hintStyle，它可以覆盖 hintColor，并且主题中可以通过 inputDecorationTheme 来设置输入框默认的 decoration。所以我们可以通过主题来进行自定义，代码如下：

```
Theme(
  data: Theme.of(context).copyWith(
      hintColor: Colors.grey[200], //定义下划线颜色
      inputDecorationTheme: InputDecorationTheme(
          labelStyle: TextStyle(color: Colors.grey),// 定义 label 字体样式
          hintStyle: TextStyle(color: Colors.grey, fontSize: 14.0)// 定义提示文本样式
      )
  ),
  child: Column(
    children: <Widget>[
      TextField(
        decoration: InputDecoration(
            labelText: "用户名",
            hintText: "用户名或邮箱",
            prefixIcon: Icon(Icons.person)
        ),
      ),
      TextField(
        decoration: InputDecoration(
            prefixIcon: Icon(Icons.lock),
            labelText: "密码",
            hintText: "您的登录密码",
            hintStyle: TextStyle(color: Colors.grey, fontSize: 13.0)
        ),
        obscureText: true,
      )
    ],
  )
)
```

上述代码运行效果如图 3-30 所示。

我们成功地自定义了下划线颜色和提问文字的样式，细心的读者可能已经发现，通过这种方式自定义之后，输入框在获取焦点时，labelText 不会再高亮显示了，正如图 3-30 中

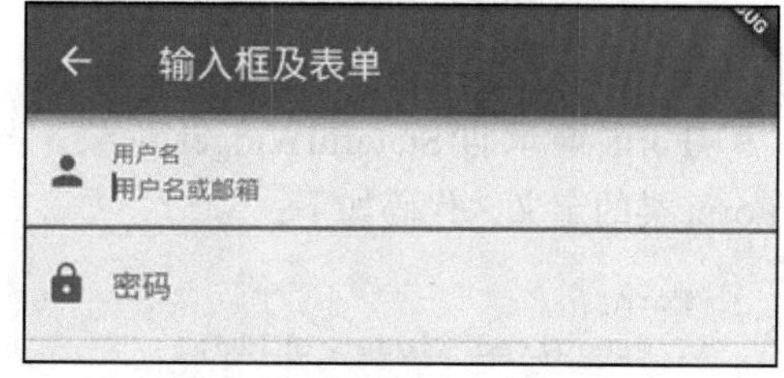

图 3-30 自定义输入框样式示例

的“用户名”本应该显示为蓝色，但现在却显示为灰色，并且我们还是无法定义下划线的宽度。另一种灵活的方式是直接隐藏 TextField 本身的下划线，然后通过 Container 去嵌套定义样式，代码如下：

```
Container(
  child: TextField(
    keyboardType: TextInputType.emailAddress,
    decoration: InputDecoration(
        labelText: "Email",
        hintText: " 电子邮件地址 ",
        prefixIcon: Icon(Icons.email),
        border: InputBorder.none // 隐藏下划线
    )
  ),
  decoration: BoxDecoration(
      // 下划线为浅灰色，宽度为 1 像素
      border: Border(bottom: BorderSide(color: Colors.grey[200], width: 1.0))
  ),
)
```

运行效果如图 3-31 所示。

图 3-31 运行效果图

通过这种组件组合的方式，也可以定义背景圆角等。一般来说，应优先通过 decoration 来自定义样式，如果 decoration 实现不了，再采用 Widget 组合的方式。

思考题 在这个示例中，下划线的颜色是固定的，所以获得焦点后颜色仍然为灰色，那么如何实现点击后下划线也变色呢？

3.7.2 Form

在实际业务中正式向服务器提交数据之前，一般会对各个输入框数据进行合法性校验，但是对每一个 TextField 分别进行校验将会是一件很麻烦的事。还有，如果用户想清除一组 TextField 的内容，除了逐个清除之外还有没有更好的办法呢？为此，Flutter 提供了一个 Form 组件，它可以对输入框进行分组，然后进行一些统一操作，如输入内容校验、输入框重置以及输入内容保存等。

Form

Form 继承自 StatefulWidget 对象，与它对应的状态类为 FormState。我们先来看看 Form 类的定义，代码如下：

```
Form({
  @required Widget child,
  bool autovalidate = false,
  WillPopCallback onWillPop,
```

```
  VoidCallback onChanged,
})
```

下面是对代码参数的说明。

- autovalidate：是否自动校验输入内容；当其值为true时，每一个子FormField内容发生变化时都会自动校验其合法性，并直接显示错误信息。否则，需要通过调用FormState.validate()来进行手动校验。
- onWillPop：决定Form所在的路由是否可以直接返回（如点击返回按钮），该回调将返回一个Future对象。如果Future的最终结果是false，则当前路由不会返回；如果为true，则会返回到上一个路由。此属性通常用于拦截返回按钮。
- onChanged：Form的任意一个子FormField内容发生变化时会触发此回调。

FormField

Form的子孙元素必须是FormField类型，FormField是一个抽象类，其定义了几个属性，FormState内部通过它们来完成操作，FormField的部分定义如下：

```
const FormField({
  ...
  FormFieldSetter<T> onSaved, //保存回调
  FormFieldValidator<T>  validator, //验证回调
  T initialValue, //初始值
  bool autovalidate = false, //是否自动校验
})
```

为了方便使用，Flutter提供了一个TextFormField组件，它继承自FormField类，也是TextField的一个包装类，所以除了FormField定义的属性之外，它还包括TextField的属性。

FormState

FormState为Form的State类，可以通过Form.of()或GlobalKey来获得。我们可以通过它来对Form的子孙FormField进行统一操作。下面我们看看其常用的三个方法。

- FormState.validate()：调用此方法后，会调用Form子孙FormField的validate回调，如果有一个校验失败，则返回false，若所有校验项都失败则会返回用户返回的错误提示。
- FormState.save()：调用此方法后，会调用Form子孙FormField的save回调，用于保存表单内容。
- FormState.reset()：调用此方法后，会将子孙FormField的内容清空。

示例

我们修改一下上面用户登录的示例，在提交之前就校验，校验内容如下。

1）用户名不能为空，如果为空则提示“用户名不能为空”。

2）密码不能小于6位，如果小于6位则提示“密码不能少于6位”。

完整代码具体如下：

```
class FormTestRoute extends StatefulWidget {
  @override
  _FormTestRouteState createState() => new _FormTestRouteState();
}

class _FormTestRouteState extends State<FormTestRoute> {
  TextEditingController _unameController = new TextEditingController();
  TextEditingController _pwdController = new TextEditingController();
  GlobalKey _formKey= new GlobalKey<FormState>();

  @override
  Widget build(BuildContext context) {
    return Scaffold(
      appBar: AppBar(
        title:Text("Form Test"),
      ),
      body: Padding(
        padding: const EdgeInsets.symmetric(vertical: 16.0, horizontal: 24.0),
        child: Form(
          key: _formKey, //设置 globalKey，用于后面获取 FormState
          autovalidate: true, //开启自动校验
          child: Column(
            children: <Widget>[
              TextFormField(
                  autofocus: true,
                  controller: _unameController,
                  decoration: InputDecoration(
                      labelText: "用户名",
                      hintText: "用户名或邮箱",
                      icon: Icon(Icons.person)
                  ),
                  // 校验用户名
                  validator: (v) {
                    return v
                        .trim()
                        .length > 0 ? null : "用户名不能为空";
                  }

              ),
              TextFormField(
                  controller: _pwdController,
                  decoration: InputDecoration(
                      labelText: "密码",
                      hintText: "您的登录密码",
                      icon: Icon(Icons.lock)
                  ),
                  obscureText: true,
                  //校验密码
```

```
                validator: (v) {
                  return v
                      .trim()
                      .length > 5 ? null : "密码不能少于6位";
                }
            ),
            // 登录按钮
            Padding(
              padding: const EdgeInsets.only(top: 28.0),
              child: Row(
                children: <Widget>[
                  Expanded(
                    child: RaisedButton(
                      padding: EdgeInsets.all(15.0),
                      child: Text("登录"),
                      color: Theme
                          .of(context)
                          .primaryColor,
                      textColor: Colors.white,
                      onPressed: () {
                        // 在这里不能通过此方式获取 FormState，此处的 context 不对
                        //print(Form.of(context));

                        // 通过 _formKey.currentState 获取 FormState 后，
                        // 调用 validate() 方法校验用户名和密码是否合法，校验
                        // 通过后再提交数据
                        if((_formKey.currentState as FormState).validate()){
                          // 验证通过提交数据
                        }
                      },
                    ),
                  ),
                ],
              ),
            )
          ],
        ),
      ),
    );
  }
}
```

运行后效果如图 3-32 所示。

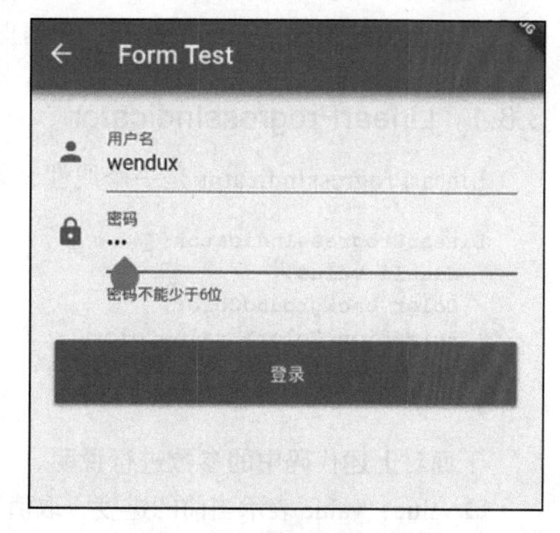

图 3-32 表单预验证示例

注意，登录按钮的 onPressed() 方法中，不能通过 Form.of（context）来获取，原因是，此处的 context 为 FormTestRoute 的 context，而 Form.of（context）是根据所指定的 context 向根

去查找，而 FormState 是在 FormTestRoute 的子树中，所以不行。正确的做法是通过 Builder 来构建登录按钮，Builder 会将 Widget 节点的 context 作为回调参数，代码如下：

```
Expanded(
// 通过 Builder 来获取 RaisedButton 所在 Widget 树的真正 context(Element)
  child:Builder(builder: (context){
    return RaisedButton(
      ...
      onPressed: () {
        // 由于本 Widget 也是 Form 的子代 Widget，所以可以通过下面的方式来获取 FormState
        if(Form.of(context).validate()){
          // 验证通过，提交数据
        }
      },
    );
  })
)
```

其实，context 正是操作 Widget 所对应的 Element 的一个接口，由于 Widget 树对应的 Element 都是不同的，所以 context 也都是不同的，有关 context 的更多内容，后面的高级部分将会详细讨论。Flutter 中有很多“of(context)”相关方法，读者在使用时一定要注意 context 是否正确。

3.8 进度指示器

Material 组件库中提供了两种进度指示器：LinearProgressIndicator 和 CircularProgress-Indicator，它们都可以同时用于精确的进度指示和模糊的进度指示。精确进度指示通常用于任务进度可以计算和预估的情况，比如文件下载，而模糊进度指示则常用于用户任务进度无法准确获得的情况，如下拉刷新、数据提交等。

3.8.1 LinearProgressIndicator

LinearProgressIndicator 是一个线性、条状的进度条，定义代码如下：

```
LinearProgressIndicator({
  double value,
  Color backgroundColor,
  Animation<Color> valueColor,
  ...
})
```

下面对上述代码中的参数进行说明。

- value：value 表示当前的进度，取值范围为 [0,1]；如果 value 为 null，则指示器会执行一个循环动画（模糊进度）；当 value 不为 null 时，指示器为一个具体进度的进度条。

- backgroundColor：指示器的背景颜色。
- valueColor：指示器的进度条颜色；值得注意的是，该值的类型是 Animation<Color>，这允许我们对进度条的颜色也可以指定动画。如果我们不需要对进度条颜色执行动画，换言之，我们想对进度条应用一种固定的颜色，那么此时我们可以通过 AlwaysStoppedAnimation 来指定。

示例

```
//模糊进度条(会执行一个动画)
LinearProgressIndicator(
  backgroundColor: Colors.grey[200],
  valueColor: AlwaysStoppedAnimation(Colors.blue),
),
//进度条显示50%
LinearProgressIndicator(
  backgroundColor: Colors.grey[200],
  valueColor: AlwaysStoppedAnimation(Colors.blue),
  value: .5,
)
```

运行效果如图 3-33 所示。

第一个进度条在执行循环动画：蓝色条一直在移动，而第二个进度条是静止的，停在 50% 的位置。

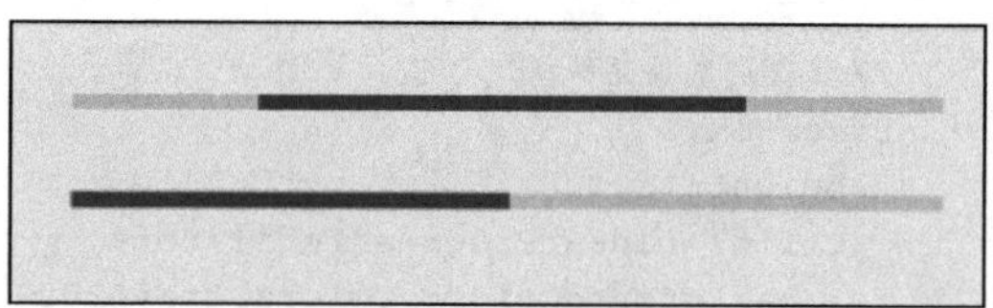

图 3-33 LinearProgressIndicator 示例

3.8.2 CircularProgressIndicator

CircularProgressIndicator 是一个圆形进度条，定义代码如下：

```
CircularProgressIndicator({
  double value,
  Color backgroundColor,
  Animation<Color> valueColor,
  this.strokeWidth = 4.0,
  ...
})
```

前三个参数与 LinearProgressIndicator 相同，此处不再赘述。strokeWidth 表示圆形进度条的粗细。示例代码如下：

```
//模糊进度条(会执行一个旋转动画)
CircularProgressIndicator(
  backgroundColor: Colors.grey[200],
  valueColor: AlwaysStoppedAnimation(Colors.blue),
),
//进度条显示50%，会显示一个半圆
CircularProgressIndicator(
```

```
    backgroundColor: Colors.grey[200],
    valueColor: AlwaysStoppedAnimation(Colors.blue),
    value: .5,
  ),
```

运行效果如图 3-34 所示。

第一个进度条会执行旋转动画，而第二个进度条是静止的，它停在 50% 的位置。

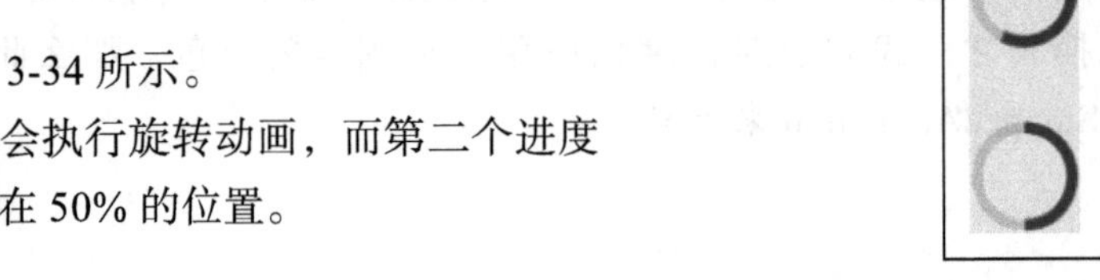

图 3-34 CircularProgressIndicator 示例

3.8.3 自定义尺寸

我们可以发现，LinearProgressIndicator 和 CircularProgressIndicator 并没有提供设置圆形进度条尺寸的参数；如果我们希望 LinearProgressIndicator 的线细一些，或者希望 CircularProgressIndicator 的圆大一些时又该怎么做？

其实，LinearProgressIndicator 和 CircularProgressIndicator 都是取父容器的尺寸作为绘制的边界的。知道了这点，我们便可以通过尺寸限制类 Widget，如通过 ConstrainedBox、SizedBox（我们将在第 5 章中详细介绍）来指定尺寸，代码如下：

```
// 线性进度条高度指定为 3
SizedBox(
  height: 3,
  child: LinearProgressIndicator(
    backgroundColor: Colors.grey[200],
    valueColor: AlwaysStoppedAnimation(Colors.blue),
    value: .5,
  ),
),
// 圆形进度条直径指定为 100
SizedBox(
  height: 100,
  width: 100,
  child: CircularProgressIndicator(
    backgroundColor: Colors.grey[200],
    valueColor: AlwaysStoppedAnimation(Colors.blue),
    value: .7,
  ),
),
```

运行效果如图 3-35 所示。

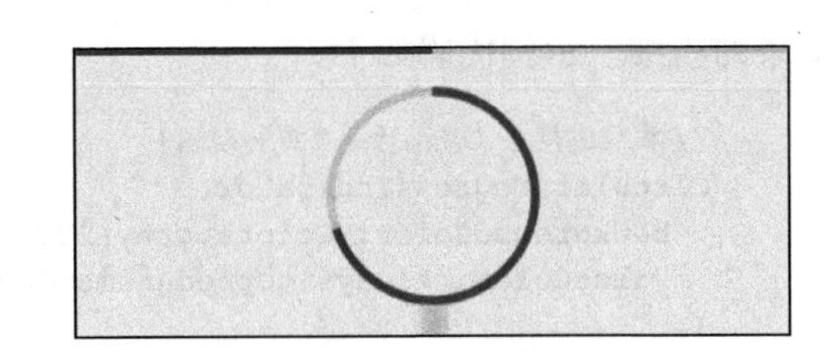

图 3-35 自定义进度指示器尺寸示例

注意，如果 CircularProgressIndicator 显示空间的宽高不同，则会显示为椭圆。代码如下：

```
// 宽高不等
SizedBox(
  height: 100,
  width: 130,
```

```
    child: CircularProgressIndicator(
      backgroundColor: Colors.grey[200],
      valueColor: AlwaysStoppedAnimation(Colors.blue),
      value: .7,
    ),
  ),
```

运行效果如图 3-36 所示。

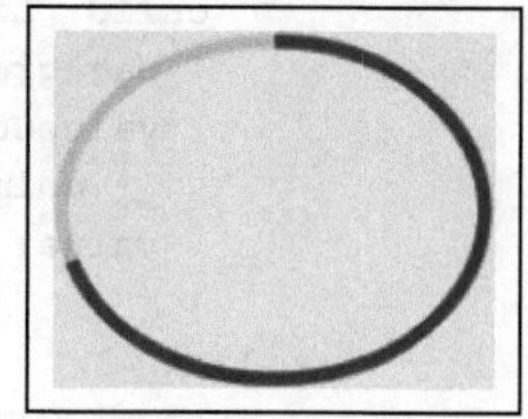

图 3-36 椭圆形进度指示器示例

3.8.4 颜色动画

前面说过，可以通过 valueColor 对进度条颜色做动画效果，关于动画的相关内容我们将在后面第 9 章中专门进行详细介绍，这里先给出一个例子，读者在了解了 Flutter 动画相关内容之后再回过头来看。

下面我们实现一个进度条在 3 秒内从灰色变成蓝色的动画，代码如下：

```
import 'package:flutter/material.dart';

class ProgressRoute extends StatefulWidget {
  @override
  _ProgressRouteState createState() => _ProgressRouteState();
}

class _ProgressRouteState extends State<ProgressRoute>
    with SingleTickerProviderStateMixin {
  AnimationController _animationController;

  @override
  void initState() {
    // 动画执行时间为 3 秒
    _animationController =
        new AnimationController(vsync: this, duration: Duration(seconds: 3));
    _animationController.forward();
    _animationController.addListener(() => setState(() => {}));
    super.initState();
  }

  @override
  void dispose() {
    _animationController.dispose();
    super.dispose();
  }

  @override
  Widget build(BuildContext context) {
    return SingleChildScrollView(
      child: Column(
        children: <Widget>[
            Padding(
```

```
            padding: EdgeInsets.all(16),
            child: LinearProgressIndicator(
              backgroundColor: Colors.grey[200],
              valueColor: ColorTween(begin: Colors.grey, end: Colors.blue)
                .animate(_animationController), //从灰色变成蓝色
              value: _animationController.value,
            ),
          );
        ],
      ),
    );
  }
}
```

3.8.5 自定义进度指示器样式

对于定制进度指示器的风格样式，可以通过 CustomPainter Widget 来自定义绘制逻辑，实际上，LinearProgressIndicator 和 CircularProgressIndicator 也正是通过 CustomPainter 来实现外观绘制的。关于 CustomPainter，我们将在第 10 章中详细介绍。

flutter_spinkit 包提供了多种风格的模糊进度指示器，读者若是感兴趣，可以参考。

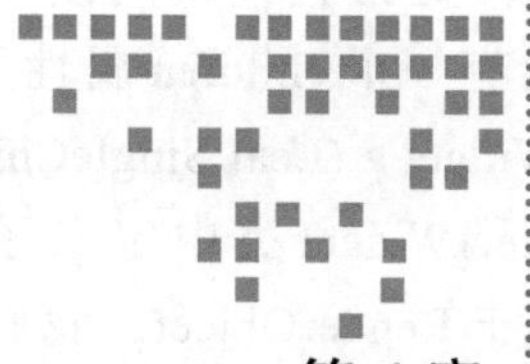

第 4 章 Chapter 4

布局类组件

4.1 布局类组件简介

布局类组件都会包含一个或多个子组件，不同的布局类组件对子组件的排版（layout）方式不同。我们在前面说过 Element 树才是最终的绘制树，Element 树是通过 Widget 树来创建的（通过 Widget.createElement()），Widget 其实就是 Element 的配置数据。在 Flutter 中，根据 Widget 是否需要包含子节点可将 Widget 分为三类，分别对应于三种 Element，如表 4-1 所示。

表 4-1　三类 Widget 及 Element

Widget	对应的 Element	用途
LeafRenderObjectWidget	LeafRenderObjectElement	Widget 树的叶子节点，用于没有子节点，通常基础组件都属于这一类，如 Text、Image
SingleChildRenderObject Widget	SingleChildRenderObject Element	包含一个子 Widget，如 ConstrainedBox、DecoratedBox 等
MultiChildRender Object Widget	MultiChildRenderObject Element	包含多个子 Widget，一般都有一个 children 参数，接受一个 Widget 数组。如 Row、Column、Stack 等

注意　Flutter 中的很多 Widget 都是直接继承自 StatelessWidget 或 StatefulWidget 的，然后在 build() 方法中构建真正的 RenderObjectWidget，如 Text，它其实是继承自 StatelessWidget 的，然后在 build() 方法中通过 RichText 来构建其子树，而 RichText 才是继承自 LeafRenderObjectWidget 的。所以为了方便叙述，我们也可以直接说 Text 属于 LeafRenderObjectWidget（其他 Widget 也可以这样描述），这才是本质。读到这里我们会发现，其实 StatelessWidget 和 StatefulWidget 就是两个用于组合 Widget 的基类，它们本身并不关联最终的渲染对象（RenderObjectWidget）。

布局类组件是指直接或间接继承（包含）MultiChildRenderObjectWidget 的 Widget，它们一般都会有一个 children 属性用于接收子 Widget。我们看一下继承关系 Widget > RenderObjectWidget > (Leaf/SingleChild/MultiChild)RenderObjectWidget。

RenderObjectWidget 类中定义了创建、更新 RenderObject 的方法，子类必须实现这些方法，关于 RenderObject，我们现在只需要知道它是最终布局、渲染 UI 的对象即可，也就是说，对于布局类组件来说，其布局算法都是通过对应的 RenderObject 对象来实现的。所以读者如果对接下来介绍的某个布局类组件的原理感兴趣，可以查看与其对应的 RenderObject 的实现，比如，与 Stack（层叠布局）对应的 RenderObject 对象就是 RenderStack，而层叠布局的实现就在 RenderStack 中。

在本章中，为了让读者对布局类 Widget 有个快速的认识，所以本章并不会深入 RenderObject 的细节中。在学习本章时，读者的重点是掌握不同布局组件的布局特点，其中的具体原理和细节等我们对 Flutter 整体有个了解之后，再去研究感兴趣的相关内容。

4.2 线性布局（Row 和 Column）

所谓线性布局，即指沿水平或垂直方向排布子组件。Flutter 通过 Row 和 Column 来实现线性布局，类似于 Android 中的 LinearLayout 控件。Row 和 Column 都继承自 Flex，我们将在 4.3 节详细介绍 Flex。

主轴和纵轴

线性布局有主轴和纵轴之分，如果布局是沿水平方向进行的，那么主轴就是指水平方向，而纵轴即垂直方向；如果布局是沿垂直方向进行的，那么主轴就是指垂直方向，而纵轴就是水平方向。在线性布局中，有两个定义对齐方式的枚举类：MainAxisAlignment 和 CrossAxisAlignment，分别代表主轴对齐和纵轴对齐。

Row

Row 可以在水平方向排列其子 Widget。定义代码如下：

```
Row({
  ...
  TextDirection textDirection,
  MainAxisSize mainAxisSize = MainAxisSize.max,
  MainAxisAlignment mainAxisAlignment = MainAxisAlignment.start,
  VerticalDirection verticalDirection = VerticalDirection.down,
  CrossAxisAlignment crossAxisAlignment = CrossAxisAlignment.center,
  List<Widget> children = const <Widget>[],
})
```

上述代码段中的参数说明如下。

- textDirection：表示水平方向子组件的布局顺序（是从左往右还是从右往左），默认为系统当前 Locale 环境的文本方向（如中文、英语都是从左往右，而阿拉伯语是从右往左）。

- mainAxisSize：表示 Row 在主轴（水平）方向占用的空间，默认是 MainAxisSize.max，表示尽可能多地占用水平方向的空间，此时，无论子 Widgets 实际占用多少水平空间，Row 的宽度始终等于水平方向的最大宽度；而 MainAxisSize.min 表示尽可能少地占用水平空间，若子组件没有占满水平剩余空间，则 Row 的实际宽度等于所有子组件占用的水平空间。
- mainAxisAlignment：表示子组件在 Row 所占用的水平空间内的对齐方式，如果 mainAxisSize 的值为 MainAxisSize.min，则此属性无意义，因为子组件的宽度等于 Row 的宽度。只有当 mainAxisSize 的值为 MainAxisSize.max 时，此属性才有意义，MainAxisAlignment.start 表示沿 textDirection 的初始方向对齐，如 textDirection 的取值为 TextDirection.ltr 时，则 MainAxisAlignment.start 表示左对齐，textDirection 的取值为 TextDirection.rtl 时表示右对齐。MainAxisAlignment.end 和 MainAxisAlignment.start 正好相反。MainAxisAlignment.center 表示居中对齐。读者也可以这样理解：textDirection 是 mainAxisAlignment 的参考系。
- verticalDirection：表示 Row 纵轴（垂直）的对齐方向，默认是 VerticalDirection.down，表示从上到下。
- crossAxisAlignment：表示子组件在纵轴方向的对齐方式，Row 的高度等于子组件中最高的子元素高度，它的取值与 MainAxisAlignment 一样（包含 start、end、center 三个值），不同的是，crossAxisAlignment 的参考系是 verticalDirection，即 verticalDirection 的值为 VerticalDirection.down 时 crossAxisAlignment.start 表示顶部对齐，verticalDirection 的值为 VerticalDirection.up 时 crossAxisAlignment.start 表示底部对齐。crossAxisAlignment.end 和 crossAxisAlignment.start 正好相反。
- children：子组件数组。

示例

请阅读下面的代码，先想象一下运行的结果：

```
Column(
  //测试 Row 的对齐方式，排除 Column 默认居中对齐的干扰
  crossAxisAlignment: CrossAxisAlignment.start,
  children: <Widget>[
    Row(
      mainAxisAlignment: MainAxisAlignment.center,
      children: <Widget>[
        Text(" hello world "),
        Text(" I am Jack "),
      ],
    ),
```

```
    Row(
      mainAxisSize: MainAxisSize.min,
      mainAxisAlignment: MainAxisAlignment.center,
      children: <Widget>[
        Text(" hello world "),
        Text(" I am Jack "),
      ],
    ),
    Row(
      mainAxisAlignment: MainAxisAlignment.end,
      textDirection: TextDirection.rtl,
      children: <Widget>[
        Text(" hello world "),
        Text(" I am Jack "),
      ],
    ),
    Row(
      crossAxisAlignment: CrossAxisAlignment.start,
      verticalDirection: VerticalDirection.up,
      children: <Widget>[
        Text(" hello world ", style: TextStyle(fontSize: 30.0),),
        Text(" I am Jack "),
      ],
    ),
  ],
);
```

图 4-1 线性布局示例

实际运行结果如图 4-1 所示。

对上述代码运行结果的解释：第一个 Row 很简单，默认为居中对齐；第二个 Row，由于 mainAxisSize 值为 MainAxisSize.min，Row 的宽度等于两个 Text 的宽度和，所以对齐是无意义的，因此会从左往右显示；第三个 Row 设置 textDirection 的值为 TextDirection.rtl，所以子组件会以从右向左的顺序排列，而此时 MainAxisAlignment.end 表示左对齐，所以最终的显示结果就是图中第三行的样子；第四个 Row 测试的是纵轴的对齐方式，由于两个子 Text 的字体不一样，所以其高度也不同，我们指定了 verticalDirection 的值为 VerticalDirection.up，而此时 crossAxisAlignment 的值为 CrossAxisAlignment.start 表示底对齐。

Column

Column 可以在垂直方向排列其子组件。参数与 Row 一样，不同的是布局方向为垂直，主轴和纵轴正好相反，读者可类比 Row 来理解，下面看一个例子，代码如下：

```
import 'package:flutter/material.dart';

class CenterColumnRoute extends StatelessWidget {
  @override
```

```
  Widget build(BuildContext context) {
    return Column(
      crossAxisAlignment: CrossAxisAlignment.center,
      children: <Widget>[
        Text("hi"),
        Text("world"),
      ],
    );
  }
}
```

运行效果如图 4-2 所示。

图 4-2　Column 示例

对上面代码运行结果的解释如下。

- 由于没有指定 Column 的 mainAxisSize，所以使用默认值 MainAxisSize.max，因此 Column 会在垂直方向占用尽可能多的空间，此例中为屏幕高度。
- 由于我们指定了 crossAxisAlignment 的属性为 CrossAxisAlignment.center，因此子项在 Column 纵轴方向（此时为水平方向）会居中对齐。注意，在水平方向对齐是有边界的，总宽度为 Column 占用空间的实际宽度，而实际的宽度取决于子项中宽度最大的 Widget。在本例中，Column 有两个子 Widget，而显示“world”的 Text 宽度最大，所以 Column 的实际宽度应为 Text("world") 的宽度，所以居中对齐后 Text("hi") 会显示在 Text("world") 的中间部分。

实际上，Row 和 Column 都只会在主轴方向占用尽可能大的空间，而纵轴的长度则取决于它们最大子元素的长度。有如下两种方法可以让本例中的两个文本控件在整个手机屏幕的中间对齐。

- 将 Column 的宽度指定为屏幕宽度；这种方法很简单，我们可以通过 ConstrainedBox 或 SizedBox（我们将在后面的章节中专门介绍这两个 Widget）来强制更改宽度限制，示例代码如下：

```
ConstrainedBox(
  constraints: BoxConstraints(minWidth: double.infinity),
  child: Column(
    crossAxisAlignment: CrossAxisAlignment.center,
    children: <Widget>[
      Text("hi"),
```

```
      Text("world"),
    ],
  ),
);
```

将 minWidth 设为 double.infinity，可以使宽度占用尽可能多的空间。

❑ 使用 Center Widget；关于这种方法我们将在后面的章节中详细介绍。

特殊情况

如果在 Row 里面嵌套 Row，或者在 Column 里面再嵌套 Column，那么只有最外面的 Row 或 Column 会占用尽可能大的空间，里面的 Row 或 Column 所占用的空间为实际大小，下面以 Column 为例进行说明，代码如下：

```
Container(
  color: Colors.green,
  child: Padding(
    padding: const EdgeInsets.all(16.0),
    child: Column(
      crossAxisAlignment: CrossAxisAlignment.start,
      mainAxisSize: MainAxisSize.max, // 有效，外层 Colum 的高度为整个屏幕
      children: <Widget>[
        Container(
          color: Colors.red,
          child: Column(
            mainAxisSize: MainAxisSize.max,// 无效，内层 Colum 的高度为实际高度
            children: <Widget>[
              Text("hello world "),
              Text("I am Jack "),
            ],
          ),
        )
      ],
    ),
  ),
);
```

运行效果如图 4-3 所示。

如果要让里面的 Column 占满外部 Column，可以使用 Expanded 组件，示例代码如下：

```
Expanded(
  child: Container(
    color: Colors.red,
    child: Column(
      mainAxisAlignment: MainAxisAlignment.center, // 垂直方向居中对齐
      children: <Widget>[
        Text("hello world "),
        Text("I am Jack "),
      ],
    ),
```

```
    ),
)
```

运行效果如图 4-4 所示。

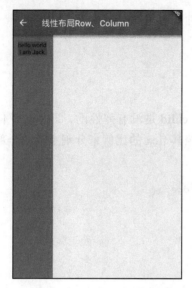

图 4-3 Column 嵌套示例

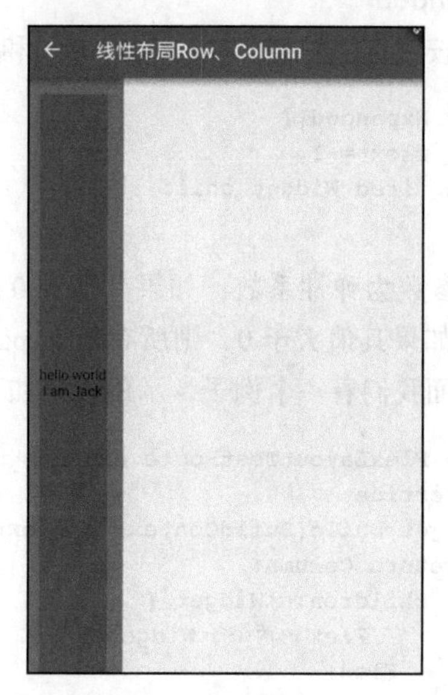

图 4-4 Column 和 Expanded 组件示例

我们将在介绍弹性布局时详细介绍 Expanded。

4.3 弹性布局（Flex）

弹性布局允许子组件按照一定的比例来分配父容器空间。弹性布局的概念在其他 UI 系统中也是存在的，如 H5 中的弹性盒子布局、Android 中的 FlexboxLayout 等。Flutter 中的弹性布局主要是通过 Flex 和 Expanded 来配合实现的。

Flex

Flex 组件可以沿着水平或垂直方向排列子组件，如果你知道主轴方向，使用 Row 或 Column 会更方便一些，因为 Row 和 Column 都继承自 Flex，参数基本相同，所以能使用 Flex 的地方基本上都可以使用 Row 或 Column。Flex 本身的功能是很强大的，它也可以与 Expanded 组件配合实现弹性布局。接下来我们只讨论 Flex 和弹性布局相关的属性（其他属性在介绍 Row 和 Column 时已经介绍过了）。

```
Flex({
  ...
  @required this.direction, // 弹性布局的方向，Row 默认为水平方向，Column 默认为垂直方向
  List<Widget> children = const <Widget>[],
})
```

Flex 继承自 MultiChildRenderObjectWidget，对应的 RenderObject 为 RenderFlex，在 RenderFlex 中实现了其布局算法。

Expanded

可以按比例“扩伸”Row、Column 和 Flex 子组件所占用的空间。

```
const Expanded({
  int flex = 1,
  @required Widget child,
})
```

flex 参数为弹性系数，如果其值为 0 或 null，则 child 是没有弹性的，即不会扩伸占用的空间。如果其值大于 0，则所有的 Expanded 均按照其 flex 的比例来分割主轴的全部空闲空间。下面我们看一个例子，示例代码如下：

```
class FlexLayoutTestRoute extends StatelessWidget {
  @override
  Widget build(BuildContext context) {
    return Column(
      children: <Widget>[
        //Flex 的两个子 Widget 按 1: 2 来占据水平空间
        Flex(
          direction: Axis.horizontal,
          children: <Widget>[
            Expanded(
              flex: 1,
              child: Container(
                height: 30.0,
                color: Colors.red,
              ),
            ),
            Expanded(
              flex: 2,
              child: Container(
                height: 30.0,
                color: Colors.green,
              ),
            ),
          ],
        ),
        Padding(
          padding: const EdgeInsets.only(top: 20.0),
          child: SizedBox(
            height: 100.0,
            //Flex 的三个子 Widget，在垂直方向按 2：1：1 来占用 100 像素的空间
            child: Flex(
              direction: Axis.vertical,
              children: <Widget>[
                Expanded(
```

```
                    flex: 2,
                    child: Container(
                      height: 30.0,
                      color: Colors.red,
                    ),
                  ),
                  Spacer(
                    flex: 1,
                  ),
                  Expanded(
                    flex: 1,
                    child: Container(
                      height: 30.0,
                      color: Colors.green,
                    ),
                  ),
                ],
              ),
            ),
          ),
        ],
      );
    }
}
```

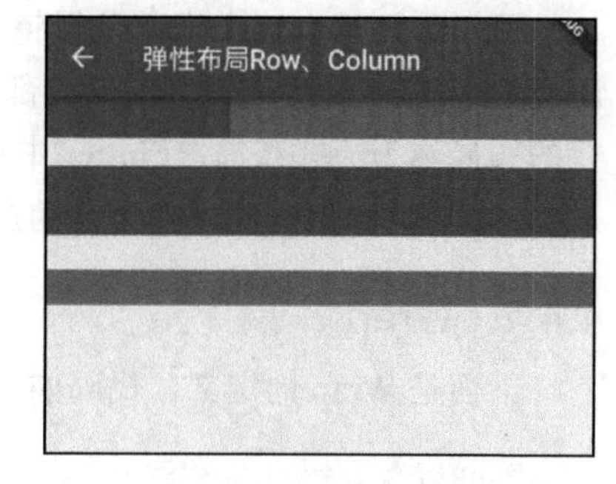

图 4-5 弹性布局示例

运行效果如图 4-5 所示。

示例中的 Spacer 的功能是占用指定比例的空间，实际上，它只是 Expanded 的一个包装类，Spacer 的源代码如下：

```
class Spacer extends StatelessWidget {
  const Spacer({Key key, this.flex = 1})
    : assert(flex != null),
      assert(flex > 0),
      super(key: key);

  final int flex;

  @override
  Widget build(BuildContext context) {
    return Expanded(
      flex: flex,
      child: const SizedBox.shrink(),
    );
  }
}
```

小结

弹性布局比较简单，唯一需要注意的就是 Row、Column 以及 Flex 的关系。

4.4 流式布局

在介绍 Row 和 Colum 时，如果子 Widget 超出屏幕范围，则会报溢出错误，示例代码如下：

```
Row(
  children: <Widget>[
    Text("xxx"*100)
  ],
);
```

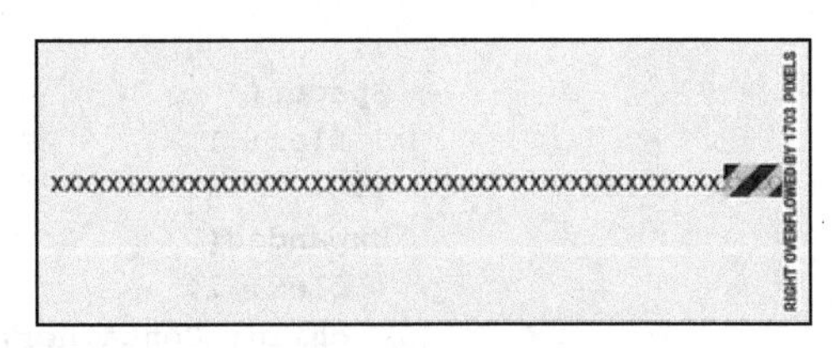

图 4-6 溢出示例

运行效果如图 4-6 所示。

可以看到，右边溢出部分报错。这是因为 Row 默认只有一行，超出屏幕的部分不会折行。我们将对超出屏幕显示范围的部分自动折行的布局称为流式布局。Flutter 中通过 Wrap 和 Flow 来支持流式布局，将上例中的 Row 换成 Wrap 后，溢出的部分就会自动折行了，下面我们分别介绍 Wrap 和 Flow。

4.4.1 Wrap

下面是 Wrap 的定义，代码如下：

```
Wrap({
  ...
  this.direction = Axis.horizontal,
  this.alignment = WrapAlignment.start,
  this.spacing = 0.0,
  this.runAlignment = WrapAlignment.start,
  this.runSpacing = 0.0,
  this.crossAxisAlignment = WrapCrossAlignment.start,
  this.textDirection,
  this.verticalDirection = VerticalDirection.down,
  List<Widget> children = const <Widget>[],
})
```

我们可以看到，Wrap 的很多属性在 Row（包括 Flex 和 Column）中也有，如 direction、crossAxisAlignment、textDirection、verticalDirection 等，这些参数的意义是相同的，我们不再重复介绍，读者可以查阅前面介绍 Row 的部分。读者可以认为 Wrap 和 Flex（包括 Row 和 Column）除了超出显示范围后 Wrap 会折行之外，其他行为基本相同。下面我们看一下 Wrap 特有的几个属性，具体如下。

- ❑ spacing：主轴方向子 Widget 的间距。
- ❑ runSpacing：纵轴方向的间距。
- ❑ runAlignment：纵轴方向的对齐方式。

下面看一个示例子，代码如下：

```
Wrap(
```

```
  spacing: 8.0, // 主轴（水平）方向的间距
  runSpacing: 4.0, // 纵轴（垂直）方向的间距
  alignment: WrapAlignment.center, // 沿主轴方向居中
  children: <Widget>[
    new Chip(
      avatar: new CircleAvatar(backgroundColor: Colors.blue, child: Text('A')),
      label: new Text('Hamilton'),
    ),
    new Chip(
      avatar: new CircleAvatar(backgroundColor: Colors.blue, child: Text('M')),
      label: new Text('Lafayette'),
    ),
    new Chip(
      avatar: new CircleAvatar(backgroundColor: Colors.blue, child: Text('H')),
      label: new Text('Mulligan'),
    ),
    new Chip(
      avatar: new CircleAvatar(backgroundColor: Colors.blue, child: Text('J')),
      label: new Text('Laurens'),
    ),
  ],
)
```

运行效果如图 4-7 所示。

图 4-7 Wrap 示例

4.4.2 Flow

我们一般很少会使用 Flow，因为其过于复杂，需要自己实现子 Widget 的位置转换，在很多场景下首先要考虑的是 Wrap 是否满足需求。Flow 主要用于一些需要自定义布局策略或性能要求较高（如动画中）的场景。Flow 具有如下优点。

- 性能好：Flow 是一个对子组件尺寸以及位置调整非常高效的控件，Flow 在用转换矩阵对子组件进行位置调整的时候进行了优化：在 Flow 定位过后，如果子组件的尺寸或者位置发生了变化，那么需要在 FlowDelegate 中的 paintChildren() 方法中调用 context.paintChild 进行重绘，而 context.paintChild 在重绘时使用了转换矩阵，并没有实际调整组件的位置。
- 灵活：由于我们需要自己实现 FlowDelegate 的 paintChildren() 方法，所以我们需要自己计算每一个组件的位置，因此，可以自定义布局策略。

同时，Flow 具有如下缺点。

- 使用复杂。
- 不能自适应子组件的大小，必须指定父容器的大小，或者通过 TestFlowDelegate 的 getSize 返回固定大小。

示例

下面我们对六个色块进行自定义流式布局，示例代码如下：

```
Flow(
  delegate: TestFlowDelegate(margin: EdgeInsets.all(10.0)),
  children: <Widget>[
    new Container(width: 80.0, height:80.0, color: Colors.red,),
    new Container(width: 80.0, height:80.0, color: Colors.green,),
    new Container(width: 80.0, height:80.0, color: Colors.blue,),
    new Container(width: 80.0, height:80.0,  color: Colors.yellow,),
    new Container(width: 80.0, height:80.0, color: Colors.brown,),
    new Container(width: 80.0, height:80.0,  color: Colors.purple,),
  ],
)
```

实现 TestFlowDelegate，代码如下：

```
class TestFlowDelegate extends FlowDelegate {
  EdgeInsets margin = EdgeInsets.zero;
  TestFlowDelegate({this.margin});
  @override
  void paintChildren(FlowPaintingContext context) {
    var x = margin.left;
    var y = margin.top;
    //计算每一个子 Widget 的位置
    for (int i = 0; i < context.childCount; i++) {
      var w = context.getChildSize(i).width + x + margin.right;
      if (w < context.size.width) {
        context.paintChild(i,
            transform: new Matrix4.translationValues(
                x, y, 0.0));
        x = w + margin.left;
      } else {
        x = margin.left;
        y += context.getChildSize(i).height + margin.top + margin.bottom;
        //绘制子 Widget（有优化）
        context.paintChild(i,
            transform: new Matrix4.translationValues(
                x, y, 0.0));
        x += context.getChildSize(i).width + margin.left + margin.right;
      }
    }
  }

  @override
  getSize(BoxConstraints constraints){
    //指定 Flow 的大小
    return Size(double.infinity,200.0);
  }

  @override
  bool shouldRepaint(FlowDelegate oldDelegate) {
    return oldDelegate != this;
  }
```

```
}
```

运行效果见图 4-8。

可以看到，我们主要的任务就是实现 paintChildren，它的主要任务是确定每个子 Widget 的位置。由于 Flow 不能自适应子 Widget 的大小，因此我们通过在 getSize 返回一个固定的大小来指定 Flow 的大小。

图 4-8　Flow 示例

4.5　层叠布局

层叠布局与 Web 中的绝对定位、Android 中的 Frame 布局是相似的，子组件可以根据距离父容器四个角的位置来确定其自身的位置。绝对定位允许子组件堆叠起来（按照代码中声明的顺序）。Flutter 中可使用 Stack 和 Positioned 这两个组件来配合实现绝对定位。Stack 允许子组件堆叠，而 Positioned 则用于根据 Stack 的四个角来确定子组件的位置。

Stack

```
Stack({
  this.alignment = AlignmentDirectional.topStart,
  this.textDirection,
  this.fit = StackFit.loose,
  this.overflow = Overflow.clip,
  List<Widget> children = const <Widget>[],
})
```

上述代码段中的参数说明如下。

- alignment：此参数决定如何对齐没有定位（没有使用 Positioned）或部分定位的子组件。所谓部分定位，在这里**特指没有在某一个轴上定位**——left、right 为横轴，top、bottom 为纵轴，只要包含某个轴上的一个定位属性就算在该轴上有定位。
- textDirection：与 Row、Wrap 的 textDirection 功能一样，都用于确定 alignment 对齐的参考系。即若 textDirection 的值为 TextDirection.ltr，则 alignment 的 start 代表左，end 代表右，即从左往右的顺序；若 textDirection 的值为 TextDirection.rtl，则 alignment 的 start 代表右，end 代表左，即从右往左的顺序。
- fit：此参数用于确定**没有定位**的子组件如何适应 Stack 的大小。StackFit.loose 表示使用子组件的大小，StackFit.expand 表示扩伸到 Stack 的大小。
- overflow：此属性决定如何显示超出 Stack 显示空间的子组件；值为 Overflow.clip 时，超出部分会被剪裁（隐藏），值为 Overflow.visible 时则不会。

Positioned

```
const Positioned({
```

```
  Key key,
  this.left,
  this.top,
  this.right,
  this.bottom,
  this.width,
  this.height,
  @required Widget child,
})
```

上述代码段中的参数说明如下。

- left、top 、right、bottom：分别代表离 Stack 左、上、右、底四边的距离。
- width 和 height：用于指定需要定位元素的宽度和高度。

注意，Positioned 的 width、height 与其他地方的意义稍微有点区别，此处用于配合 left、top 、right、bottom 来定位组件。举个例子，在水平方向时，你只能指定 left、right、width 三个属性中的两个，如指定 left 和 width 后，right 会自动算出（left+width），如果同时指定三个属性则会报错，垂直方向与此同理。

示例

在下面的例子中，我们通过对几个 Text 组件的定位来演示 Stack 和 Positioned 的特性，示例代码如下：

```
//通过 ConstrainedBox 来确保 Stack 占满屏幕
ConstrainedBox(
  constraints: BoxConstraints.expand(),
  child: Stack(
    alignment:Alignment.center , //指定未定位或部分定位 Widget 的对齐方式
    children: <Widget>[
        Container(child: Text("Hello world",style: TextStyle(color: Colors.
white)),
        color: Colors.red,
      ),
      Positioned(
        left: 18.0,
        child: Text("I am Jack"),
      ),
      Positioned(
        top: 18.0,
        child: Text("Your friend"),
      )
    ],
  ),
);
```

运行效果见图 4-9。

由于第一个子文本组件 Text("Hello world") 没有指定定位，并且 alignment 的值为

Alignment.center，所以它会居中显示。第二个子文本组件 Text("I am Jack") 只指定了水平方向的定位（left)，所以属于部分定位，即垂直方向上没有定位，那么它在垂直方向的对齐方式则会按照 alignment 指定的对齐方式对齐，即垂直方向居中。对于第三个子文本组件 Text("Your friend")，与第二个 Text 的原理一样，只不过其是水平方向没有定位，因此其为水平方向居中。

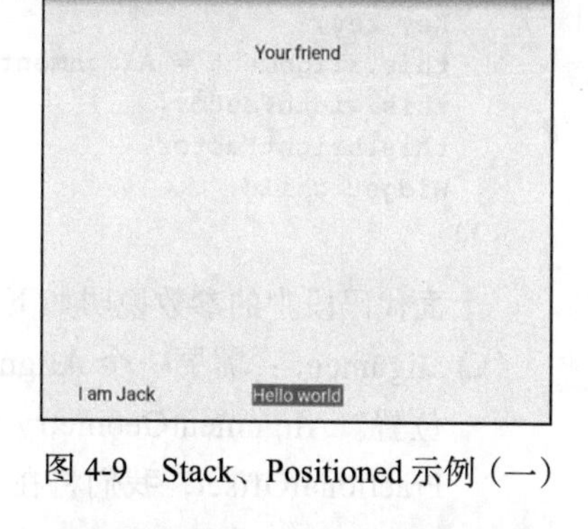

图 4-9　Stack、Positioned 示例（一）

下面为上例中的 Stack 指定一个 fit 属性，然后将三个子文本组件的顺序调整一下，代码如下：

```
Stack(
  alignment:Alignment.center ,
   fit: StackFit.expand, //未定位Widget占满
Stack的整个空间
  children: <Widget>[
    Positioned(
      left: 18.0,
      child: Text("I am Jack"),
    ),
    Container(child: Text("Hello world",style:
TextStyle(color: Colors.white)),
      color: Colors.red,
    ),
    Positioned(
      top: 18.0,
      child: Text("Your friend"),
    )
  ],
),
```

显示效果如图 4-10 所示。

从图 4-10 中可以看到，由于第二个子文本组件没有定位，所以 fit 属性会对它起作用，会占满 Stack。由于 Stack 子元素是堆叠的，所以第一个子文本组件被第二个遮住了，而第三个在最上层，所以可以正常显示。

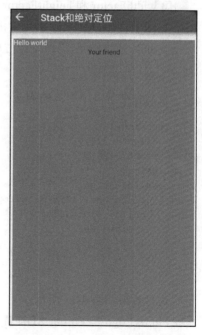

图 4-10　Stack、Positioned 示例（二）

4.6　对齐与相对定位（Align）

在 4.5 节中提到过，通过 Stack 和 Positioned 我们可以指定一个或多个子元素相对于父元素各个边的精确偏移，并且可以重叠。但是，如果我们只想简单地调整一个子元素在父元素中的位置，那么使用 Align 组件会更简单一些。

4.6.1 Align

Align 组件可以调整子组件的位置，并且可以根据子组件的宽高来确定自身的宽高，定义代码如下：

```
Align({
  Key key,
  this.alignment = Alignment.center,
  this.widthFactor,
  this.heightFactor,
  Widget child,
})
```

上面代码段中的参数说明如下。

- alignment：需要一个 AlignmentGeometry 类型的值，表示子组件在父组件中的起始位置。AlignmentGeometry 是一个抽象类，它包含两个常用的子类：Alignment 和 FractionalOffset，我们将在下面的示例中详细介绍。
- widthFactor 和 heightFactor：用于确定 Align 组件本身宽高的属性；它们是两个缩放因子，会分别乘以子元素的宽、高，最终的结果就是 Align 组件的宽高。如果值为 null，则组件的宽高将会占用尽可能多的空间。

示例

我们先来看一个简单的例子，示例代码如下：

```
Container(
  height: 120.0,
  width: 120.0,
  color: Colors.blue[50],
  child: Align(
    alignment: Alignment.topRight,
    child: FlutterLogo(
      size: 60,
    ),
  ),
)
```

图 4-11　Align 示例

运行效果如图 4-11 所示。

FlutterLogo 是 Flutter SDK 提供的一个组件，内容就是 Flutter 的商标。在上面的例子中，我们显式指定了 Container 的宽、高都为 120。如果我们不显式指定宽高，而是通过指定 widthFactor 和 heightFactor 同时为 2，也是可以达到同样的效果的，代码如下：

```
Align(
  widthFactor: 2,
  heightFactor: 2,
  alignment: Alignment.topRight,
  child: FlutterLogo(
```

```
      size: 60,
    ),
  ),
```

因为 FlutterLogo 的宽高都为 60，则 Align 的最终宽高都为 2*60=120。

另外，我们通过 Alignment.topRight 将 FlutterLogo 定位在 Container 的右上角。那么，Alignment.topRight 又是什么呢？通过源码，我们可以看到其定义如下：

```
//右上角
static const Alignment topRight = Alignment(1.0, -1.0);
```

可以看到，它只是 Alignment 的一个实例，下面我们就来介绍一下 Alignment。

Alignment

Alignment 继承自 AlignmentGeometry，表示矩形内的一个点，其具有两个属性 x、y，分别表示在水平方向和垂直方向的偏移，Alignment 的定义如下：

```
Alignment(this.x, this.y)
```

Alignment Widget 会以矩形的中心点作为坐标原点，即 Alignment(0.0, 0.0)。x、y 的值从 −1 到 1，分别代表矩形左边到右边的距离和顶部到底边的距离，因此 2 个水平（或垂直）单位则等于矩形的宽（或高），如 Alignment(−1.0, −1.0) 代表矩形的左侧顶点，Alignment(1.0, 1.0) 代表右侧底部终点，同时，Alignment(1.0, −1.0) 代表右侧顶点，即 Alignment.topRight。为了使用方便，矩形的原点、四个顶点，以及四条边的终点在 Alignment 类中都已经定义为静态常量。

Alignment 可以通过其**坐标转换公式**将其坐标转换为子元素的具体偏移坐标，代码如下：

```
(Alignment.x*childWidth/2+childWidth/2, Alignment.y*childHeight/2+childHeight/2)
```

其中，childWidth 为子元素的宽度，childHeight 为子元素的高度。

现在我们再来看一下上面的示例，我们将 Alignment(1.0, −1.0) 代入上面的公式，可得 FlutterLogo 的实际偏移坐标正是（60, 0）。下面再来看一个例子，示例代码如下：

```
Align(
  widthFactor: 2,
  heightFactor: 2,
  alignment: Alignment(2,0.0),
  child: FlutterLogo(
    size: 60,
  ),
)
```

我们可以先想象一下运行效果：将 Alignment(2,0.0) 代入上述坐标转换公式，可以得到 FlutterLogo 的实际偏移坐标为（90, 30）。实际运行结果如图 4-12 所示。

FractionalOffset

FractionalOffset 继承自 Alignment，其与 Alignment 唯一的区别就是坐标原点不同！FractionalOffset 的坐标原点为矩形的左侧顶点，这一点与布局系统一致，所以理解起来会比较容易。FractionalOffset 的坐标转换公式为：

```
实际偏移 = (FractionalOffse.x * childWidth, FractionalOffse.y * childHeight)
```

下面再来看一个例子，示例代码如下：

```
Container(
  height: 120.0,
  width: 120.0,
  color: Colors.blue[50],
  child: Align(
    alignment: FractionalOffset(0.2, 0.6),
    child: FlutterLogo(
      size: 60,
    ),
  ),
)
```

实际运行效果如图 4-13 所示。

图 4-12 Alignment 效果示例

图 4-13 FractionalOffset 效果示例

我们将 FractionalOffset(0.2, 0.6) 代入坐标转换公式，得 FlutterLogo 实际偏移为（12, 36），与实际运行效果吻合。

4.6.2 Align 与 Stack 对比

可以看到，Align 和 Stack/Positioned 都可以用于指定子元素相对于父元素的偏移，但它们还是有两个主要区别：

1）定位参考系统不同。Stack/Positioned 定位的参考系可以是父容器矩形的四个顶点；而 Align 则需要先通过 alignment 参数来确定坐标原点，不同的 alignment 会对应不同原点，最终的偏移需要通过 alignment 的转换公式计算。

2）Stack 可以有多个子元素，并且子元素可以堆叠，而 Align 只能有一个子元素，不存在堆叠。

4.6.3　Center 组件

我们在前面章节的例子中已经使用过 Center 组件来居中子元素了，现在我们正式介绍一下它。通过查找 SDK 源码，我们看到 Center 组件定义如下：

```
class Center extends Align {
  const Center({ Key key, double widthFactor, double heightFactor, Widget child })
    : super(key: key, widthFactor: widthFactor, heightFactor: heightFactor, child:
child);
}
```

可以看到，Center 继承自 Align，它比 Align 只少了一个 alignment 参数；由于在 Align 的构造函数中，alignment 的值为 Alignment.center，所以我们可以认为 Center 组件其实是对齐方式（Alignment.center）确定了的 Align。

上面我们说过，当 widthFactor 或 heightFactor 为 null 时，组件的宽高将会占用尽可能多的空间，这一点需要特别注意，下面我们通过一个示例来说明，示例代码如下：

```
...// 省略无关代码
DecoratedBox(
  decoration: BoxDecoration(color: Colors.red),
  child: Center(
    child: Text("xxx"),
  ),
),
DecoratedBox(
  decoration: BoxDecoration(color: Colors.red),
  child: Center(
    widthFactor: 1,
    heightFactor: 1,
    child: Text("xxx"),
  ),
)
```

运行效果如图 4-14 所示。

图 4-14　缩放因子效果对比

总结

本节重点介绍了 Align 组件及两种偏移类 Alignment 和 FractionalOffset，读者需要理解这两种偏移类的区别及各自的坐标转化公式。另外，在此建议读者在需要制定一些精确的偏移时，应优先使用 FractionalOffset，因为它的坐标原点和布局系统相同，能更容易地计算出实际偏移。

在后面，我们又介绍了 Align 组件和 Stack/Positioned、Center 的关系，读者可以对比理解。

另外，熟悉 Web 开发的同学可能会发现，Align 组件的特性与 Web 开发中的相对定位（position: relative）类似，是的！在大多数时候，我们可以直接使用 Align 组件来实现 Web 中相对定位的效果，读者可以类比记忆。

Chapter 5 第5章

容器类组件

5.1 填充（Padding）

Padding 可以为其子节点添加填充（留白）效果，与边距效果类似。我们在前面的很多示例中已经使用过它了，现在来看看 Padding 的具体定义，代码如下：

```
Padding({
  ...
  EdgeInsetsGeometry padding,
  Widget child,
})
```

EdgeInsetsGeometry 是一个抽象类，在开发中，一般都使用 EdgeInsets 类。EdgeInsets 是 EdgeInsetsGeometry 的一个子类，其中定义了一些设置填充的便捷方法。

EdgeInsets

EdgeInsets 提供的便捷方法，具体如下。

- fromLTRB（double left, double top, double right, double bottom）：分别指定四个方向的填充。
- all（double value）：所有方向均使用相同数值的填充。
- only（{left, top, right,bottom}）：可以设置具体某个方向的填充（可以同时指定多个方向）。
- symmetric({vertical, horizontal})：用于设置对称方向的填充，vertical 指 top 和 bottom，horizontal 指 left 和 right。

示例

下面的示例主要展示了 EdgeInsets 的不同用法，比较简单，源码如下：

```
class PaddingTestRoute extends StatelessWidget {
  @override
  Widget build(BuildContext context) {
    return Padding(
      //上下左右各添加16像素补白
      padding: EdgeInsets.all(16.0),
      child: Column(
        //显式指定对齐方式为左对齐，排除对齐干扰
        crossAxisAlignment: CrossAxisAlignment.start,
        children: <Widget>[
          Padding(
            //左边添加8像素补白
            padding: const EdgeInsets.only(left: 8.0),
            child: Text("Hello world"),
          ),
          Padding(
            //上下各添加8像素补白
            padding: const EdgeInsets.symmetric(vertical: 8.0),
            child: Text("I am Jack"),
          ),
          Padding(
            //分别指定四个方向的补白
            padding: const EdgeInsets.fromLTRB(20.0,.0,20.0,20.0),
            child: Text("Your friend"),
          )
        ],
      ),
    );
  }
}
```

运行效果如图 5-1 所示。

图 5-1 Padding 示例

5.2 尺寸限制类容器

尺寸限制类容器用于限制容器的大小，Flutter 中提供了多种这样的容器，如 ConstrainedBox、SizedBox、UnconstrainedBox、AspectRatio 等，本节将介绍一些常用的尺寸限制类容器。

5.2.1 ConstrainedBox

ConstrainedBox 用于对子组件添加额外的约束。例如，如果你想将子组件的最小高度设置为 80 像素，那么可以使用 const BoxConstraints(minHeight: 80.0) 作为子组件的约束。

示例

我们先定义一个 redBox，它是一个背景颜色为红色的盒子，暂时不指定它的宽度和高度，代码如下：

```
Widget redBox=DecoratedBox(
  decoration: BoxDecoration(color: Colors.red),
);
```

接着再来实现一个最小高度为 50，宽度尽可能大的红色容器，代码如下：

```
ConstrainedBox(
  constraints: BoxConstraints(
    minWidth: double.infinity, //宽度尽可能大
    minHeight: 50.0 //最小高度为 50 像素
  ),
  child: Container(
      height: 5.0,
      child: redBox
  ),
)
```

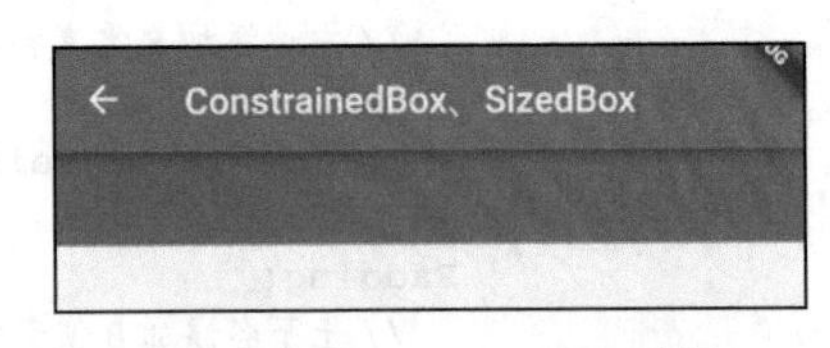

图 5-2 ConstrainedBox 示例

运行效果如图 5-2 所示。

可以看到，我们虽然将 Container 的高度设置为 5 像素，但是最终却可以变为 50 像素，这是因为 ConstrainedBox 的最小高度限制生效了。如果将 Container 的高度设置为 80 像素，那么最终红色区域的高度也会是 80 像素，因为在该示例中，ConstrainedBox 只限制了最小高度，并未限制最大高度。

BoxConstraints

BoxConstraints 用于设置限制条件，它的定义代码如下：

```
const BoxConstraints({
  this.minWidth = 0.0, //最小宽度
  this.maxWidth = double.infinity, //最大宽度
  this.minHeight = 0.0, //最小高度
  this.maxHeight = double.infinity //最大高度
})
```

BoxConstraints 还定义了一些便捷的构造函数，用于快速生成特定限制规则的 BoxConstraints，如 BoxConstraints.tight(Size size)，它可以生成给定大小的限制；const BoxConstraints.expand() 可以生成一个尽可能大的用于填充另一个容器的 BoxConstraints。除此之外，还有一些其他便捷函数，读者可以查看 API 文档。

5.2.2 SizedBox

SizedBox 用于给子元素指定固定的宽高，代码如下：

```
SizedBox(
  width: 80.0,
  height: 80.0,
  child: redBox
)
```

图 5-3 SizedBox 示例

运行效果如图 5-3 所示。

实际上，SizedBox 只是 ConstrainedBox 的一个定制，上面的代码等价于：

```
ConstrainedBox(
  constraints: BoxConstraints.tightFor(width: 80.0,height: 80.0),
  child: redBox,
)
```

而 BoxConstraints.tightFor(width: 80.0,height: 80.0) 等价于：

```
BoxConstraints(minHeight: 80.0,maxHeight: 80.0,minWidth: 80.0,maxWidth: 80.0)
```

实际上，ConstrainedBox 和 SizedBox 都是通过 RenderConstrainedBox 来渲染的，我们可以看到，ConstrainedBox 和 SizedBox 的 createRenderObject() 方法返回的都是一个 RenderConstrainedBox 对象，代码如下：

```
@override
RenderConstrainedBox createRenderObject(BuildContext context) {
  return new RenderConstrainedBox(
    additionalConstraints: ...,
  );
}
```

5.2.3 多重限制

如果某个组件有多个父级 ConstrainedBox 限制，那么最终会是哪个 ConstrainedBox 生效？下面我们来看一个例子，示例代码如下：

```
ConstrainedBox(
    constraints: BoxConstraints(minWidth: 60.0, minHeight: 60.0), //父
    child: ConstrainedBox(
      constraints: BoxConstraints(minWidth: 90.0, minHeight: 20.0),//子
      child: redBox,
    )
)
```

上面的代码中，有父子两个 ConstrainedBox，它们的限制条件不同，运行后的效果如图 5-4 所示。

图 5-4 多重限制示例（一）

最终的显示效果是宽 90、高 60，也就是说，minWidth 生效的是子 ConstrainedBox，而 minHeight 生效的是父 ConstrainedBox。单凭这个例子，我们还总结不出什么规律，下面我们将上例中父子限制的条件交换一下：

```
ConstrainedBox(
    constraints: BoxConstraints(minWidth: 90.0, minHeight: 20.0),
    child: ConstrainedBox(
      constraints: BoxConstraints(minWidth: 60.0, minHeight: 60.0),
      child: redBox,
    )
)
```

运行效果如图 5-5 所示。

图 5-5 多重限制示例（二）

最终的显示效果仍然是宽 90、高 60，效果相同，但意义不同，因为此时 minWidth 生效的是父 ConstrainedBox，而 minHeight 生效的是子 ConstrainedBox。

通过上面的示例，我们发现有多重限制时，对于 minWidth 和 minHeight 来说，所取的是父子中相应数值较大的值。实际上，只有这样才能保证父限制与子限制不冲突。

思考题 对于 maxWidth 和 maxHeight，多重限制的策略是什么样的呢？

5.2.4 UnconstrainedBox

UnconstrainedBox 不会对子组件产生任何限制，它允许子组件按照其本身大小进行绘制。一般情况下，我们很少直接使用此组件，但在“去除”多重限制的时候也许会有帮助，看一下下面的代码：

```
ConstrainedBox(
  constraints: BoxConstraints(minWidth: 60.0, minHeight: 100.0),  //父
  child: UnconstrainedBox( //"去除"父级限制
    child: ConstrainedBox(
      constraints: BoxConstraints(minWidth: 90.0, minHeight: 20.0),//子
      child: redBox,
    ),
  )
)
```

在上面的代码中，如果没有中间的 UnconstrainedBox，那么根据上面所述的多重限制规则，最终将显示一个 90 × 100 的红色方框。但是由于 UnconstrainedBox“去除”了父 ConstrainedBox 的限制，因此最终会按照子 ConstrainedBox 的限制来绘制 redBox，即 90 × 20，如图 5-6 所示。

图 5-6 UnconstrainedBox 示例

但是，读者需要注意的是，UnconstrainedBox 对父组件限制的“去除”并不是真正去除：上面例子中虽然红色区域大小是 90 × 20，但上方仍然有 80 的空白空间。也就是说父限制的 minHeight(100.0) 仍然是生效的，只不过它不影响最终子元素 redBox 的大小，但是它仍然还是占有相应的空间，可以认为此时的父 ConstrainedBox 是作用于子 UnconstrainedBox 上

的，而 redBox 只受子 ConstrainedBox 限制，这一点请务必注意。

那么有什么方法可以彻底去除父 ConstrainedBox 的限制吗？答案是没有，所以在此提示读者，在定义一个通用组件时，如果要对子组件指定限制，那么一定要注意，因为一旦指定了限制条件，子组件如果要进行相关的自定义大小，那么将可能是一件非常困难的事情，因为子组件在不更改父组件代码的情况下无法彻底去除其限制条件。

在实际开发中，当我们发现已经使用 SizedBox 或 ConstrainedBox 为子元素指定了宽和高，但是仍然没有效果时，几乎就可以断定：已经有父元素设置了限制。举个例子，如 Material 组件库中的 AppBar（导航栏）的右侧菜单中，我们使用 SizedBox 指定了 loading 按钮的大小，代码如下：

```
AppBar(
  title: Text(title),
  actions: <Widget>[
        SizedBox(
            width: 20,
            height: 20,
            child: CircularProgressIndicator(
                strokeWidth: 3,
                valueColor: AlwaysStoppedAnimation(Colors.white70),
            ),
        )
  ],
)
```

图 5-7　自定义 loading 按钮的大小 (一)

上面的代码运行后，效果如图 5-7 所示。

我们会发现右侧 loading 按钮的大小并没有发生变化！这正是因为 AppBar 中已经指定了 actions 按钮的限制条件，所以如果我们要自定义 loading 按钮的大小，就必须通过 UnconstrainedBox 来“去除”父元素的限制，代码如下：

```
AppBar(
  title: Text(title),
  actions: <Widget>[
      UnconstrainedBox(
            child: SizedBox(
              width: 20,
              height: 20,
              child: CircularProgressIndicator(
                strokeWidth: 3,
                valueColor: AlwaysStoppedAnimation(Colors.white70),
              ),
            ),
      )
  ],
)
```

运行后的效果如图 5-8 所示。

图 5-8 自定义 loading 按钮的大小（二）

由运行结果可以看出，上述代码段生效了！

5.2.5 其他尺寸限制类容器

除了上面介绍的这些常用的尺寸限制类容器之外，还有一些其他尺寸限制类容器，比如 AspectRatio 可以指定子组件的长宽比，LimitedBox 可用于指定最大宽高，FractionallySizedBox 可以根据父容器宽高的百分比来设置子组件的宽高等，由于这些容器使用起来都比较简单，在此我们不再赘述，读者可以自行了解。

5.3 装饰容器（DecoratedBox）

DecoratedBox 可以在绘制其子组件前（或后）绘制一些装饰（Decoration），如背景、边框、渐变等。DecoratedBox 的定义代码如下：

```
const DecoratedBox({
  Decoration decoration,
  DecorationPosition position = DecorationPosition.background,
  Widget child
})
```

上面代码中的参数说明如下。

- ❑ decoration：代表将要绘制的装饰，其类型为 Decoration。Decoration 是一个抽象类，它定义了一个接口 createBoxPainter()，子类的主要职责是需要通过实现 Decoration 类定义的接口来创建一个画笔，该画笔用于绘制装饰。
- ❑ position：此属性决定在哪里绘制 Decoration，其接收 DecorationPosition 的枚举类型，该枚举类包含如下两个值。
    - background：在子组件之后绘制，即背景装饰。
    - foreground：在子组件之上绘制，即前景。

BoxDecoration

我们通常会直接使用 BoxDecoration 类，它是一个 Decoration 的子类，实现了常用的装饰元素的绘制。BoxDecoration 的定义代码如下：

```
BoxDecoration({
  Color color, //颜色
  DecorationImage image,//图片
  BoxBorder border, //边框
  BorderRadiusGeometry borderRadius, //圆角
```

```
  List<BoxShadow> boxShadow, // 阴影，可以指定多个
  Gradient gradient, // 渐变
  BlendMode backgroundBlendMode, // 背景混合模式
  BoxShape shape = BoxShape.rectangle, // 形状
})
```

各个属性名都是自解释的，读者可以查看 API 文档进一步了解详情。下面我们实现一个带阴影的背景色渐变的按钮，示例代码如下：

```
DecoratedBox(
    decoration: BoxDecoration(
      gradient: LinearGradient(colors:[Colors.red,Colors.orange[700]]), // 背景渐变
      borderRadius: BorderRadius.circular(3.0), //3 像素圆角
      boxShadow: [ // 阴影
        BoxShadow(
            color:Colors.black54,
            offset: Offset(2.0,2.0),
            blurRadius: 4.0
        )
      ]
    ),
  child: Padding(padding: EdgeInsets.symmetric(horizontal: 80.0, vertical: 18.0),
    child: Text("Login", style: TextStyle(color: Colors.white),),
  )
)
```

运行后的效果如图 5-9 所示。

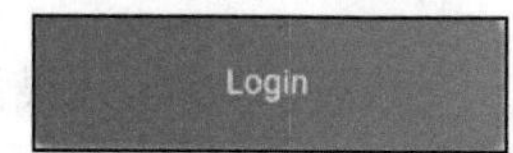

图 5-9　DecoratedBox 示例

怎么样，通过 BoxDecoration 我们实现了一个渐变按钮的外观，但此示例还不是一个标准的按钮，因为它还不能响应点击事件，我们将在第 10 章中实现一个功能完整的 GradientButton。另外，上面的例子中使用了 LinearGradient 类，该类可用于定义线性渐变的类，Flutter 中还提供了其他渐变配置类，如 RadialGradient、SweepGradient，若有需要，可以自行查看 API 文档。

5.4　变换（Transform）

Transform 可以在其子组件绘制时，应用一些矩阵变换来实现一些特效。Matrix4 是一个 4D 矩阵，通过它我们可以实现各种矩阵操作，下面是一个例子：

```
Container(
  color: Colors.black,
  child: new Transform(
    alignment: Alignment.topRight, // 相对于坐标系原点的对齐方式
    transform: new Matrix4.skewY(0.3), // 沿 Y 轴倾斜 0.3 弧度
    child: new Container(
      padding: const EdgeInsets.all(8.0),
      color: Colors.deepOrange,
      child: const Text('Apartment for rent!'),
```

```
    ),
  ),
);
```

运行效果如图 5-10 所示。

图 5-10 Transform 倾斜变换示例

矩阵变换的相关内容属于线性代数范畴，本书不做过多讨论，读者若有兴趣可以自行了解。本书中，我们将焦点放在 Flutter 中一些常见的变换效果上。另外，由于矩阵变化是发生在绘制时的，因此无须重复重新布局和构建等过程，所以性能很好。

平移

Transform.translate 接收一个 offset 参数，可以在绘制时沿 x、y 轴对子组件平移指定的距离，代码如下。

```
DecoratedBox(
  decoration:BoxDecoration(color: Colors.red),
  //默认原点为左上角，左移 20 像素，上移 5 像素
  child: Transform.translate(
    offset: Offset(-20.0, -5.0),
    child: Text("Hello world"),
  ),
)
```

上述代码运行效果如图 5-11 所示。

图 5-11 Transform 平移变换示例

旋转

Transform.rotate 可以对子组件进行旋转变换，示例代码如下：

```
DecoratedBox(
  decoration:BoxDecoration(color: Colors.red),
  child: Transform.rotate(
    //旋转 90 度
    angle:math.pi/2 ,
    child: Text("Hello world"),
  ),
);
```

注意 若要使用 math.pi，则需要预先进行如下导包操作：

```
import 'dart:math' as math;
```

上述代码运行效果如图 5-12 所示。

图 5-12 Transform 旋转变换示例

缩放

Transform.scale 可以对子组件进行缩小或放大操作，示例代码如下：

```
DecoratedBox(
  decoration:BoxDecoration(color: Colors.red),
  child: Transform.scale(
      scale: 1.5, //放大到1.5倍
      child: Text("Hello world")
  )
);
```

上述代码运行效果如图 5-13 所示。

图 5-13　Transform 缩放变换示例

注意

- Transform 的变换是应用在绘制阶段的，而不是应用在布局（layout）阶段，所以无论对子组件应用何种变化，其占用空间的大小及其在屏幕上的位置都是固定的，因为这些是在布局阶段就已经确定的。下面我们具体举例说明，示例代码如下：

```
Row(
  mainAxisAlignment: MainAxisAlignment.center,
  children: <Widget>[
    DecoratedBox(
      decoration:BoxDecoration(color: Colors.red),
      child: Transform.scale(scale: 1.5,
          child: Text("Hello world")
      )
    ),
    Text("你好", style: TextStyle(color: Colors.green, fontSize: 18.0),)
  ],
)
```

上述代码运行效果如图 5-14 所示。

图 5-14　Transform 变换不影响组件位置

由于第一个 Text 应用变换（放大）之后，其在绘制时会放大，但其占用的空间依然为红色部分，所以第二个 Text 会紧挨着红色部分显示，最终就会出现文字重合的问题。

- 由于矩阵变化只会作用在绘制阶段，所以在某些场景下，当 UI 需要变化时，可以直接通过矩阵变化来实现视觉上的 UI 改变，而不需要重新触发 build 流程，这样会节省 layout 的开销，所以性能会比较好。如之前介绍的 Flow 组件，其内部就是用矩阵变换来更新 UI，除此之外，Flutter 的动画组件中也大量使用了 Transform 以提高性能。

思考题　对于使用 Transform 对其子组件先进行平移，然后再旋转的操作与先旋转，再进行平移的操作，两者最终的效果一样吗？为什么？

RotatedBox

RotatedBox 与 Transform.rotate 的功能相似，它们都可以对子组件进行旋转变换，但是

有一点不同：RotatedBox的变换发生在layout阶段，会影响其在子组件中的位置和大小。我们将上面Transform.rotate的示例修改一下：

```
Row(
  mainAxisAlignment: MainAxisAlignment.center,
  children: <Widget>[
    DecoratedBox(
      decoration: BoxDecoration(color: Colors.red),
      // 将 Transform.rotate 换成 RotatedBox
      child: RotatedBox(
        quarterTurns: 1, // 旋转 90 度 (1/4 圈 )
        child: Text("Hello world"),
      ),
    ),
    Text(" 你好 ", style: TextStyle(color: Colors.green, fontSize: 18.0),)
  ],
),
```

上述代码运行效果如图5-15所示。

由于RotatedBox是作用于layout阶段的，所以子组件（而不只是绘制的内容）会旋转90°，decoration会作用到子组件所占用的实际空间上，所以最终就是图5-15所示的效果，读者可以对照前面Transform.rotate的示例来理解。

图5-15　RotatedBox示例

5.5 Container

在前面的章节中多次用到过Container组件，本节我们就详细介绍一下Container组件。Container是一个组合类容器，其本身不对应具体的RenderObject，它是DecoratedBox、ConstrainedBox、Transform、Padding、Align等组件组合的一个多功能容器，所以我们只需要通过一个Container组件就可以实现同时需要装饰、变换、限制的场景。下面是Container的定义代码：

```
Container({
  this.alignment,
  this.padding, // 容器内补白，属于 decoration 的装饰范围
  Color color, // 背景色
  Decoration decoration, // 背景装饰
  Decoration foregroundDecoration, // 前景装饰
  double width,// 容器的宽度
  double height, // 容器的高度
  BoxConstraints constraints, // 容器大小的限制条件
  this.margin,// 容器外补白，不属于 decoration 的装饰范围
  this.transform, // 变换
  this.child,
})
```

Container的大多数属性在介绍其他容器时都已经介绍过了，此处不再赘述，但有如下两点需要特别说明。

- 容器的大小既可以通过width、height属性来指定，也可以通过constraints来指定；如果它们同时存在，则width、height优先。实际上，Container内部会根据width、height来生成一个constraints。
- color与decoration是互斥的，如果同时设置它们则会报错。实际上，在指定color时，Container内部会自动创建一个decoration。

示例

下面我们通过Container来实现如图5-16所示的卡片。

实现代码具体如下：

图5-16 Container示例

```
Container(
  margin: EdgeInsets.only(top: 50.0, left:
120.0), //容器外填充
  constraints: BoxConstraints.tightFor(width:
200.0, height: 150.0), //卡片大小
  decoration: BoxDecoration(//背景装饰
      gradient: RadialGradient( //背景径向渐变
          colors: [Colors.red, Colors.orange],
          center: Alignment.topLeft,
          radius: .98
      ),
      boxShadow: [ //卡片阴影
        BoxShadow(
            color: Colors.black54,
            offset: Offset(2.0, 2.0),
            blurRadius: 4.0
        )
      ]
  ),
  transform: Matrix4.rotationZ(.2), //卡片倾斜变换
  alignment: Alignment.center, //卡片内文字居中
  child: Text( //卡片文字
    "5.20", style: TextStyle(color: Colors.white, fontSize: 40.0),
  ),
);
```

可以看到，Container具备多种组件的功能，通过查看Container源代码，我们会很容易发现它正是像前面介绍过的那样，由多种组件组合而成。在Flutter中，Container组件也正是组合优先于继承的实例。

margin和padding

接下来，我们研究一下Container组件中margin和padding属性的区别，示例代码如下：

```
...
Container(
  margin: EdgeInsets.all(20.0), //容器外补白
  color: Colors.orange,
  child: Text("Hello world!"),
),
Container(
  padding: EdgeInsets.all(20.0), //容器内补白
  color: Colors.orange,
  child: Text("Hello world!"),
),
...
```

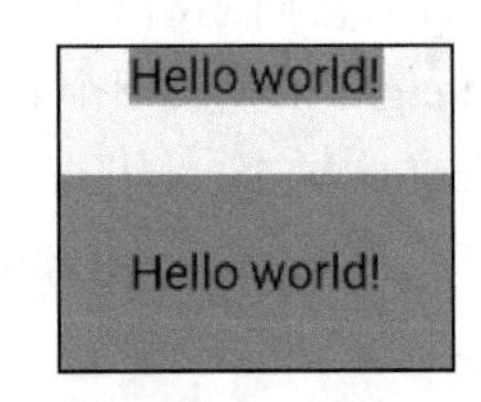

图 5-17 margin 和 padding 对比示例

运行结果如图 5-17 所示。

可以发现，margin 的留白是在容器外部，而 padding 的留白是在容器内部，读者需要记住这个差异。事实上，Container 内，margin 和 padding 都是通过 Padding 组件来实现的，上面的示例代码实际上等价于如下代码：

```
...
Padding(
  padding: EdgeInsets.all(20.0),
  child: DecoratedBox(
    decoration: BoxDecoration(color: Colors.orange),
    child: Text("Hello world!"),
  ),
),
DecoratedBox(
  decoration: BoxDecoration(color: Colors.orange),
  child: Padding(
    padding: const EdgeInsets.all(20.0),
    child: Text("Hello world!"),
  ),
),
...
```

5.6 Scaffold、AppBar 和底部导航

Material 组件库提供了丰富多样的组件，本节先介绍一些常用的组件，至于其余的组件，读者可以自行查看文档或 Flutter Gallery 中 Material 组件部分的示例。

Flutter Gallery 是 Flutter 官方提供的 Flutter Demo，其源代码位于 Flutter 源代码中的 examples 目录之下，笔者强烈建议用户将 Flutter Gallery 示例运行起来，它是一个很全面的 Flutter 示例应用，是非常好的参考 Demo，同时也是笔者学习 Flutter 的第一手资料。

5.6.1 Scaffold

一个完整的路由页可能会包含导航栏、抽屉菜单（Drawer）以及底部导航菜单等。如

果每个路由页面都需要开发者手动去实现这些组件，那么这将会是一件非常麻烦且无聊的事情。幸运的是，Flutter Material 组件库提供了一些现成的组件来减少我们的开发任务。Scaffold 是一个路由页的骨架，通过使用它，我们可以很容易地拼装出一个完整的页面。

示例

下面我们就来尝试实现一个页面，其包含如下内容。

- 一个导航栏。
- 导航栏右边有一个分享按钮。
- 有一个抽屉菜单。
- 有一个底部导航。
- 右下角有一个悬浮的动作按钮。

最终效果如图 5-18 和图 5-19 所示。

图 5-18　包含顶部和底部导航的主页

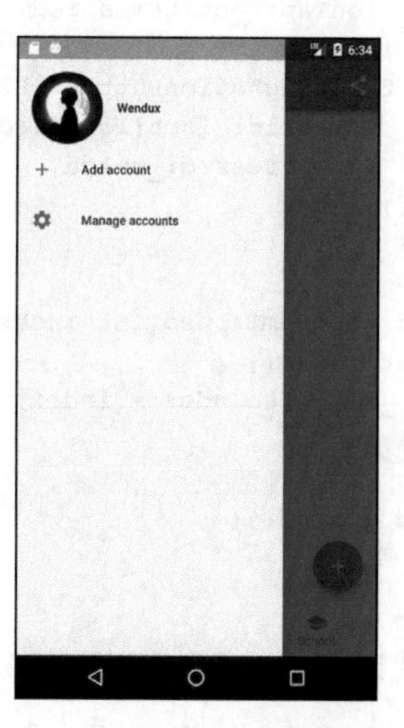

图 5-19　抽屉菜单

具体实现代码如下：

```
class ScaffoldRoute extends StatefulWidget {
  @override
  _ScaffoldRouteState createState() => _ScaffoldRouteState();
}

class _ScaffoldRouteState extends State<ScaffoldRoute> {
  int _selectedIndex = 1;

  @override
  Widget build(BuildContext context) {
    return Scaffold(
      appBar: AppBar( //导航栏
```

```
          title: Text("App Name"),
          actions: <Widget>[ //导航栏右侧菜单
            IconButton(icon: Icon(Icons.share), onPressed: () {}),
          ],
        ),
        drawer: new MyDrawer(), //抽屉
        bottomNavigationBar: BottomNavigationBar( //底部导航
          items: <BottomNavigationBarItem>[
            BottomNavigationBarItem(icon: Icon(Icons.home), title: Text('Home')),
            BottomNavigationBarItem(icon: Icon(Icons.business), title:
Text('Business')),
            BottomNavigationBarItem(icon: Icon(Icons.school), title:
Text('School')),
          ],
          currentIndex: _selectedIndex,
          fixedColor: Colors.blue,
          onTap: _onItemTapped,
        ),
        floatingActionButton: FloatingActionButton( //悬浮按钮
            child: Icon(Icons.add),
            onPressed:_onAdd
        ),
      );
    }
    void _onItemTapped(int index) {
      setState(() {
        _selectedIndex = index;
      });
    }
    void _onAdd(){
    }
  }
```

上面代码段中，我们用到了如表 5-1 所示的组件。

表 5-1　代码段中用到的组件及说明

组件名称	解释	组件名称	解释
AppBar	一个导航栏骨架	BottomNavigationBar	底部导航栏
MyDrawer	抽屉菜单	FloatingActionButton	漂浮按钮

下面我们就来分别介绍一下这些组件。

5.6.2 AppBar

AppBar 是一个 Material 风格的导航栏，通过它可以设置导航栏标题、导航栏菜单、导航栏底部的 Tab 标题等。下面我们看一下 AppBar 的定义代码：

```
AppBar({
  Key key,
```

```
  this.leading, // 导航栏最左侧 Widget，常见为抽屉菜单按钮或返回按钮
  this.automaticallyImplyLeading = true,
  this.title,// 页面标题
  this.actions, // 导航栏右侧菜单
  this.bottom, // 导航栏底部菜单，通常为 Tab 按钮组
  this.elevation = 4.0, // 导航栏阴影
  this.centerTitle, // 标题是否居中
  this.backgroundColor,
  ...    // 其他属性请参见源码注释
})
```

如果向 Scaffold 添加了抽屉菜单，那么在默认情况下，Scaffold 会自动将 AppBar 的 leading 设置为菜单按钮，点击它便可打开抽屉菜单。如果我们想自定义菜单图标，则可以手动设置 leading，示例代码如下：

```
Scaffold(
  appBar: AppBar(
    title: Text("App Name"),
    leading: Builder(builder: (context) {
      return IconButton(
        icon: Icon(Icons.dashboard, color: Colors.white), // 自定义图标
        onPressed: () {
          // 打开抽屉菜单
          Scaffold.of(context).openDrawer();
        },
      );
    }),
    ...
)
```

图 5-20 自定义菜单图标

上述代码运行效果如图 5-20 所示。

由图 5-20 可以看到左侧菜单已经替换成功。

代码中打开抽屉菜单的方法在 ScaffoldState 中，通过 Scaffold.of(context) 可以获取父级最近的 Scaffold 组件的 State 对象。

TabBar

下面我们通过“bottom”属性来添加一个导航栏底部 Tab 按钮组，将要实现的效果如图 5-21 所示。

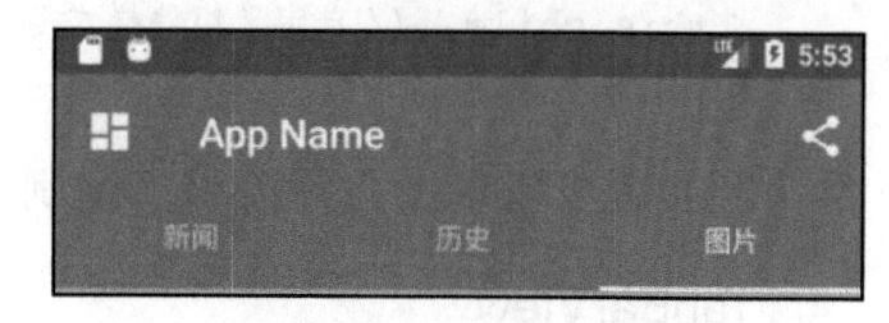

图 5-21 TabBar 示例

Material 组件库中提供了一个 TabBar 组件，它可以快速生成 Tab 菜单，下面是与图 5-21 对应的源代码：

```
class _ScaffoldRouteState extends State<ScaffoldRoute>
    with SingleTickerProviderStateMixin {

  TabController _tabController; // 需要定义一个 Controller
```

```
List tabs = ["新闻", "历史", "图片"];

@override
void initState() {
  super.initState();
  //创建Controller
  _tabController = TabController(length: tabs.length, vsync: this);
}

@override
Widget build(BuildContext context) {
  return Scaffold(
    appBar: AppBar(
      ... //省略无关代码
      bottom: TabBar(   //生成Tab菜单
        controller: _tabController,
        tabs: tabs.map((e) => Tab(text: e)).toList()
      ),
    ),
    ... //省略无关代码

}
```

上面的代码中，首先创建了一个 TabController，它是用于控制 / 监听 Tab 菜单切换的。接下来再通过 TabBar 生成一个底部菜单栏，TabBar 的 tabs 属性接受一个 Widget 数组，表示每一个 Tab 子菜单，我们既可以自定义，也可以像示例中一样直接使用 Tab 组件，它是 Material 组件库提供的 Material 风格的 Tab 菜单。

Tab 组件有三个可选参数，除了可以指定文字之外，还可以指定 Tab 菜单图标，或者直接自定义组件样式。Tab 组件的定义代码具体如下：

```
Tab({
  Key key,
  this.text, // 菜单文本
  this.icon, // 菜单图标
  this.child, // 自定义组件样式
})
```

开发者可以根据实际需求来定制。

TabBarView

通过 TabBar，我们只能生成一个静态的菜单，真正的 Tab 页还没有实现。由于 Tab 菜单和 Tab 页的切换需要同步，因此我们需要通过 TabController 监听 Tab 菜单的切换以切换 Tab 页，代码如下：

```
_tabController.addListener((){
  switch(_tabController.index){
    case 1: ...;
```

```
      case 2: ... ;
    }
  });
```

如果我们的 Tab 页可以滑动切换，则还需要在滑动过程中更新 TabBar 指示器的偏移。显然，要手动处理这些是很麻烦的，为此，Material 库提供了一个 TabBarView 组件，通过它不仅可以轻松地实现 Tab 页，还可以非常容易地配合 TabBar 来实现同步切换和滑动状态同步，示例代码如下：

```
Scaffold(
  appBar: AppBar(
    ... //省略无关代码
    bottom: TabBar(
      controller: _tabController,
      tabs: tabs.map((e) => Tab(text: e)).toList()),
  ),
  drawer: new MyDrawer(),
  body: TabBarView(
    controller: _tabController,
    children: tabs.map((e) { //创建 3 个 Tab 页
      return Container(
        alignment: Alignment.center,
        child: Text(e, textScaleFactor: 5),
      );
    }).toList(),
  ),
  ... //省略无关代码
)
```

上述代码运行后的效果如图 5-22 所示。

现在，无论是点击导航栏 Tab 菜单还是在页面上左右滑动，Tab 页面都会切换，并且 Tab 菜单的状态与 Tab 页面始终保持同步。那么，它们是如何实现同步的呢？细心的读者可能已经发现，上例中 TabBar 和 TabBarView 的 controller 是同一个。TabBar 和 TabBarView 正是通过同一个 controller 来实现菜单切换和滑动状态同步的，有关 TabController 的详细信息，在此不做过多介绍，使用时读者直接查看 SDK 即可。

图 5-22　完整 Tab 示例

另外，Material 组件库也提供了一个 PageView 组件，它与 TabBarView 的功能相似，读者可以自行了解一下。

5.6.3　抽屉菜单

Scaffold 的 drawer 和 endDrawer 属性可以分别接受一个 Widget 来作为页面的左、右抽屉菜单。如果开发者提供了抽屉菜单，那么当用户的手指从屏幕左（或右）侧向里滑动时便可打开抽屉菜单。本节开始部分的示例中实现了一个左抽屉菜单 MyDrawer，它的源代码如下：

```
class MyDrawer extends StatelessWidget {
  const MyDrawer({
    Key key,
  }) : super(key: key);

  @override
  Widget build(BuildContext context) {
    return Drawer(
      child: MediaQuery.removePadding(
        context: context,
        //移除抽屉菜单顶部默认的留白
        removeTop: true,
        child: Column(
          crossAxisAlignment: CrossAxisAlignment.start,
          children: <Widget>[
            Padding(
              padding: const EdgeInsets.only(top: 38.0),
              child: Row(
                children: <Widget>[
                  Padding(
                    padding: const EdgeInsets.symmetric(horizontal: 16.0),
                    child: ClipOval(
                      child: Image.asset(
                        "imgs/avatar.png",
                        width: 80,
                      ),
                    ),
                  ),
                  Text(
                    "Wendux",
                    style: TextStyle(fontWeight: FontWeight.bold),
                  )
                ],
              ),
            ),
            Expanded(
              child: ListView(
                children: <Widget>[
                  ListTile(
                    leading: const Icon(Icons.add),
                    title: const Text('Add account'),
                  ),
                  ListTile(
                    leading: const Icon(Icons.settings),
                    title: const Text('Manage accounts'),
                  ),
                ],
```

```
                ),
              ),
            ],
          ),
        ),
      );
    }
  }
```

抽屉菜单通常将Drawer组件作为根节点，它实现了Material风格的菜单面板，MediaQuery.removePadding可以移除Drawer默认的一些留白（比如，Drawer默认顶部会留与手机状态栏等高的留白），读者可以尝试传递不同的参数来看看实际效果。抽屉菜单页由顶部和底部组成，顶部由用户头像和昵称组成，底部是一个菜单列表，用ListView实现。关于ListView，我们将在第6章详细介绍。

5.6.4 FloatingActionButton

FloatingActionButton是Material设计规范中的一种特殊按钮，通常悬浮在页面的某一个位置作为某种常用动作的快捷入口，如本节示例中页面右下角的“+”号按钮。我们可以通过Scaffold的floatingActionButton属性来设置一个FloatingActionButton，同时通过floatingActionButtonLocation属性来指定其在页面中悬浮的位置，这比较简单，在此不再赘述。

5.6.5 底部导航栏

我们可以通过Scaffold的bottomNavigationBar属性来设置底部导航栏，如本节开始的示例所示，我们可以通过Material组件库提供的BottomNavigationBar和BottomNavigationBarItem两种组件来实现Material风格的底部导航栏。可以看到上面的实现代码非常简单，所以此处不再赘述，但是若要实现如图5-23所示效果的底部导航栏，应该怎么做呢？

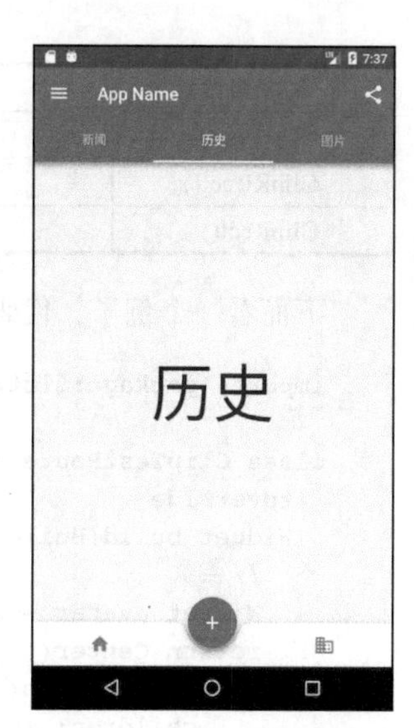

图5-23 “打洞”效果的底部导航栏示例

Material组件库中提供了一个BottomAppBar组件，它可以与FloatingActionButton配合实现这种“打洞”效果，源码如下：

```
bottomNavigationBar: BottomAppBar(
  color: Colors.white,
  shape: CircularNotchedRectangle(), // 底部导航栏打一个
                                     // 圆形的“洞”
  child: Row(
    children: [
      IconButton(icon: Icon(Icons.home)),
```

```
        SizedBox(), //中间位置空出
        IconButton(icon: Icon(Icons.business)),
      ],
      mainAxisAlignment: MainAxisAlignment.spaceAround, //均分底部导航栏横向空间
    ),
  )
```

可以看到，上面代码段中没有控制“打洞”位置的属性，实际上，“打洞”的位置取决于FloatingActionButton的位置，上面FloatingActionButton的位置为：

```
floatingActionButtonLocation: FloatingActionButtonLocation.centerDocked,
```

所以“打洞”位置在底部导航栏的正中间。

BottomAppBar的shape属性决定了“洞”的外形，CircularNotchedRectangle实现了一个圆形的外形，我们也可以自定义外形，比如，Flutter Gallery示例中就有一个“钻石”形状的示例，感兴趣的读者可以自行查看。

5.7 剪裁（Clip）

Flutter中提供了一些剪裁函数（具体如表5-2所示），用于对组件进行剪裁。

表5-2 剪裁函数及其作用

剪裁函数	作用
ClipOval()	子组件为正方形时剪裁为内贴圆形，为矩形时，剪裁为内贴椭圆
ClipRRect()	将子组件剪裁为圆角矩形
ClipRect()	剪裁子组件到实际占用的矩形大小（溢出部分剪裁）

下面看一个例子，代码如下：

```
import 'package:flutter/material.dart';

class ClipTestRoute extends StatelessWidget {
  @override
  Widget build(BuildContext context) {
    // 头像
    Widget avatar = Image.asset("imgs/avatar.png", width: 60.0);
    return Center(
      child: Column(
        children: <Widget>[
          avatar, //不剪裁
          ClipOval(child: avatar), //剪裁为圆形
          ClipRRect( //剪裁为圆角矩形
            borderRadius: BorderRadius.circular(5.0),
            child: avatar,
          ),
          Row(
```

```
            mainAxisAlignment: MainAxisAlignment.center,
            children: <Widget>[
              Align(
                alignment: Alignment.topLeft,
                widthFactor: .5,// 宽度设为原来宽度的一半，另一半会溢出
                child: avatar,
              ),
              Text(" 你好世界 ", style: TextStyle(color: Colors.green),)
            ],
          ),
          Row(
            mainAxisAlignment: MainAxisAlignment.center,
            children: <Widget>[
              ClipRect(// 将溢出部分剪裁掉
                child: Align(
                  alignment: Alignment.topLeft,
                  widthFactor: .5,// 宽度设置为原来宽度的一半
                  child: avatar,
                ),
              ),
              Text(" 你好世界 ",style: TextStyle(color: Colors.green))
            ],
          ),
        ],
      ),
    );
  }
}
```

运行效果如图 5-24 所示。

图 5-24　剪裁效果示例

上面示例代码的注释比较详细，在此不再赘述。但值得一提的是最后两个 Row，它们通过 Align 设置 widthFactor 为 0.5 后，图片的实际宽度等于 60 × 0.5，即原来宽度的一半，但此时图片溢出部分依然会显示，所以第一个“你好世界”会与图片的另一部分重合，为了剪裁掉溢出部分，我们在第二个 Row 中通过 ClipRect 将溢出部分剪裁掉。

CustomClipper

如果我们想剪裁子组件的特定区域，那又该怎么做呢？比如，在上述示例的图片中，如果我们只想截取图片中部 40 × 30 像素的范围，那么我们可以使用 CustomClipper 来自定义剪裁区域，实现代码如下。

首先，自定义一个 CustomClipper：

```
class MyClipper extends CustomClipper<Rect> {
  @override
  Rect getClip(Size size) => Rect.fromLTWH(10.0, 15.0, 40.0, 30.0);
```

```
  @override
  bool shouldReclip(CustomClipper<Rect> oldClipper) => false;
}
```

上述代码中，函数说明如下。

- getClip() 是用于获取剪裁区域的接口，由于图片大小是 60 × 60 像素，因此我们返回的剪裁区域为 Rect.fromLTWH(10.0, 15.0, 40.0, 30.0)，即图片中部 40 × 30 像素的范围。
- shouldReclip() 接口用于决定是否重新剪裁。如果在应用中，剪裁区域始终不会发生变化，则应该返回 false，这样就不会触发重新剪裁了，从而避免不必要的性能开销。如果剪裁区域会发生变化（比如，在对剪裁区域执行一个动画时），那么变化后应该返回 true 来重新执行剪裁。

然后，我们通过 ClipRect 来执行剪裁，为了看清图片实际所占用的位置，我们设置一个红色背景，代码如下：

```
DecoratedBox(
  decoration: BoxDecoration(
    color: Colors.red
  ),
  child: ClipRect(
      clipper: MyClipper(), //使用自定义的clipper
      child: avatar
  ),
)
```

上述代码的运行效果如图 5-25 所示。

图 5-25　自定义剪裁区域示例

由图 5-25，我们可以看到剪裁成功了，但是图片所占用的空间大小仍然是 60 × 60（红色区域），这是因为剪裁是在 layout 完成后的绘制阶段进行的，所以不会影响组件的大小，这一点与 Transform 的原理相似。

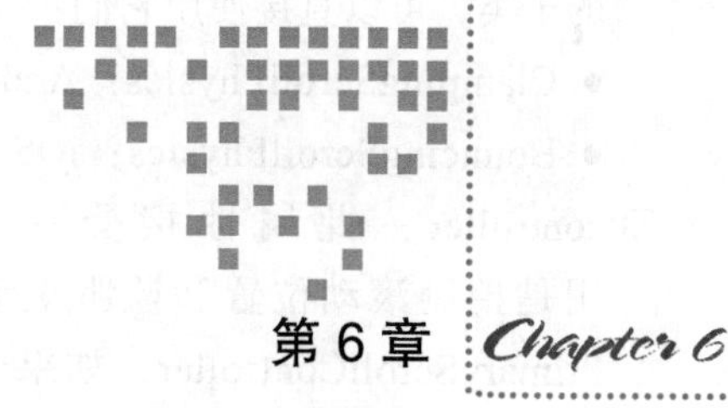

第6章 Chapter 6

可滚动组件

6.1 可滚动组件简介

当组件内容超过当前显示视口（ViewPort）时，如果没有特殊处理，则 Flutter 会提示 Overflow 错误。为此，Flutter 提供了多种可滚动组件（Scrollable Widget）用于显示列表和长布局。在本章中，我们首先介绍常用的可滚动组件（如 ListView、GridView 等），然后介绍 ScrollController。可滚动组件都直接或间接包含一个 Scrollable 组件，因此它们包括一些共同的属性，为了避免重复介绍，我们在此统一介绍一下。Scrollable 定义代码如下：

```
Scrollable({
  ...
  this.axisDirection = AxisDirection.down,
  this.controller,
  this.physics,
  @required this.viewportBuilder, // 后面会有介绍
})
```

上述代码段中参数说明如下。

❑ axisDirection 滚动方向。

❑ physics：此属性接受一个 ScrollPhysics 类型的对象，其用于决定可滚动组件如何响应用户操作，比如用户滑动完抬起手指后，继续执行动画；或者滑动到边界时，如何显示。默认情况下，Flutter 会根据具体平台分别使用不同的 ScrollPhysics 对象，应用不同的显示效果，例如，当滑动到边界时，继续拖动的话，在 iOS 上会出现弹性效果，而在 Android 上会出现微光效果。如果你想在所有平台下使用同一种效果，则可以显式指定一个固定的 ScrollPhysics，Flutter SDK 中包含了两个 ScrollPhysics

的子类，可以直接使用它们：

- ClampingScrollPhysics：Android 下的微光效果。
- BouncingScrollPhysics：iOS 下的弹性效果。

- controller：此属性接受一个 ScrollController 对象。ScrollController 的主要作用是控制滚动位置和监听滚动事件。默认情况下，Widget 树中会有一个默认的 PrimaryScrollController，如果子树中的可滚动组件没有显式地指定 controller，并且 primary 的属性值为 true 时（默认就为 true），可滚动组件会使用这个默认的 PrimaryScrollController。这种机制带来的好处是父组件可以控制子树中可滚动组件的滚动行为，例如，Scaffold 正是使用这种机制在 iOS 中实现了点击导航栏回到顶部的功能。我们将在本章后面 6.6 节中详细介绍 ScrollController。

Scrollbar

Scrollbar 是一个 Material 风格的滚动指示器（滚动条），如果要为可滚动组件添加滚动条，只需将 Scrollbar 作为可滚动组件的任意一个父级组件即可，代码如下：

```
Scrollbar(
  child: SingleChildScrollView(
    ...
  ),
);
```

Scrollbar 和 CupertinoScrollbar 都是通过监听滚动通知来确定滚动条的位置的。关于滚动通知的详细内容，我们将在 6.6 节介绍。

CupertinoScrollbar

CupertinoScrollbar 是 iOS 风格的滚动条，如果你使用的是 Scrollbar，那么在 iOS 平台它会自动切换为 CupertinoScrollbar。

ViewPort 视口

在很多布局系统中都有 ViewPort 的概念，在 Flutter 中，如无特别说明，术语 ViewPort（视口）一般是指一个 Widget 的实际显示区域。例如，一个 ListView 的显示区域高度是 800 像素，虽然其列表项总高度可能远远超过 800 像素，但是其 ViewPort 仍然是 800 像素。

基于 Sliver 的延迟构建

通常可滚动组件的子组件可能会非常多、占用的总高度也会非常大；如果要一次性将子组件全部构建出，那么成本将会非常昂贵！为此，Flutter 中提出了一个 Sliver（中文为“薄片”的意思）的概念，如果一个可滚动组件支持 Sliver 模型，那么该滚动可以将子组件分成好多个“薄片”（Sliver），只有当 Sliver 出现在视口中时才会去构建它，这种模型也称为“基于 Sliver 的延迟构建模型”。可滚动组件中有很多都支持基于 Sliver 的延迟构建模型，如 ListView、GridView，但是也有不支持该模型的，如 SingleChildScrollView。

主轴和纵轴

在可滚动组件的坐标描述中，通常将滚动方向称为主轴，非滚动方向称为纵轴。由于可滚动组件的默认方向一般都是沿垂直方向，所以默认情况下主轴就是指垂直方向，水平方向与此同理。

6.2 SingleChildScrollView

SingleChildScrollView 类似于 Android 中的 ScrollView，它只能接收一个子组件。定义如下：

```
SingleChildScrollView({
  this.scrollDirection = Axis.vertical, //滚动方向，默认是垂直方向
  this.reverse = false,
  this.padding,
  bool primary,
  this.physics,
  this.controller,
  this.child,
})
```

除了 6.1 节中我们介绍过的可滚动组件的通用属性之外，下面我们来重点看一下 reverse 和 primary 两个属性。

- reverse：该属性 API 文档的解释是，是否按照阅读方向相反的方向滑动，如，scrollDirection 的值为 Axis.horizontal，如果阅读方向是从左到右（阅读方向取决于语言环境，阿拉伯语就是从右到左），且 reverse 为 true 时，那么滑动方向就是从右往左。其实，此属性本质上是决定可滚动组件的初始滚动位置是在“头”还是“尾”，取 false 时，初始滚动位置在“头”，反之则在“尾”，读者可以自己试验。
- primary：指是否使用 Widget 树中默认的 PrimaryScrollController；当滑动方向为垂直方向（scrollDirection 的值为 Axis.vertical）并且没有指定 controller 时，primary 默认为 true。

需要注意的是，通常 SingleChildScrollView 只应在期望的内容不会超过屏幕太多时使用，这是因为 SingleChildScrollView 不支持基于 Sliver 的延迟实例化模型，所以如果预计视口可能包含超出屏幕尺寸太多的内容时，那么使用 SingleChildScrollView 的成本将会非常昂贵（性能差），此时应该使用一些支持 Sliver 延迟加载的可滚动组件，如 ListView。

示例

下面是一个将大写字母 A ～ Z 沿垂直方向显示的例子，由于垂直方向空间会超过屏幕的视口高度，所以我们使用 SingleChildScrollView，代码如下：

```
class SingleChildScrollViewTestRoute extends StatelessWidget {
  @override
```

```
  Widget build(BuildContext context) {
    String str = "ABCDEFGHIJKLMNOPQRSTUVWXYZ";
    return Scrollbar( //显示进度条
      child: SingleChildScrollView(
        padding: EdgeInsets.all(16.0),
        child: Center(
          child: Column(
            //动态创建一个List<Widget>
            children: str.split("")
                //每一个字母都用一个Text显示，字体为原来的两倍
                .map((c) => Text(c, textScaleFactor: 2.0,))
                .toList(),
          ),
        ),
      ),
    );
  }
}
```

运行效果如图 6-1 所示。

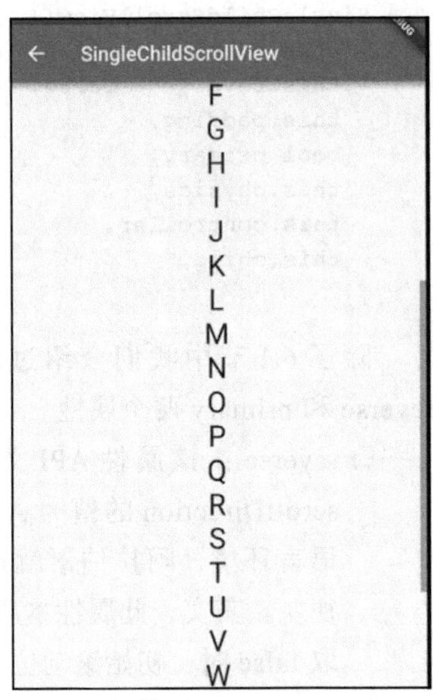

图 6-1 SingleChildScrollView 示例

6.3 ListView

ListView 是最常用的可滚动组件之一，它可以沿一个方向线性排布所有的子组件，并且它也支持基于 Sliver 的延迟构建模型。下面我们来看一下 ListView 的默认构造函数的定义，代码如下：

```
ListView({
  ...
  //可滚动Widget公共参数
  Axis scrollDirection = Axis.vertical,
  bool reverse = false,
  ScrollController controller,
  bool primary,
  ScrollPhysics physics,
  EdgeInsetsGeometry padding,

  //ListView各个构造函数的共同参数
  double itemExtent,
  bool shrinkWrap = false,
  bool addAutomaticKeepAlives = true,
  bool addRepaintBoundaries = true,
  double cacheExtent,

  //子Widget列表
  List<Widget> children = const <Widget>[],
})
```

上面代码段中的参数可分为两组：第一组是可滚动组件的公共参数，6.1 节中已经介绍过，此处不再赘述；第二组是 ListView 具各个构造函数（ListView 具有多个构造函数）的共同参数，下面我们重点来看看这些参数。

- itemExtent：该参数如果不为 null，则会强制 children 的“长度”为 itemExtent 的值；这里的“长度”是指滚动方向上子组件的长度，也就是说如果滚动方向是垂直方向，则 itemExtent 代表子组件的高度；如果滚动方向为水平方向，则 itemExtent 代表子组件的宽度。在 ListView 中，指定 itemExtent 比让子组件自己决定自身的长度会更高效，这是因为指定 itemExtent 后，滚动系统可以提前知道列表的长度，而无须在每次构建子组件时都重新计算一次，尤其是在滚动位置频繁变化时（滚动系统需要频繁地计算列表的高度）。
- shrinkWrap：该属性表示是否根据子组件的总长度来设置 ListView 的长度，默认值为 false。默认情况下，ListView 会在滚动方向尽可能多地占用空间。当 ListView 在一个无边界（滚动方向上）的容器中时，shrinkWrap 必须为 true。
- addAutomaticKeepAlives：该属性表示是否将列表项（子组件）包裹在 AutomaticKeepAlive 组件中；典型地，在一个懒加载列表中，如果将列表项包裹在 AutomaticKeepAlive 中，在该列表项滑出视口时它也不会被 GC（垃圾回收），它会使用 KeepAliveNotification 来保存其状态。如果列表项自己维护其 KeepAlive 状态，那么此参数必须设置为 false。
- addRepaintBoundaries：该属性表示是否将列表项（子组件）包裹在 RepaintBoundary 组件中。当可滚动组件滚动时，将列表项包裹在 RepaintBoundary 中可以避免列表项重绘，但是当列表项重绘的开销非常小（如一个颜色块，或者一个较短的文本）时，不添加 RepaintBoundary 反而会更高效。与 addAutomaticKeepAlive 一样，如果列表项自己维护其 KeepAlive 状态，那么此参数必须设置为 false。

注意 上面的这些参数并非 ListView 所特有，在本章后面将要介绍的其他可滚动组件也可能会拥有这些参数，它们的含义是相同的。

默认构造函数

默认构造函数有一个 children 参数，它接受一个 Widget 列表（List）。这种方式适合只有少量子组件的情况，因为这种方式需要将所有 children 都提前创建好（这需要做大量的工作），而不是等到子 Widget 真正显示的时候再创建，也就是说，通过默认构造函数构建的 ListView 没有应用基于 Sliver 的懒加载模型。实际上，通过此方式创建的 ListView 与使用 SingleChildScrollView+Column 的方式并没有本质的区别。下面是一个例子：

```
ListView(
  shrinkWrap: true,
  padding: const EdgeInsets.all(20.0),
```

```
  children: <Widget>[
    const Text('I\'m dedicating every day to you'),
    const Text('Domestic life was never quite my style'),
    const Text('When you smile, you knock me out, I fall apart'),
    const Text('And I thought I was so smart'),
  ],
);
```

再次强调，可滚动组件通过一个 List 来作为其 children 属性时，只适用于子组件较少的情况，这是一个通用规律，并非 ListView 自己的特性，像 GridView 也是如此。

ListView.builder

ListView.builder 适合列表项比较多（或者无限）的情况，因为只有当子组件真正显示的时候才会被创建，也就说通过该构造函数创建的 ListView 是支持基于 Sliver 的懒加载模型的。下面我们来看一下 ListView.builder 的核心参数列表，代码如下：

```
ListView.builder({
  // ListView 公共参数已省略
  ...
  @required IndexedWidgetBuilder itemBuilder,
  int itemCount,
  ...
})
```

上述代码段的参数说明如下。

- itemBuilder：它是列表项的构建器，类型为 IndexedWidgetBuilder，返回值为一个 Widget。当列表滚动到具体的 index 位置时，会调用该构建器构建列表项。
- itemCount：列表项的数量，如果其值为 null，则为无限列表。

可滚动组件的构造函数如果需要一个列表项 Builder，那么通过该构造函数构建的可滚动组件通常就是支持基于 Sliver 的懒加载模型的，反之则不支持，这是个一般规律。我们在后面介绍可滚动组件的构造函数时将不再专门说明其是否支持基于 Sliver 的懒加载模型了。

下面看一个例子：

```
ListView.builder(
    itemCount: 100,
    itemExtent: 50.0, //强制高度为 50.0
    itemBuilder: (BuildContext context, int index) {
      return ListTile(title: Text("$index"));
    }
);
```

运行效果如图 6-2 所示。

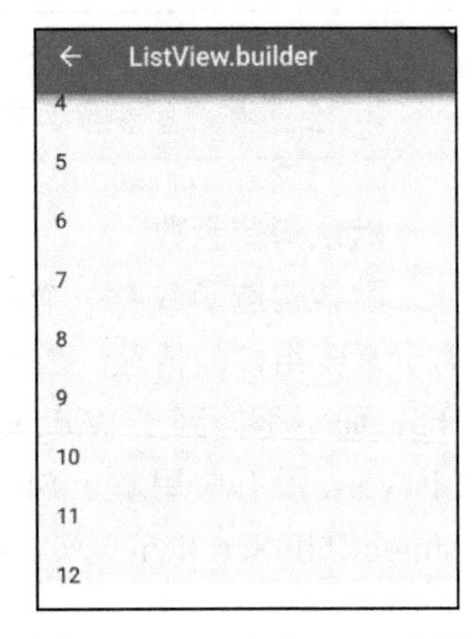

图 6-2 ListView.builder 示例

ListView.separated

ListView.separated 可以在生成的列表项之间添加一个分割组件，它比 ListView.builder 多了一个 separatorBuilder 参数，该参数是一个分割组件生成器。

下面我们来看一个例子，在奇数行添加一条蓝色下划线，偶数行添加一条绿色下划线，代码如下：

```
class ListView3 extends StatelessWidget {
  @override
  Widget build(BuildContext context) {
    // 下划线 Widget 预定义以供复用
    Widget divider1=Divider(color: Colors.blue,);
    Widget divider2=Divider(color: Colors.green);
    return ListView.separated(
        itemCount: 100,
        // 列表项构造器
        itemBuilder: (BuildContext context, int index) {
          return ListTile(title: Text("$index"));
        },
        // 分割器构造器
        separatorBuilder: (BuildContext context, int index) {
          return index%2==0?divider1:divider2;
        },
    );
  }
}
```

上述代码运行结果如图 6-3 所示。

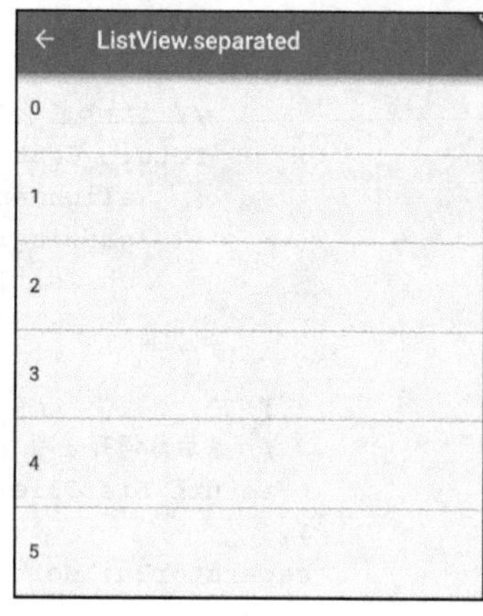

图 6-3 ListView.separated 示例

实例：无限加载列表

假设我们要从数据源异步分批拉取一些数据，然后用 ListView 展示，当我们滑动到列表末尾时，需要判断是否需要再去拉取数据：如果是，则去拉取，拉取过程中将在表尾显示一个 loading，拉取成功后将数据插入列表；如果不需要再去拉取，则在表尾提示“没有更多”。

实现代码具体如下：

```
class InfiniteListView extends StatefulWidget {
  @override
  _InfiniteListViewState createState() => new _InfiniteListViewState();
}

class _InfiniteListViewState extends State<InfiniteListView> {
  static const loadingTag = "##loading##"; // 表尾标记
  var _words = <String>[loadingTag];

  @override
  void initState() {
```

```
    super.initState();
    _retrieveData();
  }

  @override
  Widget build(BuildContext context) {
    return ListView.separated(
      itemCount: _words.length,
      itemBuilder: (context, index) {
        //如果到了表尾
        if (_words[index] == loadingTag) {
          //不足100条，继续获取数据
          if (_words.length - 1 < 100) {
            //获取数据
            _retrieveData();
            //加载时显示loading
            return Container(
              padding: const EdgeInsets.all(16.0),
              alignment: Alignment.center,
              child: SizedBox(
                  width: 24.0,
                  height: 24.0,
                  child: CircularProgressIndicator(strokeWidth: 2.0)
              ),
            );
          } else {
            //已经加载了100条数据，不再获取数据
            return Container(
                alignment: Alignment.center,
                padding: EdgeInsets.all(16.0),
                child: Text("没有更多了", style: TextStyle(color: Colors.grey),)
            );
          }
        }
        //显示单词列表项
        return ListTile(title: Text(_words[index]));
      },
      separatorBuilder: (context, index) => Divider(height: .0),
    );
  }

  void _retrieveData() {
    Future.delayed(Duration(seconds: 2)).then((e) {
      _words.insertAll(_words.length - 1,
          //每次生成20个单词
          generateWordPairs().take(20).map((e) => e.asPascalCase).toList()
      );
      setState(() {
        //重新构建列表
      });
```

```
        });
      }

    }
```

上述代码段运行后的效果分别如图 6-4 和图 6-5 所示。

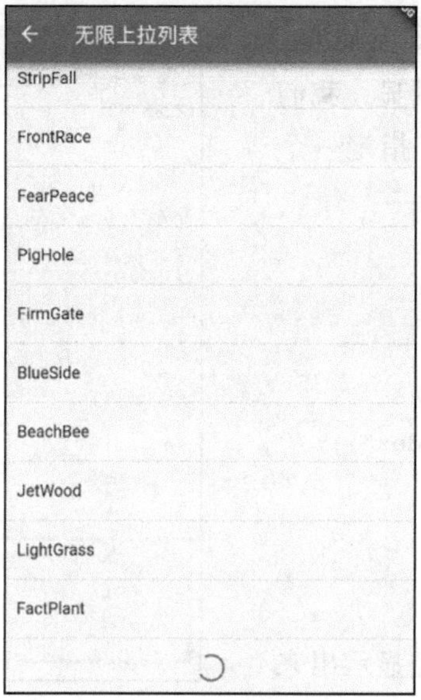

图 6-4 加载更多

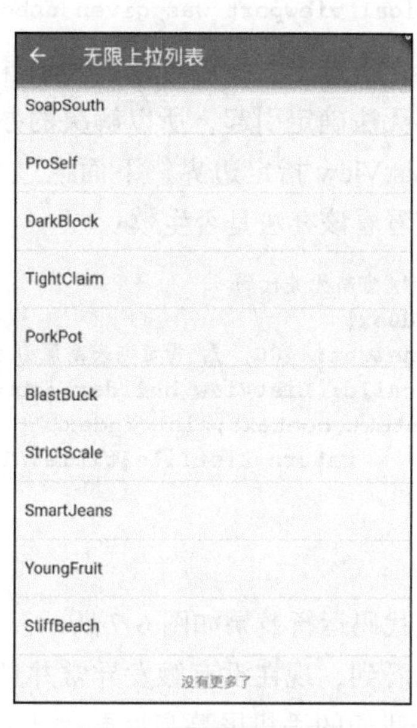

图 6-5 没有更多

代码比较简单，读者可以参照代码中的注释进行理解，此处不再赘述。需要说明的是，_retrieveData() 的功能是模拟从数据源异步获取数据，我们这里使用 english_words 包的 generateWordPairs() 方法每次生成 20 个单词。

添加固定列表头

很多时候我们需要为列表添加一个固定的表头，比如我们想实现一个商品列表，需要在列表顶部添加一个“商品列表”的标题，期望的效果如图 6-6 所示。

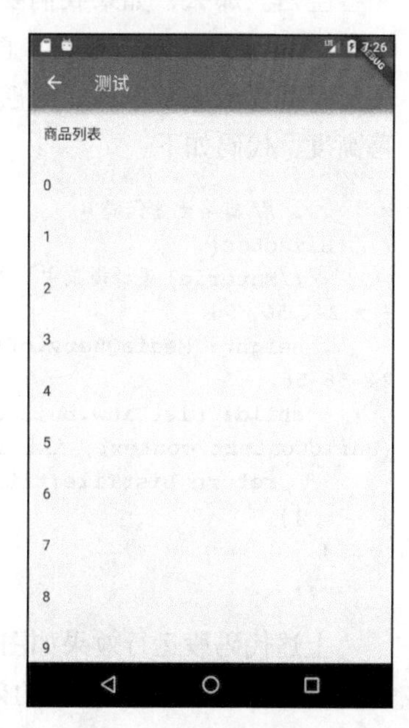

图 6-6 添加列表头

我们按照之前经验，写出如下代码：

```
@override
Widget build(BuildContext context) {
  return Column(children: <Widget>[
    ListTile(title:Text(" 商品列表 ")),
    ListView.builder(itemBuilder: (BuildContext
context, int index) {
        return ListTile(title: Text("$index"));
    }),
```

```
  ]);
}
```

然后运行，发现并没有出现我们期望的效果，相反却触发了一个异常，如下：

```
Error caught by rendering library, thrown during performResize()。
Vertical viewport was given unbounded height ...
```

从异常信息中，我们可以看到该异常是因为 ListView 高度边界无法确定引起，所以解决的办法也很明显，我们需要为 ListView 指定边界，下面通过 SizedBox 指定一个列表高度看看该办法是否生效：

```
... //省略无关代码
SizedBox(
    height: 400, //指定列表高度为 400
    child: ListView.builder(itemBuilder:
(BuildContext context, int index) {
        return ListTile(title: Text("$index"));
    }),
),
...
```

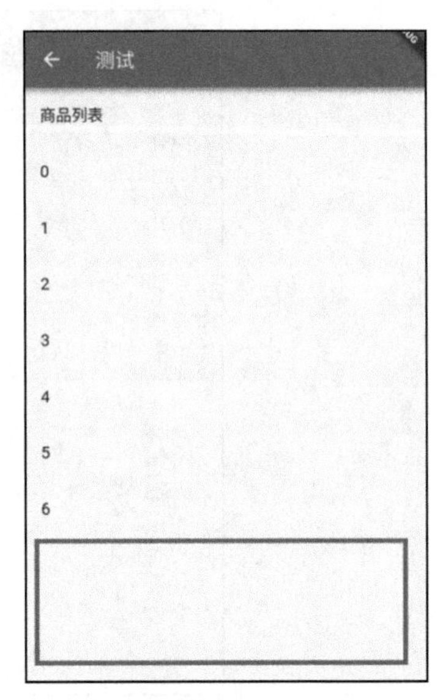

图 6-7 指定列表高度

上述代码运行效果如图 6-7 所示。

可以看到，现在没有触发异常并且列表已经显示出来了，但是我们的手机屏幕高度要大于 400，所以底部会有一些空白。那么，如果我们要实现列表铺满除表头以外的屏幕空间时又该怎么做呢？直观的方法是进行动态计算，用屏幕高度减去状态栏、导航栏、表头的高度即为剩余屏幕高度，代码如下：

```
... //省略无关代码
SizedBox(
  //Material 设计规范中状态栏、导航栏、ListTile 的高度分
别为 24、56、56
  height: MediaQuery.of(context).size.height-
24-56-56,
  child: ListView.builder(itemBuilder:
(BuildContext context, int index) {
    return ListTile(title: Text("$index"));
  }),
)
...
```

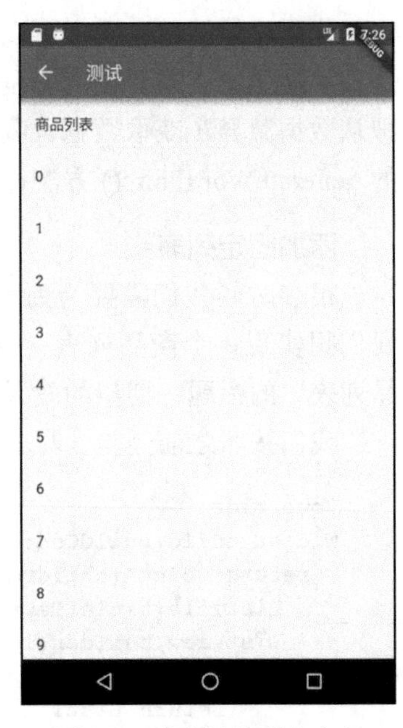

图 6-8 动态计算列表高度

上述代码段运行效果如图 6-8 所示。

可以看到，我们期望的效果实现了，但是这种方法并不优雅，如果页面布局发生了变化，比如，表头布局

调整导致表头高度改变，剩余空间的高度就得重新计算。那么，有什么方法可以自动拉伸 ListView 以填充屏幕的剩余空间吗？当然有！答案就是 Flex。前面已经介绍过在弹性布局中，可以使用 Expanded 自动拉伸组件大小，并且我们也说过 Column 是继承自 Flex 的，所以我们可以直接使用 Column+Expanded 来实现，代码如下：

```
@override
Widget build(BuildContext context) {
  return Column(children: <Widget>[
    ListTile(title:Text(" 商品列表 ")),
    Expanded(
      child: ListView.builder(itemBuilder: (BuildContext context, int index) {
        return ListTile(title: Text("$index"));
      }),
    ),
  ]);
}
```

上述代码运行后，效果与图 6-8 一样，完美实现了！

总结

本节主要介绍了 ListView 的一些公共参数以及常用的构造函数。不同的构造函数对应了不同的列表项生成模型，如果需要自定义列表项生成模型，则可以通过 ListView.custom 来进行自定义，它需要实现一个 SliverChildDelegate 用于为 ListView 生成列表项组件，更多详情请参考 API 文档。

6.4 GridView

GridView 可以构建一个二维网格列表，其默认的构造函数定义代码如下：

```
GridView({
  Axis scrollDirection = Axis.vertical,
  bool reverse = false,
  ScrollController controller,
  bool primary,
  ScrollPhysics physics,
  bool shrinkWrap = false,
  EdgeInsetsGeometry padding,
  @required SliverGridDelegate gridDelegate, //控制子 Widget layout 的委托
  bool addAutomaticKeepAlives = true,
  bool addRepaintBoundaries = true,
  double cacheExtent,
  List<Widget> children = const <Widget>[],
})
```

我们可以看到，GridView 与 ListView 的大多数参数都是相同的，它们的含义也都是相

同的，如有疑惑读者可以翻阅 6.3 节的相关内容，在此不再赘述。我们唯一需要关注的是 gridDelegate 参数，类型是 SliverGridDelegate，它的作用是控制 GridView 子组件如何排列（layout）。

SliverGridDelegate 是一个抽象类，定义了 GridView Layout 的相关接口，子类需要通过实现它们来实现具体的布局算法。Flutter 中提供了两个 SliverGridDelegate 的子类 SliverGridDelegateWithFixedCrossAxisCount 和 SliverGridDelegateWithMaxCrossAxisExtent， 我们可以直接使用，下面我们就来分别介绍一下它们。

SliverGridDelegateWithFixedCrossAxisCount

该子类实现了一个横轴为固定数量子元素的 layout 算法，其构造函数为：

```
SliverGridDelegateWithFixedCrossAxisCount({
  @required double crossAxisCount,
  double mainAxisSpacing = 0.0,
  double crossAxisSpacing = 0.0,
  double childAspectRatio = 1.0,
})
```

上述代码段中的参数说明如下。

- crossAxisCount：横轴子元素的数量。此属性值确定后，子元素在横轴的长度就确定了，即 ViewPort 的横轴长度除以 crossAxisCount 的商。
- mainAxisSpacing：主轴方向的间距。
- crossAxisSpacing：横轴方向子元素的间距。
- childAspectRatio：子元素在横轴长度和主轴长度的比例。由于 crossAxisCount 指定后，子元素的横轴长度就确定了，然后通过此参数值就可以确定子元素在主轴的长度了。

可以发现，子元素的大小是通过 crossAxisCount 和 childAspectRatio 两个参数共同决定的。注意，这里的子元素指的是子组件的最大显示空间，注意，请确保子组件的实际大小不要超出子元素的空间。

下面来看一个例子，代码如下：

```
GridView(
  gridDelegate: SliverGridDelegateWithFixedCrossAxisCount(
      crossAxisCount: 3, //横轴三个子Widget
      childAspectRatio: 1.0 //宽高比为1时，子Widget
  ),
  children:<Widget>[
    Icon(Icons.ac_unit),
    Icon(Icons.airport_shuttle),
    Icon(Icons.all_inclusive),
    Icon(Icons.beach_access),
    Icon(Icons.cake),
```

```
    Icon(Icons.free_breakfast)
  ]
);
```

上述代码段运行结果如图 6-9 所示。

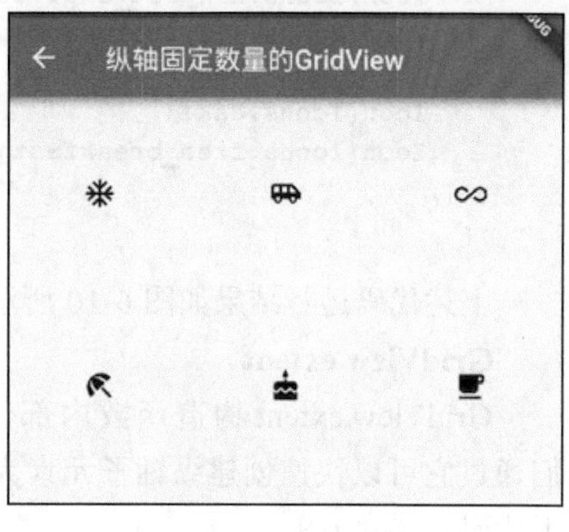

图 6-9 GridView 示例一

GridView.count

GridView.count 构造函数内部使用了 SliverGridDelegateWithFixedCrossAxisCount，我们通过它可以快速创建横轴固定数量子元素的 GridView，上面的示例代码等价于如下代码：

```
GridView.count(
  crossAxisCount: 3,
  childAspectRatio: 1.0,
  children: <Widget>[
    Icon(Icons.ac_unit),
    Icon(Icons.airport_shuttle),
    Icon(Icons.all_inclusive),
    Icon(Icons.beach_access),
    Icon(Icons.cake),
    Icon(Icons.free_breakfast),
  ],
);
```

SliverGridDelegateWithMaxCrossAxisExtent

该子类实现了一个横轴子元素为固定最大长度的 layout 算法，其构造函数为：

```
SliverGridDelegateWithMaxCrossAxisExtent({
  double maxCrossAxisExtent,
  double mainAxisSpacing = 0.0,
  double crossAxisSpacing = 0.0,
  double childAspectRatio = 1.0,
})
```

maxCrossAxisExtent 为子元素在横轴上的最大长度，之所以是“最大”长度，是**因为横轴方向每个子元素的长度仍然是等分的**，举个例子，如果 ViewPort 的横轴长度是 450，那么当 maxCrossAxisExtent 的值在区间 [450/4，450/3）内的话，子元素最终实际长度都为 112.5，而 childAspectRatio 所指的子元素横轴和主轴的长度比为**最终的长度比**。其他参数与 SliverGridDelegateWithFixedCrossAxisCount 相同。

下面我们再来看一个例子：

```
GridView(
  padding: EdgeInsets.zero,
  gridDelegate: SliverGridDelegateWithMaxCrossAxisExtent(
      maxCrossAxisExtent: 120.0,
      childAspectRatio: 2.0 //宽高比为 2
```

```
  ),
  children: <Widget>[
    Icon(Icons.ac_unit),
    Icon(Icons.airport_shuttle),
    Icon(Icons.all_inclusive),
    Icon(Icons.beach_access),
    Icon(Icons.cake),
    Icon(Icons.free_breakfast),
  ],
);
```

图 6-10 GridView 示例二

上述代码运行结果如图 6-10 所示。

GridView.extent

GridView.extent 构造函数内部使用了 SliverGridDelegateWithMaxCrossAxisExtent，我们通过它可以快速创建纵轴子元素为固定最大长度的 GridView，上面的示例代码等价于如下代码：

```
GridView.extent(
  maxCrossAxisExtent: 120.0,
  childAspectRatio: 2.0,
  children: <Widget>[
    Icon(Icons.ac_unit),
    Icon(Icons.airport_shuttle),
    Icon(Icons.all_inclusive),
    Icon(Icons.beach_access),
    Icon(Icons.cake),
    Icon(Icons.free_breakfast),
  ],
);
```

GridView.builder

上面我们介绍的 GridView 都需要一个 Widget 数组作为其子元素，这些方式会提前将所有子 Widget 都构建好，所以只适用于子 Widget 数量比较少的情况，当子 Widget 比较多时，我们可以通过 GridView.builder 来动态创建子 Widget。GridView.builder 必须指定的参数有如下两个：

```
GridView.builder(
  ...
  @required SliverGridDelegate gridDelegate,
  @required IndexedWidgetBuilder itemBuilder,
)
```

其中，itemBuilder 为子 Widget 构建器。

示例

假设我们需要从一个异步数据源（如网络）分批获取一些 Icon，然后用 GridView 做展示，代码如下：

```
class InfiniteGridView extends StatefulWidget {
  @override
  _InfiniteGridViewState createState() => new _InfiniteGridViewState();
}

class _InfiniteGridViewState extends State<InfiniteGridView> {

  List<IconData> _icons = []; //保存 Icon 数据

  @override
  void initState() {
    //初始化数据
    _retrieveIcons();
  }

  @override
  Widget build(BuildContext context) {
    return GridView.builder(
        gridDelegate: SliverGridDelegateWithFixedCrossAxisCount(
            crossAxisCount: 3, //每行三列
            childAspectRatio: 1.0 //显示区域宽高相等
        ),
        itemCount: _icons.length,
        itemBuilder: (context, index) {
          //如果显示到最后一个并且 Icon 的总数小于 200，则继续获取数据
          if (index == _icons.length - 1 && _icons.length < 200) {
            _retrieveIcons();
          }
          return Icon(_icons[index]);
        }
    );
  }

  //模拟异步获取数据
  void _retrieveIcons() {
    Future.delayed(Duration(milliseconds: 200)).then((e) {
      setState(() {
        _icons.addAll([
          Icons.ac_unit,
          Icons.airport_shuttle,
          Icons.all_inclusive,
          Icons.beach_access, Icons.cake,
          Icons.free_breakfast
        ]);
      });
    });
  }
}
```

上述代码段的参数说明如下。

- _retrieveIcons()：在此方法中我们通过 Future.delayed 来模拟如何从异步数据源获取数据，每次获取数据需要 200 毫秒，获取成功后将新数据添加到 _icons，然后调用 setState 重新构建。
- 在 itemBuilder 中，当显示到最后一个时，先判断是否需要继续获取数据，然后返回一个 Icon。

更多

Flutter 的 GridView 默认子元素的显示空间是相等的，但在实际开发中，你可能会遇到子元素大小不等的情况，例如图 6-11 中这样的布局。

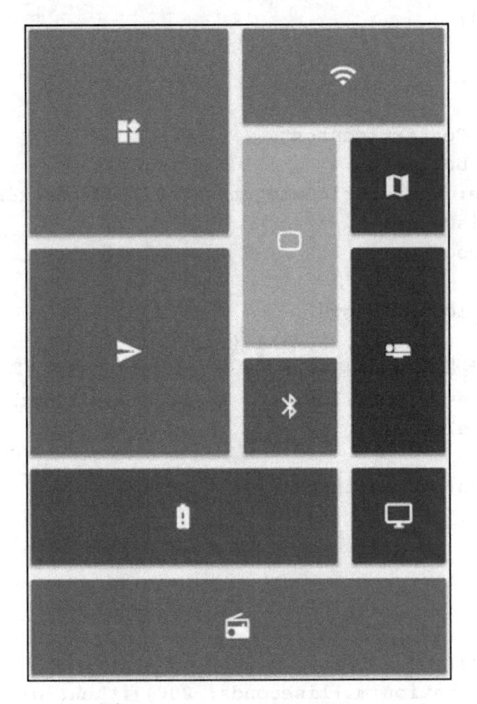

图 6-11 StaggeredGridView

Pub 上有一个包"flutter_staggered_grid_view"，它实现了一个交错 GridView 的布局模型，可以很轻松地实现这种布局，相关详情读者可以自行了解。

6.5 CustomScrollView

CustomScrollView 是可以使用 Sliver 来自定义滚动模型（效果）的组件。它可以包含多种滚动模型，举个例子，假设有一个页面，顶部需要一个 GridView，底部需要一个 ListView，同时，要求整个页面的滑动效果是统一的，即它们看起来是一个整体。如果使用 GridView+ListView 来实现的话，则不能保证一致的滑动效果，因为它们的滚动效果是分离的，所以这时就需要一个“胶水”，将这些彼此独立的可滚动组件“粘”起来，而CustomScrollView的功能就相当于“胶水”。

可滚动组件的Sliver版

Sliver在前文中曾讲过，有细片、薄片之意，在Flutter中，Sliver通常指可滚动组件子元素（就像一个个薄片一样）。但是在CustomScrollView中，需要“粘”起来的可滚动组件就是CustomScrollView的Sliver了，如果直接将ListView、GridView作为CustomScrollView则是不行的，因为它们本身是可滚动组件而并不是Sliver。因此，为了让可滚动组件能与CustomScrollView配合使用，Flutter提供了一些可滚动组件的Sliver版，如SliverList、SliverGrid等。实际上，Sliver版的可滚动组件与非Sliver版的可滚动组件最大的区别就是**前者不包含滚动模型（自身不能再滚动），而后者包含滚动模型**，也正因为如此，CustomScrollView才可以将多个Sliver“粘”在一起，这些Sliver共用CustomScrollView的Scrollable，所以最终才实现了统一的滑动效果。

Sliver系列Widget比较多，我们不会逐一介绍，读者只需要记住它的特点，在需要时再去查看文档即可。上面之所以说“大多数”Sliver都与可滚动组件对应，是由于还有一些（如SliverPadding、SliverAppBar等）与可滚动组件是无关的，它们主要是为了结合CustomScrollView一起使用，这是因为**CustomScrollView的子组件必须都是Sliver**。

示例

```
import 'package:flutter/material.dart';

class CustomScrollViewTestRoute extends StatelessWidget {
  @override
  Widget build(BuildContext context) {
    // 因为本路由没有使用Scaffold，为了让子级Widget(如Text)使用
    //Material Design 默认的样式风格，我们使用Material作为本路由的根
    return Material(
      child: CustomScrollView(
        slivers: <Widget>[
          //AppBar，包含一个导航栏
          SliverAppBar(
            pinned: true,
            expandedHeight: 250.0,
            flexibleSpace: FlexibleSpaceBar(
              title: const Text('Demo'),
              background: Image.asset(
                "./images/avatar.png", fit: BoxFit.cover,),
            ),
          ),

          SliverPadding(
            padding: const EdgeInsets.all(8.0),
            sliver: new SliverGrid( //Grid
              gridDelegate: new SliverGridDelegateWithFixedCrossAxisCount(
```

```
                  crossAxisCount: 2, //Grid 按两列显示
                  mainAxisSpacing: 10.0,
                  crossAxisSpacing: 10.0,
                  childAspectRatio: 4.0,
                ),
                delegate: new SliverChildBuilderDelegate(
                      (BuildContext context, int index) {
                    //创建子 Widget
                    return new Container(
                      alignment: Alignment.center,
                      color: Colors.cyan[100 * (index % 9)],
                      child: new Text('grid item $index'),
                    );
                  },
                  childCount: 20,
                ),
              ),
            ),
            //List
            new SliverFixedExtentList(
              itemExtent: 50.0,
              delegate: new SliverChildBuilderDelegate(
                      (BuildContext context, int index) {
                    //创建列表项
                    return new Container(
                      alignment: Alignment.center,
                      color: Colors.lightBlue[100 * (index % 9)],
                      child: new Text('list item $index'),
                    );
                  },
                  childCount: 50 //50 个列表项
              ),
            ),
          ],
        ),
      );
    }
  }
```

上述代码可分为三个部分，具体说明如下。

- 头部 SliverAppBar：SliverAppBar 对应于 AppBar，两者的不同之处在于，SliverAppBar 可以集成到 CustomScrollView。SliverAppBar 可以结合 FlexibleSpaceBar 实现 Material Design 中头部伸缩的模型，读者可以运行该示例查看其具体效果。
- 中间的 SliverGrid：它用 SliverPadding 包裹以为 SliverGrid 添加补白。SliverGrid 是一个两列，宽高比为 4 的网格，它包含了 20 个子组件。
- 底部 SliverFixedExtentList：它是一个所有子元素高度都为 50 像素的列表。

上述代码运行效果分别如图 6-12 和图 6-13 所示。

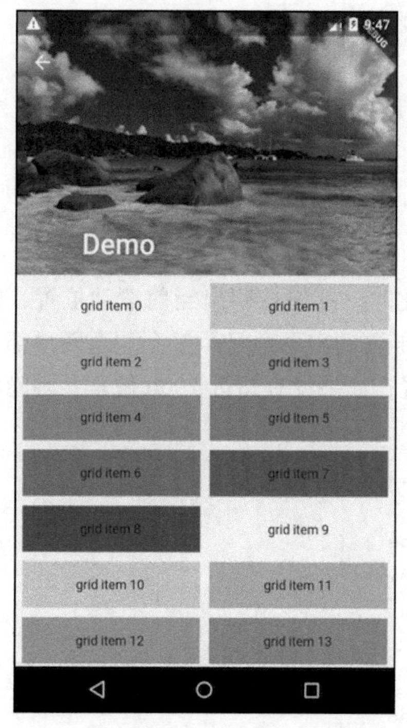

图 6-12　CustomScrollView 示例（一）

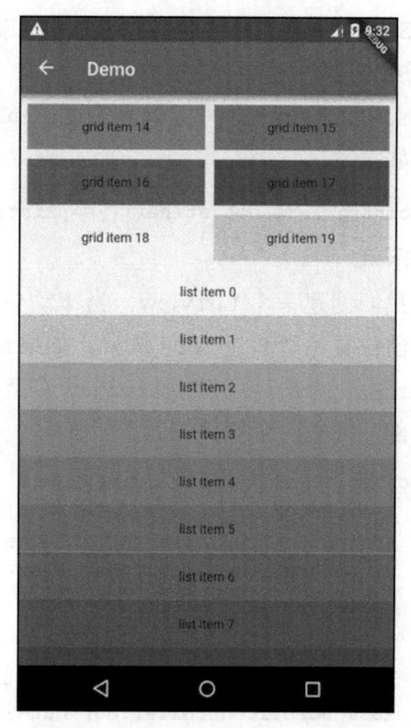

图 6-13　CustomScrollView 示例（二）

6.6 滚动监听及控制

在前面几节中，我们介绍了 Flutter 中常用的可滚动组件，也说过可以用 ScrollController 控制可滚动组件的滚动位置，本节先介绍一下 ScrollController，然后以 ListView 为例展示 ScrollController 的具体用法。最后，再介绍一下路由切换时如何保存滚动的位置。

6.6.1 ScrollController

ScrollController 的构造函数如下：

```
ScrollController({
  double initialScrollOffset = 0.0, //初始滚动位置
  this.keepScrollOffset = true,//是否保存滚动位置
  ...
})
```

下面，我们介绍一下 ScrollController 常用的属性和方法。

- offset：可滚动组件当前的滚动位置。
- jumpTo(double offset)、animateTo(double offset,...)：这两个方法用于跳转到指定的位置，它们的不同之处在于，后者在跳转时会执行一个动画，而前者不会。

ScrollController 还包含一些属性和方法，我们将在后面原理部分再详细解释。

滚动监听

ScrollController 间接继承自 Listenable，我们可以根据 ScrollController 来监听滚动事件，如：

```
controller.addListener(()=>print(controller.offset))
```

示例

我们创建一个 ListView，当滚动位置发生变化时，首先打印出当前滚动位置，然后判断当前位置是否超过 1000 像素：如果超过，则在屏幕的右下角显示一个“返回顶部”的按钮，该按钮点击后可以使 ListView 恢复到初始位置；如果没有超过 1000 像素，则隐藏“返回顶部”按钮。示例代码如下：

```
class ScrollControllerTestRoute extends StatefulWidget {
  @override
  ScrollControllerTestRouteState createState() {
    return new ScrollControllerTestRouteState();
  }
}


class ScrollControllerTestRouteState extends
State<ScrollControllerTestRoute> {
  ScrollController _controller = new ScrollController();
  bool showToTopBtn = false; //是否显示“返回到顶部”按钮

  @override
  void initState() {
    //监听滚动事件，打印滚动位置
    _controller.addListener(() {
      print(_controller.offset); //打印滚动位置
      if (_controller.offset < 1000 && showToTopBtn) {
        setState(() {
          showToTopBtn = false;
        });
      } else if (_controller.offset >= 1000 && showToTopBtn == false) {
        setState(() {
          showToTopBtn = true;
        });
      }
    });
  }

  @override
  void dispose() {
    //为了避免内存泄漏，需要调用 _controller.dispose
    _controller.dispose();
    super.dispose();
  }
```

```
@override
Widget build(BuildContext context) {
  return Scaffold(
    appBar: AppBar(title: Text("滚动控制")),
    body: Scrollbar(
      child: ListView.builder(
          itemCount: 100,
          itemExtent: 50.0, //列表项高度固定时，显式指定高度是一个好习惯(性能消耗小)
          controller: _controller,
          itemBuilder: (context, index) {
            return ListTile(title: Text("$index"),);
          }
      ),
    ),
    floatingActionButton: !showToTopBtn ? null : FloatingActionButton(
        child: Icon(Icons.arrow_upward),
        onPressed: () {
          //返回到顶部时执行动画
          _controller.animateTo(.0,
              duration: Duration(milliseconds: 200),
              curve: Curves.ease
          );
        }
    ),
  );
}
}
```

代码说明已经包含在注释里，下面我们看一下运行效果，如图 6-14 和图 6-15 所示。

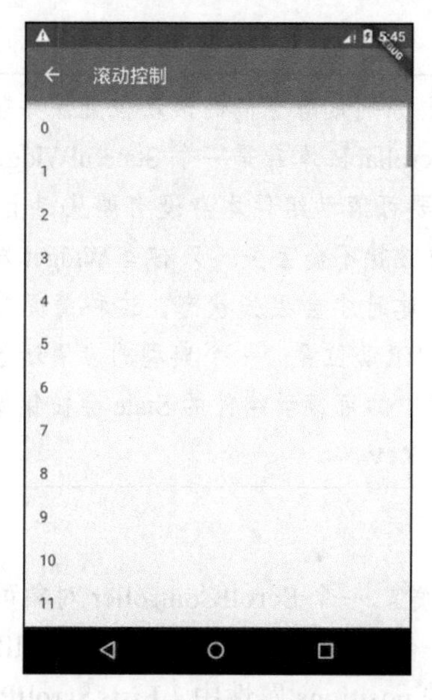

图 6-14　未显示回到顶部按钮

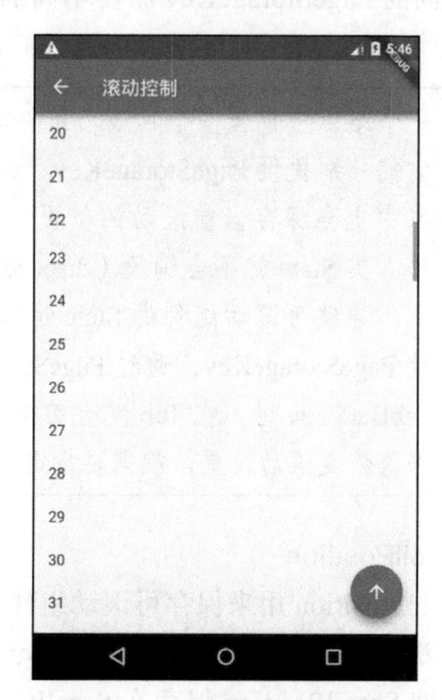

图 6-15　显示返回顶部按钮

列表项高度为 50 像素，当滑动到第 20 个列表项后，右下角“返回顶部”按钮会显示，点击该按钮，ListView 会在返回顶部的过程中执行一个滚动动画，动画时间是 200 毫秒，动画曲线是 Curves.ease，关于动画的详细内容我们将在第 9 章中详细介绍。

滚动位置恢复

PageStorage 是一个用于保存页面（路由）相关数据的组件，它并不会影响子树的 UI 外观，其实，PageStorage 是一个功能型组件，它拥有一个存储桶（bucket），子树中的 Widget 可以通过指定不同的 PageStorageKey 来存储各自的数据或状态。

每次滚动结束后，可滚动组件都会将滚动位置 offset 存储到 PageStorage 中，当可滚动组件重新创建时再恢复。如果 ScrollController.keepScrollOffset 为 false，则滚动位置将不会被存储，可滚动组件重新创建时会使用 ScrollController.initialScrollOffset；ScrollController.keepScrollOffset 为 true 时，可滚动组件在**第一次**创建时，会滚动到 initialScrollOffset 处，因为这时还没有存储过滚动位置。在接下来的滚动中就会存储、恢复滚动位置，而 initialScrollOffset 会被忽略。

当一个路由中包含多个可滚动组件时，如果你发现在进行一些跳转或切换操作之后，滚动位置不能正确恢复，这时你可以通过显式指定 PageStorageKey 来分别跟踪不同的可滚动组件的位置，如：

```
ListView(key: PageStorageKey(1), ... );
...
ListView(key: PageStorageKey(2), ... );
```

不同的 PageStorageKey 需要不同的值，这样才可以为不同的可滚动组件保存其滚动位置。

注意　一个路由中包含多个可滚动组件时，如果要分别跟踪它们的滚动位置，并非一定要为它们分别提供 PageStorageKey。这是因为 Scrollable 本身是一个 StatefulWidget，它的状态中也会保存当前滚动的位置，所以，只要可滚动组件本身没有被从树上 detach 掉，那么其 State 就不会销毁（dispose），滚动位置就不会丢失。只有当 Widget 发生结构变化，导致可滚动组件的 State 销毁或重新构建时才会丢失状态，这种情况需要显式指定 PageStorageKey，通过 PageStorage 来存储滚动位置。一个典型的应用场景是在使用 TabBarView 时，在 Tab 发生切换时，Tab 页中的可滚动组件的 State 会被销毁，这时如果想恢复滚动位置，就需要指定 PageStorageKey。

ScrollPosition

ScrollPosition 用来保存可滚动组件的滚动位置。一个 ScrollController 对象可以同时被多个可滚动组件使用，ScrollController 会为每一个可滚动组件创建一个 ScrollPosition 对象，这些 ScrollPosition 保存在 ScrollController 的 positions 属性中（List<ScrollPosition>）。

ScrollPosition 是真正保存滑动位置信息的对象，offset 只是一个便捷属性：

```
double get offset => position.pixels;
```

一个 ScrollController 虽然可以对应多个可滚动组件，但是有一些操作，如读取滚动位置 offset，则需要一对一对应！但是我们仍然可以在一对多的情况下，通过其他方法读取滚动位置，举个例子，假设一个 ScrollController 同时被两个可滚动组件使用，那么我们可以通过如下方式分别读取它们的滚动位置：

```
...
controller.positions.elementAt(0).pixels
controller.positions.elementAt(1).pixels
...
```

我们可以通过 controller.positions.length 来确定有几个可滚动组件使用 controller。

ScrollPosition 的方法

ScrollPosition 有两个常用方法：animateTo() 和 jumpTo()，它们是真正用于控制跳转滚动位置的方法，ScrollController 的这两个同名方法，内部最终都会调用 ScrollPosition。

ScrollController 控制原理

下面，我们来介绍一下 ScrollController 的另外三个方法：

```
ScrollPosition createScrollPosition(
    ScrollPhysics physics,
    ScrollContext context,
    ScrollPosition oldPosition);
void attach(ScrollPosition position) ;
void detach(ScrollPosition position) ;
```

当 ScrollController 与可滚动组件相关联时，可滚动组件首先会调用 ScrollController 的 createScrollPosition() 方法来创建一个 ScrollPosition 用于存储滚动位置信息，接着，可滚动组件会调用 attach() 方法，将创建的 ScrollPosition 添加到 ScrollController 的 positions 属性中，这一步称为"注册位置"，只有注册后 animateTo() 和 jumpTo() 才可以被调用。

当可滚动组件销毁时，会调用 ScrollController 的 detach() 方法，将其 ScrollPosition 对象从 ScrollController 的 positions 属性中移除，这一步称为"注销位置"，注销后 animateTo() 和 jumpTo() 将不能再被调用。

需要注意的是，ScrollController 的 animateTo() 和 jumpTo() 内部会调用所有 ScrollPosition 的 animateTo() 和 jumpTo()，以实现与该 ScrollController 相关联的所有可滚动组件都滚动到指定的位置。

6.6.2　滚动监听

Flutter Widget 树中的子 Widget 可以通过发送通知（Notification）与父（包括祖先）

Widget 通信。父级组件可以通过 NotificationListener 组件来监听自己关注的通知，这种通信方式类似于 Web 开发中浏览器的事件冒泡，我们在 Flutter 中沿用“冒泡”这个术语，关于通知冒泡我们将在第 8 章中详细介绍。

可滚动组件在滚动时会发送 ScrollNotification 类型的通知，ScrollBar 正是通过监听滚动通知来实现的。通过 NotificationListener 监听滚动事件与通过 ScrollController 监听滚动事件存在如下两个主要的不同之处：

1）NotificationListener 在从可滚动组件到 Widget 树根之间的任意位置都能监听。而 ScrollController 只能与具体的可滚动组件关联后才可以。

2）收到滚动事件后获得的信息不同：NotificationListener 在收到滚动事件时，通知中会携带当前滚动位置与 ViewPort 的一些信息，而 ScrollController 则只能获取当前滚动位置。

示例

下面我们监听 ListView 的滚动通知，然后显示当前滚动进度的百分比，代码如下：

```
import 'package:flutter/material.dart';

class ScrollNotificationTestRoute extends StatefulWidget {
  @override
  _ScrollNotificationTestRouteState createState() =>
      new _ScrollNotificationTestRouteState();
}

class _ScrollNotificationTestRouteState
    extends State<ScrollNotificationTestRoute> {
  String _progress = "0%"; //保存进度百分比

  @override
  Widget build(BuildContext context) {
    return Scrollbar( //进度条
      // 监听滚动通知
      child: NotificationListener<ScrollNotification>(
        onNotification: (ScrollNotification notification) {
          double progress = notification.metrics.pixels /
              notification.metrics.maxScrollExtent;
          //重新构建
          setState(() {
            _progress = "${(progress * 100).toInt()}%";
          });
          print("BottomEdge: ${notification.metrics.extentAfter == 0}");
          //return true; //放开此行注释后，进度条将失效
        },
        child: Stack(
          alignment: Alignment.center,
          children: <Widget>[
            ListView.builder(
                itemCount: 100,
```

```
              itemExtent: 50.0,
              itemBuilder: (context, index) {
                return ListTile(title: Text("$index"));
              }
          ),
          CircleAvatar(   //显示进度百分比
            radius: 30.0,
            child: Text(_progress),
            backgroundColor: Colors.black54,
          )
        ],
      ),
    ),
  );
 }
}
```

运行结果如图 6-16 所示。

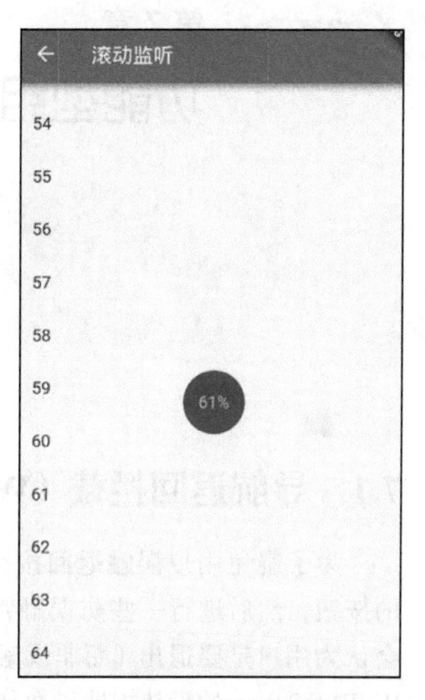

图 6-16　监听滚动通知

在接收到滚动事件时，参数类型为 ScrollNotification，它包括一个 metrics 属性，它的类型是 ScrollMetrics，该属性包含当前 ViewPort 及滚动位置等信息，具体说明如下。

- pixels：当前滚动位置。
- maxScrollExtent：最大可滚动长度。
- extentBefore：滑出 ViewPort 顶部的长度，此示例中相当于顶部滑出屏幕上方的列表长度。
- extentInside：ViewPort 内部的长度，此示例中相当于屏幕显示的列表部分的长度。
- extentAfter：列表中未滑入 ViewPort 部分的长度，此示例中相当于列表底部未显示到屏幕范围部分的长度。
- atEdge：是否滑到了可滚动组件的边界（此示例中相当于列表顶部或底部）。

ScrollMetrics 还有一些其他的属性，读者可以自行查阅 API 文档。

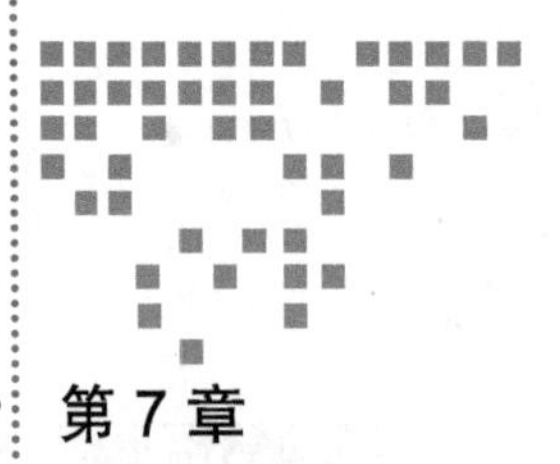

Chapter 7 第7章

功能型组件

7.1 导航返回拦截（WillPopScope）

为了避免用户误触返回按钮而导致APP退出，很多APP中都拦截了用户点击返回键的按钮，然后进行一些防误触判断，比如，当用户在某一个时间段内连续两次点击时，才会认为用户是要退出（而非误触）。Flutter中可以通过WillPopScope来实现返回按钮拦截，WillPopScope的默认构造函数如下：

```
const WillPopScope({
  ...
  @required WillPopCallback onWillPop,
  @required Widget child
})
```

其中，onWillPop是一个回调函数，当用户点击返回按钮时被调用（包括导航返回按钮及Android物理返回按钮）。该回调需要返回一个Future对象，如果返回的Future的最终值为false，则当前路由不出栈（不会返回）；如果返回的Future的最终值为true，则当前路由出栈退出。我们需要提供这个回调来决定是否退出。

示例

为了防止用户误触返回键退出，我们需要拦截返回事件。当用户在1秒内连续两次点击返回按钮时，则退出；如果两次点击之间的间隔超过1秒则不退出，并重新计时。示例代码如下：

```
import 'package:flutter/material.dart';
```

```
class WillPopScopeTestRoute extends StatefulWidget {
  @override
  WillPopScopeTestRouteState createState() {
    return new WillPopScopeTestRouteState();
  }
}

class WillPopScopeTestRouteState extends State<WillPopScopeTestRoute> {
  DateTime _lastPressedAt; //上次点击时间

  @override
  Widget build(BuildContext context) {
    return new WillPopScope(
        onWillPop: () async {
          if (_lastPressedAt == null ||
              DateTime.now().difference(_lastPressedAt) > Duration(seconds: 1)) {
            //若两次点击之间的间隔超过1秒，则重新计时
            _lastPressedAt = DateTime.now();
            return false;
          }
          return true;
        },
        child: Container(
          alignment: Alignment.center,
          child: Text("1秒内连续按两次返回键后退出"),
        )
    );
  }
}
```

读者可以运行示例查看效果。

7.2 数据共享（InheritedWidget）

InheritedWidget是Flutter中非常重要的一个功能型组件，它提供了一种数据在Widget树中从上到下传递、共享的方式，比如，如果在应用的根Widget中通过InheritedWidget共享了一个数据，那么我们便可以在任意子Widget中获取该共享的数据！在一些需要在Widget树中共享数据的场景中，这个特性将会非常方便！Flutter SDK正是通过InheritedWidget来共享应用主题（Theme）和Locale（当前语言环境）信息的。

InheritedWidget与React中context的功能类似，与逐级传递数据相比，它们能实现组件跨级传递数据。InheritedWidget在Widget树中数据传递的方向是从上到下的，这与通知Notification（将在第8章中介绍）的传递方向正好相反。

didChangeDependencies

在之前介绍StatefulWidget时，我们曾提到过State对象有一个didChangeDependencies

回调，它会在“依赖”发生变化时被Flutter Framework调用。而这个“依赖”指的就是子Widget是否使用了父Widget中InheritedWidget的数据。如果使用了，则代表子Widget依赖于InheritedWidget；如果没有使用则代表没有依赖。这种机制可以使子组件在所依赖的InheritedWidget发生变化时用于更新自身。比如，当主题、locale（语言）等发生变化时，依赖其的子Widget的didChangeDependencies方法将会被调用。

下面我们看一下之前“计数器”示例应用程序的InheritedWidget版本。需要说明的是，本示例主要是为了演示InheritedWidget的功能特性，并不是计数器推荐的实现方式。

首先，我们通过继承InheritedWidget，将当前计数器点击次数保存在ShareDataWidget的data属性中：

```
class ShareDataWidget extends InheritedWidget {
  ShareDataWidget({
    @required this.data,
    Widget child
  }) :super(child: child);

  final int data; // 需要在子树中共享的数据，保存点击次数

  // 定义一个便捷方法，方便子树中的 Widget 获取共享数据
  static ShareDataWidget of(BuildContext context) {
    return context.inheritFromWidgetOfExactType(ShareDataWidget);
  }

  // 当 data 发生变化时，该回调决定是否通知子树中依赖 data 的 Widget
  @override
  bool updateShouldNotify(ShareDataWidget old) {
    // 如果返回 true，则子树中依赖（build 函数中有调用）本 Widget
    // 的子 Widget 的 `state.didChangeDependencies` 会被调用
    return old.data != data;
  }
}
```

然后，我们实现一个子组件_TestWidget，在其build方法中引用ShareDataWidget中的数据。同时，在其didChangeDependencies()回调中打印日志：

```
class _TestWidget extends StatefulWidget {
  @override
  __TestWidgetState createState() => new __TestWidgetState();
}

class __TestWidgetState extends State<_TestWidget> {
  @override
  Widget build(BuildContext context) {
    // 使用 InheritedWidget 中的共享数据
    return Text(ShareDataWidget
        .of(context)
```

```
            .data
            .toString());
      }

      @override
      void didChangeDependencies() {
        super.didChangeDependencies();
        //父或祖先Widget中的InheritedWidget发生改变（updateShouldNotify返回true）时会被
          调用
        //如果build中没有依赖InheritedWidget，则此回调不会被调用
        print("Dependencies change");
      }
    }
```

最后，我们创建一个按钮，每点击一次，就将ShareDataWidget的值自增一次，代码如下：

```
    class InheritedWidgetTestRoute extends StatefulWidget {
      @override
      _InheritedWidgetTestRouteState createState() => new _InheritedWidgetTestRoute-
State();
    }

    class _InheritedWidgetTestRouteState extends State<InheritedWidgetTestRoute> {
      int count = 0;

      @override
      Widget build(BuildContext context) {
        return  Center(
          child: ShareDataWidget( //使用ShareDataWidget
            data: count,
            child: Column(
              mainAxisAlignment: MainAxisAlignment.center,
              children: <Widget>[
                Padding(
                  padding: const EdgeInsets.only(bottom: 20.0),
                  child: _TestWidget(),//子Widget中依赖ShareDataWidget
                ),
                RaisedButton(
                  child: Text("Increment"),
                  //每点击一次，将count自增一次，然后重新build，ShareDataWidget的data将
                    被更新
                  onPressed: () => setState(() => ++count),
                )
              ],
            ),
          ),
        );
      }
    }
```

上述代码运行后的界面如图7-1所示。

每点击一次按钮，计数器就会自增一次，控制台就会打印一句日志：

```
I/flutter ( 8513): Dependencies change
```

可见依赖发生变化后，其 didChangeDependencies() 会被调用。但是读者需要注意的是，**如果 _TestWidget 的 build 方法中没有使用 ShareDataWidget 的数据，那么它的 didChangeDependencies() 将不会被调用，因为它并没有依赖 ShareDataWidget。**例如，我们将 __TestWidgetState 代码改为下面这样，则 didChangeDependencies() 将不会被调用，修改后的代码如下：

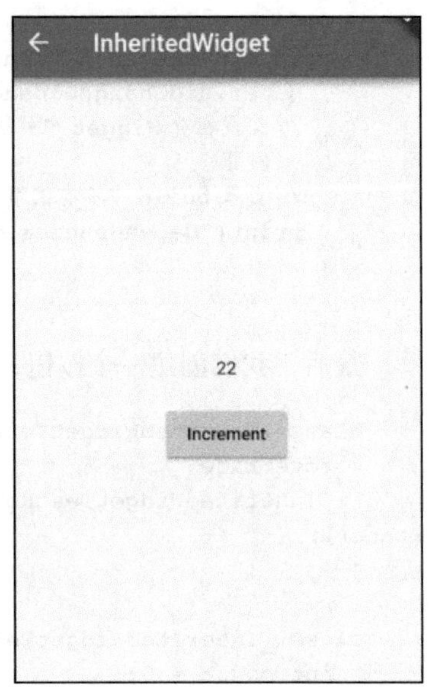

图 7-1 InheritedWidget 版的计数器示例

```
class __TestWidgetState extends State<_TestWidget> {
  @override
  Widget build(BuildContext context) {
    //使用 InheritedWidget 中的共享数据
    //    return Text(ShareDataWidget
    //        .of(context)
    //        .data
    //        .toString());
     return Text("text");
  }

  @override
  void didChangeDependencies() {
    super.didChangeDependencies();
    // build 方法中没有依赖 InheritedWidget，因此该回调不会被调用
    print("Dependencies change");
  }
}
```

在上面的代码中，我们将 build() 方法中依赖 ShareDataWidget 的代码注释掉了，然后返回一个固定的 Text，这样一来，在点击 Increment 按钮之后，ShareDataWidget 的 data 虽然发生了变化，但由于 __TestWidgetState 并未依赖 ShareDataWidget，所以 __TestWidgetState 的 didChangeDependencies 方法不会被调用。其实，这个机制很好理解，因为在数据发生变化时只对使用该数据的 Widget 进行更新是合理的，并且性能也是友好的。

思考题

Flutter Framework 是如何知道子 Widget 有没有依赖 InheritedWidget 的？

应该在 didChangeDependencies() 中做什么？

一般来说，子 Widget 很少会重写此方法，因为在依赖改变后 framework 也会调用 build() 方法。但是，如果你需要在依赖改变后执行一些成本高昂的操作（比如，网络请求），这时，最好的方式就是在此方法中执行，这样可以避免每次 build() 都执行这些影响性能的

操作。

深入了解 InheritedWidget

现在来思考一下，如果我们只想在__TestWidgetState 中引用 ShareDataWidget 数据，但却不希望在 ShareDataWidget 发生变化时调用__TestWidgetState 的 didChangeDependencies() 方法，应该怎么办？答案其实很简单，我们只需要将 ShareDataWidget.of() 的实现更改一下即可：

```
//定义一个便捷方法，方便子树中的 Widget 获取共享数据
static ShareDataWidget of(BuildContext context) {
  //return context.inheritFromWidgetOfExactType(ShareDataWidget);
  return context.ancestorInheritedElementForWidgetOfExactType(ShareDataWidget).
widget;
}
```

唯一的改动就是获取 ShareDataWidget 对象的方式，将 inheritFromWidgetOfExactType() 方法换成了 context.ancestorInheritedElementForWidgetOfExactType(ShareDataWidget).widget，那么它们之间到底有什么区别呢？下面我们看一下这两个方法的源代码（实现代码在 Element 类中，Context 和 Element 的关系我们将在后文中专门介绍）：

```
@override
InheritedElement ancestorInheritedElementForWidgetOfExactType(Type targetType) {
  final InheritedElement ancestor = _inheritedWidgets == null ? null :
                                    _inheritedWidgets[targetType];
  return ancestor;
}

@override
InheritedWidget inheritFromWidgetOfExactType(Type targetType, { Object aspect }) {
  final InheritedElement ancestor = _inheritedWidgets == null ? null :
                                    _inheritedWidgets[targetType];
  //多出的部分
  if (ancestor != null) {
    assert(ancestor is InheritedElement);
    return inheritFromElement(ancestor, aspect: aspect);
  }
  _hadUnsatisfiedDependencies = true;
  return null;
}
```

我们可以看到，inheritFromWidgetOfExactType() 比 ancestorInheritedElementForWidgetOfExactType() 多调用了 inheritFromElement 方法，inheritFromElement 源代码如下：

```
@override
InheritedWidget inheritFromElement(InheritedElement ancestor, { Object aspect }) {
  //注册依赖关系
  _dependencies ??= HashSet<InheritedElement>();
```

```
    _dependencies.add(ancestor);
    ancestor.updateDependencies(this, aspect);
    return ancestor.widget;
  }
```

可以看到，inheritFromElement 方法中主要是注册了依赖关系！看到这里也就清晰了，**调用 inheritFromWidgetOfExactType() 和 ancestorInheritedElementForWidgetOfExactType() 的区别就是前者会注册依赖关系，而后者不会**，所以在调用 inheritFromWidgetOfExactType() 时，InheritedWidget 与依赖它的子孙组件关系便完成了注册，之后当 InheritedWidget 发生变化时，就会更新依赖它的子孙组件，也就是会调用这些子孙组件的 didChangeDependencies() 方法和 build() 方法。而当调用的是 ancestorInheritedElementForWidgetOfExactType() 方法时，由于没有注册依赖关系，所以之后当 InheritedWidget 发生变化时，就不会更新相应的子孙 Widget 了。

注意，如果将上面示例中的 ShareDataWidget.of() 方法实现改成调用 ancestorInheritedElementForWidgetOfExactType()，那么运行示例后，点击"Increment"按钮，会发现 __TestWidgetState 的 didChangeDependencies() 方法确实不会再被调用，但是其 build() 仍然会被调用！造成这个问题的原因其实是，点击"Increment"按钮后，会调用 _InheritedWidgetTestRouteState 的 setState() 方法，此时会重新构建整个页面，由于示例中，__TestWidget 并没有任何缓存，所以它们会被重新构建，因此也会调用 build() 方法。

那么，现在就出现了一个新的问题：实际上，我们只想更新子树中依赖了 ShareDataWidget 的组件，而现在只要调用 _InheritedWidgetTestRouteState 的 setState() 方法，所有子节点都会被重新 build，这样做很没有必要，那么有什么办法可以避免呢？答案是缓存！一个简单的做法就是通过封装一个 StatefulWidget，将子 Widget 树缓存起来，我们将在 7.3 节通过实现一个 Provider Widget 来演示如何缓存子 Widget 树，以及如何利用 InheritedWidget 来实现 Flutter 全局状态共享。

7.3 跨组件状态共享（Provider）

在 Flutter 开发中，状态管理是一个永恒的话题。一般的原则是：如果状态是组件私有的，则应该由组件自己管理；如果状态要跨组件共享，则该状态应该由各个组件共同的父元素来管理。对于组件私有的状态管理比较容易理解，但对于跨组件共享的状态，管理的方式就比较多了，如使用全局事件总线 EventBus（将在第 8 章中介绍），它是一个观察者模式的实现，通过它可以实现跨组件状态同步：状态持有方（发布者）负责更新、发布状态，状态使用方（观察者）负责监听状态改变事件来执行一些操作。下面我们看一个登录状态同步的简单示例。

定义事件，代码如下：

```
enum Event{
  login,
```

```
  ... //省略其他事件
}
```

登录页代码大致如下：

```
//登录状态发生改变后发布状态改变事件
bus.emit(Event.login);
```

依赖登录状态的页面，代码如下：

```
void onLoginChanged(e){
  //登录状态变化处理逻辑
}

@override
void initState() {
  //订阅登录状态改变事件
  bus.on(Event.login,onLogin);
  super.initState();
}

@override
void dispose() {
  //取消订阅
  bus.off(Event.login,onLogin);
  super.dispose();
}
```

我们可以发现，通过观察者模式来实现跨组件状态共享具有一些明显的缺点，具体如下。

- 必须显式定义各种事件，不好管理。
- 订阅者必须显式注册状态改变回调，同时还必须在组件销毁时手动去解绑回调以避免内存泄漏。

那么，在 Flutter 中，有没有更好的跨组件状态管理方式呢？答案是肯定的，那又是怎么做的呢？我们想想前面介绍的 InheritedWidget，它的天生特性就是能够绑定 InheritedWidget 与依赖它的子孙组件的依赖关系，并且在 InheritedWidget 数据发生变化时，可以自动更新依赖的子孙组件！利用这个特性，我们可以将需要跨组件共享的状态保存在 InheritedWidget 中，然后在子组件中引用 InheritedWidget 即可，Flutter 社区著名的 Provider 包正是基于这个思想实现的一套跨组件状态共享解决方案，接下来我们就来详细介绍一下 Provider 的用法及原理。

Provider

为了加强读者的理解，我们不直接查看 Provider 包的源代码，相反，我们会根据上面描述的通过 InheritedWidget 实现的思路来逐步实现一个最小功能的 Provider。

首先，我们需要一个 InheritedWidget 用于保存需要共享的数据，由于具体业务数据类型不可预期，为了保证通用性，我们使用泛型，定义一个通用的 InheritedProvider 类，它继承自 InheritedWidget，代码如下：

```
// 一个通用的 InheritedWidget，保存需要跨组件共享的状态
class InheritedProvider<T> extends InheritedWidget {
  InheritedProvider({@required this.data, Widget child}) : super(child: child);

  // 共享状态使用泛型
  final T data;

  @override
  bool updateShouldNotify(InheritedProvider<T> old) {
    // 在此简单返回 true，则每次更新都会调用依赖其的子孙节点的 `didChangeDependencies`
    return true;
  }
}
```

数据保存的地方有了，接下来我们需要做的就是，在数据发生变化的时候重新构建 InheritedProvider，那么，现在我们会面临如下两个问题。

1）数据发生变化时怎么通知？

2）谁来重新构建 InheritedProvider？

第一个问题其实很好解决，我们当然可以使用之前介绍的 eventBus 来进行事件通知，但是为了更贴近 Flutter 开发，我们在这里使用 Flutter 的 SDK 中提供的 ChangeNotifier 类，它继承自 Listenable，也实现了一个 Flutter 风格的发布者 – 订阅者模式，ChangeNotifier 的定义代码大致如下：

```
class ChangeNotifier implements Listenable {

  @override
  void addListener(VoidCallback listener) {
    // 添加监听器
  }
  @override
  void removeListener(VoidCallback listener) {
    // 移除监听器
  }

  void notifyListeners() {
    // 通知所有监听器，触发监听器回调
  }

  ... // 省略无关代码
}
```

我们可以通过调用 addListener() 和 removeListener() 来添加和移除监听器（订阅者）；调用 notifyListeners() 可以触发所有监听器回调。

现在，我们将要共享的状态放到一个 Model 类中，然后让它继承自 ChangeNotifier，这

样，当共享的状态发生改变时，我们只需要调用 notifyListeners() 来通知订阅者即可，然后由订阅者来重新构建 InheritedProvider，这也是第二个问题的答案！接下来我们便来实现这个订阅者类。

```
// 该方法用于在 Dart 中获取模板类型
Type _typeOf<T>() => T;

class ChangeNotifierProvider<T extends ChangeNotifier> extends StatefulWidget {
  ChangeNotifierProvider({
    Key key,
    this.data,
    this.child,
  });

  final Widget child;
  final T data;

  // 定义一个便捷方法，方便子树中的 Widget 获取共享数据
  static T of<T>(BuildContext context) {
    final type = _typeOf<InheritedProvider<T>>();
    final provider = context.inheritFromWidgetOfExactType(type) as
                     InheritedProvider<T>;
    return provider.data;
  }

  @override
  _ChangeNotifierProviderState<T> createState() => _ChangeNotifierProviderState<T>();
}
```

该类继承自 StatefulWidget，然后定义了一个 of() 静态方法方便子类获取 Widget 树中的 InheritedProvider 中保存的共享状态（model)，下面我们实现与该类对应的 _ChangeNotifierProviderState 类，代码如下：

```
class _ChangeNotifierProviderState<T extends ChangeNotifier> extends State<Change-
NotifierProvider<T>> {
    void update() {
      // 如果数据发生变化（model 类调用了 notifyListeners），则重新构建 InheritedProvider
      setState(() => {});
    }

    @override
    void didUpdateWidget(ChangeNotifierProvider<T> oldWidget) {
      // 当 Provider 更新时，如果新旧数据不"=="，则解绑旧数据监听，同时添加新数据监听
      if (widget.data != oldWidget.data) {
        oldWidget.data.removeListener(update);
        widget.data.addListener(update);
      }
      super.didUpdateWidget(oldWidget);
    }
```

```
  @override
  void initState() {
    // 为 model 添加监听器
    widget.data.addListener(update);
    super.initState();
  }

  @override
  void dispose() {
    // 移除 model 的监听器
    widget.data.removeListener(update);
    super.dispose();
  }

  @override
  Widget build(BuildContext context) {
    return InheritedProvider<T>(
      data: widget.data,
      child: widget.child,
    );
  }
}
```

可以看到，_ChangeNotifierProviderState 类的主要作用就是监听到共享状态（model）发生改变时重新构建 Widget 树。注意，在 _ChangeNotifierProviderState 类中调用 setState() 方法，widget.child 始终是同一个，所以执行 build 时，InheritedProvider 的 child 引用的始终是同一个子 Widget，所以 widget.child 并不会重新 build，这也就相当于对 child 进行了缓存！当然如果 ChangeNotifierProvider 父级 Widget 重新 build 时，则其传入的 child 便有可能会发生变化。

现在，我们所需要的各个工具类都已经完成，下面我们通过一个购物车的例子来看看如何使用上面的这些类。

购物车示例

我们需要实现一个显示购物车中所有商品总价的功能。

1）向购物车中添加新商品时更新总价。

定义一个 Item 类，用于表示商品的信息，代码如下：

```
class Item {
  Item(this.price, this.count);
  double price; // 商品单价
  int count; // 商品份数
  //... 省略其他属性
}
```

定义一个保存购物车内商品数据的 CartModel 类，代码如下：

```
class CartModel extends ChangeNotifier {
```

```
  //用于保存购物车中的商品列表
  final List<Item> _items = [];

  //禁止改变购物车里的商品信息
  UnmodifiableListView<Item> get items => UnmodifiableListView(_items);

  //购物车中商品的总价
  double get totalPrice =>
      _items.fold(0, (value, item) => value + item.count * item.price);

  //将 [item] 添加到购物车。这是唯一一种能从外部改变购物车的方法
  void add(Item item) {
    _items.add(item);
    //通知监听器（订阅者），重新构建 InheritedProvider，更新状态
    notifyListeners();
  }
}
```

CartModel 即为需要跨组件共享的 model 类。最后我们构建示例页面，代码如下：

```
class ProviderRoute extends StatefulWidget {
  @override
  _ProviderRouteState createState() => _ProviderRouteState();
}

class _ProviderRouteState extends State<ProviderRoute> {
  @override
  Widget build(BuildContext context) {
    return Center(
      child: ChangeNotifierProvider<CartModel>(
        data: CartModel(),
        child: Builder(builder: (context) {
          return Column(
            children: <Widget>[
              Builder(builder: (context){
                var cart=ChangeNotifierProvider.of<CartModel>(context);
                return Text("总价：${cart.totalPrice}");
              }),
              Builder(builder: (context){
                print("RaisedButton build"); //在后面的优化部分会用到
                return RaisedButton(
                  child: Text("添加商品"),
                  onPressed: () {
                    //向购物车中添加商品，添加后总价会更新
                    ChangeNotifierProvider.of<CartModel>(context).add(Item(20.0,
                      1));
                  },
                );
              }),
            ],
          );
```

```
          }),
        ),
      );
    }
  }
```

上述代码运行后的效果如图 7-2 所示。

图 7-2 Provider 示例

每次点击“添加商品”按钮，总价就会增加 20，我们期望的功能实现了！可能有些读者会产生疑惑，我们绕了一大圈就实现这么简单的功能有意义吗？其实，就这个例子来看，只是更新同一个路由页中的一个状态，我们使用 ChangeNotifierProvider 的优势并不明显，但是如果我们做的是一个购物 APP 呢？由于购物车数据通常是会在整个 APP 中共享的（比如，会跨路由共享），如果我们将 ChangeNotifierProvider 放在整个应用的 Widget 树的根上，那么整个 APP 就可以共享购物车的数据了，这时，ChangeNotifierProvider 的优势将会非常明显。

虽然上面的例子比较简单，但它却将 Provider 的原理和流程体现得很清楚，图 7-3 是 Provider 的原理图。

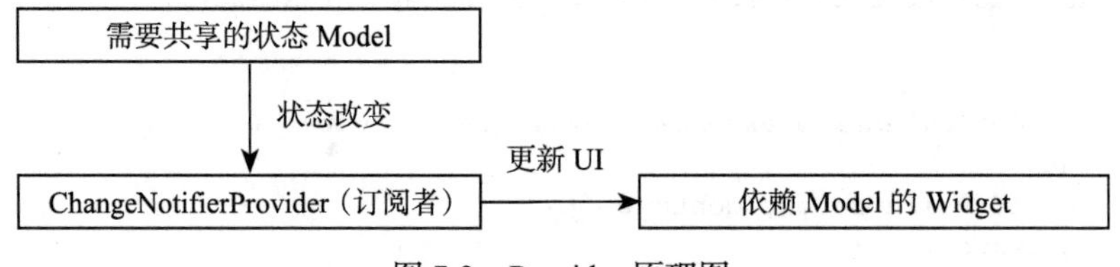

图 7-3 Provider 原理图

Model 变化后会自动通知 ChangeNotifierProvider（订阅者），ChangeNotifierProvider 内部会重新构建 InheritedWidget，而依赖该 InheritedWidget 的子孙 Widget 就会更新。

我们可以发现使用 Provider，将会带来如下收益。

- 我们的业务代码更关注数据了，只要更新 Model，UI 就会自动更新，而不用在状态发生改变后再去手动调用 setState() 来显式更新页面。
- 数据改变的消息传递被屏蔽了，我们无须去手动处理状态改变事件的发布和订阅了，这一切都被封装在 Provider 中了。这真的很棒，帮我们省掉了大量的工作！
- 在大型复杂应用中，尤其是需要全局共享的状态非常多时，使用 Provider 将会大大简化我们的代码逻辑，降低出错的概率，提高开发的效率。

优化

我们上面实现的 ChangeNotifierProvider 具有两个非常明显的缺点：代码组织问题和性能问题，下面我们逐一讨论解决方案。

代码组织问题

我们先看一下构建显示总价 Text 的代码：

```
Builder(builder: (context){
  var cart=ChangeNotifierProvider.of<CartModel>(context);
  return Text("总价：${cart.totalPrice}");
})
```

这段代码有两点可以进行优化，具体如下。

- 需要显式调用 ChangeNotifierProvider.of，当 APP 内部过多依赖 CartModel 时，这样的代码将显得很冗余。
- 语义不明确。由于 ChangeNotifierProvider 是订阅者，那么依赖 CartModel 的 Widget 自然就是订阅者，其实也是状态的消费者，如果我们用 Builder 来构建，那么语义就会不是很明确；如果我们能使用一个具有明确语义的 Widget（比如，就叫 Consumer），那么最终的代码语义将会很明确，只要看到 Consumer，我们就知道它是依赖于某个跨组件或全局的状态。

为了优化这两个问题，我们可以封装一个 Consumer Widget，实现代码如下：

```
// 这是一个便捷类，会获得当前 context 和指定数据类型的 Provider
class Consumer<T> extends StatelessWidget {
  Consumer({
    Key key,
    @required this.builder,
    this.child,
  })  : assert(builder != null),
        super(key: key);

  final Widget child;

  final Widget Function(BuildContext context, T value) builder;

  @override
  Widget build(BuildContext context) {
    return builder(
      context,
      ChangeNotifierProvider.of<T>(context), // 自动获取 Model
    );
  }
}
```

Consumer 的实现非常简单，它通过指定模板参数，然后在内部自动调用 ChangeNotifierProvider.of 获取相应的 Model，并且 Consumer 这个名字本身也是具有确切语义（消费者）的。现在上面的代码块可以优化为如下这样：

```
Consumer<CartModel>(
  builder: (context, cart)=> Text("总价：${cart.totalPrice}");
)
```

是不是很优雅？

性能问题

上面的代码还存在一个性能问题，就在构建“添加按钮”的代码处：

```
Builder(builder: (context) {
  print("RaisedButton build"); // 构建时输出日志
  return RaisedButton(
    child: Text("添加商品"),
    onPressed: () {
      ChangeNotifierProvider.of<CartModel>(context).add(Item(20.0, 1));
    },
  );
}
```

我们点击“添加商品”按钮后，由于购物车中商品的总价会发生变化，所以显示总价的Text更新是符合预期的，但是“添加商品”按钮本身并没有发生变化，是不应该被重新创建的。但是我们运行示例，每次点击“添加商品”按钮时，控制台都会输出“RaisedButton build”日志，也就是说“添加商品”按钮在每次点击时其自身都会重新build！这是为什么呢？如果你已经理解了InheritedWidget的更新机制，那么答案一眼就能看出来：这是因为构建RaisedButton的Builder中调用了ChangeNotifierProvider.of，也就是说，依赖了Widget树上面的InheritedWidget（即InheritedProvider）Widget，所以在添加完商品之后，CartModel会发生变化，并通知ChangeNotifierProvider，而ChangeNotifierProvider就会重新构建子树，所以InheritedProvider将会更新，此时依赖它的子孙Widget就会被重新构建。

问题的原因弄清楚了，那么我们如何避免这种不必要的重构呢？既然按钮重新被build是因为按钮和InheritedWidget之间建立了依赖关系，那么我们只要打破或解除这种依赖关系就可以了。然而如何解除按钮和InheritedWidget的依赖关系呢？我们在7.2节介绍InheritedWidget时已经讲过了：调用inheritFromWidgetOfExactType()和ancestorInheritedElementForWidgetOfExactType()的区别就是前者会注册依赖关系，而后者不会。所以我们只需要将ChangeNotifierProvider.of的实现改为下面这样即可：

```
//添加一个listen参数，表示是否建立依赖关系
  static T of<T>(BuildContext context, {bool listen = true}) {
    final type = _typeOf<InheritedProvider<T>>();
    final provider = listen
        ? context.inheritFromWidgetOfExactType(type) as InheritedProvider<T>
        : context.ancestorInheritedElementForWidgetOfExactType(type)?.widget
            as InheritedProvider<T>;
    return provider.data;
}
```

然后，我们将调用部分的代码修改如下：

```
Column(
    children: <Widget>[
      Consumer<CartModel>(
```

```
            builder: (BuildContext context, cart) =>Text(" 总价 : ${cart.totalPrice}"),
          ),
          Builder(builder: (context) {
            print("RaisedButton build");
            return RaisedButton(
              child: Text(" 添加商品 "),
              onPressed: () {
                // 将 listen 设为 false，不建立依赖关系
                ChangeNotifierProvider.of<CartModel>(context, listen: false)
                    .add(Item(20.0, 1));
              },
            );
          })
        ],
      )
```

修改后再次运行上面的示例，我们会发现点击“添加商品”按钮后，控制台不会再输出“ RaisedButton build”了，即按钮不会被重新构建了。而总价仍然会更新，这是因为 Consumer 中调用 ChangeNotifierProvider.of 时 listen 的值为默认值 true，所以还是会建立依赖关系。

至此，我们便实现了一个迷你的 Provider，它具备 Pub 上 Provider Package 中的核心功能；但是我们的迷你版功能并不全面，例如，只实现了一个可监听的 ChangeNotifier-Provider，并没有实现只用于数据共享的 Provider ；另外，我们的实现有些边界也没有考虑周到，比如，如何保证在 Widget 树重新 build 时 Model 始终是单例等。所以建议读者在实战中还是使用 Provider Package，而本节实现这个迷你 Provider 的目的主要是帮助读者了解 Provider Package 底层的原理。

其他状态管理包

现在，Flutter 社区已经有很多专门用于状态管理的包了，在此我们列出几个评分相对比较高的，如表 7-1 所示。

表 7-1 状态管理包及说明

包名	介绍
Provider & Scoped Model	这两个包都是基于 InheritedWidget 的，原理相似
Redux	是 Web 开发中 React 生态链中 Redux 包的 Flutter 实现
MobX	是 Web 开发中 React 生态链中 MobX 包的 Flutter 实现
BLoC	是 BLoC 模式的 Flutter 实现

在此，笔者不对这些包做推荐，读者若有兴趣可以都研究一下，了解它们各自的思想。

总结

本节通过介绍事件总线在跨组件共享中的一些不足之处，引出了如何通过 Inherited-Widget 来实现状态的共享的思想，然后基于该思想实现了一个简单的 Provider，在实现的

过程中更深入地探索了 InheritedWidget 与其依赖项的注册机制和更新机制。通过本节的学习，读者应该达到两个目标：首先是对 InheritedWidget 彻底吃透，其次是 Provider 的设计思想。

InheritedWidget 是 Flutter 中非常重要的一个 Widget，像国际化、主题等都是通过它来实现的，所以本书也不惜篇幅，花费好几节来介绍它，在 7.4 节中，我们将介绍基于 InheritedWidget 的另一个组件 Theme（主题）。

7.4 颜色和主题

7.4.1 颜色

在介绍主题之前，我们先了解一下 Flutter 中的 Color 类。在 Color 类中，颜色以一个 int 值来保存，我们知道显示器的颜色是由红、绿、蓝三基色组成的，每种颜色占 8 比特，存储结构如表 7-2 所示。

表 7-2 中的字段在 Color 类中具有对应的属性，而 Color 类中的众多方法就是操作这些属性的，由于方法大多比较简单，读者可以查看类定义自行了解。在此我们主要讨论两点：色值转换和亮度。

表 7-2 颜色及存储结构

位	颜色
0 ～ 7	蓝色
8 ～ 15	绿色
16 ～ 23	红色
24 ～ 31	Alpha（不透明度）

如何将颜色字符串转成 Color 对象

Web 开发中的色值通常是一个字符串（如“#dc380d”），它是一个 RGB 值，我们可以通过下面这些方法将其转换为 Color 类：

```
Color(0xffdc380d); // 如果颜色固定，则可以直接使用整数值
// 颜色是一个字符串变量
var c = "dc380d";
Color(int.parse(c,radix:16)|0xFF000000) //通过位运算符将 Alpha 设置为 FF
Color(int.parse(c,radix:16)).withAlpha(255)  //通过方法将 Alpha 设置为 FF
```

颜色亮度

假如，我们要实现一个背景颜色和 Title 可以自定义的导航栏，并且背景色为深色时，我们应该让 Title 显示为浅色；背景色为浅色时，Title 显示为深色。要实现这个功能，我们需要计算背景色的亮度，然后来动态确定 Title 的颜色。Color 类中提供了一个 computeLuminance() 方法，它可以返回取值范围在 0 ～ 1 的一个值，数字越大颜色就越浅，我们可以根据它来动态确定 Title 的颜色，下面是导航栏 NavBar 的简单实现：

```
class NavBar extends StatelessWidget {
  final String title;
  final Color color; // 背景颜色
```

```
  NavBar({
    Key key,
    this.color,
    this.title,
  });

  @override
  Widget build(BuildContext context) {
    return Container(
      constraints: BoxConstraints(
        minHeight: 52,
        minWidth: double.infinity,
      ),
      decoration: BoxDecoration(
        color: color,
        boxShadow: [
          //阴影
          BoxShadow(
            color: Colors.black26,
            offset: Offset(0, 3),
            blurRadius: 3,
          ),
        ],
      ),
      child: Text(
        title,
        style: TextStyle(
          fontWeight: FontWeight.bold,
          //根据背景色的亮度来确定Title的颜色
          color: color.computeLuminance() < 0.5 ? Colors.white : Colors.black,
        ),
      ),
      alignment: Alignment.center,
    );
  }
}
```

测试代码如下：

```
Column(
  children: <Widget>[
    //背景为蓝色，则title自动为白色
    NavBar(color: Colors.blue, title: "标题"),
    //背景为白色，则title自动为黑色
    NavBar(color: Colors.white, title: "标题"),
  ]
)
```

运行效果如图 7-4 所示。

图 7-4 前景色自适应的 NavBar

MaterialColor

MaterialColor 是实现 Material Design 中颜色的类，它包含一种颜色的 10 个级别的渐变色。MaterialColor 通过“[]”运算符的索引值来代表颜色的深度，有效的索引有 50、100、200、…、900，数字越大，颜色越深。MaterialColor 的默认值为索引等于 500 的颜色。下面举例说明，Colors.blue 是预定义的一个 MaterialColor 类对象，定义代码如下：

```
static const MaterialColor blue = MaterialColor(
  _bluePrimaryValue,
  <int, Color>{
     50: Color(0xFFE3F2FD),
    100: Color(0xFFBBDEFB),
    200: Color(0xFF90CAF9),
    300: Color(0xFF64B5F6),
    400: Color(0xFF42A5F5),
    500: Color(_bluePrimaryValue),
    600: Color(0xFF1E88E5),
    700: Color(0xFF1976D2),
    800: Color(0xFF1565C0),
    900: Color(0xFF0D47A1),
  },
);
static const int _bluePrimaryValue =
0xFF2196F3;
```

Colors.blue[50] 到 Colors.blue[900] 的色值从浅蓝到深蓝渐变，效果如图 7-5 所示。

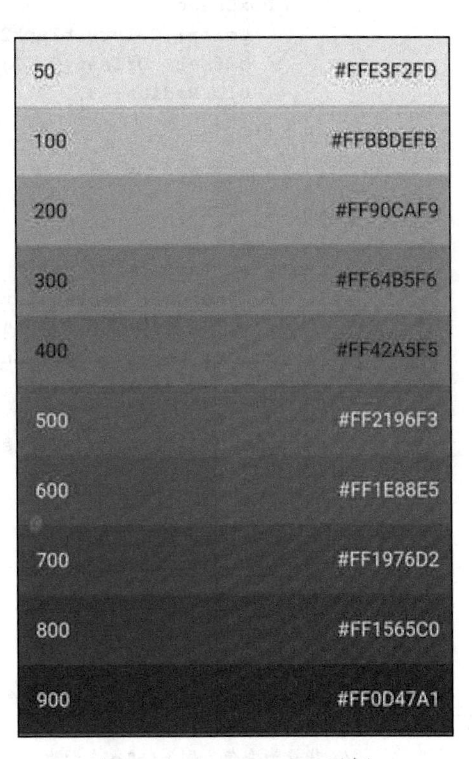

图 7-5 MaterialColor 示例

7.4.2 主题

Theme 组件可以为 Material APP 定义主题数据（ThemeData）。Material 组件库里的很多组件都使用了主题数据，如导航栏颜色、标题字体、Icon 样式等。Theme 内会使用 InheritedWidget 为其子树共享样式数据。

ThemeData

ThemeData 用于保存 Material 组件库的主题数据，Material 组件需要遵守相应的设计规范，而这些设计规范的可自定义部分都定义在 ThemeData 中了，所以我们可以通过

ThemeData来自定义应用主题。在子组件中，我们可以通过Theme.of方法来获取当前的ThemeData。

注意 Material Design设计规范中有些是不能进行自定义的，如导航栏高度，ThemeData只包含了可自定义的部分。

下面我们来看下ThemeData部分的数据定义，代码如下：

```
ThemeData({
  Brightness brightness, //深色还是浅色
  MaterialColor primarySwatch, //主题颜色样本，见下面的介绍
  Color primaryColor, //主色，决定导航栏颜色
  Color accentColor, //次级色，决定大多数Widget的颜色，如进度条、开关等。
  Color cardColor, //卡片颜色
  Color dividerColor, //分割线颜色
  ButtonThemeData buttonTheme, //按钮主题
  Color cursorColor, //输入框光标颜色
  Color dialogBackgroundColor,//对话框背景颜色
  String fontFamily, //文字字体
  TextTheme textTheme,//字体主题，包括标题、body等文字样式
  IconThemeData iconTheme, // Icon的默认样式
  TargetPlatform platform, //指定平台，应用特定平台控件风格
  ...
})
```

上面只是ThemeData的一小部分属性，完整的数据定义读者可以查看SDK。上面属性中需要说明的是primarySwatch，它是主题颜色的一个“样本色”，这个样本色可以在一些条件下生成其他属性。例如，如果没有指定primaryColor，并且当前主题不是深色主题，那么primaryColor就会默认为primarySwatch指定的颜色，还有一些相似的属性（如accentColor、indicatorColor等）也会受primarySwatch的影响。

示例

下面我们实现一个路由换肤功能，代码如下：

```
class ThemeTestRoute extends StatefulWidget {
  @override
  _ThemeTestRouteState createState() => new _ThemeTestRouteState();
}

class _ThemeTestRouteState extends State<ThemeTestRoute> {
  Color _themeColor = Colors.teal; //当前路由主题色

  @override
  Widget build(BuildContext context) {
    ThemeData themeData = Theme.of(context);
    return Theme(
      data: ThemeData(
```

```
        primarySwatch: _themeColor, //用于导航栏、FloatingActionButton的背景色等
        iconTheme: IconThemeData(color: _themeColor) //用于Icon颜色
    ),
    child: Scaffold(
      appBar: AppBar(title: Text("主题测试")),
      body: Column(
        mainAxisAlignment: MainAxisAlignment.center,
        children: <Widget>[
          //第一行Icon使用主题中的iconTheme
          Row(
              mainAxisAlignment: MainAxisAlignment.center,
              children: <Widget>[
                Icon(Icons.favorite),
                Icon(Icons.airport_shuttle),
                Text("颜色跟随主题")
              ]
          ),
          //为第二行Icon自定义颜色（固定为黑色）
          Theme(
            data: themeData.copyWith(
              iconTheme: themeData.iconTheme.copyWith(
                  color: Colors.black
              ),
            ),
            child: Row(
                mainAxisAlignment: MainAxisAlignment.center,
                children: <Widget>[
                  Icon(Icons.favorite),
                  Icon(Icons.airport_shuttle),
                  Text("颜色固定黑色")
                ]
            ),
          ),
        ],
      ),
      floatingActionButton: FloatingActionButton(
          onPressed: () =>  //切换主题
              setState(() =>
              _themeColor =
              _themeColor == Colors.teal ? Colors.blue : Colors.teal
              ),
          child: Icon(Icons.palette)
      ),
    ),
  );
 }
}
```

上述代码运行后点击右下角的悬浮按钮即可切换主题，效果分别如图7-6和图7-7所示。

图 7-6 青色主题

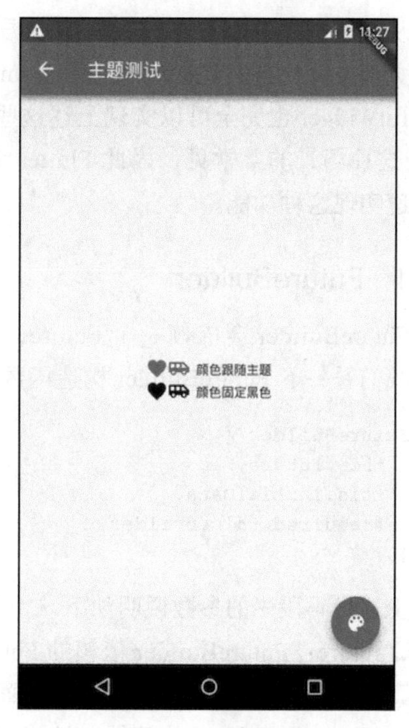

图 7-7 蓝色主题

这里需要注意如下两点。

- 可以通过局部主题覆盖全局主题，正如代码中通过 Theme 为第二行图标指定固定颜色（黑色）一样，这是一种常用的技巧，Flutter 中经常会使用这种方法来自定义子树主题。那么，为什么局部主题可以覆盖全局主题呢？这主要是因为 Widget 中使用主题样式时是通过 Theme.of(BuildContext context) 来获取的，我们看看其简化后的代码：

```
static ThemeData of(BuildContext context, { bool shadowThemeOnly = false }) {
   // 简化代码，并非源码
   return context.inheritFromWidgetOfExactType(_InheritedTheme. theme. data)
}
```

context.inheritFromWidgetOfExactType 会在 Widget 树中从当前位置向上查找第一个类型为 _InheritedTheme 的 Widget。所以当局部使用 Theme 后，其子树中通过 Theme.of() 向上查找到的第一个 _InheritedTheme 便是指定的 Theme。

- 本示例是对单个路由换肤，如果想要对整个应用换肤，则可以修改 MaterialApp 的 theme 属性。

7.5 异步 UI 更新

很多时候，我们会依赖一些异步数据来动态更新 UI，比如在打开一个页面时，我们需要先从互联网上获取数据，在获取数据的过程中我们显示一个加载框，等获取到数据后再渲染页面；又比如，我们想展示 Stream（比如文件流、互联网数据接收流）的进度。当然，StatefulWidget 也完全可以实现上述这些功能。但是，由于在实际开发中依赖异步数据更新 UI 的这种场景非常常见，因此 Flutter 专门提供了 FutureBuilder 和 StreamBuilder 两个组件来快速实现这种功能。

7.5.1 FutureBuilder

FutureBuilder 会依赖一个 Future，它会根据所依赖的 Future 的状态来动态构建自身。下面我们看一下 FutureBuilder 构造函数，代码如下：

```
FutureBuilder({
  this.future,
  this.initialData,
  @required this.builder,
})
```

上述代码段中的参数说明如下。

- future：FutureBuilder 依赖的 Future，通常是一个异步耗时任务。
- initialData：初始数据，用户设置默认数据。
- builder：Widget 构建器；该构建器会在 Future 执行的不同阶段被多次调用，构建器的签名如下：

```
Function (BuildContext context, AsyncSnapshot snapshot)
```

snapshot 会包含当前异步任务的状态信息及结果信息，比如，我们可以通过 snapshot.connectionState 获取异步任务的状态信息，通过 snapshot.hasError 判断异步任务是否有错误，等等，完整的定义读者可以查看 AsyncSnapshot 类定义。

另外，FutureBuilder 的 builder 函数签名与 StreamBuilder 的 builder 是相同的。

示例

我们实现一个路由，当该路由打开时，我们可以从网上获取数据，获取数据时会弹出一个加载框；获取结束时，如果成功则显示获取到的数据，如果失败则显示错误。由于我们还没有介绍如何在 Flutter 中发起网络请求，所以在这里我们不会真的从网络请求数据，而是模拟一下这个过程，隔 3 秒后返回一个字符串，代码如下：

```
Future<String> mockNetworkData() async {
  return Future.delayed(Duration(seconds: 2), () => "我是从互联网上获取的数据");
}
```

FutureBuilder 使用代码如下：

```
...
Widget build(BuildContext context) {
  return Center(
```

```
      child: FutureBuilder<String>(
        future: mockNetworkData(),
        builder: (BuildContext context, AsyncSnapshot snapshot) {
          //请求已结束
          if (snapshot.connectionState == ConnectionState.done) {
            if (snapshot.hasError) {
              //请求失败，显示错误
              return Text("Error: ${snapshot.error}");
            } else {
              //请求成功，显示数据
              return Text("Contents: ${snapshot.data}");
            }
          } else {
            //请求未结束，显示 loading
            return CircularProgressIndicator();
          }
        },
      ),
    );
  }
```

上述代码运行结果分别如图 7-8 和图 7-9 所示。

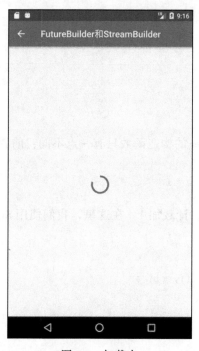

图 7-8　加载中

图 7-9　加载成功

在上述代码中，我们在 builder 中根据当前异步任务状态 ConnectionState 返回不同的 Widget。ConnectionState 是一个枚举类，定义代码如下：

```
enum ConnectionState {
  /// 当前没有异步任务，比如 [FutureBuilder] 的 [future] 为 null 时
  none,

  /// 异步任务处于等待状态
  waiting,

  ///Stream 处于激活状态（流上已经有数据传递了），对于 FutureBuilder 则没有该状态
  active,

  /// 异步任务已经终止
  done,
}
```

注意，ConnectionState.active 只有在 StreamBuilder 中才会出现。

7.5.2 StreamBuilder

我们知道，在 Dart 中，Stream 也可用于接收异步事件数据，与 Future 不同的是，它可以接收多个异步操作的结果，常用于会多次读取数据的异步任务场景，如网络内容下载、文件读写等。StreamBuilder 正是用于配合 Stream 来展示流上事件（数据）变化的 UI 组件。下面就来看一下 StreamBuilder 的默认构造函数，代码如下：

```
StreamBuilder({
  Key key,
  this.initialData,
  Stream<T> stream,
  @required this.builder,
})
```

可以看到，StreamBuilder 函数与 FutureBuilder 的构造函数只有一点不同：前者需要一个 future，而后者则需要一个 stream。

示例

下面我们创建一个计时器的示例，每隔 1 秒，计数加 1。在这里，我们使用 Stream 来实现每隔一秒生成一个数字的功能，代码如下：

```
Stream<int> counter() {
  return Stream.periodic(Duration(seconds: 1), (i) {
    return i;
  });
}
```

StreamBuilder 使用的代码如下：

```
 Widget build(BuildContext context) {
    return StreamBuilder<int>(
      stream: counter(), //
```

```
      //initialData: ,// a Stream<int> or null
      builder: (BuildContext context, AsyncSnapshot<int> snapshot) {
        if (snapshot.hasError)
          return Text('Error: ${snapshot.error}');
        switch (snapshot.connectionState) {
          case ConnectionState.none:
            return Text('没有 Stream');
          case ConnectionState.waiting:
            return Text('等待数据 ...');
          case ConnectionState.active:
            return Text('active: ${snapshot.data}');
          case ConnectionState.done:
            return Text('Stream已关闭');
        }
        return null; // unreachable
      },
    );
  }
```

读者可以自己运行本示例查看运行结果。注意，本示例只是为了演示 StreamBuilder 的使用方法，在实战中，凡是 UI 需要依赖多个异步数据而发生变化的场景都可以使用 StreamBuilder。

7.6 对话框详解

本节将详细介绍 Flutter 中对话框的使用方式、实现原理、样式定制及状态管理。

7.6.1 使用对话框

对话框本质上也是 UI 布局，通常一个对话框会包含标题、内容，以及一些操作按钮，为此，Material 库中提供了一些现成的对话框组件来用于快速地构建出一个完整的对话框。

AlertDialog

下面我们主要介绍一下 Material 库中的 AlertDialog 组件，其构造函数定义如下：

```
const AlertDialog({
  Key key,
  this.title, //对话框标题组件
  this.titlePadding, //标题填充
  this.titleTextStyle, //标题文本样式
  this.content, //对话框内容组件
  this.contentPadding = const EdgeInsets.fromLTRB(24.0, 20.0, 24.0, 24.0), //内
                        容的填充
  this.contentTextStyle,//内容文本样式
  this.actions, //对话框操作按钮组
  this.backgroundColor, //对话框背景色
```

```
    this.elevation,// 对话框的阴影
    this.semanticLabel, // 对话框语义化标签(用于读屏软件)
    this.shape, // 对话框外形
  })
```

上述代码段的参数都比较简单，此处不再赘述。下面我们看一个例子，假如我们要在删除文件时弹出一个确认对话框，该对话框如图 7-10 所示。

该对话框样式的实现代码具体如下：

```
AlertDialog(
  title: Text("提示"),
  content: Text("您确定要删除当前文件吗?"),
  actions: <Widget>[
    FlatButton(
      child: Text("取消"),
      onPressed: () => Navigator.of(context).
pop(), //关闭对话框
    ),
    FlatButton(
      child: Text("删除"),
      onPressed: () {
        // ...执行删除操作
        Navigator.of(context).pop(true);
        //关闭对话框
      },
    ),
  ],
);
```

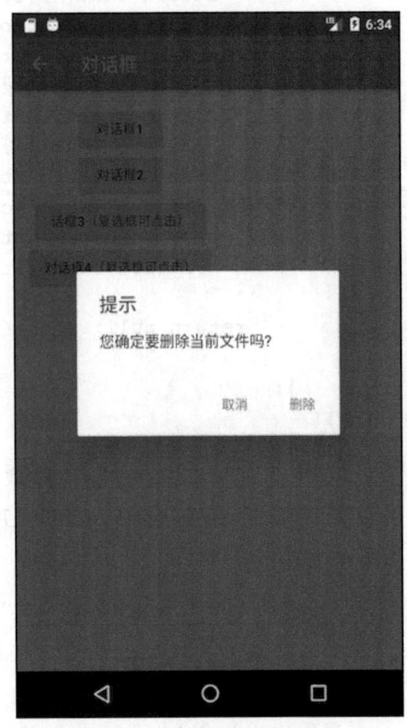

图 7-10 删除确认对话框

实现代码很简单，此处不再赘述。唯一需要注意的是，我们是通过 Navigator.of(context).pop(…) 方法来关闭对话框的，该方法与路由返回的方式是一致的，并且都可以返回一个结果数据。现在，对话框我们已经构建好了，那么如何将它弹出来呢？还有对话框返回的数据应如何被接收呢？这些问题的答案都在 showDialog() 方法中。

showDialog() 是 Material 组件库提供的一个用于弹出 Material 风格对话框的方法，签名如下：

```
Future<T> showDialog<T>({
  @required BuildContext context,
  bool barrierDismissible = true, //点击对话框barrier(遮罩)时是否关闭它
  WidgetBuilder builder, // 对话框UI的builder
})
```

该方法只有两个参数，含义见注释。该方法会返回一个 Future，它正是用于接收对话框的返回值：如果我们是通过点击对话框关闭遮罩的，则 Future 的值为 null，否则 Future 的值为我们通过 Navigator.of(context).pop(result) 返回的 result 值，下面我们看一下整个示例。

```
//点击该按钮后弹出对话框
RaisedButton(
  child: Text("对话框1"),
  onPressed: () async {
    //弹出对话框并等待其关闭
    bool delete = await showDeleteConfirmDialog1();
    if (delete == null) {
      print("取消删除");
    } else {
      print("已确认删除");
      //... 删除文件
    }
  },
),

//弹出对话框
Future<bool> showDeleteConfirmDialog1() {
  return showDialog<bool>(
    context: context,
    builder: (context) {
      return AlertDialog(
        title: Text("提示"),
        content: Text("您确定要删除当前文件吗?"),
        actions: <Widget>[
          FlatButton(
            child: Text("取消"),
            onPressed: () => Navigator.of(context).pop(), //关闭对话框
          ),
          FlatButton(
            child: Text("删除"),
            onPressed: () {
              //关闭对话框并返回true
              Navigator.of(context).pop(true);
            },
          ),
        ],
      );
    },
  );
}
```

示例代码运行后，我们点击对话框“取消”按钮或遮罩，控制台就会输出“取消删除”，如果点击“删除”按钮，控制台就会输出“已确认删除”。

注意 如果AlertDialog的内容过长，那么内容将会溢出，这在很多时候可能不是我们所期望的效果，所以如果对话框内容过长时，可以用SingleChildScrollView将内容包裹起来。

SimpleDialog

SimpleDialog 也是 Material 组件库提供的对话框，它会展示一个列表，用于列表选择的场景。下面是一个选择 APP 语言的示例，运行结果如图 7-11 所示。

示例实现代码如下：

```
Future<void> changeLanguage() async {
  int i = await showDialog<int>(
      context: context,
      builder: (BuildContext context) {
        return SimpleDialog(
          title: const Text('请选择语言'),
          children: <Widget>[
            SimpleDialogOption(
              onPressed: () {
                // 返回 1
                Navigator.pop(context, 1);
              },
              child: Padding(
                padding: const EdgeInsets.
                  symmetric(vertical: 6),
                child: const Text('中文简体'),
              ),
            ),
            SimpleDialogOption(
              onPressed: () {
                // 返回 2
                Navigator.pop(context, 2);
              },
              child: Padding(
                padding: const EdgeInsets.symmetric(vertical: 6),
                child: const Text('美国英语'),
              ),
            ),
          ],
        );
      });

  if (i != null) {
    print("选择了：${i == 1 ? "中文简体" : "美国英语"}");
  }
}
```

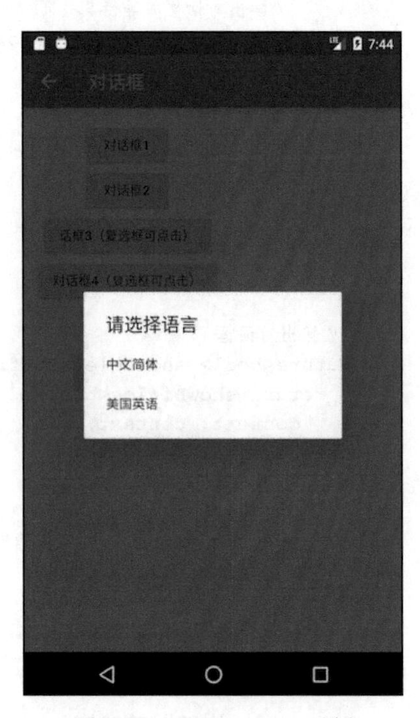

图 7-11 SimpleDialog 示例

在上述代码中，我们使用了 SimpleDialogOption 组件来包装列表项组件，它相当于一个 FlatButton，只不过按钮文案是左对齐的，并且 padding 较小。上面的示例代码运行结果是，用户选择一种语言，控制台就将其打印出来。

Dialog

实际上，AlertDialog 和 SimpleDialog 都使用了 Dialog 类。由于 AlertDialog 和 SimpleDialog

中使用了 IntrinsicWidth 来尝试通过子组件的实际尺寸来调整自身尺寸，这就导致了它们的子组件不能是延迟加载模型的组件（如 ListView、GridView 、CustomScrollView 等），如下所示的代码运行后会报错：

```
AlertDialog(
  content: ListView(
    children: ...// 省略
  ),
);
```

如果我们就是需要嵌套一个 ListView 时应该怎么做？这时，我们可以直接使用 Dialog 类，代码如下：

```
Dialog(
  child: ListView(
    children: ...// 省略
  ),
);
```

下面我们看一下弹出一个具有 30 个列表项的对话框示例，运行效果如图 7-12 所示。

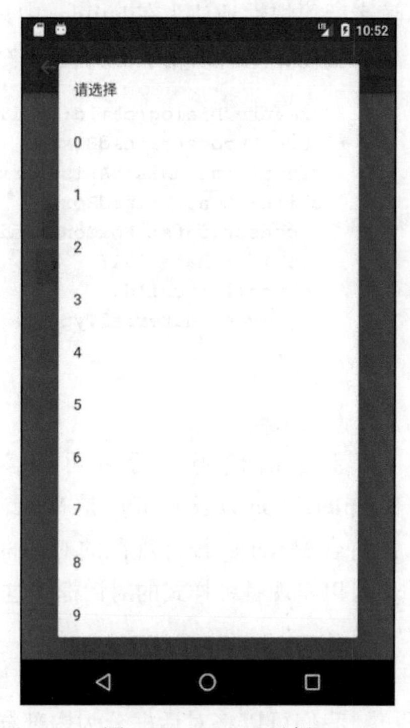

图 7-12　Dialog 示例

实现代码如下：

```
Future<void> showListDialog() async {
  int index = await showDialog<int>(
    context: context,
    builder: (BuildContext context) {
      var child = Column(
        children: <Widget>[
          ListTile(title: Text(" 请选择 ")),
          Expanded(
              child: ListView.builder(
            itemCount: 30,
            itemBuilder: (BuildContext context, int index) {
              return ListTile(
                title: Text("$index"),
                onTap: () => Navigator.of(context).pop(index),
              );
            },
          )),
        ],
      );
      // 使用 AlertDialog 会报错
      //return AlertDialog(content: child);
      return Dialog(child: child);
    },
  );
  if (index != null) {
    print(" 点击了：$index");
```

```
  }
}
```

现在，我们已经介绍了 AlertDialog、SimpleDialog 以及 Dialog。上面的示例中，我们在调用 showDialog 时，在 builder 中都是构建了这三个对话框组件其中的一种，可能有些读者会习惯性地认为在 builder 中只能返回这三者之一，其实并不是这样。例如 Dialog 的示例，我们完全可以用下面的代码来替代 Dialog：

```
// return Dialog(child: child)
return UnconstrainedBox(
  constrainedAxis: Axis.vertical,
  child: ConstrainedBox(
    constraints: BoxConstraints(maxWidth: 280),
    child: Material(
      child: child,
      type: MaterialType.card,
    ),
  ),
);
```

上面的代码运行后可以实现一样的效果。现在我们总结一下：AlertDialog、SimpleDialog 以及 Dialog 是 Material 组件库提供的三种对话框，旨在帮助开发者快速构建出符合 Material 设计规范的对话框，但读者完全可以自定义对话框的样式，因此，我们仍然可以实现各种样式的对话框，这样既带来了易用性，又有很强的可扩展性。

7.6.2 打开动画及遮罩

我们可以将对话框分为内部样式和外部样式两部分。内部样式是指对话框中显示的具体内容，这部分内容我们已经在前面介绍过了；外部样式包含对话框遮罩样式、打开动画等，本节主要介绍如何自定义这些外部样式。

关于动画的相关内容，我们将在本书的第 9 章中详细介绍，下面的内容读者可以先了解一下（不必深究），读者可以在学习完动画相关内容后再回过头来看。

我们已经介绍过了 showDialog 方法，它是 Material 组件库中提供的一个打开 Material 风格对话框的方法。那么，如何打开一个普通风格（非 Material 风格）的对话框呢？ Flutter 提供了一个 showGeneralDialog 方法，签名如下：

```
Future<T> showGeneralDialog<T>({
  @required BuildContext context,
  @required RoutePageBuilder pageBuilder, //构建对话框内部 UI
  bool barrierDismissible, //点击遮罩是否关闭对话框
  String barrierLabel, //语义化标签（用于读屏软件）
  Color barrierColor, //遮罩颜色
  Duration transitionDuration, //对话框打开 / 关闭的动画时长
  RouteTransitionsBuilder transitionBuilder, //对话框打开 / 关闭的动画
})
```

实际上，showDialog 方法正是 showGeneralDialog 的一个封装，其定制了 Material 风格对话框的遮罩颜色和动画。Material 风格对话框打开 / 关闭动画是一个 Fade（渐隐渐显）动画，如果我们想使用一个缩放动画则可以通过 transitionBuilder 来自定义。下面我们自己封装一个 showCustomDialog 方法，其定制的对话框动画为缩放动画，并且同时制定遮罩颜色为 Colors.black87，代码如下：

```
Future<T> showCustomDialog<T>({
  @required BuildContext context,
  bool barrierDismissible = true,
  WidgetBuilder builder,
}) {
  final ThemeData theme = Theme.of(context, shadowThemeOnly: true);
  return showGeneralDialog(
    context: context,
    pageBuilder: (BuildContext buildContext, Animation<double> animation,
        Animation<double> secondaryAnimation) {
      final Widget pageChild = Builder(builder: builder);
      return SafeArea(
        child: Builder(builder: (BuildContext context) {
          return theme != null
              ? Theme(data: theme, child: pageChild)
              : pageChild;
        }),
      );
    },
    barrierDismissible: barrierDismissible,
    barrierLabel: MaterialLocalizations.of(context).modalBarrierDismissLabel,
    barrierColor: Colors.black87, // 自定义遮罩颜色
    transitionDuration: const Duration(milliseconds: 150),
    transitionBuilder: _buildMaterialDialogTransitions,
  );
}

Widget _buildMaterialDialogTransitions(
    BuildContext context,
    Animation<double> animation,
    Animation<double> secondaryAnimation,
    Widget child) {
  // 使用缩放动画
  return ScaleTransition(
    scale: CurvedAnimation(
      parent: animation,
      curve: Curves.easeOut,
    ),
    child: child,
  );
}
```

现在，我们使用 showCustomDialog 打开文件删除确认对话框，代码如下：

```
... // 省略无关代码
showCustomDialog<bool>(
  context: context,
  builder: (context) {
    return AlertDialog(
      title: Text("提示"),
      content: Text("您确定要删除当前文件吗?"),
      actions: <Widget>[
        FlatButton(
          child: Text("取消"),
          onPressed: () => Navigator.of(context).pop(),
        ),
        FlatButton(
          child: Text("删除"),
          onPressed: () {
            // 执行删除操作
            Navigator.of(context).pop(true);
          },
        ),
      ],
    );
  },
);
```

运行效果如图 7-13 所示。

可以发现，遮罩颜色比通过 showDialog 方法打开的对话框的颜色更深。另外对话框打开 / 关闭的动画已变为缩放动画了，读者可以亲自运行示例查看效果。

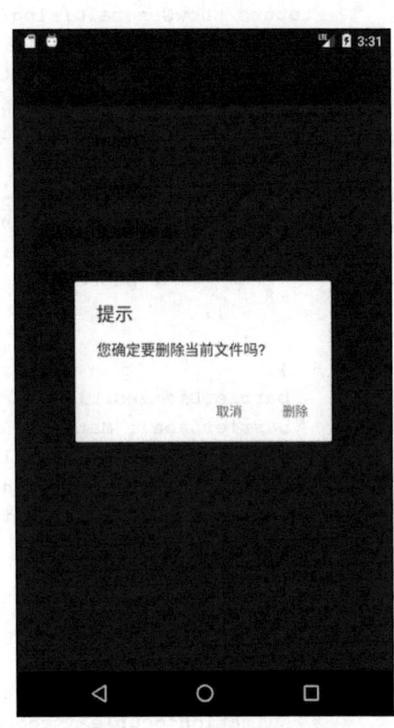

图 7-13 自定义对话框样式

7.6.3 对话框实现原理

我们已经知道，对话框最终都是由 showGeneral-Dialog 方法打开的，下面我们来看看它的具体实现代码：

```
Future<T> showGeneralDialog<T>({
  @required BuildContext context,
  @required RoutePageBuilder pageBuilder,
  bool barrierDismissible,
  String barrierLabel,
  Color barrierColor,
  Duration transitionDuration,
  RouteTransitionsBuilder transitionBuilder,
}) {
  return Navigator.of(context, rootNavigator: true).push<T>(_DialogRoute<T>(
    pageBuilder: pageBuilder,
    barrierDismissible: barrierDismissible,
    barrierLabel: barrierLabel,
    barrierColor: barrierColor,
```

```
      transitionDuration: transitionDuration,
      transitionBuilder: transitionBuilder,
    ));
  }
```

实现代码很简单，直接调用Navigator的push方法打开一个新的对话框路由_DialogRoute，然后返回push的返回值。可见对话框实际上正是通过路由的形式实现的，这也是为什么我们可以使用Navigator的pop方法来退出对话框的原因。_DialogRoute中有关于对话框的样式定制，读者可以自行查看。

7.6.4 对话框状态管理

我们在用户选择删除一个文件时，会询问是否删除此文件；在用户选择一个文件夹时，应该让用户再次确认是否删除子文件夹。为了在用户选择文件夹时避免二次弹窗来确认是否删除子目录，我们在确认对话框的底部添加一个"同时删除子目录？"的复选框，如图7-14所示。

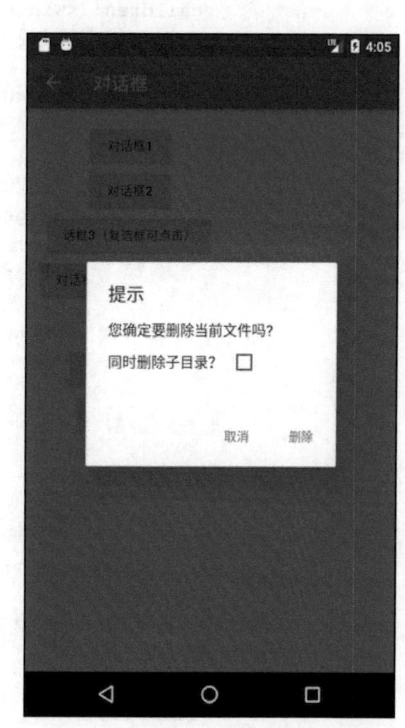

图7-14 带复选框的对话框

现在有一个问题：如何管理复选框的选中状态？习惯上，我们会在路由页的State中管理选中状态，我们可能会写出如下所示的代码：

```
class _DialogRouteState extends State
<DialogRoute> {
  bool withTree = false; // 复选框选中状态

  @override
  Widget build(BuildContext context) {
    return Column(
      children: <Widget>[
        RaisedButton(
          child: Text(" 对话框 2"),
          onPressed: () async {
            bool delete = await showDeleteConfirmDialog2();
            if (delete == null) {
              print(" 取消删除 ");
            } else {
              print(" 同时删除子目录 : $delete");
            }
          },
        ),
      ],
    );
  }
```

```
Future<bool> showDeleteConfirmDialog2() {
  withTree = false; //默认不选中复选框
  return showDialog<bool>(
    context: context,
    builder: (context) {
      return AlertDialog(
        title: Text("提示"),
        content: Column(
          crossAxisAlignment: CrossAxisAlignment.start,
          mainAxisSize: MainAxisSize.min,
          children: <Widget>[
            Text("您确定要删除当前文件吗?"),
            Row(
              children: <Widget>[
                Text("同时删除子目录? "),
                Checkbox(
                  value: withTree,
                  onChanged: (bool value) {
                    //复选框选中状态发生变化时重新构建UI
                    setState(() {
                      //更新复选框状态
                      withTree = !withTree;
                    });
                  },
                ),
              ],
            ),
          ],
        ),
        actions: <Widget>[
          FlatButton(
            child: Text("取消"),
            onPressed: () => Navigator.of(context).pop(),
          ),
          FlatButton(
            child: Text("删除"),
            onPressed: () {
              //执行删除操作
              Navigator.of(context).pop(withTree);
            },
          ),
        ],
      );
    },
  );
}
}
```

然后，当我们运行上面的代码时，我们会发现复选框根本选不中！为什么会这样呢？原因其实很简单，我们知道 setState 方法只会针对当前 context 的子树重新构建，但是我们

的对话框并不是在 _DialogRouteState 的 build 方法中构建的，而是通过 showDialog 单独构建的，所以在 _DialogRouteState 的 context 中调用 setState 是无法影响通过 showDialog 构建的 UI 的。另外，我们可以从另外一个角度来理解这个现象，前面说过对话框也是通过路由的方式来实现的，那么上面的代码实际上就等同于企图在父路由中调用 setState 来更新子路由，这显然是不行的！简而言之，根本原因就是 context 不对。那么如何让复选框可点击呢？通常有如下三种方法。

单独抽离出 StatefulWidget

既然是 context 不对，那么最直接的思路就是将复选框的选中逻辑单独封装成一个 StatefulWidget，然后在其内部管理复选状态。我们先来看一下这种方法，下面是实现代码：

```
// 单独封装一个内部管理选中状态的复选框组件
class DialogCheckbox extends StatefulWidget {
  DialogCheckbox({
    Key key,
    this.value,
    @required this.onChanged,
  });

  final ValueChanged<bool> onChanged;
  final bool value;

  @override
  _DialogCheckboxState createState() => _DialogCheckboxState();
}

class _DialogCheckboxState extends State<DialogCheckbox> {
  bool value;

  @override
  void initState() {
    value = widget.value;
    super.initState();
  }

  @override
  Widget build(BuildContext context) {
    return Checkbox(
      value: value,
      onChanged: (v) {
        // 将选中状态通过事件的形式抛出
        widget.onChanged(v);
        setState(() {
          // 更新自身选中状态
          value = v;
        });
      },
```

```
    );
  }
}
```

下面是弹出对话框的代码：

```
Future<bool> showDeleteConfirmDialog3() {
  bool _withTree = false; //记录复选框是否选中
  return showDialog<bool>(
    context: context,
    builder: (context) {
      return AlertDialog(
        title: Text("提示"),
        content: Column(
          crossAxisAlignment: CrossAxisAlignment.start,
          mainAxisSize: MainAxisSize.min,
          children: <Widget>[
            Text("您确定要删除当前文件吗？"),
            Row(
              children: <Widget>[
                Text("同时删除子目录？"),
                DialogCheckbox(
                  value: _withTree, //默认不选中
                  onChanged: (bool value) {
                    //更新选中状态
                    _withTree = !_withTree;
                  },
                ),
              ],
            ),
          ],
        ),
        actions: <Widget>[
          FlatButton(
            child: Text("取消"),
            onPressed: () => Navigator.of(context).pop(),
          ),
          FlatButton(
            child: Text("删除"),
            onPressed: () {
              //将选中状态返回
              Navigator.of(context).pop(_withTree);
            },
          ),
        ],
      );
    },
  );
}
```

最后，就是使用 RaisedButton() 方法，代码如下：

```
RaisedButton(
  child: Text("话框 3（复选框可点击）"),
  onPressed: () async {
    // 弹出删除确认对话框，等待用户确认
    bool deleteTree = await showDeleteConfirmDialog3();
    if (deleteTree == null) {
      print("取消删除");
    } else {
      print("同时删除子目录：$deleteTree");
    }
  },
),
```

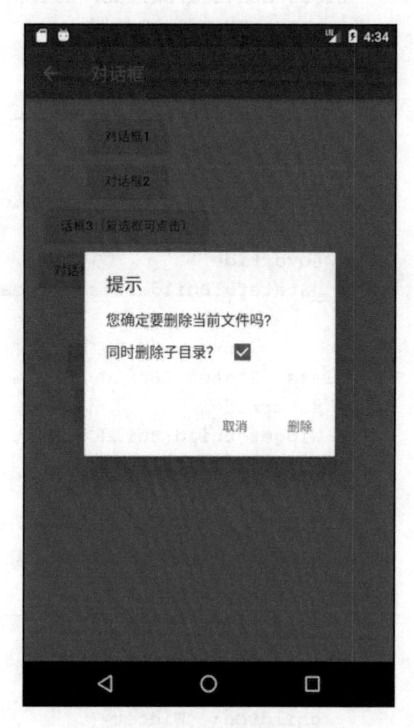

图 7-15　复选框可选中

运行后的效果如图 7-15 所示。

可见复选框能选中了，点击“取消”或“删除”后，控制台就会打印出最终的确认状态。

使用 StatefulBuilder 方法

上面的方法虽然能够解决对话框状态更新的问题，但是还存在一个明显的缺点——对话框上所有需要改变状态的组件都必须单独封装进一个在内部管理状态的 StatefulWidget 中，这样做不仅麻烦，而且复用性不高。因此，我们需要思考一下能不能找到一种更简单的方法？上面的方法本质上就是将对话框的状态置于一个 StatefulWidget 的上下文中，由 StatefulWidget 在内部管理，那么我们有没有办法在不需要单独抽离组件的情况下创建一个 StatefulWidget 的上下文呢？想到这里，我们可以从 Builder 组件的实现中获得灵感。前文中曾介绍过，Builder 组件可以获得组件所在位置的真正的 context，那么它是怎么实现的呢，下面我们来看一下它的源代码：

```
class Builder extends StatelessWidget {
  const Builder({
    Key key,
    @required this.builder,
  }) : assert(builder != null),
       super(key: key);
  final WidgetBuilder builder;

  @override
  Widget build(BuildContext context) => builder(context);
}
```

可以看到，Builder 实际上只是继承了 StatelessWidget，然后在 build 方法中获取当前

context 后，将构建方法代理到了 builder 回调，Builder 实际上是获取了 StatelessWidget 的上下文。那么我们能否用相同的方法获取 StatefulWidget 的上下文，并代理其 build 方法呢？下面我们照猫画虎，来封装一个 StatefulBuilder 方法：

```
class StatefulBuilder extends StatefulWidget {
  const StatefulBuilder({
    Key key,
    @required this.builder,
  }) : assert(builder != null),
       super(key: key);

  final StatefulWidgetBuilder builder;

  @override
  _StatefulBuilderState createState() => _StatefulBuilderState();
}

class _StatefulBuilderState extends State<StatefulBuilder> {
  @override
  Widget build(BuildContext context) => widget.builder(context, setState);
}
```

代码很简单，StatefulBuilder 获取了 StatefulWidget 的上下文，并代理了其构建过程。下面我们通过 StatefulBuilder 来重构上面的代码（变动只在 DialogCheckbox 部分），重构代码如下：

```
... //省略无关代码
Row(
  children: <Widget>[
    Text("同时删除子目录？"),
    //使用 StatefulBuilder 来构建 StatefulWidget 上下文
    StatefulBuilder(
      builder: (context, _setState) {
        return Checkbox(
          value: _withTree, //默认不选中
          onChanged: (bool value) {
            //_setState 方法实际上就是该 StatefulWidget 的 setState 方法，
            //调用后 builder 方法会重新被调用
            _setState(() {
              //更新选中状态
              _withTree = !_withTree;
            });
          },
        );
      },
    ),
  ],
),
```

实际上，这种方法本质上就是子组件通知父组件（StatefulWidget）重新build子组件本身来实现UI更新的方法，读者可以对比代码理解。实际上，StatefulBuilder正是Flutter SDK中提供的一个类，其与Builder的原理是一样的，在此，提醒读者一定要对StatefulBuilder和Builder理解透彻，因为它们在Flutter中是非常实用的。

精妙的解法

是否还有更简单的解决方案呢？要确认这个问题，我们需要先想清楚UI是怎么更新的，我们知道在调用setState方法后，StatefulWidget会重新构建，那么setState方法做了什么呢？我们能不能从中找到方法？顺着这个思路，我们来看一下setState的核心源代码：

```
void setState(VoidCallback fn) {
  ... //省略无关代码
  _element.markNeedsBuild();
}
```

从上述代码中，我们可以发现，setState中调用了Element的markNeedsBuild()方法，我们在前面说过，Flutter是一个响应式框架，要想更新UI，只需要在改变状态后通知框架页面需要重构即可，而Element的markNeedsBuild()方法正是用于实现这个功能的！markNeedsBuild()方法会将当前的Element对象标记为“dirty”(脏的)，在每一个Frame中，Flutter都会重新构建并标记为“dirty”Element对象。既然如此，我们有没有办法获取到对话框内部UI的Element对象，然后将其标示为“dirty”呢？答案是肯定的！我们可以通过Context来得到Element对象，至于Element与Context的关系，我们将会在第14章中再深入介绍，现在只需要简单地认为：在组件树中，context实际上就是Element对象的引用。知道这个后，解决的方案就呼之欲出了，我们可以通过如下方式来使得复选框的状态可以得到更新：

```
Future<bool> showDeleteConfirmDialog4() {
  bool _withTree = false;
  return showDialog<bool>(
    context: context,
    builder: (context) {
      return AlertDialog(
        title: Text("提示"),
        content: Column(
          crossAxisAlignment: CrossAxisAlignment.start,
          mainAxisSize: MainAxisSize.min,
          children: <Widget>[
            Text("您确定要删除当前文件吗?"),
            Row(
              children: <Widget>[
                Text("同时删除子目录？"),
                Checkbox( //依然使用Checkbox组件
                  value: _withTree,
                  onChanged: (bool value) {
```

```
                    // 此时，context 为对话框 UI 的根 Element，我们
                    // 直接将与对话框 UI 对应的 Element 标记为 dirty
                    (context as Element).markNeedsBuild();
                    _withTree = !_withTree;
                  },
                ),
              ],
            ),
          ],
        ),
        actions: <Widget>[
          FlatButton(
            child: Text(" 取消 "),
            onPressed: () => Navigator.of(context).pop(),
          ),
          FlatButton(
            child: Text(" 删除 "),
            onPressed: () {
              // 执行删除操作
              Navigator.of(context).pop(_withTree);
            },
          ),
        ],
      );
    },
  );
}
```

上面的代码运行后，复选框可以正常选中了。可以看到，我们只用了一行代码便解决了这个问题！当然上面的代码并不是最优的，因为我们只需要更新复选框的状态，而此时的 context 采用的是对话框的根 context，所以会导致整个对话框 UI 组件全部 rebuild，因此最好的做法是将 context 的“范围”缩小，也就是说只将 Checkbox 的 Element 标记为 dirty，优化后的代码为：

```
... // 省略无关代码
Row(
  children: <Widget>[
    Text(" 同时删除子目录？ "),
    // 通过 Builder 来获得构建 Checkbox 的 `context`,
    // 这是一种常用的缩小 `context` 范围的方式
    Builder(
      builder: (BuildContext context) {
        return Checkbox(
          value: _withTree,
          onChanged: (bool value) {
            (context as Element).markNeedsBuild();
            _withTree = !_withTree;
          },
        );
```

```
        },
      ),
    ],
  ),
```

7.6.5 其他类型的对话框

底部菜单列表

showModalBottomSheet 方法可以弹出一个 Material 风格的底部菜单列表模态对话框，示例代码如下：

```
// 弹出底部菜单列表模态对话框
Future<int> _showModalBottomSheet() {
  return showModalBottomSheet<int>(
    context: context,
    builder: (BuildContext context) {
      return ListView.builder(
        itemCount: 30,
        itemBuilder: (BuildContext context, int index) {
          return ListTile(
            title: Text("$index"),
            onTap: () => Navigator.of(context).pop(index),
          );
        },
      );
    },
  );
}
```

点击按钮，弹出该对话框：

```
RaisedButton(
  child: Text("显示底部菜单列表"),
  onPressed: () async {
    int type = await _showModalBottomSheet();
    print(type);
  },
),
```

上述代码段运行后的效果如图 7-16 所示。

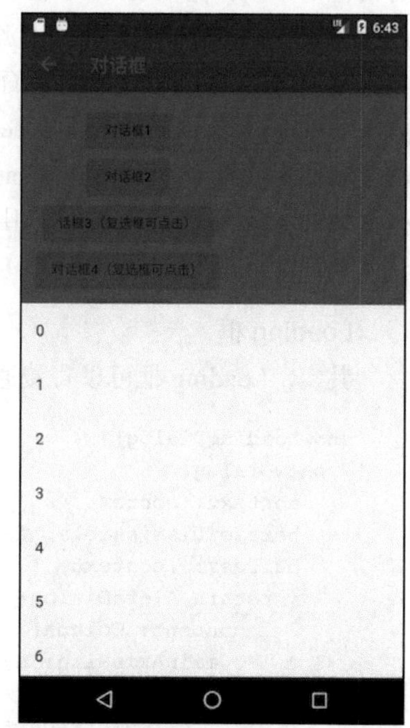

图 7-16 Material 风格的底部菜单列表模态对话框

showModalBottomSheet 的实现原理与 showGeneralDialog 的实现原理相同，都是通过路由的方式来实现，读者可以查看源码对比。值得一提的是，还有一个 showBottomSheet 方法，该方法会从设备的底部向上弹出一个全屏的菜单列表，示例代码如下：

```
// 返回的是一个 controller
```

```
PersistentBottomSheetController<int> _showBottomSheet() {
  return showBottomSheet<int>(
    context: context,
    builder: (BuildContext context) {
      return ListView.builder(
        itemCount: 30,
        itemBuilder: (BuildContext context, int index) {
          return ListTile(
            title: Text("$index"),
            onTap: (){
              // do something
              print("$index");
              Navigator.of(context).pop();
            },
          );
        },
      );
    },
  );
}
```

运行效果如图 7-17 所示。

PersistentBottomSheetController 中包含了一些控制对话框的方法，比如 close 方法可以关闭该对话框，功能比较简单，读者可以自行查看源码。唯一需要注意的是，showBottomSheet 与我们上面介绍的弹出对话框的方法的原理不同：showBottomSheet 是调用 Widget 树顶部的 Scaffold 组件的 ScaffoldState 的 showBottomSheet 同名方法实现，也就是说，要调用 showBottomSheet 方法就必须得保证父级组件中含有 Scaffold。

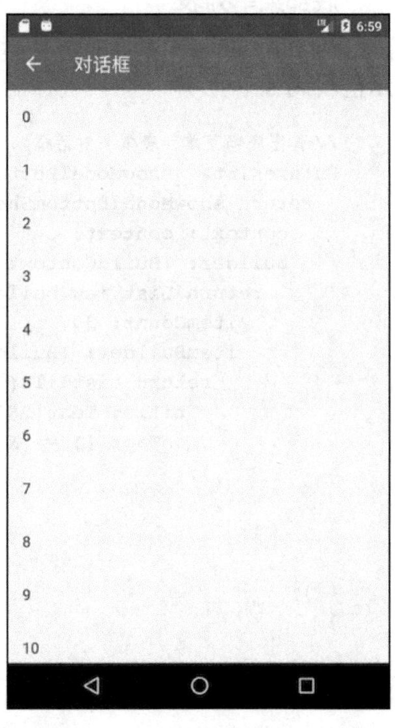

图 7-17　showBottomSheet 示例

Loading 框

其实，Loading 框可以直接通过 showDialog+AlertDialog 来自定义，示例代码如下：

```
showLoadingDialog() {
  showDialog(
    context: context,
    barrierDismissible: false, //点击遮罩不关闭对话框
    builder: (context) {
      return AlertDialog(
        content: Column(
          mainAxisSize: MainAxisSize.min,
          children: <Widget>[
            CircularProgressIndicator(),
            Padding(
              padding: const EdgeInsets.only(top: 26.0),
              child: Text("正在加载，请稍后..."),
```

```
              )
            ],
          ),
        );
      },
    );
  }
```

显示效果如图 7-18 所示。

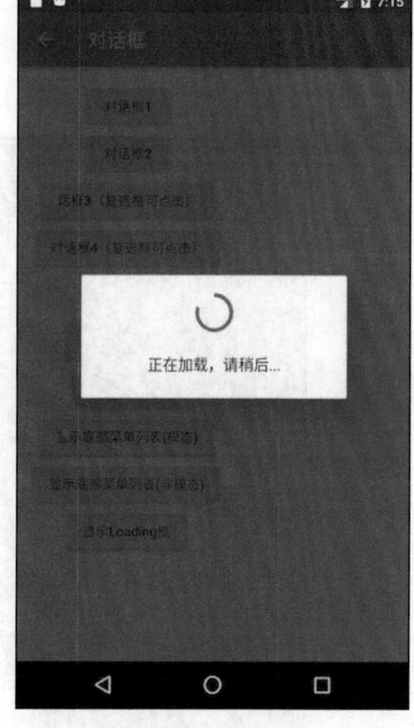

图 7-18　Loading 框

如果我们觉得 Loading 框太宽，想自定义对话框的宽度，那么这时只使用 SizedBox 或 ConstrainedBox 是不行的，原因是 showDialog 中已经为对话框设置了宽度限制，根据 5.2 节中所描述的内容，我们可以使用 UnconstrainedBox 先抵消 showDialog 对宽度的限制，然后再使用 SizedBox 指定宽度，代码如下：

```
... //省略无关代码
UnconstrainedBox(
  constrainedAxis: Axis.vertical,
  child: SizedBox(
    width: 280,
    child: AlertDialog(
      content: Column(
        mainAxisSize: MainAxisSize.min,
        children: <Widget>[
          CircularProgressIndicator(value: .8,),
          Padding(
            padding: const EdgeInsets.only(top: 26.0),
            child: Text("正在加载，请稍后..."),
          )
        ],
      ),
    ),
  ),
);
```

上述代码运行后，运行效果如图 7-19 所示。

日历选择

我们先看一下 Material 风格的日历选择器，如图 7-20 所示。

实现代码如下：

```
Future<DateTime> _showDatePicker1() {
  var date = DateTime.now();
  return showDatePicker(
    context: context,
    initialDate: date,
```

```
      firstDate: date,
      lastDate: date.add( //未来30天可选
        Duration(days: 30),
      ),
    );
  }
```

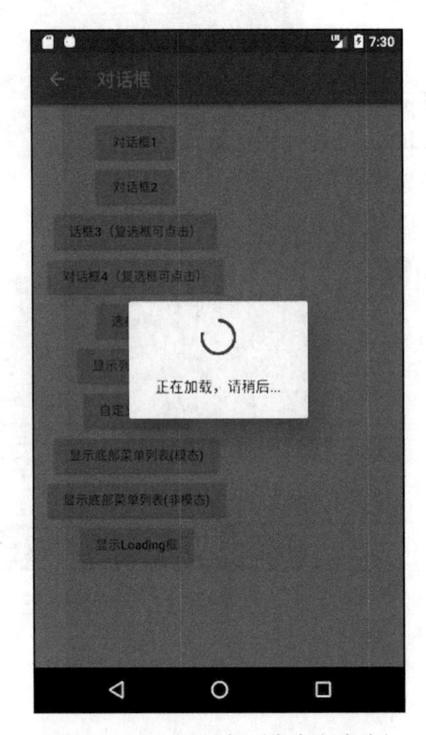

图 7-19　Loading 框（自定义宽度）

图 7-20　Material 风格的日历选择框

iOS 风格的日历选择器需要使用 showCupertinoModalPopup 方法和 CupertinoDatePicker 组件来实现，代码如下：

```
  Future<DateTime> _showDatePicker2() {
    var date = DateTime.now();
    return showCupertinoModalPopup(
      context: context,
      builder: (ctx) {
        return SizedBox(
          height: 200,
          child: CupertinoDatePicker(
            mode: CupertinoDatePickerMode.dateAndTime,
            minimumDate: date,
            maximumDate: date.add(
              Duration(days: 30),
            ),
            maximumYear: date.year + 1,
```

```
          onDateTimeChanged: (DateTime value) {
            print(value);
          },
        ),
      );
    },
  );
}
```

运行效果如图 7-21 所示。

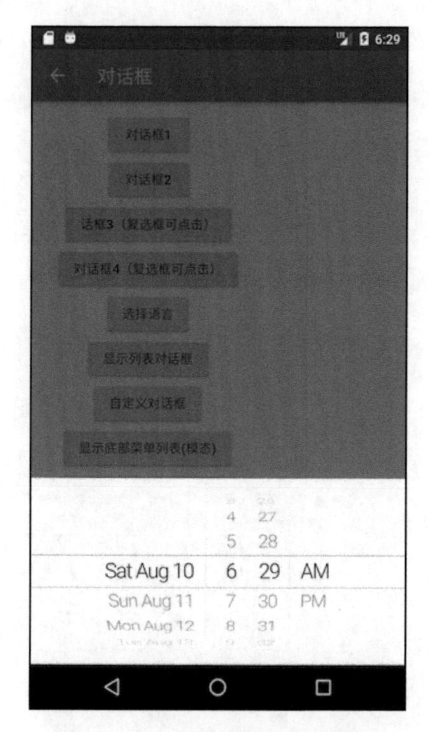

图 7-21　iOS 风格的日历选择框

第二篇 *Part 2*

进 阶 篇

Chapter 8 第8章

事件处理与通知

8.1 原始指针事件处理

本节首先介绍一下原始指针事件（Pointer Event，在移动设备上通常为触摸事件），8.2 节再介绍手势识别和处理的相关内容。

在移动端，各个平台或 UI 系统的原始指针事件模型基本上都是一致的，即一次完整的事件可分为三个阶段：手指按下、手指移动和手指抬起，而更高级别的手势（如点击、双击、拖动等）都是基于这些原始事件进行的。

当指针按下时，Flutter 会对应用程序执行**命中测试（Hit Test）**，以确定指针与屏幕接触的位置存在哪些组件（Widget），指针按下事件（以及该指针的后续事件）被分发到由命中测试发现的最内部的组件，然后从那里开始，事件会在组件树中向上冒泡，这些事件会从最内部的组件被分发到组件树根所在路径上的所有组件，这一点与 Web 开发中浏览器的**事件冒泡**机制相似，但是 Flutter 中并没有机制取消或停止“冒泡”的过程，而浏览器的冒泡是可以停止的。注意，只有通过命中测试的组件才能触发事件。

Flutter 中可以使用 Listener 监听原始触摸事件，按照本书对组件的分类，Listener 也是一个功能性组件。下面是 Listener 的构造函数的定义代码：

```
Listener({
  Key key,
  this.onPointerDown, // 手指按下回调
  this.onPointerMove, // 手指移动回调
  this.onPointerUp,// 手指抬起回调
  this.onPointerCancel,// 触摸事件取消回调
  this.behavior = HitTestBehavior.deferToChild, // 在命中测试期间如何表现
```

```
  Widget child
})
```

我们先来看一个示例，后面再单独讨论一下 behavior 属性，示例代码如下：

```
...
//定义一个状态，保存当前的指针位置
PointerEvent _event;
...
Listener(
  child: Container(
    alignment: Alignment.center,
    color: Colors.blue,
    width: 300.0,
    height: 150.0,
    child: Text(_event?.toString()??"",style: TextStyle(color: Colors.white)),
  ),
  onPointerDown: (PointerDownEvent event) => setState(()=>_event=event),
  onPointerMove: (PointerMoveEvent event) => setState(()=>_event=event),
  onPointerUp: (PointerUpEvent event) => setState(()=>_event=event),
),
```

运行后的效果如图 8-1 所示。

手指在蓝色矩形区域内移动即可看到当前指针偏移，在触发指针事件时，参数 PointerDownEvent、PointerMoveEvent、PointerUpEvent 都是 PointerEvent 的一个子类，PointerEvent 类中包括当前指针的一些信息，具体如下。

PointerMoveEvent(Offset(223.4, 237.4))

图 8-1　Listener 示例

- position：指鼠标相对于全局坐标的偏移。
- delta：两次指针移动事件（PointerMoveEvent）的距离。
- pressure：按压力度，如果手机屏幕支持压力传感器（如 iPhone 的 3D Touch），那么此属性会更有意义，如果手机不支持，则始终为 1。
- orientation：指针移动方向，是一个角度值。

上面只是 PointerEvent 的一些常用属性，除了这些它还有很多属性，读者可以查看 API 文档自行了解。

现在，我们重点介绍一下 behavior 属性，该属性决定了子组件如何响应命中测试，它的值类型为 HitTestBehavior，这是一个枚举类，具有如下三个枚举值。

- deferToChild：子组件会一个接一个地进行命中测试，如果子组件中有测试通过的，则当前组件通过，这就意味着，如果指针事件作用于子组件上时，其父级组件肯定也可以收到该事件。
- opaque：在命中测试时，将当前组件当成不透明处理（即使本身是透明的），最终的效果相当于当前 Widget 的整个区域都是点击区域。下面举个例子来说明，示例代码如下：

```
Listener(
  child: ConstrainedBox(
    constraints: BoxConstraints.tight(Size(300.0, 150.0)),
    child: Center(child: Text("Box A")),
  ),
  //behavior: HitTestBehavior.opaque,
  onPointerDown: (event) => print("down A")
),
```

上例中，只有点击文本内容区域时才会触发点击事件，因为 deferToChild 会去子组件中判断是否命中测试，而在该例中子组件就是 Text("Box A")。如果想让整个 300×150 的矩形区域都能点击，那么我们可以将 behavior 设为 HitTestBehavior.opaque。注意，该属性并不能用于在组件树中拦截（忽略）事件，它只是决定命中测试时组件的大小。

- translucent：点击组件透明区域时，可以对自身边界内及底部可视区域都进行命中测试，这就意味着点击顶部组件透明区域时，顶部组件和底部组件都可以接收到事件，例如：

```
Stack(
  children: <Widget>[
    Listener(
      child: ConstrainedBox(
        constraints: BoxConstraints.tight(Size(300.0, 200.0)),
        child: DecoratedBox(
            decoration: BoxDecoration(color: Colors.blue)),
      ),
      onPointerDown: (event) => print("down0"),
    ),
    Listener(
      child: ConstrainedBox(
        constraints: BoxConstraints.tight(Size(200.0, 100.0)),
        child: Center(child: Text(" 左上角 200*100 范围内非文本区域点击 ")),
      ),
      onPointerDown: (event) => print("down1"),
      //behavior: HitTestBehavior.translucent, // 放开此行注释后可以“点透”
    )
  ],
)
```

上例中，在注释掉最后一行代码后，在左上角 200×100 范围内非文本区域点击时（顶部组件透明区域），控制台只会打印“down0”，也就是说顶部组件没有接收到事件，只有底部组件接收到了。当放开注释后，再点击时顶部和底部都会接收到事件，此时会打印：

```
I/flutter ( 3039): down1
I/flutter ( 3039): down0
```

如果将 behavior 的值改为 HitTestBehavior.opaque，则只会打印“down1”。

忽略 PointerEvent

假如我们不想让某个子树响应 PointerEvent，则我们可以使用 IgnorePointer 和 AbsorbPointer，这两个组件都能阻止子树接收指针事件，不同之处在于 AbsorbPointer 本身会参与命中测试，而 IgnorePointer 本身不会参与，这就意味着 AbsorbPointer 本身是可以接收指针事件的（但其子树不行），而 IgnorePointer 不可以。一个简单的例子如下：

```
Listener(
  child: AbsorbPointer(
    child: Listener(
      child: Container(
        color: Colors.red,
        width: 200.0,
        height: 100.0,
      ),
      onPointerDown: (event)=>print("in"),
    ),
  ),
  onPointerDown: (event)=>print("up"),
)
```

点击 Container 时，由于它在 AbsorbPointer 的子树上，所以不会响应指针事件，因此日志不会输出“in”，但 AbsorbPointer 本身是可以接收指针事件的，所以会输出“up”。如果将 AbsorbPointer 换成 IgnorePointer，那么两个都不会输出。

8.2 手势识别

本节首先介绍一下 Flutter 中用于处理手势的 GestureDetector 和 GestureRecognizer，然后再详细讨论手势竞争与冲突问题。

8.2.1 GestureDetector

GestureDetector 是一个用于手势识别的功能性组件，其可用于识别各种手势。GestureDetector 实际上是指针事件的语义化封装，接下来我们详细介绍一下各种手势识别。

点击、双击、长按

我们通过 GestureDetector 对 Container 进行手势识别，触发相应事件之后，在 Container 上显示事件名，为了增大点击区域，可将 Container 设置为 200 × 100，代码如下：

```
class GestureDetectorTestRoute extends StatefulWidget {
  @override
  _GestureDetectorTestRouteState createState() =>
      new _GestureDetectorTestRouteState();
```

```
}

class _GestureDetectorTestRouteState extends State<GestureDetectorTestRoute> {
  String _operation = "No Gesture detected!"; //保存事件名
  @override
  Widget build(BuildContext context) {
    return Center(
      child: GestureDetector(
        child: Container(
          alignment: Alignment.center,
          color: Colors.blue,
          width: 200.0,
          height: 100.0,
          child: Text(_operation,
            style: TextStyle(color: Colors.
              white),
          ),
        ),
        onTap: () => updateText("Tap"),//点击
        onDoubleTap: () => updateText
          ("DoubleTap"), //双击
        onLongPress: () => updateText
          ("LongPress"), //长按
      ),
    );
  }

  void updateText(String text) {
    //更新显示的事件名
    setState(() {
      _operation = text;
    });
  }
}
```

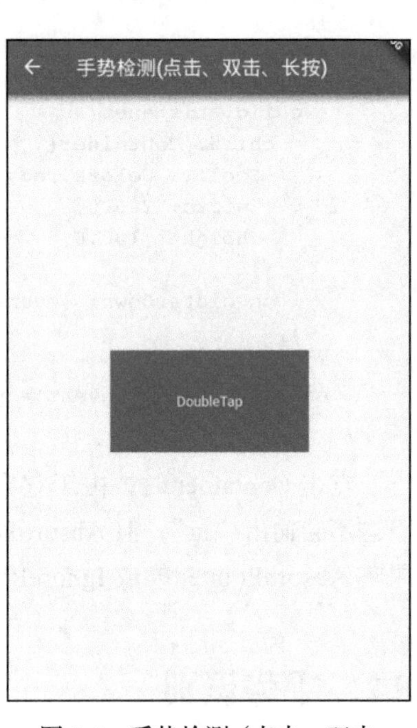

图 8-2　手势检测（点击、双击、长按）示例

运行效果如图 8-2 所示。

> 注意　同时监听 onTap 和 onDoubleTap 事件时，用户在触发 tap 事件后，会有 200 毫秒左右的延时，这是因为用户在点击完之后很可能会再次点击以触发双击事件，所以 GestureDetector 会等候一段时间来确定是否为双击事件。如果用户只监听了 onTap（没有监听 onDoubleTap）事件，则没有延时。

拖动、滑动

一次完整的手势过程是指用户手指按下到抬起的整个过程，期间，用户按下手指后可能会移动，也可能不会移动。GestureDetector 对于拖动和滑动事件是没有区分的，它们本质上是一样的。GestureDetector 会将要监听的组件的原点（左上角）作为本次手势的原点，

当用户在监听的组件上按下手指时，手势识别就会开始。下面我们看一个拖动圆形字母A的示例，代码如下：

```
class _Drag extends StatefulWidget {
  @override
  _DragState createState() => new _DragState();
}

class _DragState extends State<_Drag> with SingleTickerProviderStateMixin {
  double _top = 0.0; //距离顶部的偏移
  double _left = 0.0;//距离左边的偏移

  @override
  Widget build(BuildContext context) {
    return Stack(
      children: <Widget>[
        Positioned(
          top: _top,
          left: _left,
          child: GestureDetector(
            child: CircleAvatar(child: Text("A")),
            //手指按下时会触发此回调
            onPanDown: (DragDownDetails e) {
              //打印手指按下的位置(相对于屏幕)
              print("用户手指按下：${e.globalPosition}");
            },
            //手指滑动时会触发此回调
            onPanUpdate: (DragUpdateDetails e) {
              //用户手指滑动时，更新偏移，重新构建
              setState(() {
                _left += e.delta.dx;
                _top += e.delta.dy;
              });
            },
            onPanEnd: (DragEndDetails e){
              //打印滑动结束时在x、y轴上的速度
              print(e.velocity);
            },
          ),
        )
      ],
    );
  }
}
```

运行后，就可以在任意方向拖动了，运行效果如图8-3所示。

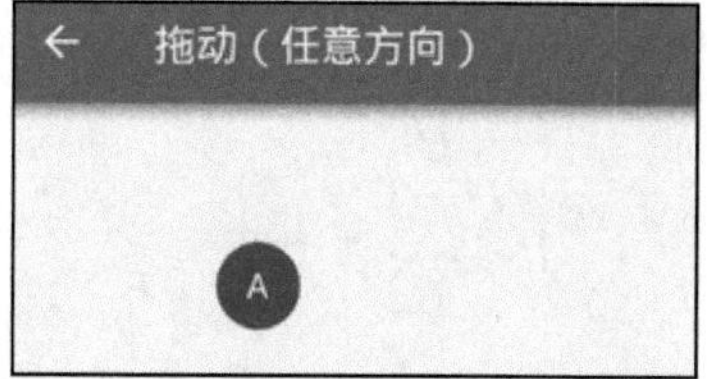

图8-3 拖动（任意方向）示例

日志输出如下：

```
I/flutter ( 8513): 用户手指按下：Offset(26.3, 101.8)
```

```
I/flutter ( 8513): Velocity(235.5, 125.8)
```

对上述代码的解释如下。

- DragDownDetails.globalPosition：当用户按下时，此属性为用户按下的位置相对于**屏幕**（而非父组件）原点（左上角）的偏移。
- DragUpdateDetails.delta：当用户在屏幕上滑动时，会触发多次 Update 事件，delta 是指一次 Update 事件的滑动的偏移量。
- DragEndDetails.velocity：该属性代表用户抬起手指时的滑动速度（包含 x、y 两个轴的），示例中并没有处理手指抬起时的速度，常见的效果是根据用户抬起手指时的速度做一个减速动画。

单一方向拖动

在本示例中，拖动是可以朝任意方向进行的，但是在很多场景中，我们只需要沿一个方向来拖动，如一个垂直方向的列表，GestureDetector 可以只识别特定方向的手势事件，下面我们将上面的例子改为只能沿垂直方向拖动，示例代码如下：

```
class _DragVertical extends StatefulWidget {
  @override
  _DragVerticalState createState() => new _DragVerticalState();
}

class _DragVerticalState extends State<_DragVertical> {
  double _top = 0.0;

  @override
  Widget build(BuildContext context) {
    return Stack(
      children: <Widget>[
        Positioned(
          top: _top,
          child: GestureDetector(
            child: CircleAvatar(child: Text("A")),
            //垂直方向拖动事件
            onVerticalDragUpdate: (DragUpdateDetails details) {
              setState(() {
                _top += details.delta.dy;
              });
            }
          ),
        )
      ],
    );
  }
}
```

这样就只能在垂直方向拖动了，如果只想在水平方向滑动与此同理。

缩放

GestureDetector 可以监听缩放事件，下面的示例代码演示了一个简单的图片缩放效果：

```
class _ScaleTestRouteState extends State<_ScaleTestRoute> {
  double _width = 200.0; //通过修改图片宽度来达到缩放效果

  @override
  Widget build(BuildContext context) {
    return Center(
      child: GestureDetector(
        //指定宽度，高度自适应
        child: Image.asset("./images/sea.png", width: _width),
        onScaleUpdate: (ScaleUpdateDetails details) {
          setState(() {
            //缩放倍数在 0.8 到 10 倍之间
            _width=200*details.scale.clamp(.8, 10.0);
          });
        },
      ),
    );
  }
}
```

运行效果如图 8-4 所示。

现在，在图片上双指张开、收缩就可以放大、缩小图片了。本示例比较简单，实际中我们通常还需要一些其他的功能，如双击放大或缩小一定的倍数、双指张开离开屏幕时执行一个减速放大动画等，读者可以在学习完第 9 章中的内容后自行尝试实现一下。

图 8-4　缩放示例

8.2.2　GestureRecognizer

GestureDetector 内部是使用一个或多个 GestureRecognizer 来识别各种手势的，而 GestureRecognizer 的作用就是通过 Listener 来将原始指针事件转换为语义手势，GestureDetector 直接可以接收一个子 Widget。GestureRecognizer 是一个抽象类，一种手势的识别器对应于一个 GestureRecognizer 的子类，Flutter 实现了丰富的手势识别器，我们可以直接使用。

示例

假设我们要为一段富文本（RichText）的不同部分分别添加点击事件处理器，但是 TextSpan 并不是一个 Widget，这时，我们不能使用 GestureDetector，但 TextSpan 有一个 recognizer 属性，它可以接收一个 GestureRecognizer。

假设我们需要在点击时使文本变色，实现代码如下：

```
import 'package:flutter/gestures.dart';

class _GestureRecognizerTestRouteState
    extends State<_GestureRecognizerTestRoute> {
  TapGestureRecognizer _tapGestureRecognizer = new TapGestureRecognizer();
  bool _toggle = false; //变色开关

  @override
  void dispose() {
     //如果需要用到GestureRecognizer，那么一定要调用其dispose方法释放资源
    _tapGestureRecognizer.dispose();
    super.dispose();
  }

  @override
  Widget build(BuildContext context) {
    return Center(
      child: Text.rich(
        TextSpan(
          children: [
            TextSpan(text: "你好世界"),
            TextSpan(
              text: "点我变色",
              style: TextStyle(
                fontSize: 30.0,
                color: _toggle ? Colors.blue : Colors.red
              ),
              recognizer: _tapGestureRecognizer
                ..onTap = () {
                  setState(() {
                    _toggle = !_toggle;
                  });
                },
            ),
            TextSpan(text: "你好世界"),
          ]
        )
      ),
    );
  }
}
```

你好世界**点我变色**你好世界

图 8-5 GestureRecognizer示例

上述代码运行效果如图8-5所示。

注意 使用GestureRecognizer后一定要调用其dispose()方法来释放资源（主要是取消内部的计时器）。

8.2.3 手势竞争与冲突

竞争

如果在上例中，我们同时监听水平方向和垂直方向的拖动事件，那么斜着拖动时哪个方向会生效？实际上这要取决于第一次移动时两个轴上的位移分量，哪个轴的大，哪个轴在本次滑动事件的竞争中就会胜出。实际上 Flutter 中的手势识别引入了一个 Arena 的概念，Arena 直译为“竞技场”的意思，每一个手势识别器（GestureRecognizer）都是一个“竞争者”（GestureArenaMember），在发生滑动事件时，它们都要在“竞技场”中竞争本次事件的处理权，而最终只有一个“竞争者”会胜出（win）。例如，假设有一个 ListView，它的第一个子组件也是 ListView，如果现在滑动这个子 ListView，那么父 ListView 会动吗？答案是否定的，这时只有子 ListView 会动，因为这时子 ListView 会胜出并且获得滑动事件的处理权。

示例

我们以拖动手势为例，同时识别水平方向和垂直方向的拖动手势，当用户按下手指时就会触发竞争（水平方向和垂直方向），一旦某个方向“获胜”，那么直到当次拖动手势结束都会沿着该方向移动。实现代码具体如下：

```
import 'package:flutter/material.dart';

class BothDirectionTestRoute extends StatefulWidget {
  @override
  BothDirectionTestRouteState createState() =>
      new BothDirectionTestRouteState();
}

class BothDirectionTestRouteState extends State<BothDirectionTestRoute>
{
  double _top = 0.0;
  double _left = 0.0;

  @override
  Widget build(BuildContext context) {
    return Stack(
      children: <Widget>[
        Positioned(
          top: _top,
          left: _left,
          child: GestureDetector(
            child: CircleAvatar(child: Text("A")),
            //垂直方向拖动事件
            onVerticalDragUpdate: (DragUpdateDetails details) {
              setState(() {
                _top += details.delta.dy;
              });
            },
            onHorizontalDragUpdate: (DragUpdateDetails details) {
```

```
                setState(() {
                  _left += details.delta.dx;
                });
              },
            ),
          )
        ],
      );
    }
  }
```

此示例运行后，每次拖动只会沿一个方向（水平或垂直）移动，而竞争发生在手指按下后首次移动（move）时，此例中具体的“获胜”条件是：首次移动时的位移在水平方向和垂直方向上分量大的那一个获胜。

手势冲突

由于手势竞争最终只有一个胜出者，所以，具有多个手势识别器时，可能会产生冲突。假设有一个Widget，它可以左右拖动，现在我们想要检测在它上面手指按下和抬起的事件，代码如下：

```
class GestureConflictTestRouteState extends State<GestureConflictTestRoute> {
  double _left = 0.0;
  @override
  Widget build(BuildContext context) {
    return Stack(
      children: <Widget>[
        Positioned(
          left: _left,
          child: GestureDetector(
              child: CircleAvatar(child: Text("A")), //要拖动和点击的Widget
              onHorizontalDragUpdate: (DragUpdateDetails details) {
                setState(() {
                  _left += details.delta.dx;
                });
              },
              onHorizontalDragEnd: (details){
                print("onHorizontalDragEnd");
              },
              onTapDown: (details){
                print("down");
              },
              onTapUp: (details){
                print("up");
              },
          ),
        )
      ],
    );
  }
}
```

现在，我们按住圆形“A”拖动然后抬起手指，控制台日志输出如下：

```
I/flutter (17539): down
I/flutter (17539): onHorizontalDragEnd
```

我们将会发现没有打印“up”，这是因为在拖动时，刚开始按下手指且没有移动时，拖动手势还没有完整的语义，此时TapDown手势胜出（win)，此时会打印“down”，而拖动时，拖动手势会胜出，当手指抬起时，onHorizontalDragEnd和onTapUp发生了冲突，但是因为是在拖动的语义中，所以onHorizontalDragEnd胜出，所以会打印出“onHorizontalDragEnd”。如果我们的代码逻辑中，对于手指按下和抬起是强依赖的，比如在一个轮播图组件中，我们希望手指按下时，暂停轮播，而抬起时恢复轮播，但是由于轮播图组件中本身可能已经处理了拖动手势（支持手动滑动切换)，甚至可能也支持了缩放手势，这时如果在外部再利用onTapDown、onTapUp来监听则是不行的。这时我们应该怎么做呢？其实很简单，通过Listener监听原始指针事件就行了，代码如下：

```
Positioned(
  top:80.0,
  left: _leftB,
  child: Listener(
    onPointerDown: (details) {
      print("down");
    },
    onPointerUp: (details) {
      //会触发
      print("up");
    },
    child: GestureDetector(
      child: CircleAvatar(child: Text("B")),
      onHorizontalDragUpdate: (DragUpdateDetails details) {
        setState(() {
          _leftB += details.delta.dx;
        });
      },
      onHorizontalDragEnd: (details) {
        print("onHorizontalDragEnd");
      },
    ),
  ),
)
```

手势冲突只是手势级别的，而手势是对原始指针的语义化的识别，所以在遇到复杂的冲突场景时，都可以通过Listener直接识别原始指针事件来解决冲突。

8.3 事件总线

在APP中，我们经常会需要一个广播机制，用于进行跨页面事件通知，比如一个需要登录的APP，页面会关注用户登录或注销事件以进行一些状态的更新。这时候，一个事件总线便会非常有用，事件总线通常实现了订阅者模式，订阅者模式包含发布者和订阅者两种角色，可以通过事件总线来触发事件和监听事件，本节我们将实现一个简单的全局事件总线，下面使用单例模式来实现事件总线，代码如下：

```
//订阅者回调签名
typedef void EventCallback(arg);

class EventBus {
  //私有构造函数
  EventBus._internal();

  //保存单例
  static EventBus _singleton = new EventBus._internal();

  //工厂构造函数
  factory EventBus()=> _singleton;

  //保存事件订阅者队列，key:事件名(id)，value: 对应事件的订阅者队列
  var _emap = new Map<Object, List<EventCallback>>();

  //添加订阅者
  void on(eventName, EventCallback f) {
    if (eventName == null || f == null) return;
    _emap[eventName] ??= new List<EventCallback>();
    _emap[eventName].add(f);
  }

  //移除订阅者
  void off(eventName, [EventCallback f]) {
    var list = _emap[eventName];
    if (eventName == null || list == null) return;
    if (f == null) {
      _emap[eventName] = null;
    } else {
      list.remove(f);
    }
  }

  //触发事件，事件触发后该事件的所有订阅者都会被调用
  void emit(eventName, [arg]) {
    var list = _emap[eventName];
    if (list == null) return;
    int len = list.length - 1;
    //反向遍历，防止订阅者在回调中移除自身带来的下标错位
    for (var i = len; i > -1; --i) {
      list[i](arg);
    }
  }
```

```
}

// 定义一个 top-level (全局) 变量，页面引入该文件后可以直接使用 bus
var bus = new EventBus();
```

使用示例：

```
// 页面 A 中
...
  // 监听登录事件
bus.on("login", (arg) {
  // do something
});

// 登录页 B 中
...
// 登录成功后触发登录事件，页面 A 中订阅者会被调用
bus.emit("login", userInfo);
```

> 注意 Dart 中实现单例模式的标准做法就是使用 static 变量 + 工厂构造函数的方式，这样就可以保证 new EventBus() 返回的始终都是同一个实例，读者应该理解并掌握这种方法。

事件总线通常用于组件之间状态共享，但关于组件之间状态的共享也有一些专门的包，如 redux，以及前面介绍过的 Provider。对于一些简单的应用，事件总线是足以满足业务需求的，如果你决定使用状态管理包，那么一定要想清楚你的 APP 是否真的有必要使用它，从而防止“化简为繁”、过度设计。

8.4 Notification

通知（Notification）是 Flutter 中一个重要的机制，在 Widget 树中，每个节点都可以分发通知，通知会沿着当前节点向上传递，所有父节点都可以通过 NotificationListener 来监听通知。Flutter 将这种由子向父传递通知的机制称为**通知冒泡**（Notification Bubbling）。通知冒泡与用户触摸事件冒泡的功能是相似的，但有一点不同：通知冒泡可以中止，而用户触摸事件则不行。

通知冒泡与 Web 开发中浏览器事件冒泡的原理是相似的，都是事件从出发源逐层向上传递，我们可以在上层节点任意位置来监听通知 / 事件，也可以终止冒泡过程，终止冒泡后，通知将不会再向上传递。

Flutter 中很多地方都使用了通知，如可滚动组件（Scrollable Widget）滑动时就会分发**滚动通知**（ScrollNotification），而 Scrollbar 正是通过监听 ScrollNotification 来确定滚动条位置的。

下面是一个监听可滚动组件滚动通知的例子：

```
NotificationListener(
  onNotification: (notification){
    switch (notification.runtimeType){
      case ScrollStartNotification: print("开始滚动"); break;
      case ScrollUpdateNotification: print("正在滚动"); break;
      case ScrollEndNotification: print("滚动停止"); break;
      case OverscrollNotification: print("滚动到边界"); break;
    }
  },
  child: ListView.builder(
      itemCount: 100,
      itemBuilder: (context, index) {
        return ListTile(title: Text("$index"),);
      }
  ),
);
```

上例中的滚动通知（如 ScrollStartNotification、ScrollUpdateNotification 等）都是继承自 ScrollNotification 类，不同类型的通知其子类会包含不同的信息，比如，ScrollUpdateNotification 有一个 scrollDelta 属性，它记录了移动的位移，至于其他通知的属性，读者若有兴趣可以自行查看 SDK 文档。

上例中，我们通过 NotificationListener 来监听子 ListView 的滚动通知，NotificationListener 定义代码如下：

```
class NotificationListener<T extends Notification> extends StatelessWidget {
  const NotificationListener({
    Key key,
    @required this.child,
    this.onNotification,
  }) : super(key: key);
 ...//省略无关代码
}
```

从上述代码中，我们可以看到如下几点。

- NotificationListener 继承自 StatelessWidget 类，因此它可以直接嵌套到 Widget 树中。
- NotificationListener 可以指定一个模板参数，该模板参数类型必须是继承自 Notification；显式指定模板参数时，NotificationListener 便只会接收该参数类型的通知。举个例子，如果我们将上例中的代码改为：

```
//指定监听通知的类型为滚动结束通知(ScrollEndNotification)
NotificationListener<ScrollEndNotification>(
  onNotification: (notification){
    //只会在滚动结束时才会触发此回调
    print(notification);
  },
```

```
        child: ListView.builder(
            itemCount: 100,
            itemBuilder: (context, index) {
              return ListTile(title: Text("$index"),);
            }
        ),
    );
```

上面代码的运行后便只会在滚动结束时，在控制台打印出通知的信息。

❑ onNotification 回调为通知处理回调，其函数签名如下：

```
typedef NotificationListenerCallback<T extends Notification> = bool Function(T
notification);
```

该函数的返回值类型为布尔值，当返回值为 true 时，阻止冒泡，其父级 Widget 将再也收不到该通知；当返回值为 false 时继续向上冒泡通知。

Flutter 的 UI 框架实现中，除了可滚动组件在滚动过程中会发出 ScrollNotification 之外，还有一些其他的通知，如 SizeChangedLayoutNotification、KeepAliveNotification、LayoutChangedNotification 等，Flutter 正是通过这种通知机制来使父元素可以在一些特定的时机做一些特定的事情。

自定义通知

除了 Flutter 内部通知之外，我们还可以自定义通知，下面我们就来看看如何实现自定义通知：

1）定义一个通知类，要继承自 Notification 类，代码如下：

```
class MyNotification extends Notification {
  MyNotification(this.msg);
  final String msg;
}
```

2）分发通知。

Notification 提供了一个 dispatch(context) 方法，可用于分发通知，我们说过，context 实际上就是操作 Element 的一个接口，它与 Element 树上的节点是对应的，通知会从与 context 对应的 Element 节点向上冒泡。

下面我们来看一个完整的例子，代码如下：

```
class NotificationRoute extends StatefulWidget {
  @override
  NotificationRouteState createState() {
    return new NotificationRouteState();
  }
}

class NotificationRouteState extends State<NotificationRoute> {
  String _msg="";
  @override
```

```
  Widget build(BuildContext context) {
    //监听通知
    return NotificationListener<MyNotification>(
      onNotification: (notification) {
        setState(() {
          _msg+=notification.msg+"  ";
        });
       return true;
      },
      child: Center(
        child: Column(
          mainAxisSize: MainAxisSize.min,
          children: <Widget>[
//          RaisedButton(
//           onPressed: () => MyNotification("Hi").dispatch(context),
//           child: Text("Send Notification"),
//          ),
            Builder(
              builder: (context) {
                return RaisedButton(
                  //按钮点击时分发通知
                  onPressed: () => MyNotification("Hi").dispatch(context),
                  child: Text("Send Notification"),
                );
              },
            ),
            Text(_msg)
          ],
        ),
      ),
    );
  }
}

class MyNotification extends Notification {
  MyNotification(this.msg);
  final String msg;
}
```

在上述代码中，每点一次按钮就会分发一个MyNotification类型的通知，我们在Widget根上监听通知，收到通知后，通知将通过Text显示在屏幕上。

注意 代码中的注释部分是不能正常工作的，因为这个context是根context，而NotificationListener是监听的子树，所以我们通过Builder构建RaisedButton，来获得按钮位置的context。

上述代码的运行效果如图8-6所示。

阻止冒泡

我们将上面的示例代码修改如下：

```
class NotificationRouteState extends State
<NotificationRoute> {
  String _msg="";
  @override
  Widget build(BuildContext context) {
    //监听通知
    return NotificationListener<MyNotification>(
      onNotification: (notification){
        print(notification.msg); //打印通知
        return false;
      },
      child: NotificationListener<MyNotification>(
        onNotification: (notification) {
          setState(() {
            _msg+=notification.msg+"  ";
          });
          return false;
        },
        child: ...//省略重复代码
      ),
    );
  }
}
```

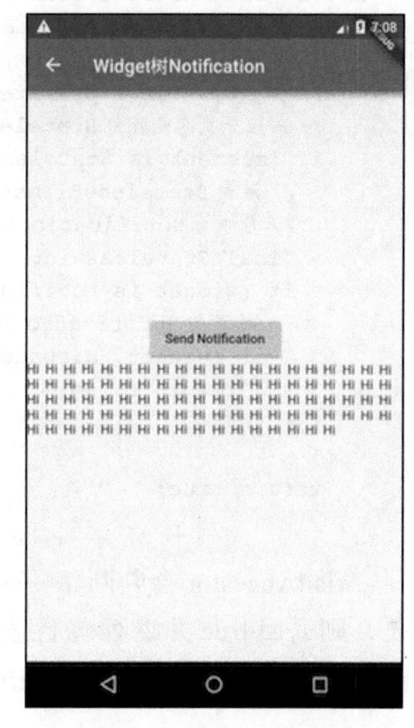

图 8-6　Notification 示例

上述示例代码中，两个 NotificationListener 进行了嵌套，子 NotificationListener 的 onNotification 回调返回了 false，表示不阻止冒泡，所以父 NotificationListener 仍然会收到通知，而且控制台也会打印出通知信息；如果将子 NotificationListener 的 onNotification 回调的返回值改为 true，则父 NotificationListener 便不会再打印通知了，因为子 NotificationListener 已经终止通知冒泡了。

通知冒泡原理

我们在上文中介绍了通知冒泡的现象及使用方法，现在我们更深入一些，介绍一下 Flutter 框架是如何实现通知冒泡的。为了搞清楚这个问题，首先我们来看一下源码，从通知分发的源头出发，然后再顺藤摸瓜。由于通知是通过 Notification 的 dispatch(context) 方法发出的，因此我们先看看 dispatch(context) 方法中做了什么，下面是相关源代码：

```
void dispatch(BuildContext target) {
  target?.visitAncestorElements(visitAncestor);
}
```

dispatch(context) 中调用了当前 context 的 visitAncestorElements 方法，该方法会从当前 Element 开始向上遍历父级元素；visitAncestorElements 有一个遍历回调参数，在遍历过程中对遍历到的父级元素都会执行该回调。遍历的终止条件是：已经遍历到根 Element 或某个遍历回调返回了 false。源码中传给 visitAncestorElements 方法的遍历回调为 visitAncestor 方法，下面我们看一下 visitAncestor 方法的实现代码：

```
// 遍历回调，会对每一个父级 Element 执行此回调
bool visitAncestor(Element element) {
  // 判断与当前 element 对应的 Widget 是否为 NotificationListener。

  // 由于 NotificationListener 是继承自 StatelessWidget 的，
  // 故应先判断是否为 StatelessElement
  if (element is StatelessElement) {
    // 若是 StatelessElement，则获取与 element 对应的 Widget，判断该 Widget
    // 是否为 NotificationListener。
    final StatelessWidget widget = element.widget;
    if (widget is NotificationListener<Notification>) {
      // 若是 NotificationListener，则调用该 NotificationListener 的 _dispatch 方法
      if (widget._dispatch(this, element))
        return false;
    }
  }
  return true;
}
```

visitAncestor 会判断每一个遍历到的父级 Widget 是否为 NotificationListener，如果不是，则返回 true 并继续向上遍历，如果是，则调用 NotificationListener 的 _dispatch 方法，下面我们看一下 _dispatch 方法的源代码：

```
bool _dispatch(Notification notification, Element element) {
  // 如果通知监听器不为空，并且当前通知类型是该 NotificationListener
  // 监听的通知类型，则调用当前 NotificationListener 的 onNotification
  if (onNotification != null && notification is T) {
    final bool result = onNotification(notification);
    // 返回值决定是否继续向上遍历
    return result == true;
  }
  return false;
}
```

我们可以看到，NotificationListener 的 onNotification 回调最终是在 _dispatch 方法中执行的，然后会根据返回值来确定是否继续向上冒泡。上面的源码实现其实并不复杂，通过阅读这些源码，读者需要注意一些额外的点。

1）context 上也提供了遍历 Element 树的方法。

2）我们可以通过 Element.widget 得到与 Element 节点对应的 Widget；我们已经反复讲过 Widget 和 Element 的对应关系，读者可以通过这些源码来加深理解。

总结

Flutter 中通过通知冒泡实现了一套自底向上的消息传递机制，这一点与 Web 开发中浏览器的事件冒泡的原理类似，Web 开发者可以类比学习。另外，我们通过源码展示了 Flutter 通知冒泡的流程和原理，以便于读者加深理解和学习 Flutter 的框架设计思想。在此，再次建议读者在平时学习时能多查看源码，这个习惯定会让你受益匪浅。

动　画

9.1 Flutter动画简介

在任何系统的UI框架中，动画实现的原理都是相同的，即在一段时间内，快速地多次改变UI的外观；由于人眼会产生视觉暂留，所以最终看到的就是一个“连续”的动画，这一点与电影的原理是一样的。我们将UI的一次改变称为一个动画帧，对应于一次屏幕刷新，而决定动画流畅度的一个重要指标就是帧率（Frame Per Second，FPS），即每秒的动画帧数。很明显，帧率越高则动画越流畅！一般情况下，对于人眼来说，动画帧率超过16FPS就比较流畅了，超过32FPS就会非常的细腻平滑，而超过32FPS，人眼基本上就感受不到差别了。由于动画的每一帧都是要改变UI输出的，而在一个时间段内连续地改变UI输出是比较耗资源的，对设备的软硬件系统要求都较高，所以在UI系统中，动画的平均帧率是重要的性能指标，而在Flutter中，理想情况下可以实现60FPS，这与原生应用能达到的帧率基本上是持平的。

Flutter中的动画抽象

为了方便开发者创建动画，不同的UI系统对动画都进行了一些抽象，比如在Android中可以通过XML来描述一个动画然后设置给View。Flutter中也对动画进行了抽象，主要涉及Animation、Curve、Controller、Tween这四个角色，它们一起配合来完成一个完整的动画，下面我们就来逐一介绍它们。

Animation

Animation是一个抽象类，该类本身与UI渲染没有任何关系，而它主要的功能是保存动画的插值和状态；其中一个比较常用的Animation类是Animation<double>。Animation

对象是一个在一段时间之内依次生成一个区间（Tween）之间值的类。Animation 对象在整个动画的执行过程中其输出的值可以是线性的、曲线的、一个步进函数或者任何其他曲线函数，等等，这由 Curve 来决定。根据 Animation 对象的控制方式，动画既可以正向运行（从起始状态开始，到终止状态结束），也可以反向运行，甚至还可以在中间切换方向。Animation 还可以生成除 double 之外的其他类型值，如 Animation<Color> 或 Animation<Size>。在动画的每一帧中，我们可以通过 Animation 对象的 value 属性获取动画的当前状态值。

动画通知

我们可以通过 Animation 来监听动画的每一帧并执行状态的变化，Animation 提供了如下两个方法。

1）addListener()：它可以用于为 Animation 添加帧监听器，其每一帧都会被调用。帧监听器中最常见的行为是改变状态后调用 setState() 来触发 UI 重建。

2）addStatusListener()：它可以为 Animation 添加"动画状态改变"监听器；动画开始、结束、正向或反向（见 AnimationStatus 定义）时都会调用状态改变的监听器。

读者在此只需要知道帧监听器和状态监听器的区别即可，在后面的章节中，我们将会举例说明。

Curve

动画过程可以是匀速的、匀加速的或者先加速后减速等。Flutter 中通过 Curve（曲线）来描述动画过程，我们将匀速动画称为线性的（Curves.linear），而将非匀速动画称为非线性的。

我们可以通过 CurvedAnimation 来指定动画的曲线，代码如下：

```
final CurvedAnimation curve =
  new CurvedAnimation(parent: controller, curve: Curves.easeIn);
```

CurvedAnimation 和 AnimationController（下面将详细介绍）都是 Animation<double> 类型。CurvedAnimation 可以通过包装 AnimationController 和 Curve 生成一个新的动画对象，我们正是通过这种方式来将动画和动画执行的曲线关联起来的。我们指定动画的曲线为 Curves.easeIn，其表示动画开始时比较慢，结束时比较快。Curves 类是一个预置的枚举类，定义了许多常用的曲线，下面列举几种常用的曲线，具体如表 9-1 所示。

表 9-1 Curves 类曲线

Curves 曲线	动画过程
linear	匀速的
decelerate	匀减速
ease	开始加速，后面减速
easeIn	开始慢，后面快
easeOut	开始快，后面慢
easeInOut	开始慢，然后加速，最后再减速

除了表 9-1 中所列举的类，Curves 类中还定义了许多其他曲线，在此便不一一介绍了，读者可以自行查看 Curves 类的定义。

当然，我们也可以创建自己的Curve，例如我们定义一个正弦曲线，代码如下：

```
class ShakeCurve extends Curve {
  @override
  double transform(double t) {
    return math.sin(t * math.PI * 2);
  }
}
```

AnimationController

AnimationController用于控制动画，它包含动画的启动forward()、停止stop()、反向播放reverse()等方法。AnimationController会在动画的每一帧，生成一个新的值。默认情况下，AnimationController会在给定的时间段内，线性地生成从0.0到1.0（默认区间）的数字。例如，下面的代码创建了一个Animation对象（但不会启动动画）：

```
final AnimationController controller = new AnimationController(
  duration: const Duration(milliseconds: 2000), vsync: this);
```

AnimationController生成数字的区间可以通过lowerBound和upperBound来指定，代码如下：

```
final AnimationController controller = new AnimationController(
  duration: const Duration(milliseconds: 2000),
  lowerBound: 10.0,
  upperBound: 20.0,
  vsync: this
);
```

AnimationController派生自Animation<double>，因此其可以在需要Animation对象的任何地方使用。但是，AnimationController具有控制动画的其他方法，例如，forward()方法可以启动正向动画，reverse()方法可以启动反向动画。在动画开始执行后开始生成动画帧，屏幕每刷新一次就是一个动画帧。动画的每一帧，都会根据动画的曲线来生成当前的动画值（Animation.value），然后根据当前的动画值构建UI，当所有动画帧依次触发时，动画值会依次改变，所以构建的UI也会依次变化，最终，我们可以看到一个完成的动画。另外，在动画的每一帧中，Animation对象会调用其帧监听器，当动画状态发生改变时（如动画结束）会调用状态改变监听器。

duration表示动画执行的时长，通过它我们可以控制动画的速度。

注意 在某些情况下，动画值可能会超出AnimationController的[0.0，1.0]的范围，这取决于具体的曲线。例如，fling()函数可以根据我们手指滑动（甩出）的速度（velocity）、力量（force）等来模拟一个手指甩出动画，因此它的动画值可以在[0.0，1.0]范围之外。也就是说，根据选择的曲线，CurvedAnimation的输出可以具有比输入更大的范围。例如，Curves.elasticIn等弹性曲线会生成大于或小于默认范围的值。

Ticker

当创建一个AnimationController时，需要传递一个vsync参数，它接收一个TickerProvider类型的对象，它的主要职责是创建Ticker，定义代码如下：

```
abstract class TickerProvider {
  //通过一个回调创建一个Ticker
  Ticker createTicker(TickerCallback onTick);
}
```

Flutter应用在每次启动时都会绑定一个SchedulerBinding，SchedulerBinding可以为每一次屏幕刷新添加回调，而Ticker就是通过SchedulerBinding来添加屏幕刷新回调的，这样一来，每次屏幕刷新都会调用TickerCallback。使用Ticker（而不是Timer）来驱动动画会防止屏幕外动画（动画的UI不在当前屏幕时，如锁屏）消耗不必要的资源，因为在Flutter中，屏幕刷新时会通知到绑定的SchedulerBinding，而Ticker是受SchedulerBinding驱动的，由于锁屏后屏幕会停止刷新，所以Ticker将不会再触发。

通常我们会将SingleTickerProviderStateMixin添加到State的定义中，然后将State对象作为vsync的值，这一点在后面的例子中经常可以看到。

Tween

默认情况下，AnimationController对象值的范围是[0.0，1.0]。如果我们需要构建UI的动画值处于不同的范围或属于不同的数据类型，则可以使用Tween来添加映射以生成不同的取值范围或数据类型的值。例如，如下面示例中的，Tween生成了[−200.0，0.0]的值：

```
final Tween doubleTween = new Tween<double>(begin: -200.0, end: 0.0);
```

Tween构造函数需要begin和end两个参数。Tween的唯一职责就是定义从输入范围到输出范围的映射。输入范围通常为[0.0，1.0]，但这不是必须的，我们可以自定义需要的范围。

Tween继承自Animatable<T>，而不是继承自Animation<T>，Animatable中主要定义了动画值的映射规则。

下面我们看一个ColorTween将动画输入范围映射为两种颜色值之间过渡输出的例子，代码如下：

```
final Tween colorTween =
  new ColorTween(begin: Colors.transparent, end: Colors.black54);
```

Tween对象不存储任何状态，相反，它提供了evaluate(Animation<double> animation)方法，它可以获取动画的当前映射值。Animation对象的当前值可以通过value()方法获取到。evaluate函数还会执行一些其他处理，例如，分别确保在动画值为0.0和1.0时返回开始和结束状态。

Tween.animate

要使用Tween对象，需要调用其animate()方法，然后传入一个控制器对象。例如，以下代码会在500毫秒内生成从0到255的整数数值：

```
final AnimationController controller = new AnimationController(
  duration: const Duration(milliseconds: 500), vsync: this);
Animation<int> alpha = new IntTween(begin: 0, end: 255).animate(controller);
```

注意，animate()返回的是一个Animation，而不是一个Animatable。

以下示例构建了一个控制器、一条曲线和一个Tween：

```
final AnimationController controller = new AnimationController(
  duration: const Duration(milliseconds: 500), vsync: this);
final Animation curve =
  new CurvedAnimation(parent: controller, curve: Curves.easeOut);
Animation<int> alpha = new IntTween(begin: 0, end: 255).animate(curve);
```

9.2 动画基本结构及状态监听

9.2.1 动画基本结构

在Flutter中，我们可以通过多种方式来实现动画，下面我们通过一个图片逐渐放大的示例几种不同的实现来演示Flutter中动画的不同实现方式之间的区别。

基础版本

下面我们演示一下最基础的动画实现方式，代码如下：

```
class ScaleAnimationRoute extends StatefulWidget {
  @override
  _ScaleAnimationRouteState createState() => new _ScaleAnimationRouteState();
}

//需要继承TickerProvider，如果有多个AnimationController，则应该使用
//TickerProviderStateMixin
class _ScaleAnimationRouteState extends State<ScaleAnimationRoute>
with SingleTickerProviderStateMixin{

  Animation<double> animation;
  AnimationController controller;

  initState() {
    super.initState();
    controller = new AnimationController(
        duration: const Duration(seconds: 3), vsync: this);
    //图片宽高从0变到300
    animation = new Tween(begin: 0.0, end: 300.0).animate(controller)
      ..addListener(() {
        setState(()=>{});
      });
    //启动动画（正向执行）
```

```
    controller.forward();
  }

  @override
  Widget build(BuildContext context) {
    return new Center(
      child: Image.asset("imgs/avatar.png",
        width: animation.value,
        height: animation.value
      ),
    );
  }

  dispose() {
    //路由销毁时需要释放动画资源
    controller.dispose();
    super.dispose();
  }
}
```

在上面的代码中，addListener() 函数调用了 setState()，所以每次动画生成一个新的数字时，当前帧都将被标记为脏（dirty），这会导致 Widget 的 build() 方法再次被调用，从而在 build() 方法中，改变 Image 的宽高，因为它的高度和宽度现在使用的是 animation.value，所以其会逐渐放大。值得注意的是，动画完成时需要释放控制器（调用 dispose() 方法）以防止内存泄漏。

上面的例子中并没有指定 Curve，所以放大的过程是线性的（匀速），下面我们指定一个 Curve，来实现一个类似于弹簧效果的动画过程，我们只需要将 initState 中的代码改为下面这样即可：

```
initState() {
  super.initState();
  controller = new AnimationController(
      duration: const Duration(seconds: 3), vsync: this);
  //使用弹性曲线
  animation=CurvedAnimation(parent: controller, curve: Curves.bounceIn);
  //图片宽高从 0 变到 300
  animation = new Tween(begin: 0.0, end: 300.0).animate(animation)
    ..addListener(() {
      setState(() {
      });
    });
  //启动动画
  controller.forward();
}
```

上述代码执行后截取了其中的两帧，运行效果分别如图 9-1 和图 9-2 所示。

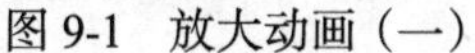

图 9-1　放大动画（一）

图 9-2　放大动画（二）

使用 AnimatedWidget 简化

细心的读者可能已经发现，上面示例中通过 addListener() 和 setState() 来更新 UI 这一步其实是通用的，如果在每个动画中都加上这么一句则是非常烦琐的。AnimatedWidget 类封装了调用 setState() 的细节，并允许我们将 Widget 分离出来，重构后的代码如下：

```
class AnimatedImage extends AnimatedWidget {
  AnimatedImage({Key key, Animation<double> animation})
    : super(key: key, listenable: animation);

  Widget build(BuildContext context) {
    final Animation<double> animation = listenable;
    return new Center(
      child: Image.asset("imgs/avatar.png",
          width: animation.value,
          height: animation.value
      ),
    );
  }
}


class ScaleAnimationRoute1 extends StatefulWidget {
  @override
  _ScaleAnimationRouteState createState() => new _ScaleAnimationRouteState();
}
```

```
class _ScaleAnimationRouteState extends State<ScaleAnimationRoute1>
    with SingleTickerProviderStateMixin {

  Animation<double> animation;
  AnimationController controller;

  initState() {
    super.initState();
    controller = new AnimationController(
        duration: const Duration(seconds: 3), vsync: this);
    //图片宽高从0变到300
    animation = new Tween(begin: 0.0, end: 300.0).animate(controller);
    //启动动画
    controller.forward();
  }

  @override
  Widget build(BuildContext context) {
    return AnimatedImage(animation: animation,);
  }

  dispose() {
    //路由销毁时需要释放动画资源
    controller.dispose();
    super.dispose();
  }
}
```

用 AnimatedBuilder 重构

使用 AnimatedWidget 可以从动画中分离出 Widget，而动画的渲染过程（即设置宽高）仍然在 AnimatedWidget 中，假设如果我们再添加一个 Widget 透明度变化的动画，那么我们需要再实现一个 AnimatedWidget，这样做不是很优雅，如果我们能将渲染过程也抽象出来，那就会好很多，而 AnimatedBuilder 正是将渲染逻辑分离出来，上面 build 方法中的代码可以修改如下：

```
@override
Widget build(BuildContext context) {
  //return AnimatedImage(animation: animation,);
    return AnimatedBuilder(
      animation: animation,
      child: Image.asset("images/avatar.png"),
      builder: (BuildContext ctx, Widget child) {
        return new Center(
          child: Container(
              height: animation.value,
              width: animation.value,
              child: child,
          ),
```

```
            );
          },
        );
    }
```

上面的代码中存在一个让人迷惑的问题，即 child 看起来像是被指定了两次。但实际发生的事情是：将外部引用 child 传递给 AnimatedBuilder 后 AnimatedBuilder 再将其传递给匿名构造器，然后将该对象用作其子对象。最终的结果是将 AnimatedBuilder 返回的对象插入到 Widget 树中。

也许你会说这与我们刚开始时的示例差不了多少，其实这样做会带来三个好处，具体如下。

1）不用显式地去添加帧监听器，然后再调用 setState() 了，这个好处与 AnimatedWidget 是一样的。

2）动画构建的范围缩小了，如果没有 builder，setState() 将会在父组件上下文中调用，这将会导致父组件的 build 方法重新调用；而有了 builder 之后，则只会导致动画 Widget 自身的 build 重新调用，以避免不必要的 rebuild。

3）AnimatedBuilder 可以封装常见的过渡效果来复用动画。下面，我们通过封装一个 GrowTransition 来说明，它可以对子 Widget 实现放大动画，代码如下：

```
class GrowTransition extends StatelessWidget {
  GrowTransition({this.child, this.animation});

  final Widget child;
  final Animation<double> animation;

  Widget build(BuildContext context) {
    return new Center(
      child: new AnimatedBuilder(
          animation: animation,
          builder: (BuildContext context, Widget child) {
            return new Container(
                height: animation.value,
                width: animation.value,
                child: child
            );
          },
          child: child
      ),
    );
  }
}
```

这样，最初的示例就可以修改为如下代码：

```
...
Widget build(BuildContext context) {
```

```
    return GrowTransition(
    child: Image.asset("images/avatar.png"),
    animation: animation,
    );
}
```

在 Flutter 中正是通过这种方式封装了很多动画，如 FadeTransition、ScaleTransition、SizeTransition 等，很多时候这些预置的过渡类都可以复用。

9.2.2 动画状态监听

上面说过，我们可以通过 Animation 的 addStatusListener() 方法来添加动画状态以改变监听器。Flutter 中提供了四种动画状态（具体见表 9-2），在 AnimationStatus 枚举类中定义，下面我们就来逐个说明。

表 9-2 Flutter 中的四种动画状态

枚举值	含义
dismissed	动画在起始点停止
forward	动画正在正向执行
reverse	动画正在反向执行
completed	动画在终点停止

示例

下面我们将上面图片放大的示例改为先放大、再缩小、再放大……这样的循环动画。要实现这种效果，我们只需要监听动画状态的改变即可，即在动画正向执行结束时反转动画，在动画反向执行结束时再正向执行动画。实现代码具体如下：

```
initState() {
  super.initState();
  controller = new AnimationController(
      duration: const Duration(seconds: 1), vsync: this);
  // 图片宽高从 0 变到 300
  animation = new Tween(begin: 0.0, end: 300.0).animate(controller);
  animation.addStatusListener((status) {
    if (status == AnimationStatus.completed) {
      // 动画执行结束时反向执行动画
      controller.reverse();
    } else if (status == AnimationStatus.dismissed) {
      // 动画恢复到初始状态时再正向执行动画
      controller.forward();
    }
  });

  // 启动动画（正向）
  controller.forward();
}
```

9.3 自定义路由切换动画

我们在 2.2 节中曾讲过，Material 组件库中提供了一个 MaterialPageRoute 组件，它可以使用与平台风格一致的路由切换动画，如在 iOS 上会左右滑动切换，而在 Android 上则会上下滑动切换。现在，我们如果在 Android 上也想使用左右切换风格，该怎么做呢？一个简单的做法是可以直接使用 CupertinoPageRoute，代码如下：

```
Navigator.push(context, CupertinoPageRoute(
  builder: (context)=>PageB(),
));
```

CupertinoPageRoute 是 Cupertino 组件库提供的 iOS 风格的路由切换组件，它实现的就是左右滑动切换。那么，我们如何来自定义路由切换动画呢？答案就是使用 PageRouteBuilder。下面我们就来看看如何使用 PageRouteBuilder 自定义路由切换动画。例如，我们想以渐隐渐入的动画方式来实现路由过渡，实现代码如下：

```
Navigator.push(
  context,
  PageRouteBuilder(
    transitionDuration: Duration(milliseconds: 500), //动画时间为500毫秒
    pageBuilder: (BuildContext context, Animation animation,
        Animation secondaryAnimation) {
      return new FadeTransition(
        //使用渐隐渐入过渡,
        opacity: animation,
        child: PageB(), //路由B
      );
    },
  ),
);
```

我们可以看到，pageBuilder 有一个 animation 参数，这是由 Flutter 路由管理器提供的，在进行路由切换时 pageBuilder，每个动画帧都会被回调，因此我们可以通过 animation 对象来自定义过渡动画。

无论是 MaterialPageRoute、CupertinoPageRoute，还是 PageRouteBuilder，它们都继承自 PageRoute 类，而 PageRouteBuilder 其实只是 PageRoute 的一个包装，我们可以直接继承 PageRoute 类来实现自定义路由，上面的例子可以通过如下方式实现。

1）定义一个路由类 FadeRoute，代码如下：

```
class FadeRoute extends PageRoute {
  FadeRoute({
    @required this.builder,
    this.transitionDuration = const Duration(milliseconds: 300),
    this.opaque = true,
    this.barrierDismissible = false,
    this.barrierColor,
    this.barrierLabel,
    this.maintainState = true,
  });
```

```
  final WidgetBuilder builder;

  @override
  final Duration transitionDuration;

  @override
  final bool opaque;

  @override
  final bool barrierDismissible;

  @override
  final Color barrierColor;

  @override
  final String barrierLabel;

  @override
  final bool maintainState;

  @override
  Widget buildPage(BuildContext context, Animation<double> animation,
      Animation<double> secondaryAnimation) => builder(context);

  @override
  Widget buildTransitions(BuildContext context, Animation<double> animation,
      Animation<double> secondaryAnimation, Widget child) {
    return FadeTransition(
        opacity: animation,
        child: builder(context),
    );
  }
}
```

2）使用 FadeRoute，代码如下：

```
Navigator.push(context, FadeRoute(builder: (context) {
  return PageB();
}));
```

虽然上面这两种方法都可以实现自定义切换动画，但实际使用时应优先考虑使用 PageRouteBuilder，这样就无须定义一个新的路由类了，使用起来就会比较方便。但是，有些时候 PageRouteBuilder 是不能满足需求的，例如在应用过渡动画时，我们需要读取当前路由的一些属性，这时就只能通过继承 PageRoute 的方式了，举个例子，假如我们只想在打开新路由时应用动画，而在返回时不使用动画，那么，我们在构建过渡动画时就必须判断当前路由 isActive 属性是否为 true，代码如下：

```
@override
```

```
Widget buildTransitions(BuildContext context, Animation<double> animation,
    Animation<double> secondaryAnimation, Widget child) {
  //若当前路由被激活，则打开新路由
  if(isActive) {
    return FadeTransition(
      opacity: animation,
      child: builder(context),
    );
  }else{
    //若是返回，则不应用过渡动画
    return Padding(padding: EdgeInsets.zero);
  }
}
```

关于路由参数的详细信息读者可以自行查阅 API 文档，文档比较简单，在此不再赘述。

9.4 Hero 动画

Hero 指的是可以在路由（页面）之间“飞行”的 Widget，简单来说，Hero 动画就是在路由切换时，有一个共享的 Widget 可以在新旧路由之间进行切换。由于共享的 Widget 在新旧路由页面上的位置、外观可能会有所差异，所以在进行路由切换时会从旧路由逐渐过渡到新路由中的指定位置，这样就会产生一个 Hero 动画。

你可能已多次看到过 Hero 动画。例如，一个路由中显示待售商品的缩略图列表，选择一个条目会将其跳转到一个新路由中，新路由中包含该商品的详细信息和“购买”按钮。在 Flutter 中将图片从一个路由“飞”到另一个路由称为 **Hero 动画**，尽管相同的动作有时也称为**共享元素转换**。下面我们通过一个示例来体验一下 Hero 动画。

为什么要将这种可飞行的共享组件称为 Hero（英雄），有一种说法是说美国文化中的“超人”是可以飞的，还有漫威中的超级英雄基本上都会飞，所以 Flutter 开发人员就为这种“会飞的 Widget”取了一个富有浪漫主义的名字“hero”。当然这种说法并非官方解释，只是很有意思。

示例

假设有两个路由 A 和 B，其内容交互如下。

A：包含一个用户头像，圆形，点击后跳到 B 路由，可以查看大图。

B：显示用户头像的原图，矩形。

在 AB 两个路由之间跳转的时候，用户头像会逐渐过渡到目标路由页的头像上，接下来我们先看看代码，然后再解析：

```
//路由A
class HeroAnimationRoute extends StatelessWidget {
  @override
  Widget build(BuildContext context) {
```

```
        return Container(
          alignment: Alignment.topCenter,
          child: InkWell(
            child: Hero(
              tag: "avatar", //唯一的标记，前后两个路由页 Hero 的 tag 必须相同
              child: ClipOval(
                child: Image.asset("images/avatar.png",
                  width: 50.0,
                ),
              ),
            ),
            onTap: () {
              //打开路由 B
              Navigator.push(context, PageRouteBuilder(
                  pageBuilder: (BuildContext context, Animation animation,
                      Animation secondaryAnimation) {
                    return new FadeTransition(
                      opacity: animation,
                      child: Scaffold(
                        appBar: AppBar(
                          title: Text("原图"),
                        ),
                        body: HeroAnimationRouteB(),
                      ),
                    );
                  })
              );
            },
          ),
        );
      }
    }
```

路由 B 的代码如下：

```
class HeroAnimationRouteB extends StatelessWidget {
  @override
  Widget build(BuildContext context) {
    return Center(
      child: Hero(
          tag: "avatar", //唯一标记，前后两个路由页 Hero 的 tag 必须相同
          child: Image.asset("images/avatar.png"),
      ),
    );
  }
}
```

我们可以看到，实现 Hero 动画只需要用 Hero 组件将要共享的 Widget 包装起来，并提供一个相同的 tag 即可，中间的过渡帧都是 Flutter Framework 自动完成的。必须要注意的是，前后路由页的共享 Hero 的 tag 必须是相同的，Flutter Framework 内部正是通过 tag 来

确定新旧路由页 Widget 的对应关系的。

Hero 动画的原理比较简单，Flutter Framework 知道新旧路由页中共享元素的位置和大小，所以根据这两个端点，在动画执行的过程中求出过渡时的插值（中间态）即可，幸运的是，这些事情不需要我们自己动手，Flutter 已经帮我们做了！

9.5 交织动画

有些时候我们可能会需要一些复杂的动画，这些动画可能由一个动画序列或重叠的动画组成，比如有一个柱状图，需要在高度增长的同时改变颜色，等到增长到最大高度后，我们需要在 X 轴上平移一段距离。可以发现，上述场景在不同阶段包含了多种动画，要实现这种效果，使用交织动画（Stagger Animation）会非常简单。交织动画需要注意如下几点。

- 要创建交织动画，需要使用多个动画对象（Animation）。
- 一个 AnimationController 控制所有的动画对象。
- 为每一个动画对象指定时间间隔（Interval）

所有的动画都由同一个 AnimationController 驱动，因此无论动画需要持续多长时间，控制器的值都必须在 0.0 到 1.0 之间，而每个动画的间隔（Interval）也必须介于 0.0 和 1.0 之间。对于在间隔中设置动画的每个属性，则需要分别创建一个 Tween 用于指定该属性的开始值和结束值。也就是说 0.0 到 1.0 代表整个动画过程，我们可以为不同的动画指定不同的起始点和终止点来决定它们的开始时间和终止时间。

示例

下面我们来看一个例子，实现一个柱状图增长的动画。

1）开始时高度从 0 增长到 300 像素，同时颜色由绿色渐变为红色；这个过程占据整个动画时间的 60%。

2）高度增长到 300 后，开始沿 X 轴向右平移 100 像素；这个过程占用整个动画时间的 40%。

我们将执行动画的 Widget 分离出来，代码如下：

```
class StaggerAnimation extends StatelessWidget {
  StaggerAnimation({ Key key, this.controller }): super(key: key){
    //高度动画
    height = Tween<double>(
      begin:.0 ,
      end: 300.0,
    ).animate(
      CurvedAnimation(
        parent: controller,
        curve: Interval(
          0.0, 0.6, //间隔，前60%的动画时间
```

```
          curve: Curves.ease,
        ),
      ),
    );

    color = ColorTween(
      begin:Colors.green ,
      end:Colors.red,
    ).animate(
      CurvedAnimation(
        parent: controller,
        curve: Interval(
          0.0, 0.6,// 间隔，前 60% 的动画时间
          curve: Curves.ease,
        ),
      ),
    );

    padding = Tween<EdgeInsets>(
      begin:EdgeInsets.only(left: .0),
      end:EdgeInsets.only(left: 100.0),
    ).animate(
      CurvedAnimation(
        parent: controller,
        curve: Interval(
          0.6, 1.0, // 间隔，后 40% 的动画时间
          curve: Curves.ease,
        ),
      ),
    );
  }


  final Animation<double> controller;
  Animation<double> height;
  Animation<EdgeInsets> padding;
  Animation<Color> color;

  Widget _buildAnimation(BuildContext context, Widget child) {
    return Container(
      alignment: Alignment.bottomCenter,
      padding:padding.value ,
      child: Container(
        color: color.value,
        width: 50.0,
        height: height.value,
      ),
    );
  }

  @override
```

```
    Widget build(BuildContext context) {
      return AnimatedBuilder(
        builder: _buildAnimation,
        animation: controller,
      );
    }
  }
```

其中，StaggerAnimation中定义了三个动画，分别是对Container的height、color、padding属性设置的动画，然后通过Interval来为每个动画指定整个动画过程中的起始点和终点。下面我们就来实现启动动画的路由，代码如下：

```
  class StaggerRoute extends StatefulWidget {
    @override
    _StaggerRouteState createState() => _StaggerRouteState();
  }

  class _StaggerRouteState extends State<StaggerRoute> with TickerProviderStateMixin {
    AnimationController _controller;

    @override
    void initState() {
      super.initState();

      _controller = AnimationController(
          duration: const Duration(milliseconds: 2000),
          vsync: this
      );
    }


    Future<Null> _playAnimation() async {
      try {
        //先正向执行动画
        await _controller.forward().orCancel;
        //再反向执行动画
        await _controller.reverse().orCancel;
      } on TickerCanceled {
        // 动画被取消
      }
    }

    @override
    Widget build(BuildContext context) {
      return  GestureDetector(
        behavior: HitTestBehavior.opaque,
        onTap: () {
          _playAnimation();
        },
        child: Center(
```

```
        child: Container(
          width: 300.0,
          height: 300.0,
          decoration: BoxDecoration(
            color: Colors.black.withOpacity(0.1),
            border: Border.all(
              color:  Colors.black.withOpacity(0.5),
            ),
          ),
          //调用我们定义的交织动画 Widget
          child: StaggerAnimation(
              controller: _controller
          ),
        ),
      ),
    );
  }
}
```

上述代码执行效果如图 9-3 和图 9-4 所示，点击图 9-3 中的灰色矩形，就可以看到整个动画效果，图 9-4 是动画执行过程中的一帧。

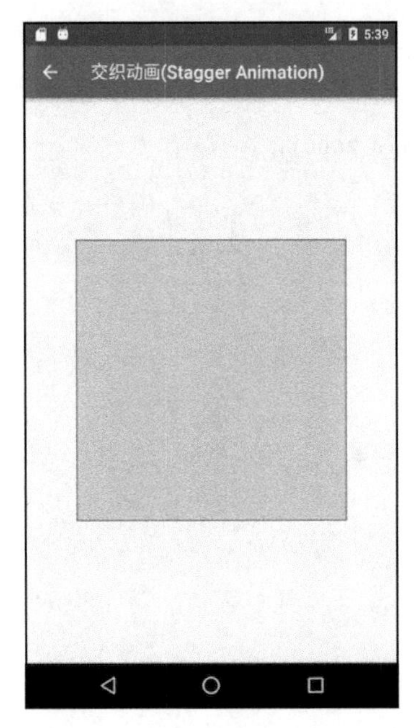

图 9-3　交织动画

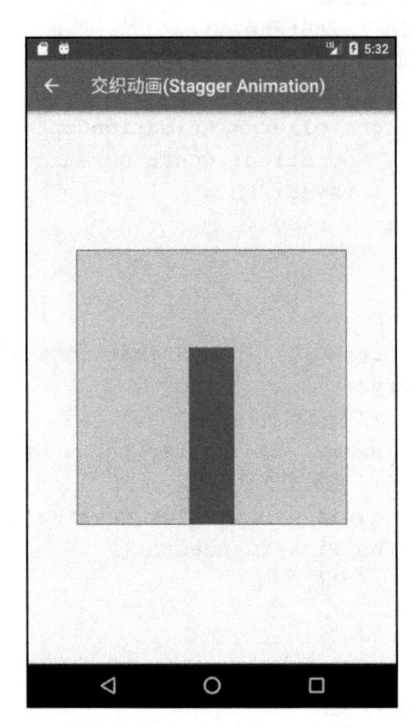

图 9-4　交织动画的一帧

9.6　通用切换动画组件

实际开发中，我们经常会遇到切换 UI 元素的场景，比如 Tab 切换、路由切换。为了增强用户体验，在切换时通常都会指定一个动画，以使切换过程显得平滑。Flutter SDK 组件库中已经提供了一些常用的切换组件，如 PageView、TabView 等，但是这些组件并不能覆盖全部的需求场景，为此，Flutter SDK 中提供了一个 AnimatedSwitcher 组件，其定义了一种通用的 UI 切换抽象。

9.6.1 AnimatedSwitcher

AnimatedSwitcher 可以同时对其新、旧子元素添加显示、隐藏动画。也就是说在 AnimatedSwitcher 的子元素发生变化时，会对其旧元素和新元素绑定动画，我们先看看 AnimatedSwitcher 的定义，代码如下：

```
const AnimatedSwitcher({
  Key key,
  this.child,
  @required this.duration, // 新 child 显示的动画时长
  this.reverseDuration,// 旧 child 隐藏的动画时长
  this.switchInCurve = Curves.linear, // 新 child 显示的动画曲线
  this.switchOutCurve = Curves.linear,// 旧 child 隐藏的动画曲线
  this.transitionBuilder = AnimatedSwitcher.defaultTransitionBuilder, // 动画构建器
  this.layoutBuilder = AnimatedSwitcher.defaultLayoutBuilder, // 布局构建器
})
```

当 AnimatedSwitcher 的 child 发生变化时（类型或 Key 不同），旧 child 会执行隐藏动画，新 child 会执行显示动画。究竟执行何种动画效果是由 transitionBuilder 参数决定的，该参数接受一个 AnimatedSwitcherTransitionBuilder 类型的 builder，定义代码如下：

```
typedef AnimatedSwitcherTransitionBuilder =
  Widget Function(Widget child, Animation<double> animation);
```

该 builder 在 AnimatedSwitcher 的 child 切换时会分别对新、旧 child 绑定动画，具体如下。

1）对旧 child，绑定的动画会反向执行（reverse）。

2）对新 child，绑定的动画会正向指向（forward）。

这样操作即可实现对新、旧 child 的动画绑定。AnimatedSwitcher 的默认值是 AnimatedSwitcher.defaultTransitionBuilder，代码如下：

```
Widget defaultTransitionBuilder(Widget child, Animation<double> animation) {
  return FadeTransition(
    opacity: animation,
    child: child,
  );
}
```

可以看到，上述代码返回了 FadeTransition 对象，也就是说默认情况下，AnimatedSwitcher 会对新旧 child 执行“渐隐”和“渐显”动画。

例子

下面我们再来看一个例子，实现一个计数器，然后在每一次自增的过程中，旧数字执行缩小动画隐藏，新数字执行放大动画显示，代码如下：

```
import 'package:flutter/material.dart';

class AnimatedSwitcherCounterRoute extends StatefulWidget {
    const AnimatedSwitcherCounterRoute({Key key}) : super(key: key);

    @override
    _AnimatedSwitcherCounterRouteState createState() => _AnimatedSwitcherCounter
RouteState();
  }

  class _AnimatedSwitcherCounterRouteState extends State<AnimatedSwitcherCounter
Route> {
    int _count = 0;

    @override
    Widget build(BuildContext context) {
      return Center(
        child: Column(
          mainAxisAlignment: MainAxisAlignment.center,
          children: <Widget>[
            AnimatedSwitcher(
              duration: const Duration(milliseconds: 500),
              transitionBuilder: (Widget child, Animation<double> animation) {
                //执行缩放动画
                return ScaleTransition(child: child, scale: animation);
              },
              child: Text(
                '$_count',
                //显示指定key，不同的key会被认为是不同的Text，这样才能执行动画
                key: ValueKey<int>(_count),
                style: Theme.of(context).textTheme.display1,
              ),
            ),
            RaisedButton(
              child: const Text('+1',),
              onPressed: () {
                setState(() {
                  _count += 1;
                });
              },
            ),
          ],
        ),
      );
    }
  }
```

运行示例代码，当点击“+1”按钮时，原先的数字会逐渐缩小直至隐藏，而新数字会逐渐放大，如图 9-5 所示的是所截取的动画执行过程的一帧。

图 9-5 所示的是第一次点击“+1”按钮后切换动画的一帧，此时“0”正在逐渐缩小，而“1”正在“0”的中间，正在逐渐放大。

注意 AnimatedSwitcher 的新旧 child，如果类型相同，则 Key 必须是不相等的。

AnimatedSwitcher 的实现原理

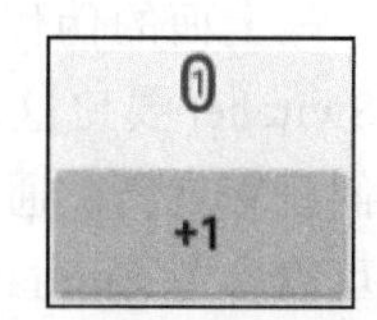

图 9-5 缩放切换

实际上，AnimatedSwitcher 的实现原理是比较简单的，我们根据 AnimatedSwitcher 的使用方式也可以猜个大概。要想实现新旧 child 切换动画，只需要明确两个问题：动画执行的时机和如何对新旧 child 执行动画。从 AnimatedSwitcher 的使用方式我们可以看到，当 child 发生变化时（即 Key 或类型不同时相等），需要重新创建，然后动画开始执行。我们可以通过继承 StatefulWidget 来实现 AnimatedSwitcher，具体做法是在 didUpdateWidget 回调中判断其新旧 child 是否发生变化，如果发生变化，则对旧 child 执行反向退场（reverse）动画，对新 child 执行正向（forward）入场动画即可。下面是 AnimatedSwitcher 实现的部分核心伪代码：

```
Widget _widget; //
void didUpdateWidget(AnimatedSwitcher oldWidget) {
  super.didUpdateWidget(oldWidget);
  // 检查新旧 child 是否发生变化 (key 或类型同时相等则返回 true，认为没有发生变化 )
  if (Widget.canUpdate(widget.child, oldWidget.child)) {
    // child 没变化
  } else {
    //child 发生了变化，构建一个 Stack 来分别为新旧 child 执行动画
   _widget= Stack(
      alignment: Alignment.center,
      children:[
        // 旧 child 应用 FadeTransition
        FadeTransition(
          opacity: _controllerOldAnimation,
          child : oldWidget.child,
        ),
        // 新 child 应用 FadeTransition
        FadeTransition(
          opacity: _controllerNewAnimation,
          child : widget.child,
        ),
      ]
    );
    // 为旧 child 执行反向退场动画
    _controllerOldAnimation.reverse();
```

```
      // 为新 child 执行正向入场动画
      _controllerNewAnimation.forward();
    }
  }

  //build 方法
  Widget build(BuildContext context){
    return _widget;
  }
```

上面的伪代码展示了实现 AnimatedSwitcher 的核心逻辑，当然，真正实现 AnimatedSwitcher 要比这复杂，它可以自定义进退场过渡动画以及执行动画时的布局等。在此，我们删繁就简，通过伪代码的形式让读者能够清楚地看到主要的实现思路，具体的实现读者可以参考 AnimatedSwitcher 源码。

另外，Flutter SDK 中还提供了一个 AnimatedCrossFade 组件，它也可以切换两个子元素，切换过程执行渐隐渐显的动画，与 AnimatedSwitcher 不同的是，AnimatedCrossFade 主要针对两个子元素，而 AnimatedSwitcher 则是在一个子元素的新旧值之间进行切换。AnimatedCrossFade 的实现原理比较简单，也有与 AnimatedSwitcher 类似的地方，因此不再赘述，读者有兴趣可以查看其源码。

9.6.2 AnimatedSwitcher 的高级用法

假设现在我们想要实现一个类似于路由平移切换的动画：旧页面屏幕中向左侧平移退出，新页面从屏幕右侧平移进入。如果要用到 AnimatedSwitcher，那么我们很快就会发现一个问题：做不到！我们可能会写出如下所示的代码：

```
AnimatedSwitcher(
  duration: Duration(milliseconds: 200),
  transitionBuilder: (Widget child, Animation<double> animation) {
    var tween=Tween<Offset>(begin: Offset(1, 0), end: Offset(0, 0))
      return SlideTransition(
        child: child,
        position: tween.animate(animation),
    );
  },
  ...// 省略
)
```

上面的代码有什么问题呢？我们在前面说过，在 AnimatedSwitcher 的 child 切换时会分别对新 child 执行正向动画（forward），而对旧 child 执行反向动画（reverse），所以真正的效果便是新 child 确实从屏幕右侧平移进入了，但旧 child 却会从屏幕**右侧**（而不是左侧）退出。其实这也很容易理解，因为在没有特殊处理的情况下，同一个动画的正向和逆向正好是相反（对称）的。

那么问题来了，难道就不能使用AnimatedSwitcher了吗？答案当然是否定的！仔细想想这个问题，究其原因，就是因为同一个Animation正向（forward）和反向（reverse）是对称的。所以如果我们可以打破这种对称性，那么便可以实现这个功能了，下面我们来封装一个MySlideTransition，它与SlideTransition唯一的不同就是，其对动画的反向执行进行了定制（从左边滑出隐藏），代码如下：

```
class MySlideTransition extends AnimatedWidget {
  MySlideTransition({
    Key key,
    @required Animation<Offset> position,
    this.transformHitTests = true,
    this.child,
  })
      : assert(position != null),
        super(key: key, listenable: position) ;

  Animation<Offset> get position => listenable;
  final bool transformHitTests;
  final Widget child;

  @override
  Widget build(BuildContext context) {
    Offset offset=position.value;
    //动画反向执行时，调整x偏移，实现“从左边滑出隐藏”
    if (position.status == AnimationStatus.reverse) {
        offset = Offset(-offset.dx, offset.dy);
    }
    return FractionalTranslation(
      translation: offset,
      transformHitTests: transformHitTests,
      child: child,
    );
  }
}
```

调用时，将SlideTransition替换成MySlideTransition即可：

```
AnimatedSwitcher(
  duration: Duration(milliseconds: 200),
  transitionBuilder: (Widget child, Animation<double> animation) {
    var tween=Tween<Offset>(begin: Offset(1, 0), end: Offset(0, 0))
      return MySlideTransition(
              child: child,
              position: tween.animate(animation),
              );
  },
  ...//省略
)
```

上述代码运行后，这里截取动画执行过程中的一帧，如图 9-6 所示。

图 9-6 中的“0”从左侧滑出，而“1”从右侧滑入。可以看到，我们通过这种巧妙的方式实现了类似于路由进场切换的动画，实际上，Flutter 路由切换也正是通过 AnimatedSwitcher 来实现的。

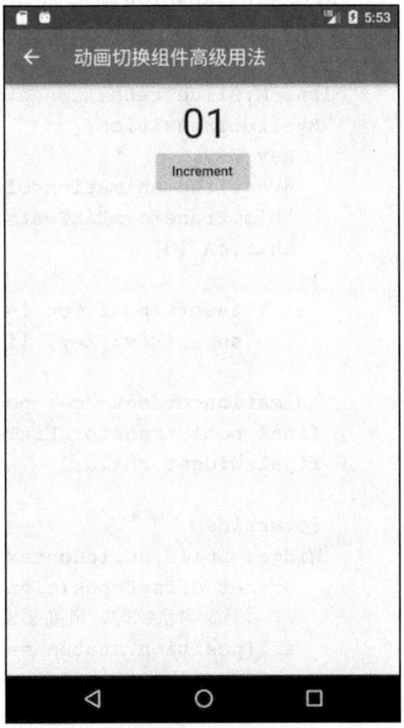

图 9-6　左出右进

SlideTransitionX

在上面的示例中，我们实现了“左出右入”的动画，那么，如果要实现“右入左出”“上入下出”或者“下入上出”又该怎么办呢？当然，我们可以分别修改上面的代码，但是这样做每种动画都得单独定义一个“Transition”，这样做很麻烦。本节将封装一个通用的 SlideTransitionX 来实现这种“出入滑动动画”，代码如下：

```
class SlideTransitionX extends AnimatedWidget {
  SlideTransitionX({
    Key key,
    @required Animation<double> position,
    this.transformHitTests = true,
    this.direction = AxisDirection.down,
    this.child,
  })
      : assert(position != null),
        super(key: key, listenable: position) {
    // 偏移在内部处理
    switch (direction) {
      case AxisDirection.up:
        _tween = Tween(begin: Offset(0, 1), end: Offset(0, 0));
        break;
      case AxisDirection.right:
        _tween = Tween(begin: Offset(-1, 0), end: Offset(0, 0));
        break;
      case AxisDirection.down:
        _tween = Tween(begin: Offset(0, -1), end: Offset(0, 0));
        break;
      case AxisDirection.left:
        _tween = Tween(begin: Offset(1, 0), end: Offset(0, 0));
        break;
    }
  }


  Animation<double> get position => listenable;

  final bool transformHitTests;
```

```
  final Widget child;

  //退场(出)方向
  final AxisDirection direction;

  Tween<Offset> _tween;

  @override
  Widget build(BuildContext context) {
    Offset offset = _tween.evaluate(position);
    if (position.status == AnimationStatus.reverse) {
      switch (direction) {
        case AxisDirection.up:
          offset = Offset(offset.dx, -offset.dy);
          break;
        case AxisDirection.right:
          offset = Offset(-offset.dx, offset.dy);
          break;
        case AxisDirection.down:
          offset = Offset(offset.dx, -offset.dy);
          break;
        case AxisDirection.left:
          offset = Offset(-offset.dx, offset.dy);
          break;
      }
    }
    return FractionalTranslation(
      translation: offset,
      transformHitTests: transformHitTests,
      child: child,
    );
  }
}
```

现在如果我们想要实现各种“滑动出入动画”就非常容易了，只需要为direction传递不同的方向值即可，比如要实现“上入下出”，则代码如下：

```
AnimatedSwitcher(
  duration: Duration(milliseconds: 200),
  transitionBuilder: (Widget child, Animation<double> animation) {
    var tween=Tween<Offset>(begin: Offset(1, 0), end: Offset(0, 0))
      return SlideTransitionX(
              child: child,
                      direction: AxisDirection.down, //上入下出
              position: animation,
              );
  },
  ...//省略其余代码
)
```

上述代码运行后，此处截取动画执行过程中的一帧，如图 9-7 所示。

图 9-7 中，“1”从底部滑出，而“2”从顶部滑入。读者可以尝试为 SlideTransitionX 的 direction 取不同的值来查看运行效果。

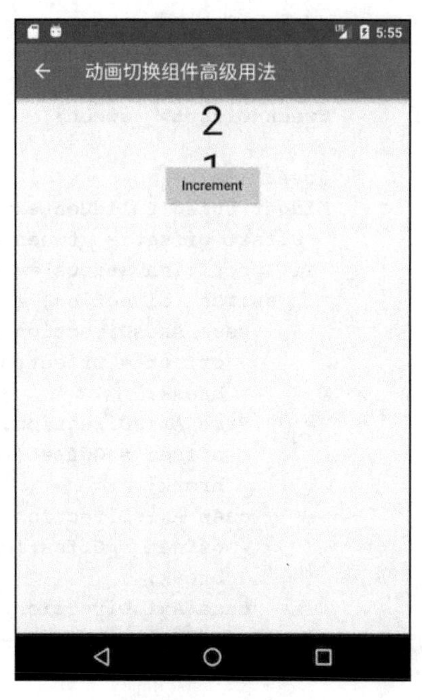

图 9-7 上入下出

总结

本节我们学习了 AnimatedSwitcher 的详细用法，同时也介绍了打破 AnimatedSwitcher 动画对称性的方法。我们可以发现：在需要切换新旧 UI 元素的场景中，AnimatedSwitcher 十分实用。

9.7 动画过渡组件

为了表述方便，本书约定，将在 Widget 属性发生变化时会执行过渡动画的组件统称为“动画过渡组件”，而动画过渡组件最明显的一个特征就是它会在内部自管理 AnimationController。我们知道，为了方便使用者，我们可以自定义动画的曲线、执行时长、方向等。在前面介绍过的动画封装方法中，通常都需要使用者自己提供一个 AnimationController 对象来自定义这些属性值。但是，如此一来，使用者就必须得手动管理 AnimationController，这又会增加使用的复杂性。因此，如果能将 AnimationController 也进行封装，则会大大提高动画组件的易用性。

9.7.1 自定义动画过渡组件

我们要实现一个 AnimatedDecoratedBox，它可以实现在 decoration 属性发生变化时，将从旧状态变成新状态的过程展示为一个过渡动画。根据前面所学的知识，我们实现了一个 AnimatedDecoratedBox1 组件，代码如下：

```
class AnimatedDecoratedBox1 extends StatefulWidget {
  AnimatedDecoratedBox1({
    Key key,
    @required this.decoration,
    this.child,
    this.curve = Curves.linear,
    @required this.duration,
    this.reverseDuration,
  });

  final BoxDecoration decoration;
```

```
  final Widget child;
  final Duration duration;
  final Curve curve;
  final Duration reverseDuration;

  @override
  _AnimatedDecoratedBox1State createState() => _AnimatedDecoratedBox1State();
}

class _AnimatedDecoratedBox1State extends State<AnimatedDecoratedBox1>
    with SingleTickerProviderStateMixin {
  @protected
  AnimationController get controller => _controller;
  AnimationController _controller;

  Animation<double> get animation => _animation;
  Animation<double> _animation;

  DecorationTween _tween;

  @override
  Widget build(BuildContext context) {
    return AnimatedBuilder(
      animation: _animation,
      builder: (context, child){
        return DecoratedBox(
          decoration: _tween.animate(_animation).value,
          child: child,
        );
      },
      child: widget.child,
    );
  }

  @override
  void initState() {
    super.initState();
    _controller = AnimationController(
      duration: widget.duration,
      reverseDuration: widget.reverseDuration,
      vsync: this,
    );
    _tween = DecorationTween(begin: widget.decoration);
    _updateCurve();
  }

  void _updateCurve() {
    if (widget.curve != null)
      _animation = CurvedAnimation(parent: _controller, curve: widget.curve);
    else
```

```
      _animation = _controller;
  }


  @override
  void didUpdateWidget(AnimatedDecoratedBox1 oldWidget) {
    super.didUpdateWidget(oldWidget);
    if (widget.curve != oldWidget.curve)
      _updateCurve();
    _controller.duration = widget.duration;
    _controller.reverseDuration = widget.reverseDuration;
    if(widget.decoration!= (_tween.end ?? _tween.begin)){
      _tween
        ..begin = _tween.evaluate(_animation)
        ..end = widget.decoration;
      _controller
        ..value = 0.0
        ..forward();
    }
  }

  @override
  void dispose() {
    _controller.dispose();
    super.dispose();
  }
}
```

下面我们使用 AnimatedDecoratedBox1 来实现按钮点击后背景色从蓝色过渡到红色的效果，代码如下：

```
Color _decorationColor = Colors.blue;
var duration = Duration(seconds: 1);
...//省略无关代码
AnimatedDecoratedBox(
  duration: duration,
  decoration: BoxDecoration(color: _decorationColor),
  child: FlatButton(
    onPressed: () {
      setState(() {
        _decorationColor = Colors.red;
      });
    },
    child: Text(
      "AnimatedDecoratedBox",
      style: TextStyle(color: Colors.white),
    ),
  ),
)
```

点击前代码的运行效果如图 9-8 所示，点击后这里截取了过渡过程的一帧，如图 9-9 所示。

图 9-8　AnimatedDecoratedBox 点击前 　　　　图 9-9　AnimatedDecoratedBox 过渡中的一帧（变色）

点击后，按钮的背景色会从蓝色向红色过渡，图 9-9 是过渡过程中的一帧，有点偏紫色，整个过渡动画结束后背景会变为红色。

上面的代码虽然实现了我们期望的功能，但是实现代码却比较复杂。稍加思考后，我们就可以发现，AnimationController 的管理以及 Tween 更新部分的代码都是可以抽象出来的，如果我们将这些通用逻辑封装成基类，那么要实现动画过渡组件只需要继承这些基类，然后定制自身不同的代码（比如动画每一帧的构建方法）即可，这样将会简化代码。

为了方便开发者实现动画过渡组件的封装，Flutter 提供了一个 ImplicitlyAnimatedWidget 抽象类，它继承自 StatefulWidget，同时提供了一个对应的 ImplicitlyAnimatedWidgetState 类，AnimationController 的管理就在 ImplicitlyAnimatedWidgetState 类中。开发者如果要封装动画，则只需要分别继承 ImplicitlyAnimatedWidget 和 ImplicitlyAnimatedWidgetState 类即可，下面我们演示一下具体操作如何实现。

我们需要分两步实现，具体实现代码如下。

1）继承 ImplicitlyAnimatedWidget 类，代码如下：

```
class AnimatedDecoratedBox extends ImplicitlyAnimatedWidget {
  AnimatedDecoratedBox({
    Key key,
    @required this.decoration,
    this.child,
    Curve curve = Curves.linear, //动画曲线
    @required Duration duration, //正向动画执行时长
    Duration reverseDuration, //反向动画执行时长
  }) : super(
          key: key,
          curve: curve,
          duration: duration,
          reverseDuration: reverseDuration,
        );
  final BoxDecoration decoration;
  final Widget child;

  @override
  _AnimatedDecoratedBoxState createState() {
    return _AnimatedDecoratedBoxState();
  }
}
```

其中，curve、duration、reverseDuration 三个属性在 ImplicitlyAnimatedWidget 中已定义。可以看到，AnimatedDecoratedBox 类与继承自 StatefulWidget 的普通类没有什么不同。

2）State 类继承自 AnimatedWidgetBaseState（该类继承自 ImplicitlyAnimatedWidgetState 类），代码如下：

```
class _AnimatedDecoratedBoxState
    extends AnimatedWidgetBaseState<AnimatedDecoratedBox> {
  DecorationTween _decoration; // 定义一个 Tween

  @override
  Widget build(BuildContext context) {
    return DecoratedBox(
      decoration: _decoration.evaluate(animation),
      child: widget.child,
    );
  }

  @override
  void forEachTween(visitor) {
    // 在需要更新 Tween 时，基类会调用此方法
    _decoration = visitor(_decoration, widget.decoration,
        (value) => DecorationTween(begin: value));
  }
}
```

可以看到，我们实现了 build 和 forEachTween 两个方法。在动画执行过程中，每一帧都会调用 build 方法（调用逻辑在 ImplicitlyAnimatedWidgetState 中），所以在 build 方法中我们需要构建每一帧的 DecoratedBox 状态，因此需要算出每一帧的 decoration 状态，这个我们可以通过 _decoration.evaluate(animation) 来推算，其中 animation 是 ImplicitlyAnimatedWidgetState 基类中定义的对象，_decoration 是我们自定义的一个 DecorationTween 类型的对象，那么现在的问题就是它是在什么时候被赋值的呢？要想回答这个问题，我们就得搞清楚什么时候需要对 _decoration 赋值。我们知道 _decoration 是一个 Tween，而 Tween 的主要职责就是定义动画的起始状态（begin）和终止状态（end）。对于 AnimatedDecoratedBox 来说，decoration 的终止状态就是用户传给它的值，而起始状态是不确定的，具有如下两种情况。

1）AnimatedDecoratedBox 首次 build，此时直接将其 decoration 值设置为起始状态，即 _decoration 的值为 DecorationTween(begin: decoration)。

2）AnimatedDecoratedBox 的 decoration 更新时，其起始状态为 _decoration.animate(animation)，即 _decoration 的值为 DecorationTween(begin: _decoration.animate(animation)，end:decoration)。

现在，forEachTween 的作用就很明显了，它正是用于更新 Tween 的初始值的，在上述两种情况下会被调用，而开发者只需要重写此方法，并在此方法中更新 Tween 的起始状态值即可。而一些更新的逻辑被屏蔽在了 visitor 回调中，我们只需要调用它并为它传递正确的参数即可，visitor 方法的签名如下：

```
Tween visitor(
```

```
    Tween<dynamic> tween, // 当前的 Tween，第一次调用时为 null
    dynamic targetValue, // 终止状态
    TweenConstructor<dynamic> constructor, //Tween 构造器，在上述三种情况下会被调用以更新 Tween
  );
```

从上述代码中可以看到，继承 ImplicitlyAnimatedWidget 和 ImplicitlyAnimatedWidgetState 类可以快速地实现动画过渡组件的封装，这与我们纯手工实现相比，代码简化了很多。

如果读者还存有疑惑，建议查看 ImplicitlyAnimatedWidgetState 的源码并结合本示例代码对比理解。

动画过渡组件的反向动画

在使用动画过渡组件时，我们只需要在改变一些属性值后重新 build 组件即可，所以要实现状态反向过渡，只需要将前后状态值互换即可实现，关于这一点，本来是不需要再浪费笔墨的。但是，ImplicitlyAnimatedWidget 构造函数中却有一个 reverseDuration 属性用于设置反向动画的执行时长，这貌似在告诉读者 ImplicitlyAnimatedWidget 本身也提供了执行反向动画的接口，于是，笔者查看了 ImplicitlyAnimatedWidgetState 源码，并未发现有执行反向动画的接口，唯一有用的是它暴露了控制动画的 controller。所以如果要让 reverseDuration 生效，我们只能先获取 controller，然后再通过 controller.reverse() 来启动反向动画。比如，我们在上面示例的基础上实现一个循环的点击背景颜色变换效果，要求从蓝色变为红色时，动画的执行时间为 400 毫秒，从红色变蓝色为 2 秒，如果要使 reverseDuration 生效，我们需要这样做：

```
AnimatedDecoratedBox(
  duration: Duration( milliseconds: 400),
  decoration: BoxDecoration(color: _decorationColor),
  reverseDuration: Duration(seconds: 2),
  child: Builder(builder: (context) {
    return FlatButton(
      onPressed: () {
        if (_decorationColor == Colors.red) {
          ImplicitlyAnimatedWidgetState _state =
              context.ancestorStateOfType(
                  TypeMatcher<ImplicitlyAnimatedWidgetState>());
            // 通过 controller 来启动反向动画
          _state.controller.reverse().then((e) {
            // 经验证必须调用 setState 来触发 rebuild，否则状态同步会出现问题
            setState(() {
              _decorationColor = Colors.blue;
            });
          });
        } else {
          setState(() {
            _decorationColor = Colors.red;
          });
        }
```

```
        },
        child: Text(
          "AnimatedDecoratedBox toggle",
          style: TextStyle(color: Colors.white),
        ),
      );
    }),
  )
```

上面的代码实际上是非常糟糕且没有必要的，它需要我们了解 ImplicitlyAnimatedWidgetState 的内部实现，并且要手动启动反向动画。我们完全可以通过如下代码实现相同的效果：

```
AnimatedDecoratedBox(
  duration: Duration(
      milliseconds: _decorationColor == Colors.red ? 400 : 2000),
  decoration: BoxDecoration(color: _decorationColor),
  child: Builder(builder: (context) {
    return FlatButton(
      onPressed: () {
        setState(() {
          _decorationColor = _decorationColor == Colors.blue
              ? Colors.red
              : Colors.blue;
        });
      },
      child: Text(
        "AnimatedDecoratedBox toggle",
        style: TextStyle(color: Colors.white),
      ),
    );
  }),
)
```

这样的代码是不是优雅得多！那么，现在问题来了，为什么 ImplicitlyAnimatedWidgetState 要提供一个 reverseDuration 参数呢？笔者仔细研究了 ImplicitlyAnimatedWidgetState 的实现，发现唯一的解释就是，该参数并不是给 ImplicitlyAnimatedWidgetState 用的，而是给子类用的！原因正如我们前面所说的，要使 reverseDuration 有用就必须获取 controller 属性来手动启动反向动画，ImplicitlyAnimatedWidgetState 中的 controller 属性是一个保护属性，定义代码如下：

```
@protected
  AnimationController get controller => _controller;
```

而保护属性原则上只应该在子类中使用，而不应该像上面的示例代码一样在外部使用。综上所述，我们可以得出两条如下结论。

1）使用动画过渡组件时，如果需要执行反向动画的场景，应尽量使用状态互换的方法，而不应该通过获取 ImplicitlyAnimatedWidgetState 中 controller 的方式。

2）如果我们自定义的动画过渡组件用不到 reverseDuration，那么最好就不要暴露此参数，比如，我们上面自定义的 AnimatedDecoratedBox 定义中就可以去除 reverseDuration 可选参数，代码如下：

```
class AnimatedDecoratedBox extends ImplicitlyAnimatedWidget {
  AnimatedDecoratedBox({
    Key key,
    @required this.decoration,
    this.child,
    Curve curve = Curves.linear,
    @required Duration duration,
  }) : super(
          key: key,
          curve: curve,
          duration: duration,
        );
```

9.7.2 Flutter 预置的动画过渡组件

Flutter SDK 中预置了很多动画过渡组件，其实现方式大多与 AnimatedDecoratedBox 差不多，如表 9-3 所示。

表 9-3 Flutter 预置的动画过渡组件

组件名	功能
AnimatedPadding	在 padding 发生变化时会执行过渡动画到新的状态
AnimatedPositioned	配合 Stack 一起使用，当定位状态发生变化时，会执行过渡动画到新的状态
AnimatedOpacity	在透明度 opacity 发生变化时会执行过渡动画到新的状态
AnimatedAlign	当 alignment 发生变化时会执行过渡动画到新的状态
AnimatedContainer	当 Container 属性发生变化时会执行过渡动画到新的状态
AnimatedDefaultTextStyle	当字体样式发生变化时，子组件中继承了该样式的文本组件会动态过渡到新的样式

下面我们通过一个示例来感受一下这些预置的动画过渡组件效果，代码如下：

```
import 'package:flutter/material.dart';

class AnimatedWidgetsTest extends StatefulWidget {
  @override
  _AnimatedWidgetsTestState createState() => _AnimatedWidgetsTestState();
}

class _AnimatedWidgetsTestState extends State<AnimatedWidgetsTest> {
  double _padding = 10;
  var _align = Alignment.topRight;
  double _height = 100;
  double _left = 0;
  Color _color = Colors.red;
```

```
TextStyle _style = TextStyle(color: Colors.black);
Color _decorationColor = Colors.blue;

@override
Widget build(BuildContext context) {
  var duration = Duration(seconds: 5);
  return SingleChildScrollView(
    child: Column(
      children: <Widget>[
        RaisedButton(
          onPressed: () {
            setState(() {
              _padding = 20;
            });
          },
          child: AnimatedPadding(
            duration: duration,
            padding: EdgeInsets.all(_padding),
            child: Text("AnimatedPadding"),
          ),
        ),
        SizedBox(
          height: 50,
          child: Stack(
            children: <Widget>[
              AnimatedPositioned(
                duration: duration,
                left: _left,
                child: RaisedButton(
                  onPressed: () {
                    setState(() {
                      _left = 100;
                    });
                  },
                  child: Text("AnimatedPositioned"),
                ),
              )
            ],
          ),
        ),
        Container(
          height: 100,
          color: Colors.grey,
          child: AnimatedAlign(
            duration: duration,
            alignment: _align,
            child: RaisedButton(
              onPressed: () {
                setState(() {
                  _align = Alignment.center;
```

```
          });
        },
        child: Text("AnimatedAlign"),
      ),
    ),
  ),
  AnimatedContainer(
    duration: duration,
    height: _height,
    color: _color,
    child: FlatButton(
      onPressed: () {
        setState(() {
          _height = 150;
          _color = Colors.blue;
        });
      },
      child: Text(
        "AnimatedContainer",
        style: TextStyle(color: Colors.white),
      ),
    ),
  ),
  AnimatedDefaultTextStyle(
    child: GestureDetector(
      child: Text("hello world"),
      onTap: () {
        setState(() {
          _style = TextStyle(
            color: Colors.blue,
            decorationStyle: TextDecorationStyle.solid,
            decorationColor: Colors.blue,
          );
        });
      },
    ),
    style: _style,
    duration: duration,
  ),
  AnimatedDecoratedBox(
    duration: duration,
    decoration: BoxDecoration(color: _decorationColor),
    child: FlatButton(
      onPressed: () {
        setState(() {
          _decorationColor = Colors.red;
        });
      },
      child: Text(
        "AnimatedDecoratedBox",
```

```
                style: TextStyle(color: Colors.white),
              ),
            ),
          )
        ].map((e) {
          return Padding(
            padding: EdgeInsets.symmetric(vertical: 16),
            child: e,
          );
        }).toList(),
      ),
    );
  }
}
```

上述代码运行后的效果如图 9-10 所示。

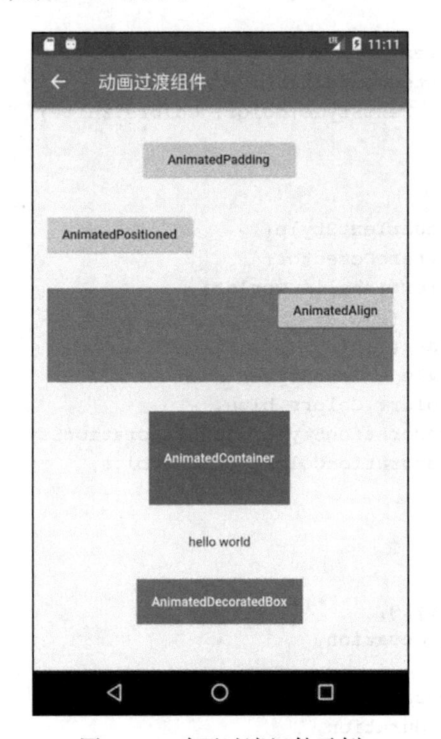

图 9-10 动画过渡组件示例

读者可以点击相应的组件来查看一下实际的运行效果。

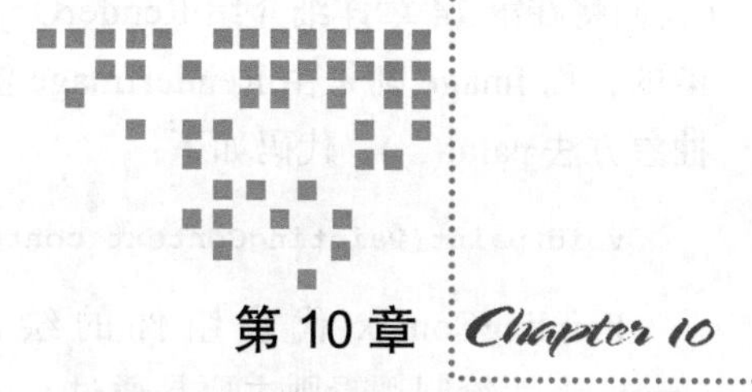

第 10 章 Chapter 10

自定义组件

10.1 自定义组件方法简介

如果 Flutter 提供的现有组件无法满足需求，或者为了共享代码需要封装一些通用组件，那么就需要自定义组件。在 Flutter 中，自定义组件有三种方式：组合其他组件、自绘和实现 RenderObject。本节先分别介绍一下这三种方式的特点，后文中将详细介绍它们的实现细节。

组合其他 Widget

这种方式是通过拼装其他组件来组合成一个新的组件。例如，我们之前介绍的 Container 就是一个组合组件，它是由 DecoratedBox、ConstrainedBox、Transform、Padding、Align 等组件组成的。

在 Flutter 中，组合的思想非常重要，Flutter 提供了很多基础组件，而我们的界面开发其实就是按照需要组合这些组件来实现各种不同的布局而已。

自绘

如果遇到无法通过现有的组件来实现需要的 UI，那么可以通过自绘组件的方式实现，例如，我们需要一个颜色渐变的圆形进度条，而 Flutter 提供的 CircularProgressIndicator 并不支持在显示精确进度时对进度条应用渐变色（其 valueColor 属性只支持在执行旋转动画时变化 Indicator 的颜色），这时最好的方法就是通过自定义组件来绘制出我们期望的外观。Flutter 中提供的 CustomPaint 和 Canvas 可用于实现 UI 自绘。

实现 RenderObject

Flutter 提供的自身具有 UI 外观的组件（如 Text、Image）都是通过相应的 RenderObject

（我们将在第 14 章详细介绍 RenderObject）渲染出来的，例如 Text 是由 RenderParagraph 渲染的，而 Image 则是由 RenderImage 渲染的。RenderObject 是一个抽象类，它定义了一个抽象方法 paint(...)，代码如下：

```
void paint(PaintingContext context, Offset offset)
```

PaintingContext 代表组件的绘制上下文，通过 PaintingContext.canvas 可以获得 Canvas，而绘制逻辑则主要是通过 Canvas API 来实现的。子类需要重写此方法以实现自身的绘制逻辑，例如 RenderParagraph 需要实现文本绘制逻辑，而 RenderImage 则需要实现图片绘制逻辑。

可以发现，RenderObject 最终也是通过 Canvas API 来绘制的，那么通过实现 RenderObject 的方式与上面介绍的通过 CustomPaint 和 Canvas 自绘的方式有什么区别呢？其实答案很简单，CustomPaint 只是一个便于开发者封装的代理类，它直接继承自 SingleChildRenderObjectWidget，通过 RenderCustomPaint 的 paint 方法将 Canvas 和画笔 Painter（需要开发者实现，后面的章节中会有详细介绍）连接起来，实现了最终的绘制（绘制逻辑在 Painter 中）。

总结

"组合"是自定义组件最简单的方法，在任何需要自定义组件的场景下，我们都应该优先考虑自定义组件是否能够通过组合来实现。而自绘和实现 RenderObject 这两种方式本质上是一样的，都需要开发者调用 Canvas API 手动绘制 UI，优点是功能强大灵活，理论上可以实现任何外观的 UI，缺点是必须了解 Canvas API 细节，并且得自行实现绘制逻辑。

在本章后续的内容中，我们将通过一些实例来详细介绍自定义 UI 的过程，由于后两种方法在本质上是相同的，并且 Flutter 中的很多基础组件都是通过 RenderObject 的形式来实现的，所以后续我们只介绍 CustomPaint 和 Canvas 的方式，读者如果对自定义 RenderObject 的方法感兴趣，可以查看 Flutter 中与相关基础组件对应的 RenderObject 的实现源码，如 RenderParagraph 或 RenderImage。

10.2 组合现有组件

在 Flutter 中，页面 UI 通常都是由一些低级别的组件组合而成的，当我们需要封装一些通用组件时，应该首先考虑是否可以通过组合其他组件来实现，如果可以，则应优先使用组合的方式，因为直接通过现有组件拼装会非常简单、灵活、高效。

示例：自定义渐变按钮

Flutter Material 组件库中的按钮默认不支持渐变背景，为了实现渐变背景按钮，我们自定义一个 GradientButton 组件，它需要支持如下功能。

1）背景支持渐变色。

2）手指按下时有涟漪效果。

3）可以支持圆角。

我们先来看看最终要实现的效果（如图 10-1 所示）。

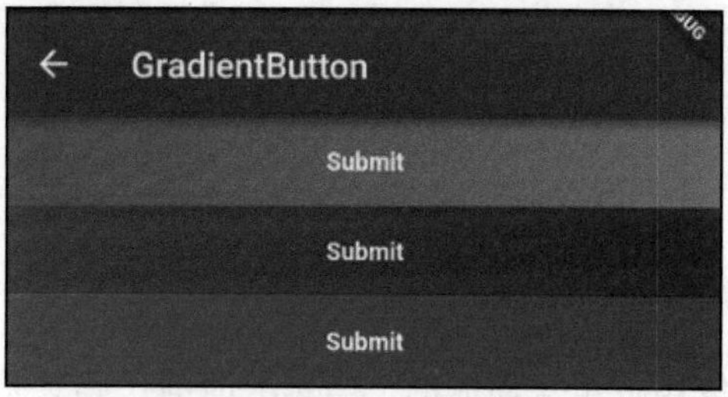

DecoratedBox 可以支持背景色渐变和圆角，InkWell 在手指按下时会产生涟漪效果，所以我们可以通过组合 DecoratedBox 和 InkWell 来实现 GradientButton，代码如下：

```
import 'package:flutter/material.dart';

class GradientButton extends StatelessWidget {
  GradientButton({
    this.colors,
    this.width,
    this.height,
    this.onPressed,
    this.borderRadius,
    @required this.child,
  });

  // 渐变色数组
  final List<Color> colors;

  // 按钮宽高
  final double width;
  final double height;

  final Widget child;
  final BorderRadius borderRadius;

  // 点击回调
  final GestureTapCallback onPressed;

  @override
  Widget build(BuildContext context) {
    ThemeData theme = Theme.of(context);

    // 确保 colors 数组不为空
    List<Color> _colors = colors ??
        [theme.primaryColor, theme.primaryColorDark ?? theme.primaryColor];

    return DecoratedBox(
      decoration: BoxDecoration(
        gradient: LinearGradient(colors: _colors),
        borderRadius: borderRadius,
      ),
      child: Material(
        type: MaterialType.transparency,
        child: InkWell(
```

图 10-1　渐变按钮示例

```
            splashColor: _colors.last,
            highlightColor: Colors.transparent,
            borderRadius: borderRadius,
            onTap: onPressed,
            child: ConstrainedBox(
              constraints: BoxConstraints.tightFor(height: height, width: width),
              child: Center(
                child: Padding(
                  padding: const EdgeInsets.all(8.0),
                  child: DefaultTextStyle(
                    style: TextStyle(fontWeight: FontWeight.bold),
                    child: child,
                  ),
                ),
              ),
            ),
          ),
        ),
      );
    }
  }
```

从上述代码中可以看到，GradientButton 是由 DecoratedBox、Padding、Center、InkWell 等组件组合而成的。当然上面的代码只是一个示例，作为一个按钮它其实并不完整，比如，没有禁用状态，读者可以根据实际需要来进一步完善。

使用 GradientButton

GradientButton 的使用代码如下：

```
import 'package:flutter/material.dart';
import '../widgets/index.dart';

class GradientButtonRoute extends StatefulWidget {
  @override
  _GradientButtonRouteState createState() => _GradientButtonRouteState();
}

class _GradientButtonRouteState extends State<GradientButtonRoute> {
  @override
  Widget build(BuildContext context) {
    return Container(
      child: Column(
        children: <Widget>[
          GradientButton(
            colors: [Colors.orange, Colors.red],
            height: 50.0,
            child: Text("Submit"),
            onPressed: onTap,
          ),
          GradientButton(
```

```
            height: 50.0,
            colors: [Colors.lightGreen, Colors.green[700]],
            child: Text("Submit"),
            onPressed: onTap,
          ),
          GradientButton(
            height: 50.0,
            colors: [Colors.lightBlue[300], Colors.blueAccent],
            child: Text("Submit"),
            onPressed: onTap,
          ),
        ],
      ),
    );
  }
  onTap() {
    print("button click");
  }
}
```

总结

通过组合的方式定义组件与我们之前写界面并无差异，不过在抽离出单独的组件时，我们要考虑代码的规范性，如必要参数要用 @required 标注，对于可选参数，在特定场景下需要判空或设置默认值等。这是由于使用者大多数时候可能不了解组件的内部细节，所以为了保证代码的健壮性，我们需要在用户错误地使用组件时能够兼容或报错提示（使用 assert 断言函数实现）。

10.3　组合实例：TurnBox

我们之前已经介绍过 RotatedBox，其可以旋转子组件，但是它具有两个缺点：一是只能将其子节点以 90 度的倍数旋转；二是当旋转的角度发生变化时，旋转角度更新过程没有动画。

本节我们将实现一个 TurnBox 组件，它不仅可以以任意角度来旋转其子节点，而且可以在角度发生变化时执行一个动画以过渡到新状态，同时，我们还可以手动指定动画的速度。

TurnBox 的完整代码如下：

```
import 'package:flutter/widgets.dart';

class TurnBox extends StatefulWidget {
  const TurnBox({
    Key key,
    this.turns = .0, //旋转的“圈”数，一圈为 360 度，如 0.25 圈即 90 度
    this.speed = 200, //过渡动画执行的总时长
    this.child
```

```
  }) :super(key: key);

  final double turns;
  final int speed;
  final Widget child;

  @override
  _TurnBoxState createState() => new _TurnBoxState();
}

class _TurnBoxState extends State<TurnBox>
    with SingleTickerProviderStateMixin {
  AnimationController _controller;

  @override
  void initState() {
    super.initState();
    _controller = new AnimationController(
        vsync: this,
        lowerBound: -double.infinity,
        upperBound: double.infinity
    );
    _controller.value = widget.turns;
  }

  @override
  void dispose() {
    _controller.dispose();
    super.dispose();
  }

  @override
  Widget build(BuildContext context) {
    return RotationTransition(
      turns: _controller,
      child: widget.child,
    );
  }

  @override
  void didUpdateWidget(TurnBox oldWidget) {
    super.didUpdateWidget(oldWidget);
    //旋转角度发生变化时执行过渡动画
    if (oldWidget.turns != widget.turns) {
      _controller.animateTo(
        widget.turns,
        duration: Duration(milliseconds: widget.speed??200),
        curve: Curves.easeOut,
      );
    }
```

```
  }
}
```

在上面的代码中，需要说明如下两点：

1）我们是通过组合 RotationTransition 和 child 来实现旋转效果的。

2）在 didUpdateWidget 中，需要判断要旋转的角度是否发生了变化，如果发生了变化，则执行一个过渡动画。

下面我们测试一下 TurnBox 的功能，测试代码如下：

```
import 'package:flutter/material.dart';
import '../widgets/index.dart';

class TurnBoxRoute extends StatefulWidget {
  @override
  _TurnBoxRouteState createState() => new _TurnBoxRouteState();
}

class _TurnBoxRouteState extends State<TurnBoxRoute> {
  double _turns = .0;

  @override
  Widget build(BuildContext context) {

    return Center(
      child: Column(
        children: <Widget>[
          TurnBox(
            turns: _turns,
            speed: 500,
            child: Icon(Icons.refresh, size: 50,),
          ),
          TurnBox(
            turns: _turns,
            speed: 1000,
            child: Icon(Icons.refresh, size: 150.0,),
          ),
          RaisedButton(
            child: Text("顺时针旋转 1/5 圈"),
            onPressed: () {
              setState(() {
                _turns += .2;
              });
            },
          ),
          RaisedButton(
            child: Text("逆时针旋转 1/5 圈"),
            onPressed: () {
              setState(() {
                _turns -= .2;
```

```
              });
            },
          )
        ],
      ),
    );
  }
}
```

测试代码运行后，效果如图 10-2 所示。

当我们点击旋转按钮时，两个图标都会旋转 1/5 圈，但是旋转的速度是不同的，读者可以自己运行一下示例以查看效果。

实际上，本示例只组合了 RotationTransition 的一个组件，它是一个最简单的组合类组件示例。另外，如果我们封装的是 StatefulWidget，那么一定要注意在组件更新时是否需要同步状态。比如我们要封装一个富文本展示组件 MyRichText，它可以自动处理 URL 链接，定义代码如下：

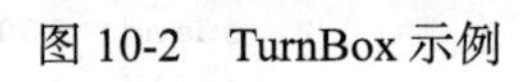
图 10-2　TurnBox 示例

```
class MyRichText extends StatefulWidget {
  MyRichText({
    Key key,
    this.text, // 文本字符串
    this.linkStyle, // URL 链接样式
  }) : super(key: key);

  final String text;
  final TextStyle linkStyle;

  @override
  _MyRichTextState createState() => _MyRichTextState();
}
```

接下来，我们在 _MyRichTextState 中要实现如下两个功能。

1）解析文本字符串“text”，生成 TextSpan 并缓存起来。

2）在 build 中返回最终的富文本样式。

_MyRichTextState 实现的代码大致如下：

```
class _MyRichTextState extends State<MyRichText> {

  TextSpan _textSpan;

  @override
  Widget build(BuildContext context) {
```

```
    return RichText(
      text: _textSpan,
    );
  }

  TextSpan parseText(String text) {
    // 耗时操作：解析文本字符串，构建出 TextSpan
    // 省略具体实现
  }

  @override
  void initState() {
    _textSpan = parseText(widget.text)
    super.initState();
  }
}
```

由于解析文本字符串，构建出 TextSpan 是一个比较耗时的操作，为了不在每次创建的时候都解析一次，我们在 initState 中对解析的结果进行了缓存，然后在 build 中直接使用解析的结果 _textSpan。这看起来很不错，但是上面的代码存在一个严重的问题，那就是父组件传入的 text 发生变化时（组件树结构不变），MyRichText 显示的内容不会更新，原因就是 initState 只会在 State 创建时被调用，所以在 text 发生变化时，parseText 并没有重新执行，导致 _textSpan 仍然是旧的解析值。要解决这个问题其实也很简单，我们只需要添加一个 didUpdateWidget 回调函数，然后在里面重新调用 parseText 即可，实现代码如下：

```
@override
void didUpdateWidget(MyRichText oldWidget) {
  if (widget.text != oldWidget.text) {
    _textSpan = parseText(widget.text);
  }
  super.didUpdateWidget(oldWidget);
}
```

有些读者可能会觉得这个知识点比较简单，是的，的确很简单，之所以要在这里反复强调，是因为这个知识点在实际开发中很容易被忽略，它虽然简单，却很重要。总之，当我们在 State 中需要缓存某些依赖 Widget 参数的数据时，一定要注意在组件更新时是否需要同步状态。

10.4 自绘组件（CustomPaint 与 Canvas）

对于一些复杂的或不规则的 UI，我们可能无法通过组合其他组件的方式来实现，比如我们需要一个正六边形、一个渐变的圆形进度条、一个棋盘等。当然，有时候我们可以使用图片来实现，但是对于一些需要动态交互的场景，静态图片是实现不了想要的功能的，比如要实现一个手写输入面板，这时，我们就需要自行绘制 UI 外观。

几乎所有的 UI 系统都会提供一个自绘 UI 的接口，这个接口通常会提供一块 2D 画布 Canvas，Canvas 内部封装了一些用于基本绘制的 API，开发者可以通过 Canvas 绘制各种自定义图形。Flutter 提供了一个 CustomPaint 组件，它可以结合画笔 CustomPainter 来实现自定义图形绘制。

CustomPaint

下面我们看一下 CustomPaint 构造函数，代码如下：

```
CustomPaint({
  Key key,
  this.painter,
  this.foregroundPainter,
  this.size = Size.zero,
  this.isComplex = false,
  this.willChange = false,
  Widget child, //子节点，可以为空
})
```

上述代码段中的参数说明如下。

- painter：背景画笔，会显示在子节点后面。
- foregroundPainter：前景画笔，会显示在子节点前面。
- size：当 child 为 null 时，代表默认绘制区域的大小，如果有 child 则忽略此参数，画布尺寸则为 child 尺寸。如果有 child 但是想为画布指定特定的大小，则可以使用 SizeBox 包裹 CustomPaint 来实现。
- isComplex：是否为复杂的绘制，如果是，则 Flutter 会应用一些缓存策略来减少重复渲染的开销。
- willChange：与 isComplex 配合使用，启用缓存时，该属性代表在下一帧中绘制是否会改变。

可以看到，绘制时我们需要提供前景或背景画笔，也可以同时提供两者。画笔需要继承 CustomPainter 类，并在画笔类中实现真正的绘制逻辑。

注意，如果 CustomPaint 包含子节点，那么为了避免子节点中不必要的重绘并提高性能，通常情况下，子节点将被包裹在 RepaintBoundary 组件中，这样，在绘制时就会创建一个新的绘制层（Layer），其子组件将在新的 Layer 上绘制，而父组件将在原来的 Layer 上绘制，也就是说，RepaintBoundary 子组件的绘制将独立于父组件的绘制，RepaintBoundary 会隔离其子节点和 CustomPaint 本身的绘制边界。示例代码如下：

```
CustomPaint(
  size: Size(300, 300), //指定画布大小
  painter: MyPainter(),
  child: RepaintBoundary(child:...)),
)
```

CustomPainter

CustomPainter 中定义了一个虚函数 paint：

```
void paint(Canvas canvas, Size size);
```

paint 包含两个参数，具体说明如下。

- Canvas：一个画布，包括各种绘制方法，表 10-1 中列举了常用的方法。

表 10-1　Canvas 包含的常用绘制方法

API 名称	功能	API 名称	功能	API 名称	功能	API 名称	功能
drawLine	画线	drawPath	画路径	drawRect	画矩形	drawOval	画椭圆
drawPoint	画点	drawImage	画图像	drawCircle	画圆	drawArc	画圆弧

- Size：当前绘制区域大小。

画笔 Paint

现在画布有了，还缺少一个画笔，Flutter 提供了 Paint 类来实现画笔。在 Paint 中，我们可以配置画笔的各种属性，如粗细、颜色、样式等，代码如下：

```
var paint = Paint() //创建一个画笔并配置其属性
  ..isAntiAlias = true //是否抗锯齿
  ..style = PaintingStyle.fill //画笔样式：填充
  ..color=Color(0x77cdb175);//画笔颜色
```

更多的配置属性可以参考 Paint 类定义。

示例：五子棋 / 盘

下面我们通过一个五子棋游戏的棋盘和棋子的绘制来演示自绘 UI 的过程，首先，看一下目标效果，如图 10-3 所示。

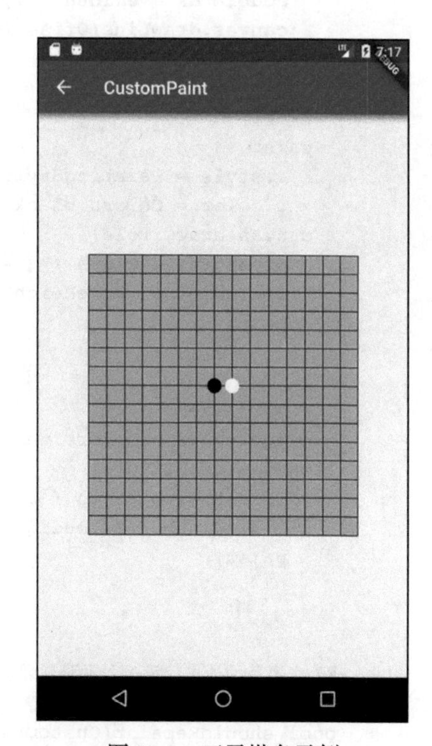

图 10-3　五子棋盘示例

具体实现代码如下：

```
import 'package:flutter/material.dart';
import 'dart:math';

class CustomPaintRoute extends StatelessWidget {
  @override
  Widget build(BuildContext context) {
    return Center(
      child: CustomPaint(
        size: Size(300, 300), //指定画布大小
        painter: MyPainter(),
      ),
    );
  }
}

class MyPainter extends CustomPainter {
```

```
  @override
  void paint(Canvas canvas, Size size) {
    double eWidth = size.width / 15;
    double eHeight = size.height / 15;

    //绘制棋盘背景
    var paint = Paint()
      ..isAntiAlias = true
      ..style = PaintingStyle.fill //填充
      ..color = Color(0x77cdb175); //背景为纸黄色
    canvas.drawRect(Offset.zero & size, paint);

    //绘制棋盘网格
    paint
      ..style = PaintingStyle.stroke //线
      ..color = Colors.black87
      ..strokeWidth = 1.0;

    for (int i = 0; i <= 15; ++i) {
      double dy = eHeight * i;
      canvas.drawLine(Offset(0, dy), Offset(size.width, dy), paint);
    }

    for (int i = 0; i <= 15; ++i) {
      double dx = eWidth * i;
      canvas.drawLine(Offset(dx, 0), Offset(dx, size.height), paint);
    }

    //绘制一颗黑子
    paint
      ..style = PaintingStyle.fill
      ..color = Colors.black;
    canvas.drawCircle(
      Offset(size.width / 2 - eWidth / 2, size.height / 2 - eHeight / 2),
      min(eWidth / 2, eHeight / 2) - 2,
      paint,
    );

    //绘制一颗白子
    paint.color = Colors.white;
    canvas.drawCircle(
      Offset(size.width / 2 + eWidth / 2, size.height / 2 - eHeight / 2),
      min(eWidth / 2, eHeight / 2) - 2,
      paint,
    );
  }

  //在实际场景中，正确利用此回调函数可以避免重绘开销，本示例中，我们简单地返回true
  @override
  bool shouldRepaint(CustomPainter oldDelegate) => true;
}
```

性能

绘制是比较昂贵的操作，所以在实现自绘控件时应该考虑到性能开销，下面是两条关于性能优化的建议。

- 尽可能地利用好 shouldRepaint 返回值。在 UI 树重新创建时，控件在绘制前都会先调用该方法以确定是否有必要进行重绘。假如我们绘制的 UI 不依赖外部状态，那就应该始终返回 false，因为外部状态改变导致重新创建时不会影响到我们的 UI 外观。如果绘制依赖外部状态，那么我们应该在 shouldRepaint 中判断依赖的状态是否发生了改变，如果已发生改变则应返回 true 来重绘，反之则应返回 false 而不需要重绘。
- 绘制尽可能多的分层。在上面五子棋的示例中，我们将棋盘和棋子的绘制放在了一起，这样会导致一个问题：由于棋盘始终是不变的，用户每次落子时变的只是棋子，但是如果按照上面的代码来实现，每次绘制棋子时都要重新绘制一次棋盘，这样做是没有必要的。优化的方法就是将棋盘单独设为一个组件，并设置其 shouldRepaint 回调值为 false，然后将棋盘组件作为背景，最后将棋子的绘制放到另一个组件中，这样每次落子时只需要绘制棋子即可。

总结

自绘控件非常强大，理论上可以实现任何 2D 图形外观，实际上，Flutter 提供的所有组件最终都是通过调用 Canvas 绘制出来的，只不过绘制的逻辑被封装起来了，读者若有兴趣，可以查看具有外观样式的组件源码，找到与其对应的 RenderObject 对象，如与 Text 对应的 RenderParagraph 对象最终会通过 Canvas 实现文本绘制逻辑。10.5 节中，我们会再通过一个自绘的圆形背景渐变进度条的实例来帮助读者加深印象。

10.5 自绘实例：圆形背景渐变进度条

本节我们将实现一个圆形背景渐变进度条，它支持如下功能。

1）支持多种背景渐变色。

2）任意弧度；进度条可以不是整圆。

3）可以自定义粗细、两端是否圆角等样式。

根据上面的要求，可以发现要实现这样一个进度条是无法通过现有组件组合而成的，所以我们通过自绘的方式来实现，代码如下：

```
import 'dart:math';
import 'package:flutter/material.dart';

class GradientCircularProgressIndicator extends StatelessWidget {
  GradientCircularProgressIndicator({
    this.strokeWidth = 2.0,
    @required this.radius,
```

```
    @required this.colors,
    this.stops,
    this.strokeCapRound = false,
    this.backgroundColor = const Color(0xFFEEEEEE),
    this.totalAngle = 2 * pi,
    this.value
  });

  /// 粗细
  final double strokeWidth;

  /// 圆的半径
  final double radius;

  /// 两端是否为圆角
  final bool strokeCapRound;

  /// 当前进度，取值范围为 0.0 ～ 1.0
  final double value;

  /// 进度条背景色
  final Color backgroundColor;

  /// 进度条的总弧度，2*PI 为整圆，小于 2*PI 则不是整圆
  final double totalAngle;

  /// 渐变色数组
  final List<Color> colors;

  /// 渐变色的终止点，对应于 colors 属性
  final List<double> stops;

  @override
  Widget build(BuildContext context) {
    double _offset = .0;
    // 如果两端为圆角，则需要对起始位置进行调整，否则圆角部分会偏离起始位置
    // 下面调整角度的计算公式是通过数学几何知识得出的，读者若有兴趣，可以研究一下为什么是这样
    if (strokeCapRound) {
      _offset = asin(strokeWidth / (radius * 2 - strokeWidth));
    }
    var _colors = colors;
    if (_colors == null) {
      Color color = Theme
          .of(context)
          .accentColor;
      _colors = [color, color];
    }
    return Transform.rotate(
      angle: -pi / 2.0 - _offset,
      child: CustomPaint(
```

```
          size: Size.fromRadius(radius),
          painter: _GradientCircularProgressPainter(
            strokeWidth: strokeWidth,
            strokeCapRound: strokeCapRound,
            backgroundColor: backgroundColor,
            value: value,
            total: totalAngle,
            radius: radius,
            colors: _colors,
          )
      ),
    );
  }
}

//实现画笔
class _GradientCircularProgressPainter extends CustomPainter {
  _GradientCircularProgressPainter({
    this.strokeWidth: 10.0,
    this.strokeCapRound: false,
    this.backgroundColor = const Color(0xFFEEEEEE),
    this.radius,
    this.total = 2 * pi,
    @required this.colors,
    this.stops,
    this.value
  });

  final double strokeWidth;
  final bool strokeCapRound;
  final double value;
  final Color backgroundColor;
  final List<Color> colors;
  final double total;
  final double radius;
  final List<double> stops;

  @override
  void paint(Canvas canvas, Size size) {
    if (radius != null) {
      size = Size.fromRadius(radius);
    }
    double _offset = strokeWidth / 2.0;
    double _value = (value ?? .0);
    _value = _value.clamp(.0, 1.0) * total;
    double _start = .0;

    if (strokeCapRound) {
      _start = asin(strokeWidth/ (size.width - strokeWidth));
    }
```

```
    Rect rect = Offset(_offset, _offset) & Size(
        size.width - strokeWidth,
        size.height - strokeWidth
    );

    var paint = Paint()
      ..strokeCap = strokeCapRound ? StrokeCap.round : StrokeCap.butt
      ..style = PaintingStyle.stroke
      ..isAntiAlias = true
      ..strokeWidth = strokeWidth;

    //先画背景
    if (backgroundColor != Colors.transparent) {
      paint.color = backgroundColor;
      canvas.drawArc(
          rect,
          _start,
          total,
          false,
          paint
      );
    }

    //再画前景，应用渐变
    if (_value > 0) {
      paint.shader = SweepGradient(
        startAngle: 0.0,
        endAngle: _value,
        colors: colors,
        stops: stops,
      ).createShader(rect);

      canvas.drawArc(
          rect,
          _start,
          _value,
          false,
          paint
      );
    }
  }

  @override
  bool shouldRepaint(CustomPainter oldDelegate) => true;

}
```

下面我们来测试一下上述代码，为了尽可能多地展示 GradientCircularProgressIndicator 的不同外观和用途，这个示例代码会比较长，并且添加了动画，建议读者运行此示例以查看实际运行效果。我们先看其中一帧动画的截图，如图 10-4 所示。

具体示例代码如下：

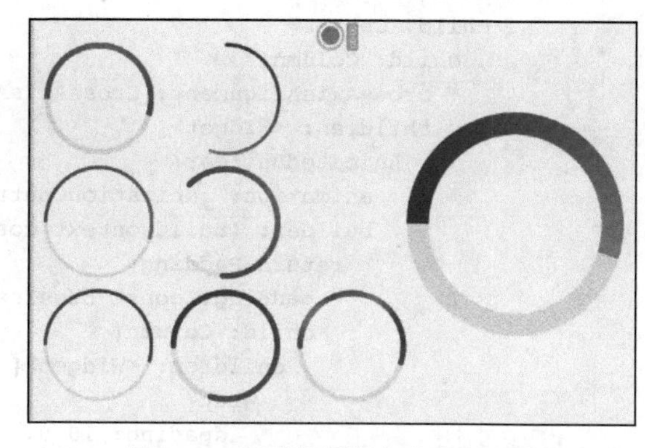
图 10-4　图形背景渐变进度条示例

```
import 'dart:math';
import 'package:flutter/material.
dart';
import '../widgets/index.dart';

class GradientCircularProgressRoute
extends StatefulWidget {
  @override
  GradientCircularProgressRouteSta
te createState() {
    return new GradientCircularPro
gressRouteState();
  }
}

class GradientCircularProgressRouteState
    extends State<GradientCircularProgressRoute> with TickerProviderStateMixin {
  AnimationController _animationController;

  @override
  void initState() {
    super.initState();
    _animationController =
        new AnimationController(vsync: this, duration: Duration(seconds: 3));
    bool isForward = true;
    _animationController.addStatusListener((status) {
      if (status == AnimationStatus.forward) {
        isForward = true;
      } else if (status == AnimationStatus.completed ||
          status == AnimationStatus.dismissed) {
        if (isForward) {
          _animationController.reverse();
        } else {
          _animationController.forward();
        }
      } else if (status == AnimationStatus.reverse) {
        isForward = false;
      }
    });
    _animationController.forward();
  }

  @override
  void dispose() {
    _animationController.dispose();
    super.dispose();
  }

  @override
```

```
Widget build(BuildContext context) {
  return SingleChildScrollView(
    child: Center(
      child: Column(
        crossAxisAlignment: CrossAxisAlignment.center,
        children: <Widget>[
          AnimatedBuilder(
            animation: _animationController,
            builder: (BuildContext context, Widget child) {
              return Padding(
                padding: const EdgeInsets.symmetric(vertical: 16.0),
                child: Column(
                  children: <Widget>[
                    Wrap(
                      spacing: 10.0,
                      runSpacing: 16.0,
                      children: <Widget>[
                        GradientCircularProgressIndicator(
                          // No gradient
                          colors: [Colors.blue, Colors.blue],
                          radius: 50.0,
                          strokeWidth: 3.0,
                          value: _animationController.value,
                        ),
                        GradientCircularProgressIndicator(
                          colors: [Colors.red, Colors.orange],
                          radius: 50.0,
                          strokeWidth: 3.0,
                          value: _animationController.value,
                        ),
                        GradientCircularProgressIndicator(
                          colors: [Colors.red, Colors.orange, Colors.red],
                          radius: 50.0,
                          strokeWidth: 5.0,
                          value: _animationController.value,
                        ),
                        GradientCircularProgressIndicator(
                          colors: [Colors.teal, Colors.cyan],
                          radius: 50.0,
                          strokeWidth: 5.0,
                          strokeCapRound: true,
                          value: CurvedAnimation(
                                  parent: _animationController,
                                  curve: Curves.decelerate)
                              .value,
                        ),
                        TurnBox(
                          turns: 1 / 8,
                          child: GradientCircularProgressIndicator(
                              colors: [Colors.red, Colors.orange, Colors.red],
```

```
                radius: 50.0,
                strokeWidth: 5.0,
                strokeCapRound: true,
                backgroundColor: Colors.red[50],
                totalAngle: 1.5 * pi,
                value: CurvedAnimation(
                        parent: _animationController,
                        curve: Curves.ease)
                    .value),
          ),
          RotatedBox(
            quarterTurns: 1,
            child: GradientCircularProgressIndicator(
                colors: [Colors.blue[700], Colors.blue[200]],
                radius: 50.0,
                strokeWidth: 3.0,
                strokeCapRound: true,
                backgroundColor: Colors.transparent,
                value: _animationController.value),
          ),
          GradientCircularProgressIndicator(
            colors: [
              Colors.red,
              Colors.amber,
              Colors.cyan,
              Colors.green[200],
              Colors.blue,
              Colors.red
            ],
            radius: 50.0,
            strokeWidth: 5.0,
            strokeCapRound: true,
            value: _animationController.value,
          ),
        ],
      ),
      GradientCircularProgressIndicator(
        colors: [Colors.blue[700], Colors.blue[200]],
        radius: 100.0,
        strokeWidth: 20.0,
        value: _animationController.value,
      ),

      Padding(
        padding: const EdgeInsets.symmetric(vertical: 16.0),
        child: GradientCircularProgressIndicator(
          colors: [Colors.blue[700], Colors.blue[300]],
          radius: 100.0,
          strokeWidth: 20.0,
          value: _animationController.value,
```

```
      strokeCapRound: true,
    ),
  ),
  //剪裁半圆
  ClipRect(
    child: Align(
      alignment: Alignment.topCenter,
      heightFactor: .5,
      child: Padding(
        padding: const EdgeInsets.only(bottom: 8.0),
        child: SizedBox(
          //width: 100.0,
          child: TurnBox(
            turns: .75,
            child: GradientCircularProgressIndicator(
              colors: [Colors.teal, Colors.cyan[500]],
              radius: 100.0,
              strokeWidth: 8.0,
              value: _animationController.value,
              totalAngle: pi,
              strokeCapRound: true,
            ),
          ),
        ),
      ),
    ),
  ),
  SizedBox(
    height: 104.0,
    width: 200.0,
    child: Stack(
      alignment: Alignment.center,
      children: <Widget>[
        Positioned(
          height: 200.0,
          top: .0,
          child: TurnBox(
            turns: .75,
            child: GradientCircularProgressIndicator(
              colors: [Colors.teal, Colors.cyan[500]],
              radius: 100.0,
              strokeWidth: 8.0,
              value: _animationController.value,
              totalAngle: pi,
              strokeCapRound: true,
            ),
          ),
        ),
        Padding(
          padding: const EdgeInsets.only(top: 10.0),
```

```
                                            child: Text(
                                              "${(_animationController.value * 100).
toInt()}%",
                                              style: TextStyle(
                                                fontSize: 25.0,
                                                color: Colors.blueGrey,
                                              ),
                                            ),
                                          )
                                        ],
                                      ),
                                    ),
                                  ],
                                ),
                              );
                            },
                          ),
                        ],
                      ),
                    ),
                  );
                }
              }
```

怎么样，很炫酷吧！GradientCircularProgressIndicator已经被添加进笔者维护的flukit组件库中了，读者如果有需要，可以直接依赖flukit包。

Chapter 11 第 11 章

文件操作与网络请求

11.1 文件操作

Dart 的 IO 库包含了文件读写的相关类，它属于 Dart 语法标准的一部分，无论是 Dart VM 下的脚本还是 Flutter，都需要通过 Dart IO 库来操作文件。不过，与 Dart VM 相比，Flutter 还有一个重要的差异，即文件系统路径不同，这是因为 Dart VM 运行在 PC 或服务器操作系统下，而 Flutter 则运行在移动操作系统中，它们的文件系统会存在一些差异。

APP 目录

Android 与 iOS 的应用存储目录不同，PathProvider 插件提供了一种平台透明的方式来访问设备文件系统上的常用位置。该类当前支持访问两个文件系统位置，具体说明如下。

- **临时目录**：可以使用 getTemporaryDirectory() 来获取临时目录；系统可随时清除临时目录（缓存）。在 iOS 上，临时目录对应于 NSTemporaryDirectory() 返回的值。在 Android 上，临时目录对应于 getCacheDir() 返回的值。
- **文档目录**：可以使用 getApplicationDocumentsDirectory() 来获取应用程序的文档目录，该目录用于存储只有自己才可以访问的文件。只有当应用程序被卸载时，系统才会清除该目录。在 iOS 上，文档目录对应于 NSDocumentDirectory。在 Android 上，文档目录对应于 AppData 目录。
- **外部存储目录**：可以使用 getExternalStorageDirectory() 来获取外部存储目录，如 SD 卡；由于 iOS 不支持外部目录，所以在 iOS 下调用该方法会抛出 UnsupportedError 异常，而在 Android 下，结果是 android SDK 中 getExternalStorageDirectory 的返回值。

一旦你的 Flutter 应用程序有一个文件位置的引用，你可以使用 dart:ioAPI 来执行对文件系统的读/写操作。关于使用Dart处理文件和目录的详细内容可以参考Dart语言文档，下面我们看一个简单的例子。

示例

我们还是以计数器为例，实现在应用退出重启后可以恢复点击次数的功能。这里，我们使用文件来保存数据，具体说明如下。

引入PathProvider插件。在pubspec.yaml文件中添加如下声明：

```
path_provider: ^0.4.1
```

添加后，执行flutter packages get获取一下版本号，版本号可能会随着时间的推移而发生变化，读者可以使用其最新版。

实现代码如下：

```
import 'dart:io';
import 'dart:async';
import 'package:flutter/material.dart';
import 'package:path_provider/path_provider.dart';

class FileOperationRoute extends StatefulWidget {
  FileOperationRoute({Key key}) : super(key: key);

  @override
  _FileOperationRouteState createState() => new _FileOperationRouteState();
}

class _FileOperationRouteState extends State<FileOperationRoute> {
  int _counter;

  @override
  void initState() {
    super.initState();
    //从文件读取点击次数
    _readCounter().then((int value) {
      setState(() {
        _counter = value;
      });
    });
  }

  Future<File> _getLocalFile() async {
    //获取应用目录
    String dir = (await getApplicationDocumentsDirectory()).path;
    return new File('$dir/counter.txt');
  }
  Future<int> _readCounter() async {
    try {
      File file = await _getLocalFile();
```

```
      //读取点击次数(以字符串)
      String contents = await file.readAsString();
      return int.parse(contents);
    } on FileSystemException {
      return 0;
    }
  }

  Future<Null> _incrementCounter() async {
    setState(() {
      _counter++;
    });
    //将点击次数以字符串类型写到文件中
    await (await _getLocalFile()).writeAsString('$_counter');
  }

  @override
  Widget build(BuildContext context) {
    return new Scaffold(
      appBar: new AppBar(title: new Text('文件操作')),
      body: new Center(
        child: new Text('点击了 $_counter 次'),
      ),
      floatingActionButton: new FloatingActionButton(
        onPressed: _incrementCounter,
        tooltip: 'Increment',
        child: new Icon(Icons.add),
      ),
    );
  }
}
```

上面的代码比较简单，此处不再赘述，需要说明的是，本示例只是为了演示文件的读写，在实际开发中，如果要存储一些简单的数据，那么使用 shared_preferences 插件会比较简单。

注意 Dart IO 库操作文件的 API 非常丰富，但本书不是介绍 Dart 语言的，故不详细说明，读者需要的话可以自行学习。

11.2 通过 HttpClient 发起 HTTP 请求

Dart IO 库中提供了用于发起 HTTP 请求的一些类，我们可以直接使用 HttpClient 来发起请求。使用 HttpClient 发起请求分为五步，具体如下。

1）创建一个 HttpClient，代码如下：

```
HttpClient httpClient = new HttpClient();
```

2）打开 HTTP 连接，设置请求头，代码如下：

```
HttpClientRequest request = await httpClient.getUrl(uri);
```

这一步可以使用任意 HTTP Method，如 httpClient.post(...)、httpClient.delete(...) 等。如果包含 Query 参数，则可以在构建 URI 时添加，示例代码如下：

```
Uri uri=Uri(scheme: "https", host: "flutterchina.club", queryParameters: {
    "xx":"xx",
    "yy":"dd"
  });
```

通过 HttpClientRequest 可以设置请求 header，如：

```
request.headers.add("user-agent", "test");
```

如果是 post 或 put 等可以携带请求体的方法，则可以通过 HttpClientRequest 对象发送 request body，示例代码如下：

```
String payload="...";
request.add(utf8.encode(payload));
//request.addStream(_inputStream); // 可以直接添加输入流
```

3）等待连接服务器，代码如下：

```
HttpClientResponse response = await request.close();
```

这一步完成之后，请求信息就已经发送给服务器了，返回一个 HttpClientResponse 对象，它包含响应头（header）和响应流（响应体的 Stream），接下来就可以通过读取响应流来获取响应内容了。

4）读取响应内容，代码如下：

```
String responseBody = await response.transform(utf8.decoder).join();
```

可以通过读取响应流来获取服务器返回的数据，在读取时，我们可以设置编码格式，这里是 utf8。

5）请求结束，关闭 HttpClient，代码如下：

```
httpClient.close();
```

关闭 client 后，通过该 client 发起的所有请求都会中止。

示例

下面我们实现一个获取百度首页 HTML 的例子，示例效果如图 11-1 所示。

图 11-1 请求百度首页

点击“获取百度首页”按钮后，会请求百度首页，请求成功后，我们将返回内容显示出来并在控制台打印响应 header，代码如下：

```
import 'dart:convert';
import 'dart:io';

import 'package:flutter/material.dart';

class HttpTestRoute extends StatefulWidget {
  @override
  _HttpTestRouteState createState() => new _HttpTestRouteState();
}

class _HttpTestRouteState extends State<HttpTestRoute> {
  bool _loading = false;
  String _text = "";

  @override
  Widget build(BuildContext context) {
    return ConstrainedBox(
      constraints: BoxConstraints.expand(),
      child: SingleChildScrollView(
        child: Column(
          children: <Widget>[
            RaisedButton(
                child: Text("获取百度首页"),
                onPressed: _loading ? null : () async {
                  setState(() {
                    _loading = true;
                    _text = "正在请求...";
                  });
                  try {
                    //创建一个HttpClient
                    HttpClient httpClient = new HttpClient();
                    //打开HTTP连接
                    HttpClientRequest request = await httpClient.getUrl(
                        Uri.parse("https://www.baidu.com"));
                    //使用iPhone的UA
                    request.headers.add("user-agent", "Mozilla/5.0 (iPhone; CPU
iPhone OS 10_3_1 like Mac OS X) AppleWebKit/603.1.30 (KHTML, like Gecko) Version/10.0
Mobile/14E304 Safari/602.1");
                    //等待连接服务器（会将请求信息发送给服务器）
                    HttpClientResponse response = await request.close();
                    //读取响应内容
                    _text = await response.transform(utf8.decoder).join();
                    //输出响应头
                    print(response.headers);

                    //关闭client后，通过该client发起的所有请求都会中止
                    httpClient.close();
```

```
                } catch (e) {
                  _text = " 请求失败: $e";
                } finally {
                  setState(() {
                    _loading = false;
                  });
                }
              }
          ),
          Container(
              width: MediaQuery.of(context).size.width-50.0,
              child: Text(_text.replaceAll(new RegExp(r"\s"), ""))
          )
        ],
      ),
    ),
  );
  }
}
```

控制台输出：

```
I/flutter (18545): connection: Keep-Alive
I/flutter (18545): cache-control: no-cache
I/flutter (18545): set-cookie: ....  //有多个，省略...
I/flutter (18545): transfer-encoding: chunked
I/flutter (18545): date: Tue, 30 Oct 2018 10:00:52 GMT
I/flutter (18545): content-encoding: gzip
I/flutter (18545): vary: Accept-Encoding
I/flutter (18545): strict-transport-security: max-age=172800
I/flutter (18545): content-type: text/html;charset=utf-8
I/flutter (18545): tracecode: 00525262401065761290103018, 00522983
```

HttpClient 配置

HttpClient 拥有很多属性可以配置，常用的属性列表如表 11-1 所示。

表 11-1　HttpClient 常用的属性

属性	含义
idleTimeout	对应请求头中的 keep-alive 字段值，为了避免频繁建立连接，httpClient 在请求结束后会保持连接一段时间，超过这个阈值后才会关闭连接
connectionTimeout	与服务器建立连接的超时，如果超过这个值则会抛出 SocketException 异常
maxConnectionsPerHost	同一个 host，同时允许建立连接的最大数量
autoUncompress	对应请求头中的 Content-Encoding，如果设置为 true，则请求头中 Content-Encoding 的值为当前 HttpClient 支持的压缩算法列表，目前只有“gzip”
userAgent	对应请求头中的 User-Agent 字段

可以发现，有些属性只是为了更方便地设置请求头，对于这些属性，你完全可以通过 HttpClientRequest 直接设置 header，不同的是，通过 HttpClient 设置的对整个 httpClient 都

生效，而通过 HttpClientRequest 设置的只对当前请求生效。

HTTP 请求认证

HTTP 的认证（Authentication）机制可以用于保护非公开资源。如果 HTTP 服务器开启了认证，那么用户在发起请求时就需要携带用户凭据，如果你在浏览器中访问了启用 Basic 认证的资源时，浏览器就会弹出一个登录框，如图 11-2 所示。

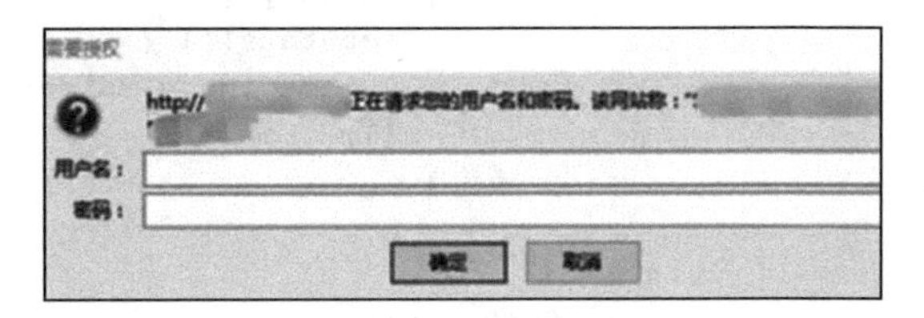

图 11-2 登录框

我们先看看 Basic 认证的基本过程，具体如下。

1）客户端向服务器发送 HTTP 请求，服务器验证该用户是否已经登录并验证过了，如果没有的话，服务器会向客户端返回一个 401 Unauthozied 提示，并且在响应 header 中添加一个“WWW-Authenticate”字段，代码如下：

```
WWW-Authenticate: Basic realm="admin"
```

其中，“Basic”为认证方式，realm 为用户角色的分组，可以在后台添加分组。

2）客户端得到响应码后，将用户名和密码进行 base64 编码（格式为“用户名 : 密码”），设置请求头 Authorization，继续访问，代码如下：

```
Authorization: Basic YXXFISDJFISJFGIJIJG
```

服务器验证用户凭据，如果通过则返回资源内容。

注意，HTTP 的方式除了 Basic 认证之外还包含：Digest 认证、Client 认证、Form Based 认证等，目前 Flutter 的 HttpClient 只支持 Basic 和 Digest 两种认证方式，这两种认证方式最大的区别是发送用户凭据时，对于用户凭据的内容，前者只是简单地通过 Base64 编码（可逆），而后者则会进行哈希运算，相对来说更安全一些，但是为了安全起见，**无论是采用 Basic 认证还是 Digest 认证，都应该在 HTTPS 协议下**，这样可以防止抓包和中间人攻击。

HttpClient 关于 HTTP 认证的方法和属性具体如下。

1）addCredentials(Uri url, String realm, HttpClientCredentials credentials)

该方法可用于添加用户凭据，如：

```
httpClient.addCredentials(_uri,
  "admin",
  new HttpClientBasicCredentials("username","password"), //Basic 认证凭据
);
```

如果是 Digest 认证，则可以创建 Digest 认证凭据，代码如下：

```
HttpClientDigestCredentials("username","password")
```

2）authenticate(Future<bool> f(Uri url, String scheme, String realm))

这是一个 setter，类型是一个回调，当服务器需要用户凭据且该用户凭据未被添加时，

httpClient 会调用此回调，在这个回调当中，一般会调用 addCredential() 来动态添加用户凭证，例如：

```
httpClient.authenticate=(Uri url, String scheme, String realm) async{
  if(url.host=="xx.com" && realm=="admin"){
    httpClient.addCredentials(url,
      "admin",
      new HttpClientBasicCredentials("username","pwd"),
    );
    return true;
  }
  return false;
};
```

一个建议是，如果所有的请求都需要认证，那么应该在 HttpClient 初始化时就调用 addCredentials() 来添加全局凭证，而不是去动态添加。

代理

findProxy 可用于设置代理策略，例如，我们要将所有的请求通过代理服务器（192.168.1.2:8888）发送出去，代码如下：

```
  client.findProxy = (URI) {
    // 如果需要过滤 URI，则可以手动判断
    return "PROXY 192.168.1.2:8888";
};
```

findProxy 回调返回值是一个遵循浏览器 PAC 脚本格式的字符串，详情可以查看 API 文档，如果不需要代理，那么返回“DIRECT”即可。

在 APP 开发中，很多时候我们需要抓包来调试，而抓包软件（如 charles）就是一个代理，这时我们就可以将请求发送到抓包软件，并且可以在抓包软件中看到所请求的数据了。

有时代理服务器也启用了身份验证，这一点与 HTTP 的认证是相似的，HttpClient 提供了对应的 Proxy 认证方法和属性，如：

```
set authenticateProxy(
    Future<bool> f(String host, int port, String scheme, String realm));
void addProxyCredentials(
    String host, int port, String realm, HttpClientCredentials
credentials);
```

Proxy 认证的使用方法与前文“HTTP 请求认证”部分中介绍的 addCredentials 和 authenticate 相同，故在此不再赘述。

证书校验

HTTPS 中为了防止通过伪造证书而发起中间人攻击，客户端应该对自签名或非 CA 颁发的证书进行校验。HttpClient 对证书校验的逻辑如下。

1）如果请求的 HTTPS 证书是可信 CA 颁发的，并且访问 host 包含在证书的 domain 列

表中（或者符合通配规则），同时证书未过期，则验证通过。

2）如果第一步验证失败，但在创建 HttpClient 时，已经通过 SecurityContext 将证书添加到了证书信任链中，那么如果服务器返回的证书在信任链中的话，则验证通过。

3）如果前两个验证都失败了，而且用户提供了 badCertificateCallback 回调，则会调用它；如果回调返回 true，则允许继续链接；如果返回 false，则终止链接。

综上所述，我们的证书校验其实就是提供一个 badCertificateCallback 回调，下面通过一个示例来说明。

示例

假设我们的后台服务使用的是自签名证书，证书格式是 PEM 格式，我们需要将证书中的内容保存在本地字符串中，那么我们的校验逻辑如下：

```
String PEM="XXXXX";// 可以从文件中读取
...
httpClient.badCertificateCallback=(X509Certificate cert, String host, int port){
  if(cert.pem==PEM){
    return true; // 若证书一致，则允许发送数据
  }
  return false;
};
```

X509Certificate 是证书的标准格式，包含了证书除私钥之外的所有信息，读者可以自行查阅文档。另外，上面的示例没有校验 host，是因为只要服务器返回的证书内容与本地的保存一致就已经能证明是我们的服务器了（而不是中间人），host 验证通常是为了防止证书和域名不匹配的问题。

对于自签名的证书，我们也可以将其添加到本地证书的信任链中，这样证书验证时就会自动通过，而不会再走到 badCertificateCallback 回调中，代码如下：

```
SecurityContext sc=new SecurityContext();
//file 为证书路径
sc.setTrustedCertificates(file);
// 创建一个 HttpClient
HttpClient httpClient = new HttpClient(context: sc);
```

注意，通过 setTrustedCertificates() 设置的证书格式必须为 PEM 或 PKCS12，如果证书格式为 PKCS12，则需要将证书密码传入，这样就会在代码中暴露证书密码，所以客户端证书校验不建议使用 PKCS12 格式的证书。

总结

值得注意的是，HttpClient 提供的这些属性和方法最终都会作用在请求 header 里，我们完全可以通过手动设置 header 来实现，之所以提供这些方法，只是为了方便开发者而已。另外，HTTP 是一个非常重要的、使用最多的网络协议，每一个开发者都应该对 HTTP 协议非常熟悉。

11.3　dio HTTP 请求库

通过 11.2 节的介绍，我们发现直接使用 HttpClient 发起网络请求是比较麻烦的，很多事情都需要我们手动处理，如果再涉及文件上传 / 下载、Cookie 管理等就会非常烦琐。幸运的是，Dart 社区有一些第三方 HTTP 请求库，用它们来发起 HTTP 请求将会简单得多，本节我们首先介绍一下目前人气较高的 dio 库。

dio 是一个强大的 Dart HTTP 请求库，支持 Restful API、FormData、拦截器、请求取消、Cookie 管理、文件上传 / 下载、超时等。dio 的使用方式随着其版本升级可能会发生变化，如果本节所述内容与 dio 官方描述存在差异，则请以 dio 官方文档为准。

引入

引入 dio，代码如下：

```
dependencies:
  dio: ^x.x.x # 请使用 pub 上的最新版本
```

导入并创建 dio 实例，代码如下：

```
import 'package:dio/dio.dart';
Dio dio =  Dio();
```

接下来就可以通过 dio 实例来发起网络请求了，注意，一个 dio 实例可以发起多个 HTTP 请求，一般来说，APP 只有一个 HTTP 数据源时，dio 应该使用单例模式。

示例

发起 GET 请求，代码如下：

```
Response response;
response=await dio.get("/test?id=12&name=wendu")
print(response.data.toString());
```

对于 GET 请求，我们可以将 query 参数通过对象来传递，上面的代码等同于如下代码：

```
response=await dio.get("/test",queryParameters:{"id":12,"name":"wendu"})
print(response);
```

发起一个 POST 请求，代码如下：

```
response=await dio.post("/test",data:{"id":12,"name":"wendu"})
```

发起多个并发请求，代码如下：

```
response= await Future.wait([dio.post("/info"),dio.get("/token")]);
```

下载文件，代码如下：

```
response=await dio.download("https://www.google.com/",_savePath);
```

发送 FormData，代码如下：

```
FormData formData = new FormData.from({
  "name": "wendux",
  "age": 25,
});
response = await dio.post("/info", data: formData)
```

如果发送的数据是 FormData，则 dio 会将请求 header 的 contentType 设为“multipart/form-data”。

通过 FormData 上传多个文件，代码如下：

```
FormData formData = new FormData.from({
  "name": "wendux",
  "age": 25,
  "file1": new UploadFileInfo(new File("./upload.txt"), "upload1.txt"),
  "file2": new UploadFileInfo(new File("./upload.txt"), "upload2.txt"),
    // 支持文件数组上传
  "files": [
      new UploadFileInfo(new File("./example/upload.txt"), "upload.txt"),
      new UploadFileInfo(new File("./example/upload.txt"), "upload.txt")
  ]
});
response = await dio.post("/info", data: formData)
```

值得一提的是，dio 内部仍然使用 HttpClient 发起的请求，所以代理、请求认证、证书校验等与 HttpClient 是相同的，我们可以在 onHttpClientCreate 回调中进行设置，例如：

```
(dio.httpClientAdapter as DefaultHttpClientAdapter).onHttpClientCreate = (client) {
    // 设置代理
    client.findProxy = (uri) {
      return "PROXY 192.168.1.2:8888";
    };
    // 校验证书
    httpClient.badCertificateCallback=(X509Certificate cert, String host, int port){
      if(cert.pem==PEM){
      return true; // 若证书一致，则允许发送数据
    }
    return false;
  };
};
```

注意，onHttpClientCreate 会在当前 dio 实例内部需要创建 HttpClient 时调用，所以通过此回调配置 HttpClient 会对整个 dio 实例生效，如果你想针对某个应用请求单独的代理或证书校验策略，那么创建一个新的 dio 实例即可。

怎么样，是不是很简单，除了这些基本的用法，dio 还支持请求配置、拦截器等，官方资料比较详细，故本书不再赘述，详情可以参考 dio 主页：https://github.com/flutterchina/dio。11.4 节我们将使用 dio 实现一个分块下载器。

示例

GitHub 开放的 API 可用于请求 flutterchina 组织下的所有公开的开源项目，实现过程具体如下。

1）在请求阶段弹出 loading。

2）请求结束后，如果请求失败，则展示错误信息；如果请求成功，则将项目名称列表展示出来。

实现代码具体如下：

```
class _FutureBuilderRouteState extends State<FutureBuilderRoute> {
  Dio _dio = new Dio();

  @override
  Widget build(BuildContext context) {

    return new Container(
      alignment: Alignment.center,
      child: FutureBuilder(
          future: _dio.get("https://api.github.com/orgs/flutterchina/repos"),
          builder: (BuildContext context, AsyncSnapshot snapshot) {
            //请求完成
            if (snapshot.connectionState == ConnectionState.done) {
              Response response = snapshot.data;
              //发生错误
              if (snapshot.hasError) {
                return Text(snapshot.error.toString());
              }
              //若请求成功，则通过项目信息构建用于显示项目名称的ListView
              return ListView(
                children: response.data.map<Widget>((e) =>
                    ListTile(title: Text(e["full_name"]))
                ).toList(),
              );
            }
            //请求未完成时弹出loading
            return CircularProgressIndicator();
          }
      ),
    );
  }
}
```

11.4 示例：HTTP 分块下载

本节将通过一个“HTTP 分块下载”的示例来演示 dio 的具体用法。

原理

HTTP 定义了分块传输的响应 header 字段，但具体是否支持则取决于 Server 的实现，我们可以指定请求头的“ range”字段来验证服务器是否支持分块传输。例如，我们可以利用 curl 命令来验证，代码如下：

```
bogon:~ duwen$ curl -H "Range: bytes=0-10" http://download.dcloud.net.cn/
HBuilder.9.0.2.macosx_64.dmg -v
# 请求头
> GET /HBuilder.9.0.2.macosx_64.dmg HTTP/1.1
> Host: download.dcloud.net.cn
> User-Agent: curl/7.54.0
> Accept: */*
> Range: bytes=0-10
# 响应头
< HTTP/1.1 206 Partial Content
< Content-Type: application/octet-stream
< Content-Length: 11
< Connection: keep-alive
< Date: Thu, 21 Feb 2019 06:25:15 GMT
< Content-Range: bytes 0-10/233295878
```

我们在请求头中添加“ Range: bytes=0-10”的作用是，告诉服务器本次请求我们只想获取文件 0 ～ 10（包括 10，共 11 字节）这块内容。如果服务器支持分块传输，则响应状态码为 206，表示“部分内容”，并且同时响应头中包含“ Content-Range”字段，如果不支持则不会包含。我们看看上面“Content-Range”的内容：

```
Content-Range: bytes 0-10/233295878
```

0 ～ 10 表示本次返回的区块，233295878 代表文件的总长度，单位都是 byte，也就是该文件的大小大概比 233MB 多一点。

基于此，我们可以设计一个简单的多线程的文件分块下载器，实现的思路具体如下。

1）首先检测是否支持分块传输，如果不支持，则直接下载；若支持，则将剩余内容分块下载。

2）各个分块下载时保存到各自的临时文件中，等到所有分块下载完毕后再合并临时文件。

3）删除临时文件。

实现

下面是整体的流程，具体代码如下：

```
//通过第一个分块请求检测服务器是否支持分块传输
Response response = await downloadChunk(url, 0, firstChunkSize, 0);
if (response.statusCode == 206) {     //如果支持
  //则解析文件总长度，进而算出剩余长度
  total = int.parse(
```

```
response.headers.value(HttpHeaders.contentRangeHeader).split("/").last);
  int reserved = total -
int.parse(response.headers.value(HttpHeaders.contentLengthHeader));
  // 文件的总块数(包括第一块)
  int chunk = (reserved / firstChunkSize).ceil() + 1;
  if (chunk > 1) {
    int chunkSize = firstChunkSize;
    if (chunk > maxChunk + 1) {
        chunk = maxChunk + 1;
        chunkSize = (reserved / maxChunk).ceil();
    }
    var futures = <Future>[];
    for (int i = 0; i < maxChunk; ++i) {
        int start = firstChunkSize + i * chunkSize;
        //分块下载剩余文件
        futures.add(downloadChunk(url, start, start + chunkSize, i + 1));
    }
    //等待所有分块全部下载完成
    await Future.wait(futures);
  }
  //合并文件
  await mergeTempFiles(chunk);
}
```

下面我们使用 dio 的 download API 实现 downloadChunk：

```
//start 代表当前块的起始位置，end 代表结束位置
//no 代表当前是第几块
Future<Response> downloadChunk(url, start, end, no) async {
  progress.add(0); //progress 记录每一块已接收数据的长度
  --end;
  return dio.download(
    url,
    savePath + "temp$no", //临时文件按照块的序号命名，以方便最后合并
    onReceiveProgress: createCallback(no), //创建进度回调，后面会有实现
    options: Options(
      headers: {"range": "bytes=$start-$end"}, //指定请求的内容区间
    ),
  );
}
```

接下来实现 mergeTempFiles，代码如下：

```
Future mergeTempFiles(chunk) async {
  File f = File(savePath + "temp0");
  IOSink ioSink= f.openWrite(mode: FileMode.writeOnlyAppend);
  //合并临时文件
  for (int i = 1; i < chunk; ++i) {
    File _f = File(savePath + "temp$i");
    await ioSink.addStream(_f.openRead());
    await _f.delete(); //删除临时文件
```

```
  }
  await ioSink.close();
  await f.rename(savePath); //将合并后的文件重命名为真正的名称
}
```

下面我们来看一下完整实现，代码如下：

```
/// Downloading by spiting as file in chunks
Future downloadWithChunks(
  url,
  savePath, {
  ProgressCallback onReceiveProgress,
}) async {
  const firstChunkSize = 102;
  const maxChunk = 3;

  int total = 0;
  var dio = Dio();
  var progress = <int>[];

  createCallback(no) {
    return (int received, _) {
      progress[no] = received;
      if (onReceiveProgress != null && total != 0) {
        onReceiveProgress(progress.reduce((a, b) => a + b), total);
      }
    };
  }

  Future<Response> downloadChunk(url, start, end, no) async {
    progress.add(0);
    --end;
    return dio.download(
      url,
      savePath + "temp$no",
      onReceiveProgress: createCallback(no),
      options: Options(
        headers: {"range": "bytes=$start-$end"},
      ),
    );
  }

  Future mergeTempFiles(chunk) async {
    File f = File(savePath + "temp0");
    IOSink ioSink= f.openWrite(mode: FileMode.writeOnlyAppend);
    for (int i = 1; i < chunk; ++i) {
      File _f = File(savePath + "temp$i");
      await ioSink.addStream(_f.openRead());
      await _f.delete();
    }
    await ioSink.close();
```

```
      await f.rename(savePath);
    }

    Response response = await downloadChunk(url, 0, firstChunkSize, 0);
    if (response.statusCode == 206) {
      total = int.parse(
  response.headers.value(HttpHeaders.contentRangeHeader).split("/").last);
      int reserved = total -
  int.parse(response.headers.value(HttpHeaders.contentLengthHeader));
      int chunk = (reserved / firstChunkSize).ceil() + 1;
      if (chunk > 1) {
        int chunkSize = firstChunkSize;
        if (chunk > maxChunk + 1) {
          chunk = maxChunk + 1;
          chunkSize = (reserved / maxChunk).ceil();
        }
        var futures = <Future>[];
        for (int i = 0; i < maxChunk; ++i) {
          int start = firstChunkSize + i * chunkSize;
          futures.add(downloadChunk(url, start, start + chunkSize, i + 1));
        }
        await Future.wait(futures);
      }
      await mergeTempFiles(chunk);
    }
  }
```

现在可以进行分块下载了，代码如下：

```
main() async {
  var url = "http://download.dcloud.net.cn/HBuilder.9.0.2.macosx_64.dmg";
  var savePath = "./example/HBuilder.9.0.2.macosx_64.dmg";
  await downloadWithChunks(url, savePath, onReceiveProgress: (received, total) {
    if (total != -1) {
      print("${(received / total * 100).floor()}%");
    }
  });
}
```

思考

1）分块下载真的能提高下载速度吗？

其实下载速度的主要瓶颈是取决于网络速度和服务器的出口速度，如果是同一个数据源，那么分块下载的意义并不大，因为服务器是同一个，出口速度是确定的，下载速度主要取决于网速，而上面的例子正是同源分块下载，读者可以自己对比一下分块和不分块的下载速度。如果有多个下载源，并且每个下载源的出口带宽都是有限制的，那么这时分块下载可能会更快一些，之所以说“可能”，是由于这并不是一定的，比如，有三个源，三个源的出口带宽都为1GB/s，而我们设备所连网络的峰值假设只有800MB/s，那么瓶颈就在于我们的网络速度。即使设备的带宽大于任意一个源，下载速度依然不一定就比单源单线下载快，试想一下，假设有两个源A和B，A源的速度是B源的3倍，如果采用分块下载，并且两个源各下载一半的话，读者可以计算一下所需的下载时间，然后再计算一下只从A源下载所需要的时间，看看哪种下载方式更快。

分块下载的最终速度受设备所在网络带宽、源出口速度、每个块的大小、以及分块的数量等诸多因素影响，实际过程中很难保证速度最优。在实际开发中，读者可以先测试对比后再决定是否使用。

2）分块下载有什么实际的用处吗？

分块下载还有一个比较实用的场景是断点续传，可以将文件分为若干个块，然后维护一个下载状态文件用于记录每一个块的状态，这样即使是在网络中断后，也可以恢复中断前的状态，具体实现读者可以自己尝试一下，还是有一些细节需要特别注意的，比如分块大小多少比较合适？下载到一半的块如何处理？要不要维护一个任务队列？

11.5 使用WebSockets

HTTP是无状态的，只能由客户端主动发起，服务端再被动响应，服务端无法向客户端主动推送内容，并且一旦服务器响应结束，连接就会断开（见注解部分），所以无法进行实时通信。WebSocket协议正是为解决客户端与服务端实时通信而产生的技术，现在已经受主流浏览器支持，所以对于Web开发者来说应该比较熟悉了，Flutter也提供了专门的包用于支持WebSocket协议。

注意 HTTP中虽然可以通过keep-alive机制使服务器在响应结束后保持连接一段时间，但最终还是会断开，keep-alive机制主要是用于避免在同一台服务器请求多个资源时频繁创建连接，其本质上是支持连接复用的技术，而并非用于实时通信，读者需要知道这两者之间的区别。

WebSocket协议本质上是一个基于TCP的协议，它首先通过HTTP发起一条特殊的HTTP请求进行握手后，如果服务端支持WebSocket协议，则会进行协议升级。WebSocket会使用HTTP协议握手后创建的TCP连接，与HTTP不同的是，WebSocket的TCP连接是个长连接（不会断开），所以服务端与客户端可以通过此TCP连接进行实时通信。有关WebSocket协议的细节，读者可以查看RFC文档，下面我们重点看看在Flutter中如何使用WebSocket。

在接下来例子中，我们将连接到由websocket.org提供的测试服务器。服务器将简单地返回我们发送给它的相同消息！

步骤

具体实现步骤如下。

1）连接到 WebSocket 服务器。

2）监听来自服务器的消息。

3）将数据发送到服务器。

4）关闭 WebSocket 连接。

连接到 WebSocket 服务器

web_socket_channel package 提供了我们需要连接到 WebSocket 服务器的工具。该 package 提供了一个 WebSocketChannel 方法，其允许我们既可以监听来自服务器的消息，又可以将消息发送到服务器。

在 Flutter 中，我们可以创建一个 WebSocketChannel 连接到一台服务器，代码如下：

```
final channel = IOWebSocketChannel.connect('ws://echo.websocket.org');
```

监听来自服务器的消息

现在我们建立了连接，可以监听来自服务器的消息，在我们向测试服务器发送消息之后，其会返回相同的消息。

那么，我们如何收取消息并显示它们呢？在这个例子中，我们将使用一个 StreamBuilder 来监听新消息，并用一个 Text 来显示它们，代码如下：

```
new StreamBuilder(
  stream: widget.channel.stream,
  builder: (context, snapshot) {
    return new Text(snapshot.hasData ? '${snapshot.data}' : '');
  },
);
```

工作原理

WebSocketChannel 提供了一个来自服务器的消息 Stream。该 Stream 类是 dart:async 包中的一个基础类。它提供了一种方法用于监听来自数据源的异步事件。与 Future 返回单个异步响应不同，Stream 类可以随着时间的推移传递很多事件。该 StreamBuilder 组件将连接到一个 Stream，并在每次收到消息时通知 Flutter 重新构建界面。

将数据发送到服务器

为了将数据发送到服务器，我们会 add 消息给 WebSocketChannel 提供的 sink，代码如下：

```
channel.sink.add('Hello!');
```

工作原理

WebSocketChannel 提供了一个 StreamSink，它将消息发给服务器。

StreamSink 类提供了给数据源同步或异步添加事件的一般方法。

关闭WebSocket连接

我们在使用完WebSocket之后，要关闭连接，代码如下：

```
channel.sink.close();
```

完整的例子

```
import 'package:flutter/material.dart';
import 'package:web_socket_channel/io.dart';

class WebSocketRoute extends StatefulWidget {
  @override
  _WebSocketRouteState createState() => new _WebSocketRouteState();
}

class _WebSocketRouteState extends State<WebSocketRoute> {
  TextEditingController _controller = new TextEditingController();
  IOWebSocketChannel channel;
  String _text = "";


  @override
  void initState() {
    //创建WebSocket连接
    channel = new IOWebSocketChannel.connect('ws://echo.websocket.org');
  }

  @override
  Widget build(BuildContext context) {
    return new Scaffold(
      appBar: new AppBar(
        title: new Text("WebSocket(内容回显)"),
      ),
      body: new Padding(
        padding: const EdgeInsets.all(20.0),
        child: new Column(
          crossAxisAlignment: CrossAxisAlignment.start,
          children: <Widget>[
            new Form(
              child: new TextFormField(
                controller: _controller,
                decoration: new InputDecoration(labelText: 'Send a message'),
              ),
            ),
            new StreamBuilder(
              stream: channel.stream,
              builder: (context, snapshot) {
                //网络不通时会走到这
                if (snapshot.hasError) {
```

```
                _text = " 网络不通 ...";
              } else if (snapshot.hasData) {
                _text = "echo: "+snapshot.data;
              }
              return new Padding(
                padding: const EdgeInsets.symmetric(vertical: 24.0),
                child: new Text(_text),
              );
            },
          )
        ],
      ),
    ),
    floatingActionButton: new FloatingActionButton(
      onPressed: _sendMessage,
      tooltip: 'Send message',
      child: new Icon(Icons.send),
    ),
  );
}

void _sendMessage() {
  if (_controller.text.isNotEmpty) {
    channel.sink.add(_controller.text);
  }
}

@override
void dispose() {
  channel.sink.close();
  super.dispose();
}
}
```

上面的例子比较简单，此处不再赘述。我们现在思考一个问题，假如我们想通过WebSocket传输二进制数据应该怎么做（比如要从服务器接收一张图片）？我们发现StreamBuilder和Stream都没有指定接收类型的参数，并且在创建WebSocket连接时也没有相应的配置，看似并没有什么好的办法。其实很简单，要想接收二进制数据仍然需要使用StreamBuilder，因为WebSocket中所有发送的数据均使用帧的形式发送，而帧是有固定格式的，每一个帧的数据类型都可以通过Opcode字段指定，它可以指定当前帧是文本类型还是二进制类型（还有其他类型），所以客户端在收到帧时就已经知道了其数据类型，Flutter完全可以在收到数据后解析出正确的类型，因此开发者无须额外关心。当服务器传输的数据指定为二进制时，StreamBuilder的snapshot.data的类型就是List<int>，当数据是文本时，则为String。

11.6 使用 Socket API

我们之前介绍的 HTTP 和 WebSocket 协议都属于应用层协议，除了它们，应用层协议还有很多，诸如 SMTP、FTP 等，这些应用层协议的实现都是通过 Socket API 来实现的。其实，操作系统中提供的原生网络请求 API 是标准的，在 C 语言的 Socket 库中，它主要提供了端到端建立连接和发送数据的基础 API，而高级编程语言中的 Socket 库其实都是对操作系统的 Socket API 的一个封装。所以，如果我们需要自定义协议或者想要直接控制和管理网络链接，又或者我们觉得自带的 HttpClient 不好用，想要重新实现一个，这时我们就需要使用 Socket 了。Flutter 的 Socket API 在 dart:io 包中，下面我们看一个使用 Socket 实现简单的 HTTP 请求的示例，以请求百度首页为例，代码如下：

```
_request() async{
  //建立连接
  var socket=await Socket.connect("baidu.com", 80);
  //根据 HTTP，发送请求头
  socket.writeln("GET / HTTP/1.1");
  socket.writeln("Host:baidu.com");
  socket.writeln("Connection:close");
  socket.writeln();
  await socket.flush(); //发送
  //读取返回内容
  _response =await socket.transform(utf8.
decoder).join();
  await socket.close();
}
```

可以看到，使用 Socket 需要我们自己实现 HTTP（需要自己实现与服务器的通信过程），本例只是一个简单的示例，没有处理重定向、cookie 等。本示例的完整代码请参考示例 demo，运行后的效果如图 11-3 所示。

可以看到，响应内容分为两个部分，第一部分是响应头，第二部分是响应体，服务端可以根据请求信息动态输出响应体。由于本示例的请求头比较简单，所以响应体与浏览器中访问的会有差别，读者可以补充一些请求头（如 user-agent）来查看输出的变化。

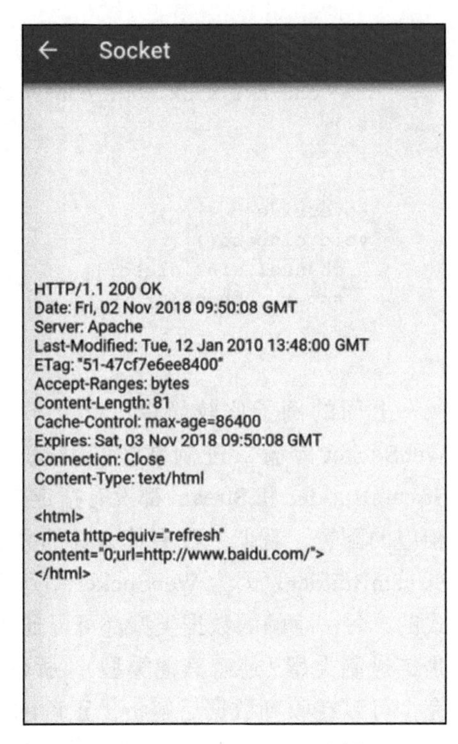

图 11-3 WebSocket 示例

11.7 JSON 转 Dart Model 类

在实战中，后台接口往往会返回一些结构化数据，如 JSON、XML 等，如之前我们请求 GitHub API 的示例，其返回的数据就是 JSON 格式的字符串，为了方便，我们在代码中操作 JSON，先将 JSON 格式的字符串转为 Dart 对象，这个可以通过 dart:convert 中内置的 JSON 解码器 json.decode() 来实现，该方法可以根据 JSON 字符串的具体内容将其转化为 List 或 Map，这样我们就可以通过它们来查找所需的值了，实现代码如下：

```
// 一个 JSON 格式的用户列表字符串
String jsonStr='[{"name":"Jack"},{"name":"Rose"}]';
// 将 JSON 字符串转化为 Dart 对象（此处是 List）
List items=json.decode(jsonStr);
// 输出第一个用户的姓名
print(items[0]["name"]);
```

通过 json.decode() 将 JSON 字符串转化为 List/Map 的方法比较简单，它没有外部依赖或其他的设置，对于小项目也很方便。但当项目变大时，这种手动编写序列化的逻辑可能会变得难以管理且容易出错，例如，有如下 JSON：

```
{
  "name": "John Smith",
  "email": "john@example.com"
}
```

我们可以通过调用 json.decode 方法来解码 JSON，使用 JSON 字符串作为参数，代码如下：

```
Map<String, dynamic> user = json.decode(json);

print('Howdy, ${user['name']}!');
print('We sent the verification link to ${user['email']}.');
```

由于 json.decode() 仅返回一个 Map<String, dynamic>，这就意味着直到运行时我们才能知道值的类型。通过这种方法，我们失去了大部分静态类型语言特性：类型安全、自动补全和最重要的编译时异常。这样一来，我们的代码可能会变得非常容易出错。例如，当我们访问 name 或 email 字段时，我们输入得很快，导致字段名打错了。但由于这个 JSON 在 map 结构中，所以编译器不知道这个错误的字段名，所以编译时不会报错。

其实，这个问题在很多平台上都会遇到，而且早就有了较好的解决方法，即“JSON Model 化”，具体的做法就是，预定义一些与 JSON 结构相对应的 Model 类，然后在请求到数据后再根据数据动态创建出 Model 类的实例。这样一来，在开发阶段，我们使用的是 Model 类的实例，而不再是 Map/List，这样，访问内部属性时就不会再发生拼写错误了。例如，我们可以通过引入一个简单的模型类（Model class）来解决前面提到的问题，我们称之为 User。User 类的内部包含如下函数和方法。

- 一个 User.fromJson 构造函数，用于从一个 map 构造出一个 User 实例 map structure。
- 一个 toJson 方法，将 User 实例转化为一个 map。

这样，调用代码现在可以具有类型安全、自动补全字段（name 和 email）以及编译时异常的功能了。如果我们将拼写错误的字段视为 int 类型而不是 String 类型，那么，我们的代码就不会通过编译，而不是在运行时崩溃。

user.dart

```
class User {
  final String name;
  final String email;

  User(this.name, this.email);

  User.fromJson(Map<String, dynamic> json)
      : name = json['name'],
        email = json['email'];

  Map<String, dynamic> toJson() =>
    <String, dynamic>{
      'name': name,
      'email': email,
    };
}
```

现在，序列化逻辑移到了模型本身内部。采用这种新方法，我们可以非常容易地反序列化 user，代码如下：

```
Map userMap = json.decode(json);
var user = new User.fromJson(userMap);

print('Howdy, ${user.name}!');
print('We sent the verification link to ${user.email}.');
```

要序列化一个 user，我们只需要将该 User 对象传递给该 json.encode 方法即可，而不需要手动调用 toJson 这个方法，因为 JSON.encode 内部会自动调用：

```
String json = json.encode(user);
```

这样，调用代码就不用担心 JSON 序列化了，但是，Model 类仍然是必需的。在实践中，User.fromJson 和 User.toJson 方法都需要单元测试到位，以验证正确的行为。

另外，在实际场景中，JSON 对象很少会这么简单，嵌套的 JSON 对象并不罕见，如果有什么能为我们自动处理 JSON 序列化，那将会非常好。幸运的是，确实有！

自动生成 Model

尽管还有其他库可用，但在本书中，我们介绍一下官方推荐的 json_serializable package 包。它是一个自动化的源代码生成器，可以在开发阶段为我们生成 JSON 序列化模板，这样一来，由于序列化代码不再由我们手写和维护，因此能将运行时产生 JSON 序列化异常的风险降至最低。

在项目中设置 json_serializable

若要将 json_serializable 包含到我们的项目中，需要一个常规和两个**开发依赖项**。简而言之，**开发依赖项**是指不包含在我们的应用程序源代码中的依赖项，它是开发过程中的一些辅助工具、脚本，与 node 中的开发依赖项比较相似。

```
pubspec.yaml
dependencies:
  # Your other regular dependencies here
  json_annotation: ^2.0.0

dev_dependencies:
  # Your other dev_dependencies here
  build_runner: ^1.0.0
  json_serializable: ^2.0.0
```

在项目根文件夹中运行 flutter packages get（或者在编辑器中点击 “ Packages Get”）以在项目中使用这些新的依赖项。

以 json_serializable 的方式创建 model 类

下面让我们看看如何将 User 类转换为一个 json_serializable。为了简单起见，我们使用前面示例中简化的 JSON model。

```
user.dart
import 'package:json_annotation/json_annotation.dart';

// user.g.dart 将在我们运行生成命令后自动生成
part 'user.g.dart';

/// 这个标注是告诉生成器，这个类是需要生成 Model 类的
@JsonSerializable()

class User{
  User(this.name, this.email);

  String name;
  String email;
  //不同的类使用不同的 mixin 即可
  factory User.fromJson(Map<String, dynamic> json) => _$UserFromJson(json);
  Map<String, dynamic> toJson() => _$UserToJson(this);
}
```

有了上面的设置，源码生成器将生成用于序列化 name 和 email 字段的 JSON 代码。

如果需要，自定义命名策略也很容易。例如，如果我们正在使用的 API 返回带有 _snake_case_ 的对象，但我们想在模型中使用 _lowerCamelCase_，那么我们可以使用 @JsonKey 标注：

```
// 显式关联 JSON 字段名与 Model 属性的对应关系
@JsonKey(name: 'registration_date_millis')
final int registrationDateMillis;
```

运行代码生成程序

在 json_serializable 第一次创建类时，你会看到与图 11-4 类似的错误。

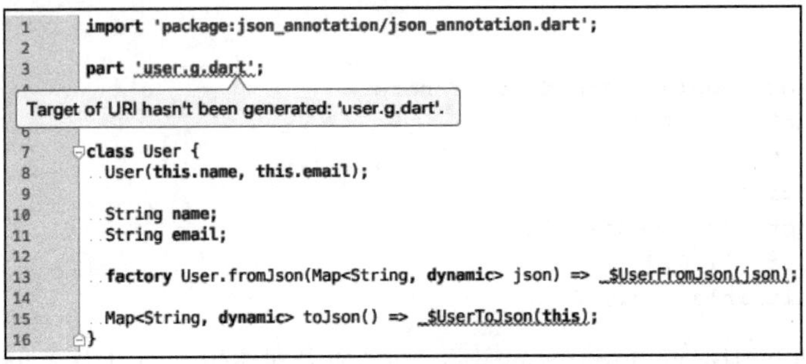

```
1   import 'package:json_annotation/json_annotation.dart';
2
3   part 'user.g.dart';
Target of URI hasn't been generated: 'user.g.dart'.
7   class User {
8     User(this.name, this.email);
9
10    String name;
11    String email;
12
13    factory User.fromJson(Map<String, dynamic> json) => _$UserFromJson(json);
14
15    Map<String, dynamic> toJson() => _$UserToJson(this);
16  }
```

图 11-4 IDE 错误提示

这些错误是完全正常的，这是因为 Model 类的生成代码还不存在。为了解决这个问题，我们必须运行代码生成器来以生成序列化模板。有两种运行代码生成器的方法：一次性生成和持续生成。

一次性生成

在项目的根目录下运行如下代码：

```
flutter packages pub run build_runner build
```

上述代码触发了一次性构建，我们可以在需要时为我们的 Model 生成 JSON 序列化代码，它通过我们的源文件，找出需要生成 Model 类的源文件（包含 @JsonSerializable 标注的）来生成对应的 .g.dart 文件。一个好的建议是将所有 Model 类放在一个单独的目录下，然后在该目录下执行命令。

虽然这样做非常方便，但是，在 Model 类中进行更改时，如果我们不需要每次都手动运行构建命令的话会更好。

持续生成

使用 _watcher_ 可以使我们的源代码生成的过程更加方便。它会监视我们项目中文件的变化，并在需要时自动构建必要的文件，我们可以通过 flutter packages pub run build_runner watch 在项目的根目录下运行来启动 _watcher_。只需要启动一次观察器，然后它就会在后台运行，这样做是安全的。

自动化生成模板

上面的方法存在的一个最大的问题就是要为每一个 JSON 写模板，这是比较枯燥的。如果有一个工具可以直接根据 JSON 文本生成模板，那么我们就能彻底解放双手了。笔者自己用 dart 实现了一个脚本，它可以自动生成模板，并将 JSON 直接转化为 Model 类，下面我们来看看应该怎么做。

1）定义一个“模板的模板”，名为“template.dart”，代码如下：

```
import 'package:json_annotation/json_annotation.dart';
%t
part '%s.g.dart';
@JsonSerializable()
class %s {
    %s();

    %s
    factory %s.fromJson(Map<String,dynamic> json) => _$%sFromJson(json);
    Map<String, dynamic> toJson() => _$%sToJson(this);
}
```

模板中的“%t”“%s”为占位符，将在脚本运行时被动态替换为合适的导入头和类名。

2）编写一个自动生成模板的脚本（mo.dart），它可以根据指定的JSON目录，遍历生成模板，在生成时我们需要定义如下规则。

- 如果JSON文件名以下划线“_”开始，则忽略此JSON文件。
- 复杂的JSON对象往往会出现嵌套，我们可以通过一个特殊标志来手动指定嵌套的对象（后面会有举例说明）。

我们通过Dart来编写脚本，源码如下：

```
import 'dart:convert';
import 'dart:io';
import 'package:path/path.dart' as path;
const TAG="\$";
const SRC="./json"; //JSON 目录
const DIST="lib/models/"; // 输出 model 目录

void walk() { // 遍历 JSON 目录生成模板
  var src = new Directory(SRC);
  var list = src.listSync();
  var template=new File("./template.dart").readAsStringSync();
  File file;
  list.forEach((f) {
    if (FileSystemEntity.isFileSync(f.path)) {
      file = new File(f.path);
      var paths=path.basename(f.path).split(".");
      String name=paths.first;
      if(paths.last.toLowerCase()!="json"||name.startsWith("_")) return ;
      if(name.startsWith("_")) return;
      // 下面生成模板
      var map = json.decode(file.readAsStringSync());
      // 为了避免重复导入相同的包，我们用 Set 来保存生成的 import 语句
      var set= new Set<String>();
      StringBuffer attrs= new StringBuffer();
      (map as Map<String, dynamic>).forEach((key, v) {
          if(key.startsWith("_")) return ;
          attrs.write(getType(v,set,name));
          attrs.write(" ");
```

```
            attrs.write(key);
            attrs.writeln(";");
            attrs.write("    ");
        });
        String  className=name[0].toUpperCase()+name.substring(1);
        var dist=format(template,[name,className,className,attrs.toString(),
                                  className,className,className]);
        var _import=set.join(";\r\n");
        _import+=_import.isEmpty?"":";";
        dist=dist.replaceFirst("%t",_import );
        //将生成的模板输出
        new File("$DIST$name.dart").writeAsStringSync(dist);
      }
    });
}

String changeFirstChar(String str, [bool upper=true] ){
  return (upper?str[0].toUpperCase():str[0].toLowerCase())+str.substring(1);
}

//将JSON类型转化为对应的Dart类型
String getType(v,Set<String> set,String current){
  current=current.toLowerCase();
  if(v is bool){
    return "bool";
  }else if(v is num){
    return "num";
  }else if(v is Map){
    return "Map<String,dynamic>";
  }else if(v is List){
    return "List";
  }else if(v is String){ //处理特殊标志
    if(v.startsWith("$TAG[]")){
      var className=changeFirstChar(v.substring(3),false);
      if(className.toLowerCase()!=current) {
        set.add('import "$className.dart"');
      }
      return "List<${changeFirstChar(className)}>";

    }else if(v.startsWith(TAG)){
      var fileName=changeFirstChar(v.substring(1),false);
      if(fileName.toLowerCase()!=current) {
        set.add('import "$fileName.dart"');
      }
      return changeFirstChar(fileName);
    }
    return "String";
  }else{
    return "String";
  }
}
```

```
//替换模板占位符
String format(String fmt, List<Object> params) {
  int matchIndex = 0;
  String replace(Match m) {
    if (matchIndex < params.length) {
      switch (m[0]) {
        case "%s":
          return params[matchIndex++].toString();
      }
    } else {
      throw new Exception("Missing parameter for string format");
    }
    throw new Exception("Invalid format string: " + m[0].toString());
  }
  return fmt.replaceAllMapped("%s", replace);
}

void main(){
  walk();
}
```

3）写一个 Shell（mo.sh），将生成模板和生成 model 串起来，代码如下：

```
dart mo.dart
flutter packages pub run build_runner build --delete-conflicting-outputs
```

至此，我们的脚本就写好了，首先在根目录下新建一个 json 目录，并且将 user.json 移进去，然后在 lib 目录下创建一个 models 目录，用于保存最终生成的 Model 类。现在我们只需要一句命令即可生成 Model 类了，如下：

```
./mo.sh
```

运行后，一切都将自动执行，现在好多了，不是吗？

嵌套 JSON

下面我们定义一个 person.json，代码如下：

```
{
  "name": "John Smith",
  "email": "john@example.com",
  "mother":{
    "name": "Alice",
    "email":"alice@example.com"
  },
  "friends":[
    {
      "name": "Jack",
      "email":"Jack@example.com"
    },
    {
      "name": "Nancy",
```

```
            "email":"Nancy@example.com"
        }
      ]
    }
```

每个Person都有name、email、mother和friends四个字段，由于mother也是一个Person，朋友是多个Person（数组），所以我们期望生成的Model是下面这样的：

```
import 'package:json_annotation/json_annotation.dart';
part 'person.g.dart';

@JsonSerializable()
class Person {
  Person();

  String name;
  String email;
  Person mother;
  List<Person> friends;

  factory Person.fromJson(Map<String,dynamic> json) => _$PersonFromJson(json);
  Map<String, dynamic> toJson() => _$PersonToJson(this);
}
```

这时，我们只需要简单修改一下JSON，添加一些特殊标志，重新运行mo.sh即可：

```
{
  "name": "John Smith",
  "email": "john@example.com",
  "mother":"$person",
  "friends":"$[]person"
}
```

我们使用美元符号"$"作为特殊标志符（如果与内容冲突，则可以修改mo.dart中的TAG常量，自定义标志符），脚本在遇到特殊标志符后会先将相应字段转化为相应的对象或对象数组，对象数组需要在标志符后面添加数组符"[]"，符号后面接具体的类型名，此例中是person。其他类型与此同理，假如我们为User添加一个Person类型的boss字段：

```
{
  "name": "John Smith",
  "email": "john@example.com",
  "boss":"$person"
}
```

重新运行mo.sh，生成的user.dart如下：

```
import 'package:json_annotation/json_annotation.dart';
import "person.dart";
part 'user.g.dart';
```

```
@JsonSerializable()

class User {
  User();

  String name;
  String email;
  Person boss;

  factory User.fromJson(Map<String,dynamic> json) => _$UserFromJson(json);
  Map<String, dynamic> toJson() => _$UserToJson(this);
}
```

可以看到，boss字段已自动添加，并且自动导入了“person.dart”。

Json_model包

如果每个项目都要构建一个上面这样的脚本显然会很麻烦，为此，我们将上面的脚本和生成模板封装成了一个包，已经发布到了Pub上，包名为Json_model，开发者将该包加入开发依赖后，便可以用一条命令，根据JSON文件生成Dart类了。另外Json_model处于迭代中，功能会逐渐完善，所以建议读者直接使用该包（而不是手动复制上面的代码）。

使用IDE插件生成Model

目前，Android Studio（或IntelliJ）提供了几个插件，可以将JSON文件转成Model类，但插件质量参差不齐，甚至还有一些卷入了抄袭风波，故笔者在此不做优先推荐，读者有兴趣可以自行了解。但是，我们还是要了解一下IDE插件和Json_model的优劣，具体如下。

1）Json_model需要单独维护一个存放JSON文件的文件夹，如果有改动，只需要修改JSON文件便可重新生成Model类；而IDE插件一般需要用户手动将JSON内容复制到一个输入框中，这样生成之后，如果JSON文件没有存档，那么之后若要改动就需要手动修改。

2）Json_model既可以手动指定某个字段引用的其他Model类，也可以避免生成重复的类；而IDE插件一般会为每一个JSON文件中的所有嵌套对象都单独生成一个Model类，即使这些嵌套对象可能在其他Model类中已经生成过。

3）Json_model提供了命令行转化方式，可以方便集成到CI等非UI环境的场景。

FAQ

很多人可能会问，Flutter中有没有像Java开发中的Gson/Jackson一样的JSON序列化类库？答案是没有！因为这样的库需要使用运行时反射，这在Flutter中是禁用的。运行时反射会干扰Dart的tree shaking，使用tree shaking，可以在release版中“去除”未使用的代码，这样做可以显著优化应用程序的大小。由于反射会默认应用到所有代码，因此tree shaking会很难工作，因为在启用反射时很难知道哪些代码未被使用，因此冗余代码很难被剥离出来，所以Flutter中禁用了Dart的反射功能，而正因为如此也就无法实现动态转化Model的功能。

Chapter 12 第12章

包与插件

12.1 开发 Package

第2章中已经讲过如何使用 Package（包），我们知道通过 Package 可以创建共享的模块化代码，本节将重点讲解如何开发并发布我们自己的 Package。一个最小的 Package 包含如下内容。

- 一个 pubspec.yaml 文件：声明了 Package 的名称、版本、作者等的元数据文件。
- 一个 lib 文件夹：包括包中公开的（public）代码，最少应有一个 <package-name>.dart 文件。

Flutter Packages 可分为两类，具体如下。

- Dart 包：其中一些可能包含了 Flutter 的特定功能，因此对 Flutter 框架具有依赖性，这种包仅用于 Flutter，例如 fluro 包。
- 插件包：一种专用的 Dart 包，其中包含了用 Dart 代码编写的 API，以及针对 Android（使用 Java 或 Kotlin）和针对 iOS（使用 OC 或 Swift）平台的特定实现，也就是说插件包括原生代码，一个具体的例子是 battery 插件包。

注意，虽然 Flutter 的 Dart 运行时与 Dart VM 运行时并不是完全相同的，但是如果 Package 中没有涉及这些存在差异的部分，那么这样的包可以同时支持 Flutter 和 Dart VM，如 Dart HTTP 网络库 dio。

下面就逐步开发一个 Dart Package。

第一步：创建 Dart 包

可以通过 Android Studio 中的 File>New>New Flutter Project 命令来创建一个 Package

工程，如图 12-1 所示。

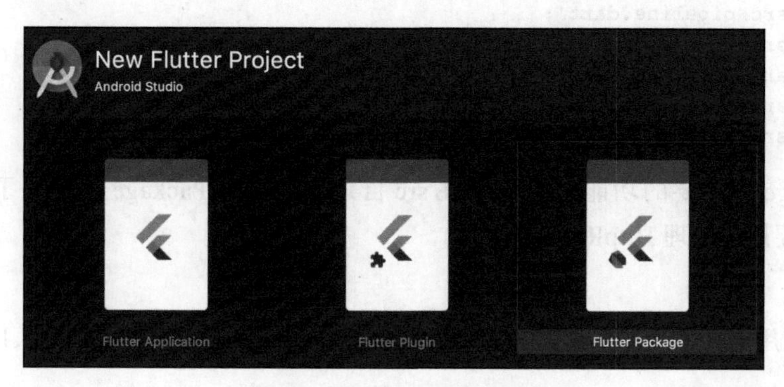

图 12-1　创建 Package 工程

也可以通过参数 --template=package 执行 flutter create 命令来创建，如下所示：

```
flutter create --template=package hello
```

上述命令将在 hello/ 文件夹下创建一个具有以下专用内容的 Package 工程，具体说明如下。

- lib/hello.dart：Package 的 Dart 代码。
- test/hello_test.dart：Package 的单元测试代码。

实现 Package

对于纯 Dart 包，只需要在主 lib/<package name>.dart 文件内或 lib 目录中的文件中添加功能即可。要测试软件包，请在 test 目录中添加 unit tests。下面我们看一下如何组织 Package 的代码，这里以 shelf Package 为例进行说明，其目录结构如图 12-2 所示。

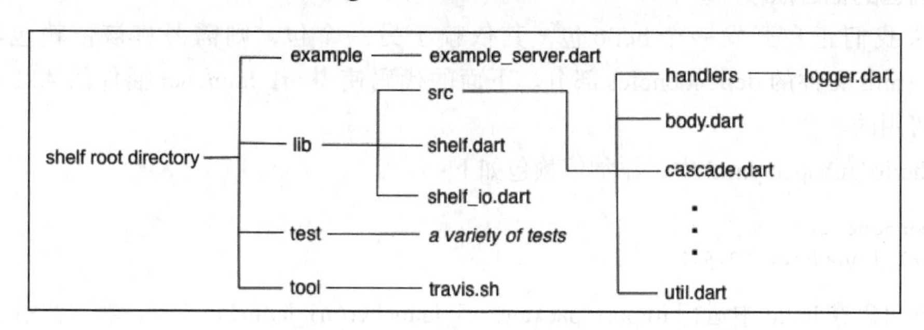

图 12-2　Package 目录结构

在 lib 根目录下的“shelf.dart”中，导出了多个“lib/src”目录下的 dart 文件，具体如下：

```
export 'src/cascade.dart';
export 'src/handler.dart';
export 'src/handlers/logger.dart';
export 'src/hijack_exception.dart';
```

```
export 'src/middleware.dart';
export 'src/pipeline.dart';
export 'src/request.dart';
export 'src/response.dart';
export 'src/server.dart';
export 'src/server_handler.dart';
```

而 Package 中主要的功能的源码都在 src 目录下。shelf Package 也导出了一个迷你库 shelf_io，主要用于处理 HttpRequest。

导入包

当需要使用这个 Package 时，我们可以通过“package:”指令指定包的入口文件：

```
import 'package:utilities/utilities.dart';
```

同一个包中的源码文件之间也可以使用相对路径来导入。

生成文档

可以使用 dartdoc 工具来为 Package 生成文档，开发者需要做的就是遵守文档注释语法在代码中添加文档注释，最后使用 dartdoc 直接生成 API 文档（一个静态网站）。文档注释以三斜线“///”为开始标志，例如：

```
/// The event handler responsible for updating the badge in the UI.
void updateBadge() {
  ...
}
```

详细的文档语法请参考 dartdoc 相关文件。

处理包的相互依赖

如果我们正在开发一个 hello 包，其依赖于另一个包，则需要将该依赖包添加到 pubspec.yaml 文件的 dependencies 部分。下面的代码使得 url_launcher 插件的 API 在 hello 包中是可用的。

在 hello/pubspec.yaml 中，添加依赖包如下：

```
dependencies:
  url_launcher: ^0.4.2
```

现在可以在 hello 中运行 import 'package:url_launcher/url_launcher.dart'，然后调用 launch() 方法了。

这一点与在 Flutter 应用程序或任何其他 Dart 项目中引用软件包并没有什么不同。但是，如果 hello 恰好是一个插件包，其平台特定的代码需要访问 url_launcher 公开的特定于平台的 API，那么我们还需要为特定于平台的构建文件添加合适的依赖声明，具体如下所示。

Android

在 hello/android/build.gradle 中：

```
android {
  // ... 省略代码
  dependencies {
    provided rootProject.findProject(":url_launcher")
  }
}
```

你现在可以在 hello/android/src 源码中通过 import io.flutter.plugins.urllauncher.UrlLauncher-Plugin 访问 UrlLauncherPlugin 类了。

iOS

在 hello/ios/hello.podspec 中：

```
Pod::Spec.new do |s|
  # lines skipped
  s.dependency 'url_launcher'
```

你现在可以在 hello/ios/Classes 源码中添加 #import " UrlLauncherPlugin.h"，然后访问 UrlLauncherPlugin 类了。

解决依赖冲突

假设我们想在 hello 包中使用 some_package 和 other_package，并且这两个包都依赖 url_launcher，但是依赖的是 url_launcher 的不同版本，那么就会有潜在的冲突。避免这种情况的最好方法是在指定依赖关系时，程序包作者使用版本范围而不是特定版本，代码如下：

```
dependencies:
  url_launcher: ^0.4.2     // 这样会较好，任何 0.4.x(x >= 2) 均可
  image_picker: '0.1.1'    // 不是很好，只有 0.1.1 版本
```

如果 some_package 声明了上面的依赖关系，other_package 声明了 url_launcher 版本（如 0.4.5 或 ^0.4.0），那么 pub 将能够自动解决问题。

即使 some_package 和 other_package 声明了不兼容的 url_launcher 版本，它仍然可能会与 url_launcher 以兼容的方式正常工作。可以通过向 hello 包的 pubspec.yaml 文件中添加依赖性覆盖声明来处理冲突，从而强制使用特定版本：

强制使用 0.4.3 版本的 url_launcher，在 hello/pubspec.yaml 中：

```
dependencies:
  some_package:
  other_package:
dependency_overrides:
  url_launcher: '0.4.3'
```

如果冲突的依赖不是一个包，而是一个特定于Android的库，比如guava，那么必须将依赖重写声明添加到Gradle构建逻辑中。

强制使用23.0版本的guava库，在hello/android/build.gradle中：

```
configurations.all {
  resolutionStrategy {
    force 'com.google.guava:guava:23.0-android'
  }
}
```

CocoaPods目前不提供依赖覆盖功能。

发布Package

一旦实现了一个包，我们就可以在Pub上发布它，这样其他开发者就可以轻松使用它了。

在发布之前，检查pubspec.yaml、README.md以及CHANGELOG.md文件，以确保其内容的完整性和正确性。然后，运行dry-run命令以查看是否都准备好了：

```
flutter packages pub publish --dry-run
```

验证无误后，就可以运行发布命令了：

```
flutter packages pub publish
```

如果出现包发布失败的情况，那么首先应检查是否是网络原因造成的，如果是网络问题，则可以使用VPN，这里需要注意的是，一些代理只会代理部分App的网络请求，如浏览器的，但它们可能并不能代理dart的网络请求，所以在这种情况下，即使开了代理也依然无法连接到Pub，因此，在发布Pub包时使用全局代理或全局VPN会更保险。如果网络没有问题，则以管理员权限（sudo）运行发布命令重试。

很多时候开启全局代理也不会让terminal中的流量从代理服务器经过，以socks5为例，应该在终端下输入以下指令：

```
export all_proxy=socks5://127.0.0.1:1080
```

此时，终端中的HTTP和HTTPS流量会从代理服务器经过，可以通过curl -i https://ip.cn指令查看代理设置是否成功。

12.2 插件开发：平台通道简介

“平台特定”或“特定平台”中的平台指的就是Flutter应用程序运行的平台，如Android或iOS。我们知道一个完整的Flutter应用程序实际上包括原生平台代码和Flutter代码两部分。由于Flutter本身只是一个UI系统，无法提供一些系统功能，比如使用蓝牙、相机、GPS等，因此要想在Flutter APP中调用这些功能就必须与原生平台进行通信。为此，

Flutter 中提供了一个平台通道（platform channel），用于 Flutter 与原生平台通信。平台通道正是 Flutter 与原生平台之间通信的桥梁，它也是 Flutter 插件的底层基础设施。

Flutter 使用了一个灵活的系统，允许调用特定平台的 API，无论是在 Android 上的 Java 或 Kotlin 代码中，还是在 iOS 上的 Objective-C 或 Swift 代码中均可用。

Flutter 与原生平台之间的通信依赖灵活的消息传递方式，具体如下。

- 应用的 Flutter 部分通过平台通道（platform channel）将消息发送到其应用程序所在的宿主（iOS 或 Android）应用（原生应用）。
- 宿主监听平台通道，并接收该消息。然后其会调用该平台的 API，并将响应发送回客户端，即应用程序的 Flutter 部分。

平台通道

使用平台通道在 Flutter（client）和原生平台（host）之间传递消息的架构如图 12-3 所示。

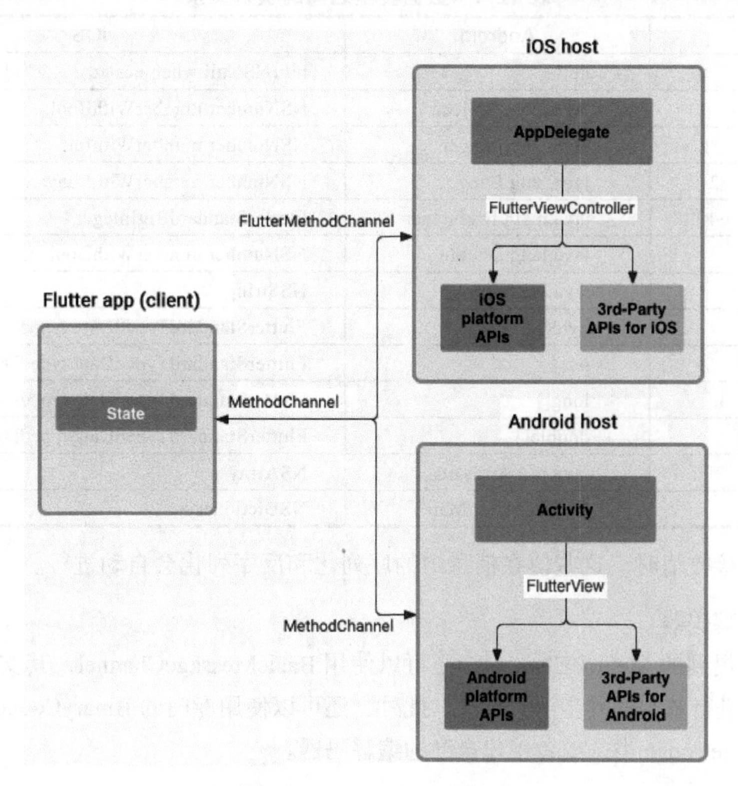

图 12-3 MessageChannel

当在 Flutter 中调用原生方法时，调用信息通过平台通道传递到原生方法，原生方法收到调用信息后方可执行指定的操作，如果需要返回数据，则原生方法会将数据再通过平台通道传递给 Flutter。值得注意的是消息传递是异步的，这就确保了用户界面在消息传递时不会被挂起。

在客户端，MethodChannel API 可以发送与方法调用相对应的消息。在宿主平台上，MethodChannel 在 Android API 和 FlutterMethodChannel iOS API 中可以接收方法调用并返回结果。这些类可以帮助我们实现使用很少的代码就能开发平台插件。

注意 如果需要，方法调用（消息传递）可以是反向的，即宿主作为客户端调用 Dart 中实现的 API。quick_actions 插件就是一个具体的例子。

平台通道数据类型支持

平台通道使用标准消息编 / 解码器对消息进行编 / 解码，它可以高效地对消息进行二进制序列化与反序列化。由于 Dart 与原生平台之间的数据类型有所差异，下面我们列出数据类型之间的映射关系，如表 12-1 所示。

表 12-1 数据类型之间的映射关系

Dart	Android	iOS
null	null	nil (NSNull when nested)
bool	java.lang.Boolean	NSNumber numberWithBool:
int	java.lang.Integer	NSNumber numberWithInt:
int，如果不足 32 位	java.lang.Long	NSNumber numberWithLong:
int，如果不足 64 位	java.math.BigInteger	FlutterStandardBigInteger
double	java.lang.Double	NSNumber numberWithDouble:
String	java.lang.String	NSString
Uint8List	byte[]	FlutterStandardTypedData typedDataWithBytes:
Int32List	int[]	FlutterStandardTypedData typedDataWithInt32:
Int64List	long[]	FlutterStandardTypedData typedDataWithInt64:
Float64List	double[]	FlutterStandardTypedData typedDataWithFloat64:
List	java.util.ArrayList	NSArray
Map	java.util.HashMap	NSDictionary

当发送和接收值时，这些值在消息中的序列化和反序列化会自动进行。

自定义编解码器

除了上面提到的 MethodChannel，还可以使用 BasicMessageChannel，其支持使用自定义消息编解码器进行基本的异步消息传递。此外，还可以使用专门的 BinaryCodec、StringCodec 和 JSONMessageCodec 类，或者创建自己的编解码器。

如何获取平台信息

Flutter 中提供了一个全局变量 defaultTargetPlatform 来获取当前应用的平台信息，defaultTargetPlatform 定义在 platform.dart 中，其类型是 TargetPlatform，这是一个枚举类，定义代码如下：

```
enum TargetPlatform {
```

```
  android,
  fuchsia,
  iOS,
}
```

可以看到，目前 Flutter 只支持这三个平台。我们可以通过如下代码判断平台：

```
if(defaultTargetPlatform==TargetPlatform.android){
  //是安卓系统，做点什么
  ...
}
...
```

由于不同的平台拥有各自的交互规范，Flutter Material 库中的一些组件针对相应的平台做了一些适配，比如路由组件 MaterialPageRoute，其在 Android 和 iOS 中会应用各自平台规范的切换动画。那么，如果想让我们的 App 在所有平台上都表现一致，比如希望在所有平台上，路由切换动画都采用与 iOS 平台中一致的左右滑动切换风格，该怎么做呢？Flutter 中提供了一种覆盖默认平台的机制，我们可以通过显式指定 debugDefaultTargetPlatformOverride 全局变量的值来指定应用平台。比如：

```
debugDefaultTargetPlatformOverride=TargetPlatform.iOS;
print(defaultTargetPlatform); //会输出 TargetPlatform.iOS
```

上面的代码即使是在 Android 中运行，Flutter APP 也会认为当前系统是 iOS，Material 组件库中所有组件的交互方式都会与 iOS 平台对齐，defaultTargetPlatform 的值也会变为 TargetPlatform.iOS。

12.3 开发 Flutter 插件

下面我们通过一个获取电池电量的插件来介绍一下 Flutter 插件的开发流程。在该插件中，我们在 Dart 中通过 getBatteryLevel 调用 Android BatteryManager API 和 iOS device.batteryLevel API。

创建一个新的应用程序项目

首先创建一个新的应用程序。

- 在终端中运行：flutter create batterylevel

默认情况下，模板支持使用 Java 编写 Android 代码，或者使用 Objective-C 编写 iOS 代码。要使用 Kotlin 或 Swift，请使用 -i 或 -a 标志。

- 在终端中运行：flutter create -i swift -a kotlin batterylevel

创建 Flutter 平台客户端

该应用的 State 类拥有当前的应用状态，我们需要延长这一点以保持当前的电量。

首先，构建通道。使用 MethodChannel 调用一个方法来返回电池电量。

通道的客户端与宿主通过通道构造函数中传递的通道名称进行连接。单个应用中使用的所有通道名称必须是唯一的；这里建议在通道名称前加一个唯一的“域名前缀”，例如 samples.flutter.io/battery，实现代码具体如下：

```
import 'dart:async';

import 'package:flutter/material.dart';
import 'package:flutter/services.dart';
...
class _MyHomePageState extends State<MyHomePage> {
  static const platform = const MethodChannel('samples.flutter.io/battery');

  //获取电池状态
}
```

接下来，我们调用通道上的方法，指定通过字符串标识符调用方法 getBatteryLevel。该调用可能会失败（平台不支持平台 API，例如在模拟器中运行时），所以我们将 invokeMethod 调用包装在 try-catch 语句中。

我们使用返回的结果，在 setState 中更新用户的界面状态 batteryLevel，代码如下：

```
//获取电池状态
String _batteryLevel = 'Unknown battery level.';

Future<Null> _getBatteryLevel() async {
  String batteryLevel;
  try {
    final int result = await platform.invokeMethod('getBatteryLevel');
    batteryLevel = 'Battery level at $result % .';
  } on PlatformException catch (e) {
    batteryLevel = "Failed to get battery level: '${e.message}'.";
  }

  setState(() {
    _batteryLevel = batteryLevel;
  });
}
```

最后，我们在 build 中创建用户界面，其包含一个小字体用于显示电池状态，以及一个用于刷新值的按钮，代码如下：

```
@override
Widget build(BuildContext context) {
  return new Material(
    child: new Center(
      child: new Column(
        mainAxisAlignment: MainAxisAlignment.spaceEvenly,
        children: [
```

```
          new RaisedButton(
            child: new Text('Get Battery Level'),
            onPressed: _getBatteryLevel,
          ),
          new Text(_batteryLevel),
        ],
      ),
    ),
  );
}
```

至此，Flutter部分的测试代码就写好了，接下来，我们需要实现Android和iOS平台下的API，由于平台API的实现部分篇幅较大，我们将在接下来的两节中，分别介绍Android和iOS端API的实现。

12.4　插件开发：Android端API实现

本节我们接着12.3节中所讲的“获取电池电量”插件的示例，来完成Android端API的实现。以下步骤是使用Java的示例，如果你更喜欢Kotlin，则可以直接跳到后面的Kotlin部分。

首先在Android Studio中打开Flutter应用的Android部分，步骤如下。

1）启动Android Studio。

2）选择File > Open…。

3）定位到你的Flutter app目录，然后选择里面的android文件夹，点击OK。

4）在java目录下打开MainActivity.java。

接下来，在onCreate里创建MethodChannel并设置一个MethodCallHandler。需要确保使用的名称与在Flutter客户端中使用的通道名称相同，代码如下：

```
import io.flutter.app.FlutterActivity;
import io.flutter.plugin.common.MethodCall;
import io.flutter.plugin.common.MethodChannel;
import io.flutter.plugin.common.MethodChannel.MethodCallHandler;
import io.flutter.plugin.common.MethodChannel.Result;

public class MainActivity extends FlutterActivity {
  private static final String CHANNEL = "samples.flutter.io/battery";

  @Override
  public void onCreate(Bundle savedInstanceState) {
    super.onCreate(savedInstanceState);
    new MethodChannel(getFlutterView(), CHANNEL).setMethodCallHandler(
    new MethodCallHandler() {
      @Override
      public void onMethodCall(MethodCall call, Result result) {
```

```
        // TODO
      }
    });
  }
}
```

接下来，我们添加 Java 代码，使用 Android 电池 API 来获取电池电量。此代码与在原生 Android 应用中编写的代码完全相同。

首先，添加需要导入的依赖，代码如下：

```
import android.content.ContextWrapper;
import android.content.Intent;
import android.content.IntentFilter;
import android.os.BatteryManager;
import android.os.Build.VERSION;
import android.os.Build.VERSION_CODES;
import android.os.Bundle;
```

然后，将下面的新方法添加到 activity 类中，该方法位于 onCreate 方法下方：

```
private int getBatteryLevel() {
  int batteryLevel = -1;
  if (VERSION.SDK_INT >= VERSION_CODES.LOLLIPOP) {
    BatteryManager batteryManager = (BatteryManager) getSystemService(BATTERY_
                                    SERVICE);
    batteryLevel = batteryManager.getIntProperty(BatteryManager.BATTERY_
                   PROPERTY_CAPACITY);
  } else {
    Intent intent = new ContextWrapper(getApplicationContext()).
        registerReceiver(null, new IntentFilter(Intent.ACTION_BATTERY_CHANGED));
    batteryLevel = (intent.getIntExtra(BatteryManager.EXTRA_LEVEL, -1) * 100) /
        intent.getIntExtra(BatteryManager.EXTRA_SCALE, -1);
  }

  return batteryLevel;
}
```

最后，完成之前添加的 onMethodCall 方法。我们需要处理平台方法名为 getBatteryLevel 的调用消息，所以 call 参数中需要先判断调用的方法名是否为 getBatteryLevel。要实现这个平台方法，只需要调用我们在前一步中编写的 Android 代码，并通过 result 参数返回成功或错误情况的响应信息即可。如果调用了未定义的 API，我们也会通知返回，代码如下：

```
@Override
public void onMethodCall(MethodCall call, Result result) {
  if (call.method.equals("getBatteryLevel")) {
    int batteryLevel = getBatteryLevel();

    if (batteryLevel != -1) {
      result.success(batteryLevel);
```

```
      } else {
        result.error("UNAVAILABLE", "Battery level not available.", null);
      }
    } else {
      result.notImplemented();
    }
  }
```

现在，就可以在Android上运行该应用程序了，如果使用的是Android模拟器，则可以通过点击工具栏中的“…”按钮访问Extended Controls面板中的电池电量。

使用Kotlin添加Android平台特定的实现

使用Kotlin与使用Java的步骤类似，首先，在Android Studio中打开Flutter应用的Android部分，具体步骤如下。

1）启动Android Studio。

2）选择the menu item“File > Open…”。

3）定位到Flutter app目录，然后选择里面的android文件夹，点击OK。

4）在Kotlin目录中打开MainActivity.kt。

接下来，在onCreate里创建MethodChannel并设置一个MethodCallHandler，以确保与在Flutter客户端使用的通道名称相同。

```
import android.os.Bundle
import io.flutter.app.FlutterActivity
import io.flutter.plugin.common.MethodChannel
import io.flutter.plugins.GeneratedPluginRegistrant

class MainActivity() : FlutterActivity() {
  private val CHANNEL = "samples.flutter.io/battery"

  override fun onCreate(savedInstanceState: Bundle?) {
    super.onCreate(savedInstanceState)
    GeneratedPluginRegistrant.registerWith(this)

    MethodChannel(flutterView, CHANNEL).setMethodCallHandler { call, result ->
    // TODO
    }
  }
}
```

接下来，添加Kotlin代码，使用Android电池API来获取电池电量，这一点与原生开发是一样的。

首先，添加需要导入的依赖：

```
import android.content.Context
import android.content.ContextWrapper
import android.content.Intent
```

```
import android.content.IntentFilter
import android.os.BatteryManager
import android.os.Build.VERSION
import android.os.Build.VERSION_CODES
```

然后，将下面的新方法添加到 activity 类中的，该类位于 onCreate 方法下方：

```
private fun getBatteryLevel(): Int {
  val batteryLevel: Int
  if (VERSION.SDK_INT >= VERSION_CODES.LOLLIPOP) {
    val batteryManager = getSystemService(Context.BATTERY_SERVICE) as
BatteryManager
    batteryLevel = batteryManager.getIntProperty(BatteryManager.BATTERY_
                   PROPERTY_CAPACITY)
  } else {
    val intent = ContextWrapper(applicationContext).registerReceiver(null,
                 IntentFilter(Intent.ACTION_BATTERY_CHANGED))
    batteryLevel = intent!!.getIntExtra(BatteryManager.EXTRA_LEVEL, -1) * 100 /
                   intent.getIntExtra(BatteryManager.EXTRA_SCALE, -1)
  }

  return batteryLevel
}
```

最后，完成之前添加的 onMethodCall 方法。我们需要处理平台方法名为 getBatteryLevel 的调用消息，所以我们在 call 参数中需要先判断调用的方法名是否为 getBatteryLevel。这个平台方法的实现只需要调用在前一步中编写的 Android 代码，并通过 result 参数返回成功或错误情况的响应信息即可。如果调用了未定义的 API，我们也会通知返回：

```
MethodChannel(flutterView, CHANNEL).setMethodCallHandler { call, result ->
  if (call.method == "getBatteryLevel") {
    val batteryLevel = getBatteryLevel()
    if (batteryLevel != -1) {
      result.success(batteryLevel)
    } else {
      result.error("UNAVAILABLE", "Battery level not available.", null)
    }
  } else {
      result.notImplemented()
  }
}
```

你现在就可以在 Android 上运行该应用程序了。如果你使用的是 Android 模拟器，则可以通过点击工具栏中的“…”按钮获取 Extended Controls 面板中的电池电量。

12.5 插件开发：iOS 端 API 实现

本节我们接着之前 12.3 节中所讲的“获取电池电量”插件的示例，来完成 iOS 端 API

的实现。以下步骤使用 Objective-C 来实现，如果你更喜欢使用 Swift，则可以直接跳到后面的 Swift 部分。

首先打开 Xcode 中 Flutter 应用程序的 iOS 部分，具体步骤如下。

1）启动 Xcode。

2）选择 File > Open…。

3）定位到你的 Flutter APP 目录，然后选择里面的 iOS 文件夹，点击 OK。

4）确保 Xcode 项目的构建没有错误。

5）选择 Runner > Runner，打开 AppDelegate.m。

接下来，在 application didFinishLaunchingWithOptions：方法内部创建一个 Flutter-MethodChannel，并添加一个处理方法。需要确保其与在 Flutter 客户端使用的通道名称相同，代码如下：

```
#import <Flutter/Flutter.h>

@implementation AppDelegate
- (BOOL)application:(UIApplication*)application didFinishLaunchingWithOptions:(N
SDictionary*)launchOptions {
    FlutterViewController* controller = (FlutterViewController*)self.window.
                                          rootViewController;

    FlutterMethodChannel* batteryChannel = [FlutterMethodChannel
  methodChannelWithName:@"samples.flutter.io/battery"
                                              binaryMessenger:controller];

    [batteryChannel setMethodCallHandler:^(FlutterMethodCall* call, FlutterResult
result) {
      // TODO
    }];

    return [super application:application didFinishLaunchingWithOptions:launchOpti
ons];
  }
```

接下来，我们添加 Objective-C 代码，使用 iOS 电池 API 来获取电池电量，这一点与原生是相同的。

在 AppDelegate 类中添加以下新的方法：

```
- (int)getBatteryLevel {
    UIDevice* device = UIDevice.currentDevice;
    device.batteryMonitoringEnabled = YES;
    if (device.batteryState == UIDeviceBatteryStateUnknown) {
      return -1;
    } else {
      return (int)(device.batteryLevel * 100);
    }
  }
```

最后，我们完成之前添加的 setMethodCallHandler 方法。我们需要处理的平台方法名为 getBatteryLevel，所以在 call 参数中需要先判断它是否为 getBatteryLevel。这个平台方法的实现只需要调用我们在前一步中编写的 iOS 代码，并使用 result 参数返回成功或错误的响应信息即可。如果调用了未定义的 API，我们也会通知返回：

```
    [batteryChannel setMethodCallHandler:^(FlutterMethodCall* call, FlutterResult
result) {
      if ([@"getBatteryLevel" isEqualToString:call.method]) {
        int batteryLevel = [self getBatteryLevel];

        if (batteryLevel == -1) {
          result([FlutterError errorWithCode:@"UNAVAILABLE"
                                     message:@" 电池信息不可用 "
                                     details:nil]);
        } else {
          result(@(batteryLevel));
        }
      } else {
        result(FlutterMethodNotImplemented);
      }
    }];
```

现在，可以在 iOS 上运行该应用程序了，如果使用的是 iOS 模拟器，那么请注意，它不支持电池 API，因此应用程序将显示“电池信息不可用”的信息。

使用 Swift 实现 iOS API

以下步骤与上面使用 Objective-C 的步骤相似，首先打开 Xcode 中 Flutter 应用程序的 iOS 部分，具体步骤如下。

1）启动 Xcode。

2）选择 File > Open…。

3）定位到你的 Flutter APP 目录，然后选择里面的 iOS 文件夹，点击 OK。

4）确保 Xcode 项目的构建没有错误。

5）选择 Runner > Runner，然后打开 AppDelegate.swift。

接下来，覆盖 application 方法并创建一个 FlutterMethodChannel 以绑定通道名称：

```
    samples.flutter.io/battery:
    @UIApplicationMain
    @objc class AppDelegate: FlutterAppDelegate {
      override func application(
        _ application: UIApplication,
        didFinishLaunchingWithOptions launchOptions: [UIApplicationLaunchOptionsKey:
Any]?) -> Bool {
        GeneratedPluginRegistrant.register(with: self);
```

```
        let controller : FlutterViewController = window?.rootViewController as!
FlutterViewController;
        let batteryChannel = FlutterMethodChannel.init(name: "samples.flutter.io/bat
tery",binaryMessenger:(controller);
        batteryChannel.setMethodCallHandler({
          (call: FlutterMethodCall, result: FlutterResult) -> Void in
          // 处理电池信息
        });

        return super.application(application, didFinishLaunchingWithOptions:
launchOptions);
      }
    }
```

接下来，我们添加 Swift 代码，使用 iOS 电池 API 来获取电池电量，这一点与原生开发是相同的。

将以下新方法添加到 AppDelegate.swift 的底部，代码如下：

```
    private func receiveBatteryLevel(result: FlutterResult) {
      let device = UIDevice.current;
      device.isBatteryMonitoringEnabled = true;
      if (device.batteryState == UIDeviceBatteryState.unknown) {
        result(FlutterError.init(code: "UNAVAILABLE",
                                 message: " 电池信息不可用 ",
                                 details: nil));
      } else {
        result(Int(device.batteryLevel * 100));
      }
    }
```

最后，完成之前添加的 setMethodCallHandler 方法。我们需要处理的平台方法名为 getBatteryLevel，所以在 call 参数中需要先判断该平台方法名是否为 getBatteryLevel。这个平台方法的实现只需要调用我们在前一步中编写的 iOS 代码，并使用 result 参数返回成功或错误的响应信息即可。如果调用了未定义的 API，我们也会通知返回：

```
    batteryChannel.setMethodCallHandler({
      (call: FlutterMethodCall, result: FlutterResult) -> Void in
      if ("getBatteryLevel" == call.method) {
        receiveBatteryLevel(result: result);
      } else {
        result(FlutterMethodNotImplemented);
      }
    });
```

现在，可以在 iOS 上运行应用程序了，如果使用的是 iOS 模拟器，那么请注意，它不支持电池 API，因此应用程序将显示“电池信息不可用”的信息。

12.6 Texture 和 PlatformView

本节主要介绍原生和 Flutter 之间如何共享图像，以及如何在 Flutter 中嵌套原生组件。

12.6.1 Texture（示例：使用摄像头）

前面说过，Flutter 本身只是一个 UI 系统，对于一些系统能力的调用，我们可以通过消息传送机制与原生部分交互。但是这种消息传送机制并不能覆盖所有的应用场景，比如我们想调用摄像头来拍照或录制视频，但在拍照和录制视频的过程中，我们需要将预览画面显示到 Flutter UI 中，如果要用 Flutter 定义的消息通道机制来实现这个功能，那么摄像头采集的每一帧图片都要从原生部分传递到 Flutter 中，这样做的代价将会非常大，因为将图像或视频数据通过消息通道进行实时传输必然会引起内存和 CPU 的巨大消耗。为此，Flutter 提供了一种基于 Texture 的图片数据共享机制。

Texture 可以理解为 GPU 内用于保存将要绘制的图像数据的一个对象，Flutter engine 会将 Texture 的数据在内存中直接进行映射（而无须在原生部分和 Flutter 之间再进行数据传递），Flutter 会为每一个 Texture 分配一个 id，同时 Flutter 中还提供了一个 Texture 组件，Texture 构造函数的定义代码如下：

```
const Texture({
  Key key,
  @required this.textureId,
})
```

Texture 组件正是通过 textureId 与 Texture 数据关联起来的。在 Texture 组件绘制时，Flutter 会自动从内存中找到相应 id 的 Texture 数据，然后进行绘制。可以总结一下整个流程：图像数据先在原生部分缓存，然后在 Flutter 部分再通过 textureId 与缓存关联起来，最后绘制由 Flutter 完成。

作为一个插件开发者，如果我们在原生代码中分配了 textureId，那么在 Flutter 侧使用 Texture 组件时要如何获取 textureId 呢？这就又回到之前的内容了，textureId 完全可以通过 MethodChannel 来传递。

另外，值得注意的是，当原生摄像头捕获的图像发生变化时，Texture 组件会自动重绘，这并不需要我们编写任何 Dart 代码进行控制。

Texture 的用法

如果我们要手动实现一个相机插件，与前面几节介绍的“获取剩余电量”插件的步骤一样，需要分别实现原生部分和 Flutter 部分。考虑到大多数读者可能并非既了解 Android 开发，又了解 iOS 开发，如果我们再花费大量篇幅来介绍不同平台的实现可能会没什么意义，另外，由于 Flutter 官方提供的相机（camera）插件和视频播放（video_player）插件都是使用 Texture 来实现的，它们本身就是 Texture 非常好的示例，所以，本书中将不会再介绍 Texture 的具体使用流程了，读者若有兴趣，请自行查看 camera 和 video_player 的实现代码。下面我们就来重点介绍如何使用 camera 和 video_player。

相机示例

下面我们看一下 camera 包自带的一个示例，其包含如下功能。

1）可以拍照，也可以拍视频，拍摄完成后可以保存；可以预览拍好的视频。

2）可以切换摄像头（前置摄像头、后置摄像头、其他）。

3）可以显示已经拍摄内容的预览图。

下面我们看一下具体的实现代码。

1）首先，依赖 camera 插件的最新版本，并下载依赖：

```
dependencies:
  ...  //省略无关代码
  camera: ^0.5.2+2
```

2）在 main 方法中获取可用摄像头列表：

```
void main() async {
  //获取可用摄像头列表，cameras 为全局变量
  cameras = await availableCameras();
  runApp(MyApp());
}
```

3）构建 UI。现在我们构建如图 12-4 所示的测试界面。

图 12-4 相机示例

下面是完整的实现代码：

```
import 'package:camera/camera.dart';
import 'package:flutter/material.dart';
import '../common.dart';
import 'dart:async';
import 'dart:io';
import 'package:path_provider/path_provider.dart';
import 'package:video_player/video_player.dart'; //用于播放录制的视频

/// 获取不同摄像头的图标（前置、后置、其他）
IconData getCameraLensIcon(CameraLensDirection direction) {
  switch (direction) {
    case CameraLensDirection.back:
      return Icons.camera_rear;
    case CameraLensDirection.front:
      return Icons.camera_front;
    case CameraLensDirection.external:
      return Icons.camera;
  }
  throw ArgumentError('Unknown lens direction');
```

```
}

void logError(String code, String message) =>
    print('Error: $code\nError Message: $message');

//示例页面路由
class CameraExampleHome extends StatefulWidget {
  @override
  _CameraExampleHomeState createState() {
    return _CameraExampleHomeState();
  }
}

class _CameraExampleHomeState extends State<CameraExampleHome>
    with WidgetsBindingObserver {
  CameraController controller;
  String imagePath; //图片保存路径
  String videoPath; //视频保存路径
  VideoPlayerController videoController;
  VoidCallback videoPlayerListener;
  bool enableAudio = true;

  @override
  void initState() {
    super.initState();
    //监听APP状态改变，是否在前台
    WidgetsBinding.instance.addObserver(this);
  }

  @override
  void dispose() {
    WidgetsBinding.instance.removeObserver(this);
    super.dispose();
  }

  @override
  void didChangeAppLifecycleState(AppLifecycleState state) {
    //如果APP不在前台
    if (state == AppLifecycleState.inactive) {
      controller?.dispose();
    } else if (state == AppLifecycleState.resumed) {
      //APP在前台
      if (controller != null) {
        onNewCameraSelected(controller.description);
      }
    }
  }

  final GlobalKey<ScaffoldState> _scaffoldKey = GlobalKey<ScaffoldState>();

  @override
```

```
Widget build(BuildContext context) {
  return Scaffold(
    key: _scaffoldKey,
    appBar: AppBar(
      title: const Text('相机示例'),
    ),
    body: Column(
      children: <Widget>[
        Expanded(
          child: Container(
            child: Padding(
              padding: const EdgeInsets.all(1.0),
              child: Center(
                child: _cameraPreviewWidget(),
              ),
            ),
            decoration: BoxDecoration(
              color: Colors.black,
              border: Border.all(
                color: controller != null && controller.value.isRecordingVideo
                    ? Colors.redAccent
                    : Colors.grey,
                width: 3.0,
              ),
            ),
          ),
        ),
        _captureControlRowWidget(),
        _toggleAudioWidget(),
        Padding(
          padding: const EdgeInsets.all(5.0),
          child: Row(
            mainAxisAlignment: MainAxisAlignment.start,
            children: <Widget>[
              _cameraTogglesRowWidget(),
              _thumbnailWidget(),
            ],
          ),
        ),
      ],
    ),
  );
}

///展示预览窗口
Widget _cameraPreviewWidget() {
  if (controller == null || !controller.value.isInitialized) {
    return const Text(
      '选择一个摄像头',
      style: TextStyle(
        color: Colors.white,
```

```
            fontSize: 24.0,
            fontWeight: FontWeight.w900,
          ),
        );
      } else {
        return AspectRatio(
          aspectRatio: controller.value.aspectRatio,
          child: CameraPreview(controller),
        );
      }
    }

    /// 开启或关闭录音
    Widget _toggleAudioWidget() {
      return Padding(
        padding: const EdgeInsets.only(left: 25),
        child: Row(
          children: <Widget>[
            const Text('开启录音:'),
            Switch(
              value: enableAudio,
              onChanged: (bool value) {
                enableAudio = value;
                if (controller != null) {
                  onNewCameraSelected(controller.description);
                }
              },
            ),
          ],
        ),
      );
    }

    /// 显示已拍摄的图片/视频的缩略图
    Widget _thumbnailWidget() {
      return Expanded(
        child: Align(
          alignment: Alignment.centerRight,
          child: Row(
            mainAxisSize: MainAxisSize.min,
            children: <Widget>[
              videoController == null && imagePath == null
                  ? Container()
                  : SizedBox(
                child: (videoController == null)
                    ? Image.file(File(imagePath))
                    : Container(
                  child: Center(
                    child: AspectRatio(
                        aspectRatio:
                        videoController.value.size != null
```

```
                    ? videoController.value.aspectRatio
                    : 1.0,
                child: VideoPlayer(videoController)),
            ),
            decoration: BoxDecoration(
                border: Border.all(color: Colors.pink)),
          ),
          width: 64.0,
          height: 64.0,
        ),
      ],
    ),
  ),
);
}

/// 相机工具栏
Widget _captureControlRowWidget() {
  return Row(
    mainAxisAlignment: MainAxisAlignment.spaceEvenly,
    mainAxisSize: MainAxisSize.max,
    children: <Widget>[
      IconButton(
        icon: const Icon(Icons.camera_alt),
        color: Colors.blue,
        onPressed: controller != null &&
            controller.value.isInitialized &&
            !controller.value.isRecordingVideo
            ? onTakePictureButtonPressed
            : null,
      ),
      IconButton(
        icon: const Icon(Icons.videocam),
        color: Colors.blue,
        onPressed: controller != null &&
            controller.value.isInitialized &&
            !controller.value.isRecordingVideo
            ? onVideoRecordButtonPressed
            : null,
      ),
      IconButton(
        icon: const Icon(Icons.stop),
        color: Colors.red,
        onPressed: controller != null &&
            controller.value.isInitialized &&
            controller.value.isRecordingVideo
            ? onStopButtonPressed
            : null,
      )
    ],
  );
```

```
}

/// 展示所有摄像头
Widget _cameraTogglesRowWidget() {
  final List<Widget> toggles = <Widget>[];

  if (cameras.isEmpty) {
    return const Text('没有检测到摄像头');
  } else {
    for (CameraDescription cameraDescription in cameras) {
      toggles.add(
        SizedBox(
          width: 90.0,
          child: RadioListTile<CameraDescription>(
            title: Icon(getCameraLensIcon(cameraDescription.lensDirection)),
            groupValue: controller?.description,
            value: cameraDescription,
            onChanged: controller != null && controller.value.isRecordingVideo
                ? null
                : onNewCameraSelected,
          ),
        ),
      );
    }
  }

  return Row(children: toggles);
}

String timestamp() => DateTime.now().millisecondsSinceEpoch.toString();

void showInSnackBar(String message) {
  _scaffoldKey.currentState.showSnackBar(SnackBar(content: Text(message)));
}

// 摄像头选中回调
void onNewCameraSelected(CameraDescription cameraDescription) async {
  if (controller != null) {
    await controller.dispose();
  }
  controller = CameraController(
    cameraDescription,
    ResolutionPreset.high,
    enableAudio: enableAudio,
  );

  controller.addListener(() {
    if (mounted) setState(() {});
    if (controller.value.hasError) {
      showInSnackBar('Camera error ${controller.value.errorDescription}');
    }
```

```
  });

  try {
    await controller.initialize();
  } on CameraException catch (e) {
    _showCameraException(e);
  }

  if (mounted) {
    setState(() {});
  }
}

// 拍照按钮点击回调
void onTakePictureButtonPressed() {
  takePicture().then((String filePath) {
    if (mounted) {
      setState(() {
        imagePath = filePath;
        videoController?.dispose();
        videoController = null;
      });
      if (filePath != null) showInSnackBar('图片保存在 $filePath');
    }
  });
}

// 开始录制视频
void onVideoRecordButtonPressed() {
  startVideoRecording().then((String filePath) {
    if (mounted) setState(() {});
    if (filePath != null) showInSnackBar('正在保存视频于 $filePath');
  });
}

// 终止视频录制
void onStopButtonPressed() {
  stopVideoRecording().then((_) {
    if (mounted) setState(() {});
    showInSnackBar('视频保存在: $videoPath');
  });
}

Future<String> startVideoRecording() async {
  if (!controller.value.isInitialized) {
    showInSnackBar('请先选择一个摄像头');
    return null;
  }

  // 确定视频保存的路径
  final Directory extDir = await getApplicationDocumentsDirectory();
```

```
  final String dirPath = '${extDir.path}/Movies/flutter_test';
  await Directory(dirPath).create(recursive: true);
  final String filePath = '$dirPath/${timestamp()}.mp4';

  if (controller.value.isRecordingVideo) {
    //如果正在录制，则直接返回
    return null;
  }

  try {
    videoPath = filePath;
    await controller.startVideoRecording(filePath);
  } on CameraException catch (e) {
    _showCameraException(e);
    return null;
  }
  return filePath;
}

Future<void> stopVideoRecording() async {
  if (!controller.value.isRecordingVideo) {
    return null;
  }

  try {
    await controller.stopVideoRecording();
  } on CameraException catch (e) {
    _showCameraException(e);
    return null;
  }

  await _startVideoPlayer();
}

Future<void> _startVideoPlayer() async {
  final VideoPlayerController vcontroller =
  VideoPlayerController.file(File(videoPath));
  videoPlayerListener = () {
    if (videoController != null && videoController.value.size != null) {
      //刷新视频播放器，以正确比例显示
      if (mounted) setState(() {});
      videoController.removeListener(videoPlayerListener);
    }
  };
  vcontroller.addListener(videoPlayerListener);
  await vcontroller.setLooping(true);
  await vcontroller.initialize();
  await videoController?.dispose();
  if (mounted) {
    setState(() {
```

```
      imagePath = null;
      videoController = vcontroller;
    });
  }
  await vcontroller.play();
}

Future<String> takePicture() async {
  if (!controller.value.isInitialized) {
    showInSnackBar('错误：请先选择一个相机');
    return null;
  }
  final Directory extDir = await getApplicationDocumentsDirectory();
  final String dirPath = '${extDir.path}/Pictures/flutter_test';
  await Directory(dirPath).create(recursive: true);
  final String filePath = '$dirPath/${timestamp()}.jpg';

  if (controller.value.isTakingPicture) {
    // 捕获已经处于等待状态，什么也不做
    return null;
  }

  try {
    await controller.takePicture(filePath);
  } on CameraException catch (e) {
    _showCameraException(e);
    return null;
  }
  return filePath;
}

void _showCameraException(CameraException e) {
  logError(e.code, e.description);
  showInSnackBar('Error: ${e.code}\n${e.description}');
}
}
```

如果代码运行遇到困难，那么请直接查看 camera 官方文档。

12.6.2 PlatformView（示例：WebView）

如果我们在开发过程中需要使用一个原生组件，但是这个原生组件（如 WebView）在 Flutter 中很难实现时应该怎么办？这时一个简单的方法就是将需要使用原生组件的页面全部用原生部分实现，在 Flutter 中需要打开该页面时通过消息通道打开这个原生的页面。但是这种方法有一个最大的缺点，就是原生组件很难与 Flutter 组件进行组合。

在 Flutter 1.0 版本中，Flutter SDK 中新增了 AndroidView 和 UIKitView 两个组件，这两个组件的主要功能就是将原生的 Android 组件和 iOS 组件嵌入 Flutter 的组件树中，这个功能是非常重要的，尤其是对一些实现起来非常复杂的组件，比如 WebView，原生部分已经有这些组件了，如果 Flutter 中要使用，那么重新实现的话成本将会非常高，所以如果有一种机制能让 Flutter 共享原生组件，那么这将会非常有用，也正因如此，Flutter 才提供了这两个组件。

由于 AndroidView 和 UIKitView 是与具体平台相关的，所以称它们为 PlatformView。需要说明的是，将来 Flutter 支持的平台可能会增多，因此相应的 PlatformView 也将会变多。那么如何使用 Platform View 呢？下面我们以 Flutter 官方提供的 webview_flutter 插件为例进行说明。

> 注意　在本书写作之时，webview_flutter 仍处于预览阶段，如果你想在项目中使用它，那么请查看一下 webview_flutter 插件的最新版本及动态。

1）在原生代码中注册要被 Flutter 嵌入的组件工厂，如 webview_flutter 插件中，在 Android 端注册 WebView 插件的代码如下：

```
public static void registerWith(Registrar registrar) {
  registrar.platformViewRegistry().registerViewFactory("webview",
  WebViewFactory(registrar.messenger()));
}
```

WebViewFactory 的具体实现请参考 webview_flutter 插件的实现源码，在此不再赘述。

2）在 Flutter 中使用，打开 Flutter 中文社区首页，代码如下：

```
class PlatformViewRoute extends StatelessWidget {
  @override
  Widget build(BuildContext context) {
    return WebView(
      initialUrl: "https://flutterchina.club",
      javascriptMode: JavascriptMode.unrestricted,
    );
  }
}
```

上述代码运行效果如图 12-5 所示。

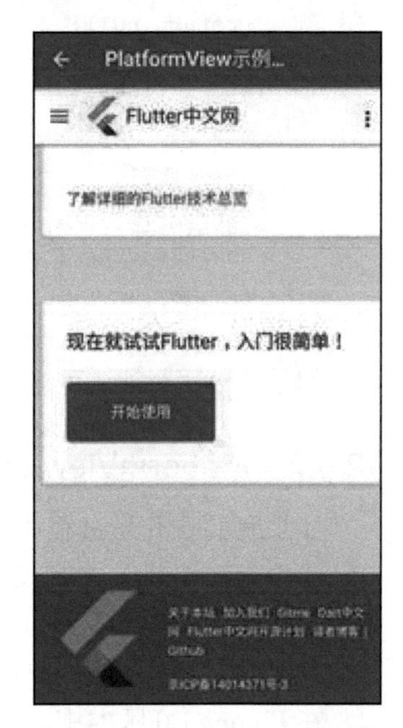

图 12-5　Platform View 示例

注意，使用 PlatformView 的开销是非常大的，因此，如果一个原生组件用 Flutter 实现的难度不大时，我们应该首选 Flutter 实现。

另外，编写本书时，PlatformView 的相关功能还处于预览阶段，可能还会发生变化，因此，读者如果需要在项目中使用，那么请事先查看一下最新的文档。

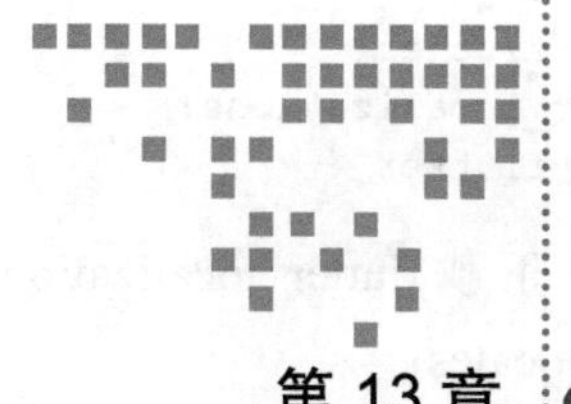

第13章 Chapter 13

国 际 化

13.1 让 APP 支持多语言

如果我们的应用需要支持多种语言，那么我们需要将应用“国际化”。这就意味着我们在开发时，需要为应用程序支持的每种语言环境设置一些“本地化”的值，如文本和布局。Flutter SDK 已经提供了一些组件和类来帮助我们实现国际化，下面我们就来介绍一下 Flutter 中实现国际化的步骤。

接下来，我们以 MaterialApp 类为入口的应用来说明如何支持国际化。

大多数应用程序都是通过 MaterialApp 为入口的，但是根据低级别的 WidgetsApp 类为入口编写的应用程序也可以使用相同的类和逻辑进行国际化。MaterialApp 实际上也是 WidgetsApp 的一个包装。

注意，“本地化的值和资源”是指我们需要针对不同的语言准备的不同资源，这些资源一般是指文案（字符串），当然也会包含一些其他的资源，这一点会根据语言地区的不同而不同，比如，我们需要显示一个 APP 上架地的国旗图片，那么，不同的 Locale 区域需要提供不同的国旗图片。

支持国际化

默认情况下，Flutter SDK 中的组件仅仅只提供了美国英语本地化资源（主要是文本）。要添加对其他语言的支持，应用程序必须添加一个名为“ flutter_localizations”的包依赖，然后还需要在 MaterialApp 中进行一些配置。要想使用 flutter_localizations 包，首先需要添加依赖到 pubspec.yaml 文件中：

```
dependencies:
```

```
  flutter:
    sdk: flutter
  flutter_localizations:
    sdk: flutter
```

接下来，下载 flutter_localizations 库，然后指定 MaterialApp 的 localizationsDelegates 和 supportedLocales：

```
import 'package:flutter_localizations/flutter_localizations.dart';

new MaterialApp(
  localizationsDelegates: [
    // 本地化的代理类
    GlobalMaterialLocalizations.delegate,
    GlobalWidgetsLocalizations.delegate,
  ],
  supportedLocales: [
    const Locale('en', 'US'), // 美国英语
    const Locale('zh', 'CN'), // 中文简体
    // 其他 Locales
  ],
  // ...
)
```

与以 MaterialApp 类为入口的应用不同，对基于 WidgetsApp 类为入口的应用程序进行国际化时，不需要 GlobalMaterialLocalizations.delegate。

localizationsDelegates 列表中的元素是生成本地化值集合的工厂。GlobalMaterialLocalizations.delegate 为 Material 组件库提供了本地化的字符串和其他值，其可以使 Material 组件支持多语言。GlobalWidgetsLocalizations.delegate 定义了组件默认的文本方向，从左到右或从右到左，这是因为有些语言的阅读习惯并不是从左到右，比如，阿拉伯语就是从右向左的。

supportedLocales 也用于接收一个 Locale 数组，表示我们的应用所支持的语言列表，在本例中我们的应用只支持美国英语和中文简体两种语言。

获取当前区域 Locale

Locale 类是用来标识用户的语言环境的，它包括语言和国家两个标志，如：

```
const Locale('zh', 'CN') // 中文简体
```

我们始终可以通过如下方式来获取应用的当前区域 Locale：

```
Locale myLocale = Localizations.localeOf(context);
```

Localizations 组件一般位于 Widget 树中其他业务组件的顶部，它的作用是定义区域 Locale 以及设置子树依赖的本地化资源。如果系统的语言环境发生了变化，那么 WidgetsApp 将创建一个新的 Localizations 组件并重建它，这样，子树中通过 Localizations.

localeOf(context) 获取的 Locale 就会更新。

监听系统语言切换

当我们更改系统语言的设置时，APP 中的 Localizations 组件会重新构建，Localizations.localeOf(context) 获取的 Locale 就会更新，最终界面将会重新构建以达到切换语言的效果。但是这个过程是隐式完成的，我们并没有去主动监听系统语言的切换，但是，有时我们需要在系统语言发生改变时处理一些事情，比如，系统语言切换为一种我们的 APP 不支持的语言时，我们需要设置一个默认的语言，这时就需要监听 locale 改变的事件了。

我们可以通过 localeResolutionCallback 或 localeListResolutionCallback 回调来监听 locale 改变的事件，首先来看一下 localeResolutionCallback 的回调函数签名：

```
Locale Function(Locale locale, Iterable<Locale> supportedLocales)
```

- ❑ 参数 locale 的值为当前的系统语言设置，当应用启动时或用户动态改变系统的语言设置时，此 locale 即为系统的当前 locale。当开发者手动指定 APP 的 locale 时，那么此 locale 参数代表开发者指定的 locale，此时将忽略系统 locale，如：

```
MaterialApp(
  ...
  locale: const Locale('en', 'US'), //手动指定 locale
  ...
)
```

上面的示例代码中，手动指定了应用 locale 为美国英语，指定后即使设备的当前语言是中文简体，应用中的 locale 也依然是美国英语。如果 locale 为 null，则表示 Flutter 未能获取到设备的 Locale 信息，所以我们在使用 locale 之前一定要先判空。

- ❑ supportedLocales 为当前应用支持的 locale 列表，是开发者在 MaterialApp 中通过 supportedLocales 属性注册的。
- ❑ 返回值是一个 Locale，此 Locale 为 Flutter APP 最终使用的 Locale。通常在不支持语言区域时返回一个默认的 Locale。

localeListResolutionCallback 和 localeResolutionCallback 唯一的不同就在于第一个参数类型，前者接收的是一个 Locale 列表，而后者接收的是单个 Locale：

```
Locale Function(List<Locale> locales, Iterable<Locale> supportedLocales)
```

在较新的 Android 系统中，用户可以设置一个语言列表，这样一来，支持多语言的应用就会得到这个列表，应用通常的处理方式就是按照列表的顺序依次尝试加载相应的 Locale，如果某一种语言加载成功则会停止加载。图 13-1 是 Android 系统中设置语言列表的截图。

在 Flutter 中，应该优先使用 localeListResolutionCallback，当然你不必担心 Android 系统的差异性，因为如果是在低版本的 Android 系统中，则 Flutter 会自动处理这种情况，这时 Locale 列表只会包含一项。

Localizations 组件

Localizations 组件可用于加载和查找应用在当前语言下的本地化的值或资源。应用程序通过 Localizations.of(context,type) 来引用这些对象。如果设备的 Locale 区域设置发生了更改，则 Localizations 组件会自动加载新区域的 Locale 值，然后重新构建使用（依赖）了它们的组件，之所以会这样，是因为 Localizations 内部使用了 InheritedWidget，我们在介绍该组件时曾说过，当子组件的 build 函数引用了 InheritedWidget 时，会创建对 InheritedWidget 的隐式依赖关系。因此，当 InheritedWidget 发生更改时，即 Localizations 的 Locale 设置发生更改时，将重建所有依赖它的子组件。

图 13-1 Android 系统语言设置

本地化值由 Localizations 的 LocalizationsDelegates 列表加载。**每个委托都必须定义一个异步 load() 方法**，以生成封装了一系列本地化值的对象。通常这些对象会为每个本地化值定义一个方法。

在大型应用程序中，不同的模块或 Package 可能会与自己的本地化值捆绑在一起。这就是为什么要用 Localizations 管理对象表的原因。要使用由 LocalizationsDelegate 的 load 方法之一产生的对象，可以指定一个 BuildContext 和对象的类型来找到它。例如，Material 组件库的本地化字符串由 MaterialLocalizations 类定义，此类的实例由 MaterialApp 类提供的 LocalizationDelegate 创建，它们可以通过如下方式获取到：

```
Localizations.of<MaterialLocalizations>(context, MaterialLocalizations);
```

这个特殊的 Localizations.of() 表达式会经常使用，所以 MaterialLocalizations 类提供了一个便捷的方法，具体如下：

```
static MaterialLocalizations of(BuildContext context) {
  return Localizations.of<MaterialLocalizations>(context, MaterialLocalizations);
}

// 可以直接调用便捷方法
tooltip: MaterialLocalizations.of(context).backButtonTooltip,
```

使用打包好的 LocalizationsDelegates

为了尽可能小而且简单，Flutter 软件包中仅提供了美国英语资源的 MaterialLocalizations

和 WidgetsLocalizations 接口的实现。这些实现类分别称为 DefaultMaterialLocalizations 和 DefaultWidgetsLocalizations。flutter_localizations 包中包含了 GlobalMaterialLocalizations 和 GlobalWidgetsLocalizations 的本地化接口的多语言实现，国际化的应用程序必须按照本节开头说明的那样为这些类指定本地化 Delegate。

上述的 GlobalMaterialLocalizations 和 GlobalWidgetsLocalizations 只是 Material 组件库的本地化实现，如果我们要让自己的布局支持多语言，那么就需要实现 Localizations，我们将在 13.2 节介绍其具体的实现方式。

13.2 实现 Localizations

前面讲解了 Material 组件库如何支持国际化，本节我们将介绍在自己的 UI 中如何支持多语言。根据 13.1 节所述，我们需要实现两个类：一个 Delegate 类，一个 Localizations 类，下面我们通过一个实例来讲解说明。

实现 Localizations 类

我们已经知道，Localizations 类中主要实现了提供本地化值，如文本：

```
//Locale资源类
class DemoLocalizations {
  DemoLocalizations(this.isZh);
  //是否为中文
  bool isZh = false;
  //为了使用方便，我们定义一个静态方法
  static DemoLocalizations of(BuildContext context) {
    return Localizations.of<DemoLocalizations>(context, DemoLocalizations);
  }
  //Locale的相关值，title为应用标题
  String get title {
    return isZh ? "Flutter应用" : "Flutter APP";
  }
  //... 其他的值
}
```

DemoLocalizations 会根据当前的语言返回不同的文本，如 title，我们可以在此类中定义所有需要支持多语言的文本。DemoLocalizations 的实例将会在 Delegate 类的 load 方法中创建。

实现 Delegate 类

Delegate 类的职责是在 Locale 发生改变时加载新的 Locale 资源，所以它有一个 load 方法，Delegate 类需要继承自 LocalizationsDelegate 类，实现相应的接口，示例代码如下：

```
//Locale代理类
class DemoLocalizationsDelegate extends LocalizationsDelegate<DemoLocalizations> {
```

```
    const DemoLocalizationsDelegate();

    //是否支持某个Local
    @override
    bool isSupported(Locale locale) => ['en', 'zh'].contains(locale.languageCode);

    // Flutter会调用此类加载相应的Locale资源类
    @override
    Future<DemoLocalizations> load(Locale locale) {
      print("xxxx$locale");
      return SynchronousFuture<DemoLocalizations>(
          DemoLocalizations(locale.languageCode == "zh")
      );
    }

    @override
    bool shouldReload(DemoLocalizationsDelegate old) => false;
  }
```

shouldReload的返回值决定了当Localizations组件重新构建时，是否调用load方法重新加载Locale资源。一般情况下，Locale资源只应该在Locale切换时加载一次，而不需要在Localizations每次重新构建时都加载，所以返回false即可。可能有些人会担心，返回false的话在APP启动后用户再改变系统语言时，load方法将不会被调用，所以Locale资源将不会被加载。事实上，无论shouldReload返回true还是false，每当Locale发生改变时，Flutter都会再次调用load方法加载新的Locale。

最后一步：添加多语言支持

与13.1节中介绍的相同，我们现在需要先注册DemoLocalizationsDelegate类，然后再通过DemoLocalizations.of(context)来动态获取当前Locale文本。

只需要在MaterialApp或WidgetsApp的localizationsDelegates列表中添加我们的Delegate实例即可完成注册：

```
localizationsDelegates: [
  // 本地化的代理类
  GlobalMaterialLocalizations.delegate,
  GlobalWidgetsLocalizations.delegate,
  // 注册我们的Delegate
  DemoLocalizationsDelegate()
],
```

接下来我们可以在Widget中使用Locale值，代码如下：

```
return Scaffold(
  appBar: AppBar(
    //使用Locale title
    title: Text(DemoLocalizations.of(context).title),
  ),
```

```
  ... //省略无关代码
)
```

这样，当在美国英语和中文简体之间切换系统语言时，APP 的标题将会分别显示为“Flutter APP”和“Flutter 应用”。

总结

本节我们通过一个简单的示例说明了 Flutter 应用国际化的基本过程及原理。但是上面的实例还存在一个严重的不足，即我们在 DemoLocalizations 类中获取 title 时需要手动判断当前语言 Locale，然后返回合适的文本。试想一下，当我们要支持的语言不是两种而是八种甚至二十几种时，如果对每个文本属性都要分别去判断到底是哪种 Locale，从而去获取相应语言的文本，那么这将会是一件非常复杂的事情。还有，通常情况下，翻译人员并不是开发人员，能不能像 i18n 或 l10n 标准那样可以将翻译单独保存为一个 arb 文件交由翻译人员去翻译，翻译好之后开发人员再通过工具将 arb 文件转化为代码？答案是肯定的！我们将在 13.3 节介绍如何通过 Dart intl 包来实现这些功能。

13.3 使用 Intl 包

使用 Intl 包我们不仅可以非常轻松地实现国际化，而且还可以将字符串文本分离成单独的文件，以方便开发人员和翻译人员分工协作。为了使用 Intl 包，我们需要添加两个依赖，具体如下。

```
dependencies:
  #...省略无关项
  intl: ^0.15.7
dev_dependencies:
  #...省略无关项
  intl_translation: ^0.17.2
```

intl_translation 包主要包含了一些工具，其在开发阶段的主要作用是从代码中提取要国际化的字符串到单独的 arb 文件，以及根据 arb 文件生成对应语言的 dart 代码，而 intl 包主要是引用和加载 intl_translation 生成后的 dart 代码。下面我们将逐步说明如何使用。

第一步：创建必要目录

首先，在项目根目录下创建一个 l10n-arb 目录，该目录可用于保存我们接下来通过 intl_translation 命令生成的 arb 文件。一个简单的 arb 文件内容如下：

```
{
  "@@last_modified": "2018-12-10T15:46:20.897228",
  "@@locale":"zh_CH",
  "title": "Flutter 应用 ",
  "@title": {
```

```
    "description": "Title for the Demo application",
    "type": "text",
    "placeholders": {}
  }
}
```

我们根据“@@locale”字段可以看出，这个 arb 对应的是中文简体的翻译，里面的 title 字段对应的正是我们应用标题的中文简体翻译。@title 字段是对 title 的一些描述信息。

接下来，我们在 lib 目录下创建一个 l10n 的目录，该目录可用于保存从 arb 文件生成的 dart 代码文件。

第二步：实现 Localizations 和 Delegate 类

与前文中的步骤类似，我们仍然要实现 Localizations 类和 Delegate 类，不同的是，现在我们在实现时要使用 intl 包的一些方法（有些是动态生成的）。

下面我们在 lib/l10n 目录下新建一个“localization_intl.dart”文件，文件内容如下：

```
import 'package:flutter/material.dart';
import 'package:intl/intl.dart';
import 'messages_all.dart'; //1

class DemoLocalizations {
  static Future<DemoLocalizations> load(Locale locale) {
    final String name = locale.countryCode.isEmpty ? locale.languageCode :
                        locale.toString();
    final String localeName = Intl.canonicalizedLocale(name);
    //2
    return initializeMessages(localeName).then((b) {
      Intl.defaultLocale = localeName;
      return new DemoLocalizations();
    });
  }

  static DemoLocalizations of(BuildContext context) {
    return Localizations.of<DemoLocalizations>(context, DemoLocalizations);
  }

  String get title {
    return Intl.message(
      'Flutter APP',
      name: 'title',
      desc: 'Title for the Demo application',
    );
  }
}

//Locale 代理类
class DemoLocalizationsDelegate extends LocalizationsDelegate<DemoLocalizations> {
  const DemoLocalizationsDelegate();
```

```
  //是否支持某个Local
  @override
  bool isSupported(Locale locale) => ['en', 'zh'].contains(locale.languageCode);

  // Flutter会调用此类加载相应的Locale资源类
  @override
  Future<DemoLocalizations> load(Locale locale) {
    //3
    return  DemoLocalizations.load(locale);
  }

  //当Localizations Widget重新build时，是否调用load重新加载Locale资源
  @override
  bool shouldReload(DemoLocalizationsDelegate old) => false;
}
```

上述代码段中，需要注意如下几个问题。

- 注释 1 的“messages_all.dart”文件是通过 intl_translation 工具从 arb 文件生成的代码，所以在第一次运行生成命令之前，此文件不存在。注释 2 处的 initializeMessages() 方法与“messages_all.dart”文件一样，是同时生成的。
- 注释 3 处的代码与 13.2 节的示例代码不同，这里我们直接调用 DemoLocalizations.load() 即可。

第三步：添加需要国际化的属性

现在，我们可以在 DemoLocalizations 类中添加需要国际化的属性或方法，如上面示例代码中的 title 属性，这时，我们需要用到 Intl 库提供的一些方法，这些方法可以帮我们轻松实现不同语言的一些语法特性，如复数语境，举个例子，比如，我们有一个电子邮件列表页，需要在顶部显示未读邮件的数量，在未读数量不同时，所展示的文本可能会有所不同，具体如表 13-1 所示。

表 13-1 未读邮件数及对应的提示语

未读邮件数	提示语
0	There are no emails left
1	There is 1 email left
n(n>1)	There are n emails left

我们可以通过 Intl.plural(...) 来实现，代码如下：

```
remainingEmailsMessage(int howMany) => Intl.plural(howMany,
    zero: 'There are no emails left',
    one: 'There is $howMany email left',
    other: 'There are $howMany emails left',
    name: "remainingEmailsMessage",
    args: [howMany],
    desc: "How many emails remain after archiving.",
    examples: const {'howMany': 42, 'userName': 'Fred'});
```

可以看到通过 Intl.plural 方法可以在 howMany 值不同时输出不同的提示信息。

Intl 包还有一些其他的方法，读者可以自行查看其文档，本书在此不再赘述。

第四步：生成 arb 文件

现在，我们可以通 intl_translation 包的工具来提取代码中的字符串到一个 arb 文件，运行如下命令：

```
flutter pub pub run intl_translation:extract_to_arb --output-dir=l10n-arb \ lib/
l10n/localization_intl.dart
```

运行此命令后，我们之前通过 Intl API 标识的属性和字符串会提取到“l10n-arb/intl_messages.arb”文件中，具体代码如下：

```
{
  "@@last_modified": "2018-12-10T17:37:28.505088",
  "title": "Flutter APP",
  "@title": {
    "description": "Title for the Demo application",
    "type": "text",
    "placeholders": {}
  },
   "remainingEmailsMessage": "{howMany,plural, =0{There are no emails
left}=1{There is {howMany} email left}other{There are {howMany} emails left}}",
  "@remainingEmailsMessage": {
    "description": "How many emails remain after archiving.",
    "type": "text",
    "placeholders": {
      "howMany": {
        "example": 42
      }
    }
  }
}
```

这个是默认的 Locale 资源文件，如果我们现在要支持中文简体，则只需要在该文件的同级目录下创建一个“intl_zh_CN.arb”文件，然后将“intl_messages.arb”的内容复制到“intl_zh_CN.arb”文件，接下来将英文翻译为中文即可，翻译后的“intl_zh_CN.arb”文件内容如下：

```
{
  "@@last_modified": "2018-12-10T15:46:20.897228",
  "@@locale":"zh_CH",
  "title": "Flutter应用",
  "@title": {
    "description": "Title for the Demo application",
    "type": "text",
    "placeholders": {}
  },
```

```
    "remainingEmailsMessage": "{howMany,plural, =0{ 没有未读邮件 }=1{ 有 {howMany} 封未
读邮件 }other{ 有 {howMany} 封未读邮件 }}",
    "@remainingEmailsMessage": {
      "description": "How many emails remain after archiving.",
      "type": "text",
      "placeholders": {
        "howMany": {
          "example": 42
        }
      }
    }
  }
```

我们必须要翻译 title 和 remainingEmailsMessage 字段，description 是该字段的说明，通常是给翻译人员看的，代码中不会用到。

上述代码段中有几点需要说明一下。

1）如果某个特定的 arb 中缺失某个属性，那么应用将会加载默认的 arb 文件 (intl_messages.arb) 中的相应属性，这是 Intl 的托底策略。

2）每次运行提取命令时，intl_messages.arb 都会根据代码重新生成，但其他的 arb 文件则不会，所以当要添加新的字段或方法时，其他 arb 文件是增量的，不用担心会被覆盖。

3）arb 文件是标准的，其格式规范可以自行了解。通常会将 arb 文件交给翻译人员，当他们完成翻译之后，我们再通过下面的步骤根据 arb 文件生成最终的 dart 代码。

第五步：生成 dart 代码

最后一步就是根据 arb 生成 dart 文件：

```
    flutter pub pub run intl_translation:generate_from_arb --output-dir=lib/i10n
--no-use-deferred-loading lib/i10n/localization_intl.dart i10n-arb/intl_*.arb
```

上述命令在首次运行时会在“lib/i10n”目录下生成多个文件，对应于多种 Locale，这些代码便是最终要使用的 dart 代码。

总结

至此，使用 Intl 包对 APP 进行国际化的流程已经介绍完毕，我们可以发现，其中，第一步和第二步只在第一次开发时需要，而我们开发时的主要的工作都是在第三步。由于最后两步在第三步完成后每次也都需要，所以我们可以将最后两步放在一个 Shell 脚本里，当我们完成第三步或完成 arb 文件翻译后只需要分别执行该脚本即可。我们在根目录下创建一个 intl.sh 的脚本，内容如下：

```
    flutter pub pub run intl_translation:extract_to_arb --output-dir=i10n-arb lib/
i10n/localization_intl.dart
    flutter pub pub run intl_translation:generate_from_arb --output-dir=lib/i10n
--no-use-deferred-loading lib/i10n/localization_intl.dart i10n-arb/intl_*.arb
```

然后授予执行权限：

```
chmod +x intl.sh
```

执行 intl.sh：

```
./intl.sh
```

13.4 国际化中的常见问题

本节将主要解答在国际化中遇到的常见问题。

默认语言区域不对

在一些非大陆行货渠道购买的 Android 和 iOS 设备中，会出现默认的 Locale 不是中文简体的情况。这属于正常现象，但是为了防止设备获取的 Locale 与实际的地区不一致，所有的支持多语言的 APP 都必须提供一个手动选择语言的入口。

如何对应用标题进行国际化

MaterialApp 有一个 title 属性，用于指定 APP 的标题。在 Android 系统中，APP 的标题会出现在任务管理器中，所以也需要对 title 进行国际化。但是问题是，很多国际化的配置都是在 MaterialApp 上设置的，我们在构建 MaterialApp 时无法通过 Localizations.of 来获取本地化资源，代码如下：

```
MaterialApp(
  title: DemoLocalizations.of(context).title, //不能正常工作
  localizationsDelegates: [
    // 本地化的代理类
    GlobalMaterialLocalizations.delegate,
    GlobalWidgetsLocalizations.delegate,
    DemoLocalizationsDelegate() // 设置 Delegate
  ],
);
```

上面的代码段运行之后，DemoLocalizations.of(context).title 是会报错的，原因是 Localizations.of 会从当前的 context 沿着 Widget 树向顶部查找 DemoLocalizations，但是我们在 MaterialApp 中设置完 DemoLocalizationsDelegate 后，实际上，DemoLocalizations 是在当前 context 的子树中的，所以 DemoLocalizations.of(context) 会返回 null，报错。那么我们应该如何处理这种情况呢？其实很简单，我们只需要设置一个 onGenerateTitle 回调即可：

```
MaterialApp(
  onGenerateTitle: (context){
    // 此时 context 在 Localizations 的子树中
    return DemoLocalizations.of(context).title;
  },
```

```
  localizationsDelegates: [
    DemoLocalizationsDelegate(),
    ...
  ],
);
```

如何为英语系的国家指定同一个 locale

英语系的国家非常多，如美国、英国、澳大利亚等，这些英语系国家虽然说的都是英语，但也会存在一些区别。如果我们的 APP 只想提供一种英语（如美国英语）供所有英语系国家使用，那么我们可以在前面介绍的 localeListResolutionCallback 中进行兼容：

```
localeListResolutionCallback:
    (List<Locale> locales, Iterable<Locale> supportedLocales) {
  // 判断当前 Locale 是否为英语系国家，如果是则直接返回 Locale('en', 'US')
}
```

Chapter 14 第 14 章

Flutter 核心原理

14.1 Flutter UI 系统

在本书前面的章节中，我们多次提到"UI 系统"这个概念，本书中所指的 UI 系统特指：基于一个平台，在此平台上实现 GUI 的一个系统，这里的平台特指操作系统，如 Android、iOS 或者 Windows、macOS。我们说过，各个平台 UI 系统的原理是相通的，也就是说，无论是 Android 还是 iOS，它们将一个用户界面展示到屏幕的流程是相似的，所以，在介绍 Flutter UI 系统之前，我们先看一下 UI 系统的基本原理，这样可以帮助读者对操作系统和系统底层的 UI 逻辑有一个清晰的认识。

硬件绘图基本原理

提到原理，就要从屏幕显示图像的基本原理谈起。我们知道，显示器（屏幕）是由一个个物理显示单元组成的，每一个单元称为一个物理像素点，而每一个像素点可以发出多种颜色，显示器成像的原理就是在不同的物理像素点上显示不同的颜色，最终构成完整的图像。

一个像素点能够发出的所有颜色总数是显示器的一个重要指标，比如我们所说的 1600 万色的屏幕就是指一个像素点可以显示出 1600 万种颜色，而显示器颜色是由 RGB 三基色组成的，1600 万即 2 的 24 次方，即每个基本色（R、G、B）深度扩展至 8 bit（位），颜色深度越深，所能显示的色彩就越丰富靓丽。

为了更新显示画面，显示器是以固定的频率刷新（从 GPU 获取数据）的，比如有一部手机屏幕的刷新频率是 60Hz。当一帧图像绘制完毕后准备绘制下一帧时，显示器会发出一个垂直同步信号（如 VSync），60Hz 的屏幕就会在一秒内发出 60 次这样的信号。而这个信号主要是用于同步 CPU、GPU 和显示器的。一般来说，在计算机系统中，CPU、GPU 和显示器会以一种特定的方式协作：CPU 将计算好的显示内容提交给 GPU，GPU 渲染后放入帧缓冲区，然后视频控制器将按照同步信号从帧缓冲区获取帧数据传递给显示器显示。

CPU 和 GPU 的任务是各有偏重的，CPU 主要用于基本数学和逻辑计算，而 GPU 则主要用于执行与图形处理相关的复杂的数学问题，如矩阵变化和几何计算，GPU 的主要作用就是确定最终输送给显示器的各个像素点的色值。

操作系统绘制 API 的封装

由于最终的图形计算和绘制都是由相应的硬件来完成，而直接操作硬件的指令通常都会由操作系统屏蔽。应用开发者通常不会直接面对硬件，操作系统屏蔽了这些底层硬件操作后会提供一些封装后的 API 供操作系统之上的应用调用。但是对于应用开发者来说，直接调用操作系统提供的这些 API 是比较复杂和低效的，因为操作系统提供的 API 往往比较基础，直接调用需要了解 API 的很多细节。正是因为这个原因，几乎所有用于开发 GUI 程序的编程语言都会在操作系统之上再封装一层，将操作系统原生 API 封装在一个编程框架和模型中，然后定义一种简单的开发规则来开发 GUI 应用程序，而这一层抽象，正是我们所说的"UI"系统。如 Android SDK 正是封装了 Android 操作系统 API，提供了一个"UI 描述文件 XML+Java 操作 DOM"的 UI 系统，而 iOS 的 UIKit 对 View 的抽象也是一样的，它们都将操作系统 API 抽象成一个基础对象（如用于 2D 图形绘制的 Canvas），然后再定义一套规则来描述 UI，如 UI 树结构、UI 操作的单线程原则等。

Flutter UI 系统

我们可以看到，无论是 Android SDK 还是 iOS 的 UIKit 其职责都是相同的，它们之间只是语言载体和底层的系统不同而已。那么可不可以实现这样一个 UI 系统：可以使用同一种编程语言开发，然后针对不同的操作系统 API 抽象出一个对上接口一致，对下适配不同操作系统的中间层，然后在打包编译时再使用相应的中间层代码？如果可以做到，那么我们就可以使用同一套代码编写跨平台的应用了。而 Flutter 的原理正是如此，它提供了一套 Dart API，然后在底层通过 OpenGL 这种跨平台的绘制库（内部会调用操作系统 API）实现了一套跨多端代码。由于 Dart API 也是调用操作系统 API，所以其性能接近于原生。

注意 虽然 Dart 是先调用了 OpenGL，OpenGL 才会调用操作系统 API，但是这仍然是原生渲染，因为 OpenGL 只是操作系统 API 的一个封装库，它并不像 WebView 渲染那样需要 JavaScript 运行环境和 CSS 渲染器，所以不会有性能损失。

至此，我们已经介绍了 Flutter UI 系统和操作系统交互的这一部分原理，下面就来讨论一下它对应用开发者定义的开发标准。其实在前面的章节中，我们已经对这个标准非常熟悉了，简单概括就是：组合和响应式。我们要开发一个 UI，需要通过组合其他 Widget 来实现，Flutter 中，一切都是 Widget，当 UI 发生变化时，我们不会直接修改 DOM，而是通过

更新状态，让 Flutter UI 系统根据新的状态来重新构建 UI。

讲到这里，读者可能会发现 Flutter UI 系统与 Flutter Framework 的概念是差不多的，的确如此，之所以用“UI 系统”，是因为其他平台中可能并不是这么叫的，我们只是为了概念统一，便于描述，读者不必纠结于概念本身。

在接下来的章节中，我们先详细介绍一下 Element、RenderObject，它们是组成 Flutter UI 系统的基石，最后我们再分析一下 Flutter 应用启动和运行的整体过程。

14.2 Element 与 BuildContext

14.2.1 Element

在 3.1 节中，我们介绍了 Widget 与 Element 的关系，并知道最终的 UI 树其实是由一个个独立的 Element 节点构成的。我们也说过组件最终的 Layout、渲染都是通过 RenderObject 来完成的，从创建到渲染的大体流程是：根据 Widget 生成 Element，然后创建相应的 RenderObject 并关联到 Element.renderObject 属性上，最后再通过 RenderObject 来完成布局的排列和绘制。

Element 就是 Widget 在 UI 树具体位置的一个实例化对象，大多数 Element 只有唯一的 renderObject，但是还有一些 Element 会存在多个子节点，如继承自 RenderObjectElement 的一些类，比如 MultiChildRenderObjectElement。最终所有 Element 的 RenderObject 会构成一棵树，我们将其称之为“Render Tree”，即“渲染树”。总结一下，我们可以认为 Flutter 的 UI 系统包含三棵树：Widget 树、Element 树、渲染树。它们的依赖关系是：Element 树根据 Widget 树生成，而渲染树又依赖于 Element 树，如图 14-1 所示。

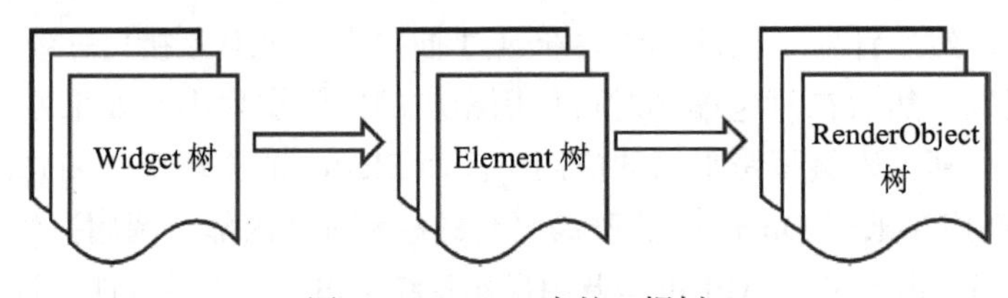

图 14-1 Flutter 中的三棵树

下面我们重点看一下 Element，Element 的生命周期具体如下。

1）Framework 调用 Widget.createElement 创建一个 Element 实例，记为 element。

2）Framework 调用 element.mount(parentElement,newSlot)，mount 方法中首先会调用 element 所对应 Widget 的 createRenderObject 方法创建与 element 相关联的 RenderObject 对象，然后调用 element.attachRenderObject 方法将 element.renderObject 添加到渲染树中插槽指定的位置（这一步不是必需的，一般发生在 Element 树结构发生变化时才需要重新 attach）。插入到渲染树后的 element 就处于“active”状态了，处于“active”状态后就可

以显示在屏幕上了（可以隐藏）。

3）当父 Widget 的配置数据发生改变时，同时其 State.build 返回的 Widget 结构与之前不同，此时就需要重新构建对应的 Element 树。为了使得 Element 能够复用，在 Element 重新构建前会首先尝试是否可以复用旧树上相同位置的 element，element 节点在更新之前都会调用与其对应的 Widget 的 canUpdate 方法，如果返回 true，则复用旧 Element，旧的 Element 会使用新的 Widget 配置数据更新，反之则会创建一个新的 Element。Widget.canUpdate 主要是判断 newWidget 与 oldWidget 的 runtimeType 和 key 是否同时相等，如果同时相等则返回 true，否则就会返回 false。根据这个原理，当我们需要强制更新一个 Widget 时，可以通过指定不同的 Key 来避免复用。

4）当有祖先 Element 决定要移除 element 时（如 Widget 树结构发生了变化，导致与 element 对应的 Widget 被移除），这时该祖先 Element 就会调用 deactivateChild 方法来移除它，移除后 element.renderObject 也将从渲染树中移除，然后 Framework 会调用 element.deactivate 方法，这时 elementr 的状态变为"inactive"状态。

5）"inactive"态的 element 将不会再显示到屏幕上。为了避免在一次动画执行过程中反复创建、移除某个特定的 element，"inactive"态的 element 在当前动画最后一帧结束前都会保留，如果在动画执行结束后它还未能重新变成"active"状态，那么 Framework 就会调用其 unmount 方法将其彻底移除，这时 element 的状态为 defunct，它将永远不会再被插入到树中。

6）如果 element 要重新插入 Element 树的其他位置，如 element 或 element 的祖先拥有一个 GlobalKey（用于全局复用元素），那么 Framework 会先将 element 从现有位置移除，然后再调用其 activate 方法，将其 renderObject 重新 attach 到渲染树。

看完 Element 的生命周期之后，可能有些读者会产生疑问，开发者会直接操作 Element 树吗？其实对于开发者来说，大多数情况下，只需要关注 Widget 树就行了，Flutter 框架已经将对 Widget 树的操作映射到了 Element 树上，这可以极大地降低复杂度，提高开发效率。但是了解 Element 对理解整个 Flutter UI 框架是至关重要的，Flutter 正是通过 Element 这个纽带将 Widget 和 RenderObject 关联起来的，了解 Element 层不仅能帮助读者对 Flutter UI 框架有一个清晰的认识，而且也会提高自己的抽象能力和设计能力。另外在有些时候，我们需要直接使用 Element 对象来完成一些操作，比如，获取主题 Theme 数据，具体细节将在下文介绍。

14.2.2 BuildContext

我们已经知道，StatelessWidget 和 StatefulWidget 的 build 方法都会传递一个 BuildContext 对象：

```
Widget build(BuildContext context) {}
```

我们也知道，很多时候都需要使用这个 context 做一些事情，比如：

```
Theme.of(context) //获取主题
Navigator.push(context, route) //入栈新路由
Localizations.of(context, type) //获取 Local
context.size //获取上下文大小
context.findRenderObject() //查找当前或最近的一个祖先 RenderObject
```

那么，BuildContext 到底是什么呢，查看其定义，会发现其是一个抽象接口类：

```
abstract class BuildContext {
  ...
}
```

那么，与这个 context 对象对应的实现类到底是谁呢？我们顺藤摸瓜，发现 build 调用是发生在 StatelessWidget 和 StatefulWidget 对应的 StatelessElement 和 StatefulElement 的 build 方法中的，下面以 StatelessElement 为例：

```
class StatelessElement extends ComponentElement {
  ...
  @override
  Widget build() => widget.build(this);
  ...
}
```

从上述示例代码中可以发现 build 传递的参数是 this，很明显，这个 BuildContext 就是 StatelessElement。同样，我们可以发现 StatefulWidget 的 context 是 StatefulElement。但 StatelessElement 和 StatefulElement 本身并没有实现 BuildContext 接口，继续跟踪代码，可以发现它们间接继承自 Element 类，然后查看 Element 类定义，发现 Element 类果然实现了 BuildContext 接口：

```
class Element extends DiagnosticableTree implements BuildContext {
 ...
}
```

至此，真相大白，BuildContext 就是与 Widget 对应的 Element，所以我们可以通过 context 在 StatelessWidget 和 StatefulWidget 的 build 方法中直接访问 Element 对象。我们获取主题数据的代码 Theme.of(context) 其内部正是调用了 Element 的 inheritFromWidgetOfExactType() 方法。

思考题　为什么 build 方法的参数不定义成 Element 对象，而要定义成 BuildContext 呢？

进阶

我们可以看到，Element 是 Flutter UI 框架内部连接 Widget 和 RenderObject 的纽带，

大多数时候开发者只需要关注 Widget 层即可，但是，Widget 层有时候并不能完全屏蔽 Element 细节，所以 Framework 在 StatelessWidget 和 StatefulWidget 中通过 build 方法参数又将 Element 对象传递给了开发者，这样一来，开发者便可以在需要时直接操作 Element 对象。那么现在笔者提出如下两个问题，请读者先自己思考一下。

1）如果没有 Widget 层，单靠 Element 层是否可以搭建起一个可用的 UI 框架？如果可以，那么框架应该是什么样子的呢？

2）Flutter UI 框架能否不做成响应式的？

对于问题 1，答案当然是肯定的，因为我们之前说过，Widget 树只是 Element 树的映射，我们完全可以直接通过 Element 来搭建一个 UI 框架。下面列举一个示例，

我们通过纯粹的 Element 来模拟一个 StatefulWidget 的功能，假设有一个页面，该页面有一个按钮，按钮的文本是一个 9 位数，每点击一次按钮，则会对 9 个数随机排一次序，代码如下：

```
class HomeView extends ComponentElement{
  HomeView(Widget widget) : super(widget);
  String text = "123456789";

  @override
  Widget build() {
    Color primary=Theme.of(this).primaryColor; //1
    return GestureDetector(
      child: Center(
        child: FlatButton(
          child: Text(text, style: TextStyle(color: primary),),
          onPressed: () {
            var t = text.split("")..shuffle();
            text = t.join();
            markNeedsBuild(); // 点击后将该 Element 标记为 dirty，Element 将会 rebuild
          },
        ),
      ),
    );
  }
}
```

上述代码段的说明如下。

- 代码段中的 build 方法不接收参数，这一点与在 StatelessWidget 和 StatefulWidget 中的 build(BuildContext) 方法不同。代码中需要用到 BuildContext 的地方直接用 this 代替即可，如代码注释“1”处 Theme.of(this) 参数直接传 this 即可，因为当前对象本身就是 Element 实例。
- 当 text 发生改变时，我们直接调用 markNeedsBuild() 方法将当前 Element 标记为 dirty 即可，标记为 dirty 的 Element 会在下一帧中重建。实际上，State.setState() 在

内部调用的也是 markNeedsBuild() 方法。

- 上面代码中的 build 方法返回的仍然是一个 Widget，这是由于 Flutter 框架中已经有了 Widget 这一层，并且组件库都已经是以 Widget 的形式提供了，如果在 Flutter 框架中所有的组件都像示例的 HomeView 一样以 Element 的形式提供，那么就可以用纯 Element 来构建 UI 了，HomeView 的 build 方法的返回值类型就可以是 Element 了。

如果我们需要将上面的代码在现有 Flutter 框架中运行起来，那么这里还需要提供一个“适配器”Widget 将 HomeView 结合到现有框架中，下面代码中的 CustomHome 就相当于“适配器”：

```
class CustomHome extends Widget {
  @override
  Element createElement() {
    return HomeView(this);
  }
}
```

现在就可以将 CustomHome 添加到 Widget 树中了，我们在一个新路由页创建它，最终效果如图 14-2 和图 14-3（点击后）所示。

图 14-2 自定义 UI 框架（一）

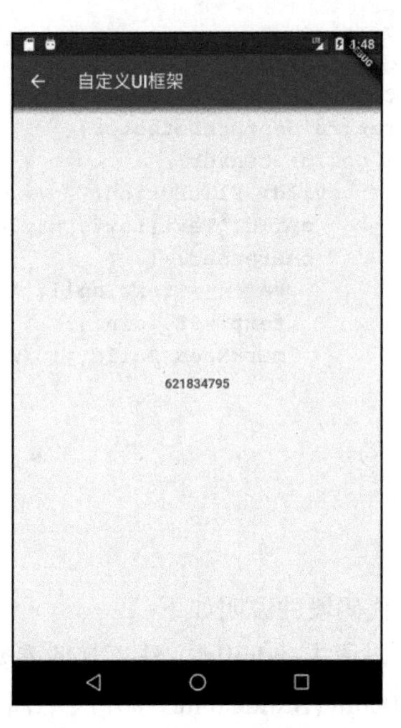

图 14-3 自定义 UI 框架（二）

点击按钮则按钮文本会随机排序。

对于问题 2，答案当然也是肯定的，Flutter engine 提供的 dart API 是原始且独立的，这一点与操作系统提供的 API 类似，上层 UI 框架设计成什么样完全取决于设计者，完全可以将UI框架设计成Android风格或iOS风格，但这些事情Google不会再去做，我们也没必要再去搞这一套，这是因为响应式的思想本身是很棒的，之所以提出这个问题，是因为笔者认为做与不做是一回事，但知道能不能做是另一回事，这能反映出我们对知识点的理解程度。

总结

本节详细介绍了Element的生命周期，以及其与Widget、BuildContext的关系，同时还介绍了Element在Flutter UI系统中的角色和作用，我们将在14.3节中介绍Flutter UI系统的另一个重要的角色RenderObject。

14.3 RenderObject和RenderBox

在14.2节中，我们说过每个Element都对应于一个RenderObject，我们可以通过Element.renderObject来获取。并且我们也说过RenderObject的主要职责是Layout和绘制，所有的RenderObject会组成一棵渲染树Render Tree。本节就来重点介绍一下RenderObject的作用。

RenderObject就是渲染树中的一个对象，其拥有一个parent和一个parentData插槽（slot），所谓插槽，就是指预留的一个接口或位置，这个接口和位置是由其他对象来接入或占据的，这个接口或位置在软件中通常用预留变量来表示，而parentData正是一个预留变量，它正是由parent来赋值的，parent通常会通过子RenderObject的parentData存储一些与子元素相关的数据，如在Stack布局中，RenderStack会将子元素的偏移数据存储在子元素的parentData中（具体可以查看Positioned实现）。

RenderObject类本身实现了一套基础的Layout和绘制协议，但是并没有定义子节点模型（如一个节点可以有几个子节点，是没有子节点？一个？两个？还是更多？）。它也没有定义坐标系统（如子节点定位是在笛卡儿坐标中还是极坐标中？）和具体的布局协议（是通过宽高还是通过constraint和size?或者是否由父节点在子节点布局之前或之后设置子节点的大小和位置等）。为此，Flutter提供了一个RenderBox类，它继承自RenderObject，布局坐标系统采用笛卡尔坐标系，这一点与Android和iOS原生坐标系是一致的，都是屏幕的top、left是原点，然后分宽高两个轴，大多数情况下，我们直接使用RenderBox就可以了，除非遇到要自定义布局模型或坐标系统的情况，下面我们就来重点介绍一下RenderBox。

14.3.1 布局过程

Constraints

RenderBox提供了一个size属性用来保存控件的宽和高。RenderBox的Layout是通过在组件树中从上往下传递BoxConstraints对象来实现的。BoxConstraints对象可以限制子节点的最大和最小宽高，子节点必须遵守父节点给定的限制条件。

在布局阶段，父节点会调用子节点的 layout() 方法，下面我们看看 RenderObject 中 layout() 方法的大致实现（此处删掉了一些无关代码和异常捕获）：

```
void layout(Constraints constraints, { bool parentUsesSize = false }) {
  ...
  RenderObject relayoutBoundary;
    if (!parentUsesSize || sizedByParent || constraints.isTight
        || parent is! RenderObject) {
      relayoutBoundary = this;
    } else {
      final RenderObject parent = this.parent;
      relayoutBoundary = parent._relayoutBoundary;
    }
    ...
    if (sizedByParent) {
        performResize();
    }
    performLayout();
    ...
}
```

从上述代码中可以看到，layout 方法需要传入两个参数，第一个为 constraints，即父节点对子节点大小的限制，该值将根据父节点的布局逻辑来确定。另外一个参数是 parentUsesSize，该值用于确定 relayoutBoundary，该参数表示子节点布局变化是否影响父节点，如果为 true，那么当子节点布局发生变化时，父节点就会标记为需要重新布局，如果为 false，则子节点布局发生变化后不会影响父节点。

relayoutBoundary

上面 layout() 源码中定义了一个 relayoutBoundary 变量，什么是 relayoutBoundary 变量？在前面介绍 Element 时，我们讲过，当一个 Element 标记为 dirty 时便会重新 build，这时 RenderObject 便会重新布局，我们是通过调用 markNeedsBuild() 来标记 Element 为 dirty 的。在 RenderObject 中有一个类似的 markNeedsLayout() 方法，它会将 RenderObject 的布局状态标记为 dirty，这样在下一个 frame 中便会重新布局，下面我们看一下 RenderObject 的 markNeedsLayout() 的部分源码：

```
void markNeedsLayout() {
  ...
  assert(_relayoutBoundary != null);
  if (_relayoutBoundary != this) {
    markParentNeedsLayout();
  } else {
    _needsLayout = true;
    if (owner != null) {
      ...
      owner._nodesNeedingLayout.add(this);
```

```
        owner.requestVisualUpdate();
      }
    }
  }
```

上述代码段的大致逻辑是先判断自身是不是relayoutBoundary，如果不是则继续向parent查找，一直向上查找到是relayoutBoundary的RenderObject为止，然后再将其标记为dirty。这样来看它的作用就比较明显了，其作用就是当一个控件的大小发生改变时可能会影响到它的parent，因此parent也需要被重新布局，那么重新布局到什么时候才结束呢？答案就是relayoutBoundary，如果一个RenderObject是relayoutBoundary，就表示它的大小变化不会再影响到parent的大小了，于是parent也就不用重新布局了。

performResize 和 performLayout

RenderBox实际的测量和布局逻辑位于performResize()和performLayout()两个方法中，RenderBox子类需要实现这两个方法来定制自身的布局逻辑。根据layout()源码可以看出只有sizedByParent为true时，performResize()才会被调用，而performLayout()是每次布局时都会被调用的。sizedByParent意为该节点的大小是否仅通过parent传给它的constraints就可以确定了，即该节点的大小与其自身的属性及其子节点无关，比如，如果一个控件永远充满parent的大小，那么sizedByParent就应该返回true，此时，其大小在performResize()中就确定了，在后面的performLayout()方法中将不会再被修改了，这种情况下performLayout()只负责布局子节点。

在performLayout()方法中，除了完成自身布局，还必须完成子节点的布局，这是因为只有父子节点全部完成之后，布局流程才算真正完成。所以最终的调用栈将会变成layout() > performResize()/performLayout() > child.layout() > …，如此递归完成整个UI的布局。

RenderBox子类要定制布局算法不应该重写layout()方法，因为对于任何RenderBox的子类来说，其Layout的流程基本上就是相同的，不同之处只在于具体的布局算法，而具体的布局算法子类应该通过重写performResize()和performLayout()两个方法来实现，它们会在layout()中被调用。

ParentData

当Layout结束后，每个节点的位置（相对于父节点的偏移）就已经确定了，RenderObject可以根据位置信息来进行最终的绘制。但是在Layout过程中，节点的位置信息又该怎么保存呢？对于大多数RenderBox子类来说，如果子类只有一个子节点，那么子节点偏移一般都是Offset.zero，如果有多个子节点，则每个子节点的偏移可能就会不同。而子节点在父节点的偏移数据正是通过RenderObject的parentData属性来保存的。在RenderBox中，其parentData属性默认是一个BoxParentData对象，该属性只能通过父节点的setupParentData()方法来设置，代码如下：

```
abstract class RenderBox extends RenderObject {
  @override
```

```
  void setupParentData(covariant RenderObject child) {
    if (child.parentData is! BoxParentData)
      child.parentData = BoxParentData();
  }
  ...
}
```

BoxParentData 定义如下：

```
/// Parentdata 会被 RenderBox 和它的子类使用
class BoxParentData extends ParentData {
  /// offset 表示在子节点在父节点坐标系中的绘制偏移
  Offset offset = Offset.zero;

  @override
  String toString() => 'offset=$offset';
}
```

注意 一定要注意，RenderObject 的 parentData 只能通过父元素进行设置。

当然，ParentData 并不仅仅可以用来存储偏移信息，通常，所有与子节点特定的数据都可以存储到子节点的 ParentData 中，如 ContainerBox 的 ParentData 就保存了指向兄弟节点的 previousSibling 和 nextSibling，Element.visitChildren() 方法也正是通过它们来实现对子节点的遍历的。再比如，KeepAlive 组件，其使用 KeepAliveParentDataMixin（继承自 ParentData）来保存子节点的 keepAlive 状态。

14.3.2 绘制过程

RenderObject 可以通过 paint() 方法来完成具体的绘制逻辑，绘制流程与布局流程相似，子类可以实现 paint() 方法来完成自身的绘制逻辑，paint() 签名如下：

```
void paint(PaintingContext context, Offset offset) { }
```

通过 context.canvas 可以获取到 Canvas 对象，接下来就可以调用 Canvas API 来实现具体的绘制逻辑了。

如果节点包含子节点，那么它除了要完成自身绘制逻辑之外，还要调用子节点的绘制方法。下面我们以 RenderFlex 对象为例进行说明：

```
@override
void paint(PaintingContext context, Offset offset) {

  // 如果子元素未超出当前边界，则绘制子元素
  if (_overflow <= 0.0) {
    defaultPaint(context, offset);
    return;
  }
```

```
  // 如果 size 为空，则无需绘制
  if (size.isEmpty)
    return;

  // 剪裁掉溢出边界的部分
  context.pushClipRect(needsCompositing, offset, Offset.zero & size, defaultPaint);

  assert(() {
    final String debugOverflowHints = '...'; // 溢出提示内容，省略
    // 绘制溢出部分的错误提示样式
    Rect overflowChildRect;
    switch (_direction) {
      case Axis.horizontal:
        overflowChildRect = Rect.fromLTWH(0.0, 0.0, size.width + _overflow, 0.0);
        break;
      case Axis.vertical:
        overflowChildRect = Rect.fromLTWH(0.0, 0.0, 0.0, size.height + _overflow);
        break;
    }
    paintOverflowIndicator(context, offset, Offset.zero & size,
                         overflowChildRect, overflowHints: debugOverflowHints);
    return true;
  }());
}
```

上述代码段很简单，首先是判断有无溢出，如果没有则调用 defaultPaint(context, offset) 来完成绘制，该方法的源码如下：

```
void defaultPaint(PaintingContext context, Offset offset) {
  ChildType child = firstChild;
  while (child != null) {
    final ParentDataType childParentData = child.parentData;
    // 绘制子节点
    context.paintChild(child, childParentData.offset + offset);
    child = childParentData.nextSibling;
  }
}
```

很明显，由于 Flex 本身并没有需要绘制的东西，所以直接遍历其子节点，然后调用 paintChild() 来绘制子节点，同时将子节点 ParentData 中在 Layout 阶段保存的 offset 加上自身偏移作为第二个参数传递给 paintChild()。而如果子节点中还包含了子节点时，paintChild() 方法还会调用子节点的 paint() 方法，如此递归完成整个节点树的绘制，最终调用栈为：paint() > paintChild() > paint() …。

当需要绘制的内容大小溢出当前空间时，将会执行 paintOverflowIndicator() 来绘制溢出部分的提示，如图 14-4 所示的就是我们经常看到的溢出提示。

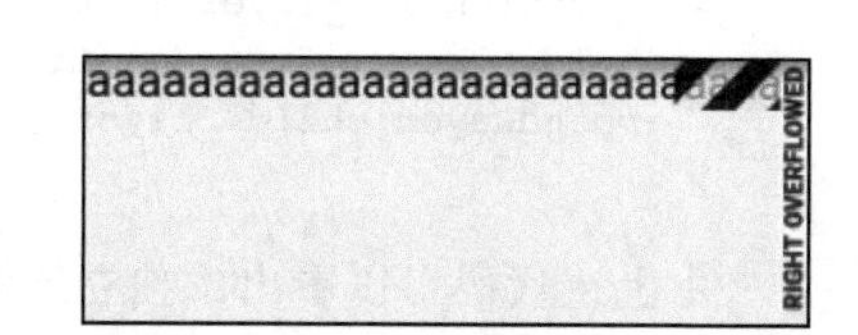

图 14-4 溢出提示

RepaintBoundary

我们已经在 CustomPaint 一节（10.4 节）中介绍过 RepaintBoundary，现在我们更深入地了解其相关知识。与 RelayoutBoundary 相似，RepaintBoundary 可用于确定重绘边界，与 RelayoutBoundary 不同的是，这个绘制边界需要由开发者通过 RepaintBoundary 组件自己指定，代码如下：

```
CustomPaint(
  size: Size(300, 300), //指定画布大小
  painter: MyPainter(),
  child: RepaintBoundary(
    child: Container(...),
  ),
),
```

下面我们看一下 RepaintBoundary 的原理，RenderObject 有一个 isRepaintBoundary 属性，该属性决定了这个 RenderObject 重绘时是否独立于其父元素，如果该属性值为 true，则独立绘制，反之则一起绘制。那么独立绘制又是如何实现的呢？答案就在 paintChild() 源码中：

```
void paintChild(RenderObject child, Offset offset) {
  ...
  if (child.isRepaintBoundary) {
    stopRecordingIfNeeded();
    _compositeChild(child, offset);
  } else {
    child._paintWithContext(this, offset);
  }
  ...
}
```

我们可以看到，在绘制子节点时，如果 child.isRepaintBoundary 为 true，则会调用 _compositeChild() 方法，_compositeChild() 源码如下：

```
void _compositeChild(RenderObject child, Offset offset) {
  //为子节点创建一个 Layer，然后在上面绘制子节点
  if (child._needsPaint) {
    repaintCompositedChild(child, debugAlsoPaintedParent: true);
  } else {
    ...
  }
  assert(child._layer != null);
  child._layer.offset = offset;
  appendLayer(child._layer);
}
```

由上述代码可以看出，独立绘制是在不同的 Layer（层）上绘制的。所以，很明显，正确使用 isRepaintBoundary 属性可以提高绘制效率，避免不必要的重绘。具体原理是：与触

发重新 build 和 layout 类似，RenderObject 也提供了一个 markNeedsPaint() 方法，其源码如下：

```
void markNeedsPaint() {
  ...
    // 如果 RenderObject.isRepaintBoundary 为 true，则该 RenderObject 拥有 Layer，直接绘制
    if (isRepaintBoundary) {
      ...
      if (owner != null) {
        // 找到最近的 Layer，绘制
        owner._nodesNeedingPaint.add(this);
        owner.requestVisualUpdate();
      }
  } else if (parent is RenderObject) {
    // 若没有自己的 Layer，则会与一个祖先节点共用一个 Layer
    assert(_layer == null);
    final RenderObject parent = this.parent;
    // 向父级递归查找
    parent.markNeedsPaint();
    assert(parent == this.parent);
  } else {
    // 如果直到根节点也没找到一个 Layer，那么便需要绘制自身，因为没有其他节点可以绘制根节点
    if (owner != null)
      owner.requestVisualUpdate();
  }
}
```

由上述代码可以看出，调用 markNeedsPaint() 方法时，会从当前 RenderObject 开始一直向父节点查找，直到找到一个 isRepaintBoundary 为 true 的 RenderObject 时，才会触发重绘，这样便可以实现局部重绘了。当有 RenderObject 绘制得很频繁或很复杂时，可以通过 RepaintBoundary Widget 来指定 isRepaintBoundary 为 true，这样在绘制时仅会重绘自身而无须重绘它的 parent，如此便可提高性能。

还有一个问题，通过 RepaintBoundary 如何设置 isRepaintBoundary 属性呢？其实，如果使用了 RepaintBoundary，那么与其对应的 RenderRepaintBoundary 会自动将 isRepaintBoundary 设为 true 的：

```
class RenderRepaintBoundary extends RenderProxyBox {
  /// Creates a repaint boundary around [child].
  RenderRepaintBoundary({ RenderBox child }) : super(child);

  @override
  bool get isRepaintBoundary => true;
}
```

14.3.3 命中测试

我们在第 8 章中已经讲过 Flutter 事件机制和命中测试流程，本节我们就来看一下其内

部实现原理。

一个对象是否可以响应事件，取决于其对命中测试的返回，当发生用户事件时，会从根节点（RenderView）开始进行命中测试，下面是 RenderView 的 hitTest() 源码：

```
bool hitTest(HitTestResult result, { Offset position }) {
  if (child != null)
    child.hitTest(result, position: position); //递归子 RenderBox 进行命中测试
  result.add(HitTestEntry(this)); //将测试结果添加到 result 中
  return true;
}
```

我们再来看一下 RenderBox 默认的 hitTest() 实现，代码如下：

```
bool hitTest(HitTestResult result, { @required Offset position }) {
  ...
  if (_size.contains(position)) {
    if (hitTestChildren(result, position: position) || hitTestSelf(position)) {
      result.add(BoxHitTestEntry(this, position));
      return true;
    }
  }
  return false;
}
```

从上述代码段中，我们可以看到默认的实现里调用了 hitTestSelf() 和 hitTestChildren() 两个方法，这两个方法的默认实现代码如下：

```
@protected
bool hitTestSelf(Offset position) => false;

@protected
bool hitTestChildren(HitTestResult result, { Offset position }) => false;
```

hitTest 方法可用来判断该 RenderObject 是否在被点击的范围内，同时负责将被点击的 RenderBox 添加到 HitTestResult 列表中，参数 position 为事件触发的坐标（如果有的话），若返回 true 则表示有 RenderBox 通过了命中测试，需要响应事件，反之则认为当前 RenderBox 没有命中。在继承 RenderBox 时，可以直接重写 hitTest() 方法，也可以重写 hitTestSelf() 或 hitTestChildren()，唯一不同的是，hitTest() 中需要将通过命中测试的节点信息添加到命中测试结果列表中，而 hitTestSelf() 和 hitTestChildren() 则只需要简单地返回 true 或 false 即可。

14.3.4 语义化

语义化即 Semantics，主要是提供给读屏软件的接口，也是实现辅助功能的基础，语义化接口可以帮助机器理解页面上的内容，对于有视力障碍的用户则可以使用读屏软件来理解 UI 内容。如果一个 RenderObject 要支持语义化接口，那么可以实现

describeApproximatePaintClip、visitChildrenForSemantics 方法和 semanticsAnnotator getter。关于语义化的更多信息，读者可以自行查看 API 文档。

14.3.5 总结

本节我们介绍了 RenderObject 的主要功能和方法，理解这些内容可以帮助我们更好地理解 Flutter UI 底层原理。我们也可以看到，如果要从头到尾实现一个 RenderObject 是比较麻烦的，我们必须首先实现 Layout、绘制和命中测试逻辑，但是值得庆幸的是，大多数时候我们可以直接在 Widget 层通过组合或者 CustomPaint 完成自定义 UI。如果遇到只能定义一个新 RenderObject 的场景时（例如，要实现一个新的 Layout 算法的布局容器），则可以直接继承自 RenderBox，这样可以帮我们减少一部分工作。

14.4 Flutter 运行机制：从启动到显示

本节我们将主要介绍 Flutter 从启动到显示的过程。

启动

Flutter 的入口在“lib/main.dart”的 main() 函数中，它是 Dart 应用程序的起点。在 Flutter 应用中，main() 函数最简单的实现代码如下：

```
void main() {
  runApp(MyApp());
}
```

由上述代码可以看到，main() 函数只调用了一个 runApp() 方法，我们来看一下 runApp() 方法中都实现了什么：

```
void runApp(Widget app) {
  WidgetsFlutterBinding.ensureInitialized()
    ..attachRootWidget(app)
    ..scheduleWarmUpFrame();
}
```

参数 app 是一个 Widget，它是 Flutter 应用启动后要展示的第一个 Widget。而 WidgetsFlutterBinding 正是绑定 Widget 框架和 Flutter engine 的桥梁，定义代码如下：

```
class WidgetsFlutterBinding extends BindingBase with GestureBinding,
ServicesBinding, SchedulerBinding, PaintingBinding, SemanticsBinding,
RendererBinding, WidgetsBinding {
    static WidgetsBinding ensureInitialized() {
      if (WidgetsBinding.instance == null)
        WidgetsFlutterBinding();
      return WidgetsBinding.instance;
    }
```

```
}
```

由上述代码可以看到，WidgetsFlutterBinding 继承自 BindingBase 并混入了很多 Binding，在介绍这些 Binding 之前我们先介绍一下 Window，下面是 Window 的官方解释：

```
The most basic interface to the host operating system's user interface.
```

很明显，Window 正是 Flutter Framework 连接宿主操作系统的接口。我们看一下 Window 类的部分定义：

```
class Window {

  // 当前设备的 DPI，即一个逻辑像素显示多少物理像素，数字越大，显示效果就越精细保真
  // DPI 是设备屏幕的固件属性，如 Nexus 6 的屏幕 DPI 为 3.5
  double get devicePixelRatio => _devicePixelRatio;

  // Flutter UI 绘制区域的大小
  Size get physicalSize => _physicalSize;

  // 当前系统默认的语言 Locale
  Locale get locale;

  // 当前系统字体的缩放比例
  double get textScaleFactor => _textScaleFactor;

  // 当绘制区域大小发生改变时回调
  VoidCallback get onMetricsChanged => _onMetricsChanged;
  // Locale 发生变化时回调
  VoidCallback get onLocaleChanged => _onLocaleChanged;
  // 系统字体缩放发生变化时回调
  VoidCallback get onTextScaleFactorChanged => _onTextScaleFactorChanged;
  // 绘制前回调，一般会受显示器的垂直同步信号 VSync 驱动，当屏幕刷新时会被调用
  FrameCallback get onBeginFrame => _onBeginFrame;
  // 绘制回调
  VoidCallback get onDrawFrame => _onDrawFrame;
  // 点击或指针事件回调
  PointerDataPacketCallback get onPointerDataPacket => _onPointerDataPacket;
  // 调度 Frame，该方法执行后，onBeginFrame 和 onDrawFrame 紧接着将会在合适的时机被调用，此方
  // 法会直接调用 Flutter engine 的 Window_scheduleFrame 方法
  void scheduleFrame() native 'Window_scheduleFrame';
  // 更新应用在 GPU 上的渲染，此方法会直接调用 Flutter engine 的 Window_render 方法
  void render(Scene scene) native 'Window_render';

  // 发送平台消息
  void sendPlatformMessage(String name,
                           ByteData data,
                           PlatformMessageResponseCallback callback) ;
  // 平台通道消息处理回调
  PlatformMessageCallback get onPlatformMessage => _onPlatformMessage;
```

```
    ... // 其他属性及回调

}
```

由上述代码段可以看到，Window 类包含了当前设备和系统的一些信息以及 Flutter Engine 的一些回调。现在我们再回过头来看看 WidgetsFlutterBinding 混入的各种 Binding。通过查看这些 Binding 的源码，我们可以发现，这些 Binding 中实现的基本上都是监听并处理 Window 对象的一些事件，然后将这些事件按照 Framework 的模型包装、抽象最后分发。可以看到 WidgetsFlutterBinding 正是粘连 Flutter engine 与上层 Framework 的“胶水”。上述代码段中的参数说明如下。

- GestureBinding：提供了 window.onPointerDataPacket 回调，绑定 Framework 手势子系统，是 Framework 事件模型与底层事件的绑定入口。
- ServicesBinding：提供了 window.onPlatformMessage 回调，用于绑定平台消息通道（message channel），主要用于处理原生与 Flutter 通信。
- SchedulerBinding：提供了 window.onBeginFrame 和 window.onDrawFrame 回调，监听刷新事件，绑定 Framework 绘制调度子系统。
- PaintingBinding：绑定绘制库，主要用于处理图片缓存。
- SemanticsBinding：语义化层与 Flutter engine 的桥梁，主要是辅助功能的底层支持。
- RendererBinding：提供了 window.onMetricsChanged、window.onTextScaleFactor-Changed 等回调。它是渲染树与 Flutter engine 的桥梁。
- WidgetsBinding：提供了 window.onLocaleChanged、onBuildScheduled 等回调。它是 Flutter Widget 层与 engine 的桥梁。

WidgetsFlutterBinding.ensureInitialized() 负责初始化一个 WidgetsBinding 的全局单例，紧接着会调用 WidgetsBinding 的 attachRootWidget 方法，该方法负责将根 Widget 添加到 RenderView 上，代码如下：

```
void attachRootWidget(Widget rootWidget) {
  _renderViewElement = RenderObjectToWidgetAdapter<RenderBox>(
    container: renderView,
    debugShortDescription: '[root]',
    child: rootWidget
  ).attachToRenderTree(buildOwner, renderViewElement);
}
```

注意，代码中包含了 renderView 和 renderViewElement 两个变量，renderView 是一个 RenderObject，它是渲染树的根，而 renderViewElement 是 renderView 对应的 Element 对象，可见该方法主要完成了根 Widget 到根 RenderObject 再到根 Element 的整个关联过程。下面我们看一下 attachToRenderTree 的源码实现：

```
RenderObjectToWidgetElement<T> attachToRenderTree(BuildOwner owner,
```

```
[RenderObjectToWidgetElement<T> element]) {
  if (element == null) {
    owner.lockState(() {
      element = createElement();
      assert(element != null);
      element.assignOwner(owner);
    });
    owner.buildScope(element, () {
      element.mount(null, null);
    });
  } else {
    element._newWidget = this;
    element.markNeedsBuild();
  }
  return element;
}
```

该方法负责创建根Element，即RenderObjectToWidgetElement，并且将Element与Widget进行关联，即创建出与Widget树对应的Element树。如果Element已经创建过了，则将根Element中关联的Widget设为新的，由此可以看出Element只会创建一次，后面会进行复用。那么BuildOwner是什么呢？其实就是Widget Framework的管理类，用于跟踪哪些Widget需要重新构建。

渲染

回到runApp的实现中，当调用完attachRootWidget后，最后一行会调用WidgetsFlutter-Binding实例的scheduleWarmUpFrame()方法，该方法的实现在SchedulerBinding中，它被调用后会立即进行一次绘制（而不是等待“vsync”信号），在此次绘制结束之前，该方法会锁定事件分发，也就是说，在本次绘制完成之前，Flutter将不会响应各种事件，这一点可以保证在绘制过程中不会再触发新的重绘。下面是scheduleWarmUpFrame()方法的部分实现（省略了无关代码）：

```
void scheduleWarmUpFrame() {
  ...
  Timer.run(() {
    handleBeginFrame(null);
  });
  Timer.run(() {
    handleDrawFrame();
    resetEpoch();
  });
  // 锁定事件
  lockEvents(() async {
    await endOfFrame;
    Timeline.finishSync();
  });
 ...
}
```

由上述代码段可以看出，该方法中主要调用了 handleBeginFrame() 和 handleDrawFrame() 两个方法，在讲解这两个方法之前我们首先了解一下 Frame 和 FrameCallback 的概念。

- Frame：一次绘制过程，我们称其为一帧。Flutter engine 受显示器垂直同步信号“VSync”的驱使不断地触发绘制。我们之前说的 Flutter 可以实现 60fps（Frame Per-Second），就是指一秒钟可以触发 60 次重绘，FPS 值越大，界面就越流畅。
- FrameCallback：SchedulerBinding 类中有三个 FrameCallback 回调队列，在一次绘制过程中，这三个回调队列会放在不同的时机执行，具体说明如下。
  - transientCallbacks：用于存放一些临时回调，一般存放动画回调。可以通过 SchedulerBinding.instance.scheduleFrameCallback 添加回调。
  - persistentCallbacks：用于存放一些持久的回调，不能在此类回调中再请求新的绘制帧，持久回调一经注册则不能移除。SchedulerBinding.instance.addPersitentFrame-Callback()，这个回调中处理了布局与绘制的工作。
  - postFrameCallbacks：在 Frame 结束时只会调用一次，调用后会被系统移除，可由 SchedulerBinding.instance.addPostFrameCallback() 注册，注意，不要在此类回调中再触发新的 Frame，这将会导致循环刷新。

现在请读者自行查看 handleBeginFrame() 和 handleDrawFrame() 两个方法的源码，可以发现，前者主要是执行了 transientCallbacks 队列，而后者执行了 persistentCallbacks 和 postFrameCallbacks 队列。

绘制

渲染和绘制逻辑是在 RendererBinding 中实现的，查看其源码，可以发现在其 initInstances() 方法中有如下代码：

```
void initInstances() {
  ... //省略无关代码

  //监听 Window 对象的事件
  ui.window
    ..onMetricsChanged = handleMetricsChanged
    ..onTextScaleFactorChanged = handleTextScaleFactorChanged
    ..onSemanticsEnabledChanged = _handleSemanticsEnabledChanged
    ..onSemanticsAction = _handleSemanticsAction;

  //添加 PersistentFrameCallback
  addPersistentFrameCallback(_handlePersistentFrameCallback);
}
```

我们看一下最后一行，通过 addPersistentFrameCallback 向 persistentCallbacks 队列添加了一个回调 _handlePersistentFrameCallback：

```
void _handlePersistentFrameCallback(Duration timeStamp) {
  drawFrame();
```

```
}
```

该方法直接调用了 RendererBinding 的 drawFrame() 方法：

```
void drawFrame() {
  assert(renderView != null);
  pipelineOwner.flushLayout(); //布局
  pipelineOwner.flushCompositingBits(); //重绘之前的预处理操作，检查RenderObject是否需要重绘
  pipelineOwner.flushPaint(); //重绘
  renderView.compositeFrame(); //将需要绘制的比特数据发给GPU
  pipelineOwner.flushSemantics(); // this also sends the semantics to the OS.
}
```

下面我们看看这些方法分别实现了什么功能，具体如下。

flushLayout()

```
void flushLayout() {
  ...
    while (_nodesNeedingLayout.isNotEmpty) {
      final List<RenderObject> dirtyNodes = _nodesNeedingLayout;
      _nodesNeedingLayout = <RenderObject>[];
      for (RenderObject node in
          dirtyNodes..sort((RenderObject a, RenderObject b) => a.depth - b.depth)) {
        if (node._needsLayout && node.owner == this)
          node._layoutWithoutResize();
      }
    }
  }
}
```

源码很简单，该方法的主要任务是更新了所有被标记为“dirty”的RenderObject的布局信息。主要动作发生在node._layoutWithoutResize()方法中，该方法中会调用performLayout()进行重新布局。

flushCompositingBits()

```
void flushCompositingBits() {
  _nodesNeedingCompositingBitsUpdate.sort(
      (RenderObject a, RenderObject b) => a.depth - b.depth
  );
  for (RenderObject node in _nodesNeedingCompositingBitsUpdate) {
    if (node._needsCompositingBitsUpdate && node.owner == this)
      node._updateCompositingBits(); //更新RenderObject.needsCompositing属性值
  }
  _nodesNeedingCompositingBitsUpdate.clear();
}
```

检查 RenderObject 是否需要重绘，然后更新 RenderObject.needsCompositing 属性，如果该属性值被标记为 true 则表示需要重绘。

flushPaint()

```
void flushPaint() {
  ...
    try {
      final List<RenderObject> dirtyNodes = _nodesNeedingPaint;
      _nodesNeedingPaint = <RenderObject>[];
      //反向遍历需要重绘的RenderObject
      for (RenderObject node in
          dirtyNodes..sort((RenderObject a, RenderObject b) => b.depth - a.depth)) {
      if (node._needsPaint && node.owner == this) {
        if (node._layer.attached) {
          //真正的绘制逻辑
          PaintingContext.repaintCompositedChild(node);
        } else {
          node._skippedPaintingOnLayer();
        }
      }
    }
  }
}
```

该方法进行了最终的绘制，从代码段中我们可以看出它并不是重绘了所有的RenderObject，而是只重绘了需要重绘的RenderObject。真正的绘制是通过PaintingContext.repaintCompositedChild()来进行绘制的，该方法最终会调用Flutter engine提供的Canvas API来完成绘制。

compositeFrame()

```
void compositeFrame() {
  ...
  try {
    final ui.SceneBuilder builder = ui.SceneBuilder();
    final ui.Scene scene = layer.buildScene(builder);
    if (automaticSystemUiAdjustment)
      _updateSystemChrome();
    ui.window.render(scene); //调用 Flutter engine 的渲染 API
    scene.dispose();
  } finally {
    Timeline.finishSync();
  }
}
```

上述这个方法中包含了一个Scene对象，Scene对象是一个数据结构，保存了最终渲染后的像素信息。这个方法用于将Canvas画好的Scene传给window.render()方法，该方法会直接将scene信息发送给Flutter engine，最终由engine将图像绘制在设备屏幕上。

最后

需要注意的是，由于RendererBinding只是一个mixin，而with它的是WidgetsBinding，

所以我们需要查看 WidgetsBinding 中是否重写了该方法，查看 WidgetsBinding 的 drawFrame() 方法的源码如下：

```
@override
void drawFrame() {
  ...//省略无关代码
    try {
      if (renderViewElement != null)
        buildOwner.buildScope(renderViewElement);
      super.drawFrame(); //调用 RendererBinding 的 drawFrame() 方法
      buildOwner.finalizeTree();
  }
}
```

我们可以发现，在调用 RendererBinding.drawFrame() 方法前会调用 buildOwner.buildScope()（非首次绘制）方法，该方法会将被标记为“dirty”的 element 进行 rebuild()。

总结

本节介绍了 Flutter APP 从启动到显示到屏幕上的主流程，读者可以结合前面章节的内容对 Widget、Element 以及 RenderObject 的介绍来加强细节理解。

14.5 图片加载原理与缓存

本书前面的章节中已经介绍过 Image 组件，并提到 Flutter 框架对加载过的图片是有缓存的（内存），默认最大缓存数量是 1000，最大缓存空间为 100MB。本节将详细介绍 Image 的原理及图片缓存机制，下面我们先来看看 ImageProvider 类。

14.5.1 ImageProvider

我们已经知道，Image 组件的 image 参数是一个必选参数，其是 ImageProvider 类型。下面我们就来详细介绍一下 ImageProvider，ImageProvider 是一个抽象类，其定义了图片数据获取和加载的相关接口。它的主要职责具体有如下两个。

1）提供图片数据源。

2）缓存图片。

下面，我们看一下 ImageProvider 抽象类的详细定义：

```
abstract class ImageProvider<T> {

  ImageStream resolve(ImageConfiguration configuration) {
    // 实现代码省略
  }
  Future<bool> evict({ ImageCache cache,
                       ImageConfiguration configuration = ImageConfiguration.
                         empty }) async {
```

```
    //实现代码省略
  }

  Future<T> obtainKey(ImageConfiguration configuration);
  @protected
  ImageStreamCompleter load(T key); //需子类实现
}
```

load(T key) 方法

加载图片数据源的接口，不同的数据源的加载方法不同，每个 ImageProvider 的子类都必须实现它。比如，NetworkImage 类和 AssetImage 类，它们都是 ImageProvider 的子类，但是，它们需要从不同的数据源来加载图片数据：NetworkImage 是从网络来加载图片数据的，而 AssetImage 则是从最终的应用包里来加载（加载打到应用安装包里的资源图片）。我们以 NetworkImage 为例，看看其 load 方法的实现，代码如下：

```
@override
ImageStreamCompleter load(image_provider.NetworkImage key) {

  final StreamController<ImageChunkEvent> chunkEvents = StreamController<ImageCh
                                                        unkEvent>();

  return MultiFrameImageStreamCompleter(
    codec: _loadAsync(key, chunkEvents), //调用
    chunkEvents: chunkEvents.stream,
    scale: key.scale,
    ... //省略无关代码
  );
}
```

我们可以看到，load 方法的返回值类型是 ImageStreamCompleter，它是一个抽象类，定义了管理图片加载过程的一些接口，Image Widget 中正是通过它来监听图片加载状态的（我们在下面介绍 Image 原理时将详细介绍）。

MultiFrameImageStreamCompleter 是 ImageStreamCompleter 的一个子类，是 Flutter SDK 预置的类，通过该类，我们可以方便、轻松地创建出一个 ImageStreamCompleter 实例来作为 load 方法的返回值。

我们可以看到，MultiFrameImageStreamCompleter 需要一个 codec 参数，该参数类型为 Future<ui.Codec>。Codec 是处理图片编解码的类的一个 handler，实际上，它只是一个 Flutter engine API 的包装类，也就是说图片的编解码逻辑不是在 Dart 代码部分实现，而是在 Flutter engine 中实现的。Codec 类部分代码定义如下：

```
@pragma('vm:entry-point')
class Codec extends NativeFieldWrapperClass2 {
  //此类由Flutter engine创建，不应该手动实例化此类或直接继承此类
  @pragma('vm:entry-point')
```

```
Codec._();

/// 图片中的帧数 ( 动态图会有多帧 )
int get frameCount native 'Codec_frameCount';

/// 动画重复的次数
/// * 0 表示只执行一次
/// * -1 表示循环执行
int get repetitionCount native 'Codec_repetitionCount';

/// 获取下一个动画帧
Future<FrameInfo> getNextFrame() {
  return _futurize(_getNextFrame);
}

String _getNextFrame(_Callback<FrameInfo> callback) native 'Codec_getNextFrame';
```

从上述代码段中我们可以看到，Codec 最终的结果是一个或多个（动图）帧，而这些帧最终会绘制到屏幕上。

MultiFrameImageStreamCompleter 的 Codec 的参数值为 _loadAsync 方法的返回值，下面我们继续看 _loadAsync 方法的实现，代码如下：

```
Future<ui.Codec> _loadAsync(
    NetworkImage key,
    StreamController<ImageChunkEvent> chunkEvents,
  ) async {
    try {
      // 下载图片
      final Uri resolved = Uri.base.resolve(key.url);
      final HttpClientRequest request = await _httpClient.getUrl(resolved);
      headers?.forEach((String name, String value) {
        request.headers.add(name, value);
      });
      final HttpClientResponse response = await request.close();
      if (response.statusCode != HttpStatus.ok)
        throw Exception(...);
      // 接收图片数据
      final Uint8List bytes = await consolidateHttpClientResponseBytes(
        response,
        onBytesReceived: (int cumulative, int total) {
          chunkEvents.add(ImageChunkEvent(
            cumulativeBytesLoaded: cumulative,
            expectedTotalBytes: total,
          ));
        },
      );
      if (bytes.lengthInBytes == 0)
        throw Exception('NetworkImage is an empty file: $resolved');
      // 对图片数据进行解码
```

```
      return PaintingBinding.instance.instantiateImageCodec(bytes);
    } finally {
      chunkEvents.close();
    }
  }
```

从上述代码中可以看到 _loadAsync 方法主要做了如下两件事。

1）下载图片。

2）对下载的图片数据进行解码。

下载的逻辑比较简单：通过 HttpClient 从网上下载图片，另外下载请求会设置一些自定义的 header，开发者可以通过 NetworkImage 的 headers 命名参数进行传递。

图片下载完成后，调用 PaintingBinding.instance.instantiateImageCodec(bytes) 对图片进行解码，需要注意的是，instantiateImageCodec(...) 也是一个 Native API 的包装，实际上会调用 Flutter engine 的 instantiateImageCodec 方法，源码如下：

```
String _instantiateImageCodec(Uint8List list, _Callback<Codec> callback, _ImageInfo imageInfo, int targetWidth, int targetHeight)
  native 'instantiateImageCodec';
```

obtainKey(ImageConfiguration) 方法

该接口主要是为了配合实现图片缓存，ImageProvider 从数据源加载完数据之后，会在全局的 ImageCache 中缓存图片数据，而图片数据缓存是一个 Map，Map 的 key 便是调用此方法的返回值，不同的 key 代表不同的图片数据缓存。

resolve(ImageConfiguration) 方法

resolve 方法是 ImageProvider 暴露给 Image 的主入口方法，其接受一个 ImageConfiguration 参数，返回 ImageStream，即图片数据流。下面我们重点看一下 resolve 的执行流程，代码如下：

```
ImageStream resolve(ImageConfiguration configuration) {
  ... //省略无关代码
  final ImageStream stream = ImageStream();
  T obtainedKey; //
  //定义错误处理函数
  Future<void> handleError(dynamic exception, StackTrace stack) async {
    ... //省略无关代码
    stream.setCompleter(imageCompleter);
    imageCompleter.setError(...);
  }

  //创建一个新 Zone，主要是为了在发生错误时不会干扰 MainZone
  final Zone dangerZone = Zone.current.fork(...);

  dangerZone.runGuarded(() {
    Future<T> key;
```

```
      // 先验证是否已经有缓存
      try {
        // 生成缓存 key，后面会根据此 key 检测是否有缓存
        key = obtainKey(configuration);
      } catch (error, stackTrace) {
        handleError(error, stackTrace);
        return;
      }
      key.then<void>((T key) {
        obtainedKey = key;
        // 缓存的处理逻辑在这里，记为 A，下面将详细介绍
        final ImageStreamCompleter completer = PaintingBinding.instance
            .imageCache.putIfAbsent(key, () => load(key), onError: handleError);
        if (completer != null) {
          stream.setCompleter(completer);
        }
      }).catchError(handleError);
    });
    return stream;
  }
```

ImageConfiguration 中包含了图片和设备的相关信息，如图片的大小、所在的 AssetBundle（只有打到安装包的图片存在）以及当前的设备平台、devicePixelRatio（设备像素比等）。Flutter SDK 提供了一个便捷函数 createLocalImageConfiguration 来创建 ImageConfiguration 对象，代码如下：

```
ImageConfiguration createLocalImageConfiguration(BuildContext context, { Size
  size }) {
  return ImageConfiguration(
    bundle: DefaultAssetBundle.of(context),
    devicePixelRatio: MediaQuery.of(context, nullOk: true)?.devicePixelRatio ?? 1.0,
    locale: Localizations.localeOf(context, nullOk: true),
    textDirection: Directionality.of(context),
    size: size,
    platform: defaultTargetPlatform,
  );
}
```

我们可以发现，这些信息基本上都是通过 Context 来获取的。

上面代码注释的 A 处就是处理缓存的主要代码，这里的 PaintingBinding.instance.imageCache 是 ImageCache 的一个实例，它是 PaintingBinding 的一个属性，而 Flutter 框架中的 PaintingBinding.instance 是一个单例，imageCache 事实上也是一个单例，也就是说图片缓存是全局的，统一由 PaintingBinding.instance.imageCache 来管理。

下面我们看一下 ImageCache 类的定义代码：

```
const int _kDefaultSize = 1000;
const int _kDefaultSizeBytes = 100 << 20; // 100 MiB
```

```
class ImageCache {
  //正在加载中的图片队列
  final Map<Object, _PendingImage> _pendingImages = <Object, _PendingImage>{};
  //缓存队列
  final Map<Object, _CachedImage> _cache = <Object, _CachedImage>{};

  //缓存数量上限(1000)
  int _maximumSize = _kDefaultSize;
  //缓存容量上限(100 MB)
  int _maximumSizeBytes = _kDefaultSizeBytes;

  //缓存上限设置的setter
  set maximumSize(int value) {...}
  set maximumSizeBytes(int value) {...}

  ... //省略部分定义

  //清除所有缓存
  void clear() {
    // ...省略具体实现代码
  }

  //清除指定key对应的图片缓存
  bool evict(Object key) {
    // ...省略具体实现代码
  }


  ImageStreamCompleter putIfAbsent(Object key, ImageStreamCompleter loader(), {
ImageErrorListener onError }) {
    assert(key != null);
    assert(loader != null);
    ImageStreamCompleter result = _pendingImages[key]?.completer;
    //图片还未加载成功，直接返回
    if (result != null)
      return result;

    //有缓存，继续往下走
    //先移除缓存，之后再添加，可以让最新使用过的缓存在_map中的位置更近一些，清理时会通过LRU
    //来清除
    final _CachedImage image = _cache.remove(key);
    // if (image != null) {
      _cache[key] = image;
      return image.completer;
    }
    try {
      result = loader();
    } catch (error, stackTrace) {
      if (onError != null) {
        onError(error, stackTrace);
```

```
        return null;
      } else {
        rethrow;
      }
    }
    void listener(ImageInfo info, bool syncCall) {
      final int imageSize = info?.image == null ? 0 : info.image.height * info.
        image.width * 4;
      final _CachedImage image = _CachedImage(result, imageSize);
      //下面是缓存处理的逻辑
      if (maximumSizeBytes > 0 && imageSize > maximumSizeBytes) {
        _maximumSizeBytes = imageSize + 1000;
      }
      _currentSizeBytes += imageSize;
      final _PendingImage pendingImage = _pendingImages.remove(key);
      if (pendingImage != null) {
        pendingImage.removeListener();
      }

      _cache[key] = image;
      _checkCacheSize();
    }
    if (maximumSize > 0 && maximumSizeBytes > 0) {
      final ImageStreamListener streamListener = ImageStreamListener(listener);
      _pendingImages[key] = _PendingImage(result, streamListener);
      // Listener is removed in [_PendingImage.removeListener].
      result.addListener(streamListener);
    }
    return result;
  }

  //当缓存数量超过最大值或缓存的大小超过最大缓存容量时，会调用此方法清理到缓存上限以内
  void _checkCacheSize() {
  while (_currentSizeBytes > _maximumSizeBytes || _cache.length > _maximumSize) {
      final Object key = _cache.keys.first;
      final _CachedImage image = _cache[key];
      _currentSizeBytes -= image.sizeBytes;
      _cache.remove(key);
    }
    ... //省略无关代码
  }
}
```

若有缓存则使用缓存，若没有缓存则调用 load 方法加载图片，加载成功后进行如下操作。

1）先判断图片数据有没有缓存，如果有，则直接返回 ImageStream。

2）如果没有缓存，则调用 load(T key) 方法从数据源加载图片数据，加载成功后先缓存，然后返回 ImageStream。

另外，我们可以看到ImageCache类中有设置缓存上限的setter，所以，我们可以自定义缓存上限：

```
PaintingBinding.instance.imageCache.maximumSize=2000; //最多2000张
PaintingBinding.instance.imageCache.maximumSizeBytes = 200 << 20; //最大200MB
```

现在我们看一下缓存的key，因为Map中相同key的值会被覆盖，也就是说key是图片缓存的一个唯一标识，只要是不同的key，那么图片数据就会分别缓存（即使事实上是同一张图片）。那么图片的唯一标识是什么呢？跟踪源码，我们很容易发现key正是ImageProvider.obtainKey()方法的返回值，而此方法需要ImageProvider子类去重写，这也就意味着不同的ImageProvider对key的定义逻辑会有所不同。其实这也很好理解，比如，对于NetworkImage，将图片的url作为key会很合适，而对于AssetImage，则应该将"包名+路径"作为唯一的key。下面我们以NetworkImage为例，看一下它的obtainKey()实现，代码如下：

```
@override
Future<NetworkImage> obtainKey(image_provider.ImageConfiguration configuration) {
  return SynchronousFuture<NetworkImage>(this);
}
```

代码很简单，创建了一个同步的future，然后直接将自身作为key返回。因为Map中在判断key（此时是NetworkImage对象）是否相等时会使用"=="运算符，那么定义key的逻辑就是NetworkImage的"=="运算符：

```
@override
bool operator ==(dynamic other) {
  ... //省略无关代码
  final NetworkImage typedOther = other;
  return url == typedOther.url
      && scale == typedOther.scale;
}
```

很清晰，对于网络图片来说，会将其"url+缩放比例"作为缓存的key。也就是说**如果两张图片的url或scale只要有一个不同，便会重新下载并分别缓存。**

另外，我们需要注意的是，图片缓存是在内存中，并没有进行本地文件持久化存储，这也是为什么网络图片在应用重启后需要重新联网下载的原因。

同时这也意味着，在应用生命周期内，如果缓存没有超过上限，相同的图片只会被下载一次。

总结

上文主要结合源码，探索了ImageProvider的主要功能和原理，如果要用一句话来总结ImageProvider的功能，那就应该是：加载图片数据并进行缓存、解码。在此再次提醒读者，Flutter的源码是非常好的第一手学习资料，建议读者多多探索，另外，在阅读源码学习的同时一定要注意总结，这样才不至于在源码中迷失。

14.5.2 Image 组件原理

在前面章节中，我们介绍过 Image 的基础用法，现在我们更深入一些，研究一下 Image 是如何与 ImageProvider 配合来获取最终解码后的数据的，然后又是如何将图片绘制到屏幕上的。

本节我们换一个思路，先不直接看 Image 的源码，而是根据已经掌握的知识来实现一个简版的“Image 组件”MyImage，代码大致如下：

```
class MyImage extends StatefulWidget {
  const MyImage({
    Key key,
    @required this.imageProvider,
  })
      : assert(imageProvider != null),
        super(key: key);

  final ImageProvider imageProvider;

  @override
  _MyImageState createState() => _MyImageState();
}

class _MyImageState extends State<MyImage> {
  ImageStream _imageStream;
  ImageInfo _imageInfo;

  @override
  void didChangeDependencies() {
    super.didChangeDependencies();
    // 依赖发生改变时，图片的配置信息也可能会发生改变
    _getImage();
  }

  @override
  void didUpdateWidget(MyImage oldWidget) {
    super.didUpdateWidget(oldWidget);
    if (widget.imageProvider != oldWidget.imageProvider)
      _getImage();
  }

  void _getImage() {
    final ImageStream oldImageStream = _imageStream;
    // 调用 imageProvider.resolve 方法，获得 ImageStream。
    _imageStream =
        widget.imageProvider.resolve(createLocalImageConfiguration(context));
    // 判断新旧 ImageStream 是否相同，如果不同，则需要调整流的监听器
```

```
    if (_imageStream.key != oldImageStream?.key) {
      final ImageStreamListener listener = ImageStreamListener(_updateImage);
      oldImageStream?.removeListener(listener);
      _imageStream.addListener(listener);
    }
  }

  void _updateImage(ImageInfo imageInfo, bool synchronousCall) {
    setState(() {
      // 图片发生变化时，重新构建
      _imageInfo = imageInfo;
    });
  }

  @override
  void dispose() {
    _imageStream.removeListener(ImageStreamListener(_updateImage));
    super.dispose();
  }

  @override
  Widget build(BuildContext context) {
    return RawImage(
      image: _imageInfo?.image, // this is a dart:ui Image object
      scale: _imageInfo?.scale ?? 1.0,
    );
  }
}
```

上面代码段的流程具体如下。

1）通过 imageProvider.resolve 方法可以得到一个 ImageStream（图片数据流），然后监听 ImageStream 的变化。当图片数据源发生变化时，ImageStream 会触发相应的事件，在本例中，我们只设置了图片成功的监听器 _updateImage，而 _updateImage 中只更新了 _imageInfo。值得注意的是，如果是静态图，那么 ImageStream 只会触发一次时间，如果是动态图，则会触发多次事件，每一次都会有一个解码后的图片帧。

2）_imageInfo 更新后会 rebuild，此时会创建一个 RawImage Widget。RawImage 最终会通过 RenderImage 来将图片绘制在屏幕上。如果继续跟进 RenderImage 类，那么我们会发现 RenderImage 的 paint 方法中调用了 paintImage 方法，而 paintImage 方法则是通过 Canvas 的 drawImageRect(…)、drawImageNine(...) 等方法来完成最终的绘制。

3）最终的绘制由 RawImage 来完成。

下面测试一下 MyImage，代码如下：

```
class ImageInternalTestRoute extends StatelessWidget {
  @override
  Widget build(BuildContext context) {
    return Column(
```

```
        children: <Widget>[
          MyImage(
            imageProvider: NetworkImage(
              "https://avatars2.githubusercontent.com/u/20411648?s=460&v=4",
            ),
          )
        ],
      );
    }
  }
```

运行效果如图 14-5 所示。

图 14-5 MyImage 示例

成功了！现在，想必 Image Widget 的源码已经没有必要再花费篇幅去介绍了，有兴趣的读者可以自行阅读。

总结

本节主要介绍了 Flutter 图片的加载、缓存和绘制流程。其中 ImageProvider 主要负责图片数据的加载和缓存，而绘制部分的逻辑则主要是由 RawImage 来完成的。而 Image 正是连接起 ImageProvider 和 RawImage 的桥梁。

第三篇 *Part 3*

实 例 篇

Chapter 15 第15章

一个完整的 Flutter 应用

15.1 GitHub 客户端示例

本章将新建一个 Flutter 工程，实现一个简单的 GitHub 客户端。这个实例的主要目标有两个，具体说明如下。

1）带领读者了解如何使用 Flutter 开发一个完整的 APP，了解 Flutter 应用的开发流程及工程结构等。

2）对前面章节所学内容做一个应用及总结。

需要注意的是，由于 GitHub 本身的功能非常多，我们的焦点并不是要实现 GitHub 的所有业务功能。因此，我们只需要实现一个 APP 的骨架，能达到上面所列的这两点目标即可。下面将我们要实现的功能列举如下。

1）实现 GitHub 账号登录及退出登录的功能。

2）登录后可以查看自己的项目主页。

3）支持换肤。

4）支持多语言。

5）登录状态可以持久化。

上面这些功能的实现会涉及如下技术点。

1）网络请求：需要请求 GitHub API。

2）JSON 转 Dart Model 类。

3）全局状态管理：语言、主题、登录态等都需要全局共享。

4）持久化存储：保存登录信息、用户信息等。

5）支持国际化、Intl 包的使用。

现在，目标已经确定，在接下来章节中，我们将分模块一步一步实现上述功能。

15.2 Flutter APP 代码结构

我们首先创建一个全新的 Flutter 工程，命名为“GitHub_client_app”；创建新工程的步骤视读者使用的编辑器而定，都比较简单，在此不再赘述。创建完成后，工程结构如下：

```
GitHub_client_app
├── android
├── ios
├── lib
└── test
```

由于我们需要使用外部图片和 Icon 资源，所以我们在项目根目录下分别创建“ imgs”和“ fonts”文件夹，前者用于保存图片，后者用于保存 Icon 文件。关于图片和 Icon，读者可以参考第 3 章中的相应内容。

由于在网络数据传输和持久化时，我们需要通过 JSON 来传输和保存数据；但是在应用开发时我们又需要将 JSON 转化成 Dart Model 类，这里我们使用在 11.7 节中介绍的方案，因此我们需要在根目录下再创建一个用于保存 JSON 文件的“jsons”文件夹。

多语言支持我们使用第 13 章中介绍的方案，所以还需要在根目录下创建一个“l10n”文件夹，用于保存与各国语言对应的 arb 文件。

现在工程目录结构扩展如下：

```
GitHub_client_app
├── android
├── fonts
├── l10n-arb
├── imgs
├── ios
├── jsons
├── lib
└── test
```

由于我们的 Dart 代码都在“ lib”文件夹下，笔者根据技术选型和经验在 lib 文件夹下创建了如下目录：

```
lib
├── common
├── l10n
├── models
├── states
├── routes
└── widgets
```

上述文件夹及其作用说明如表 15-1 所示。

表 15-1 Lib 文件夹下的文件夹及其作用

文件夹	作用
common	一些工具类，如通用方法类、网络接口类、保存全局变量的静态类等
l10n	国际化相关的类都在此目录下
models	JSON 文件对应的 Dart Model 类会在此目录下
states	保存 APP 中需要跨组件共享的状态类
routes	存放所有路由页面类
widgets	APP 内封装的一些 Widget 组件都在该目录下

注意，使用不同的框架或技术选型会对代码有不同的组织方式，因此，本节介绍的代码组织结构并不是固定不变的或者“最佳”的，在实战中，读者可以根据实际情况自行调整源代码结构。但是无论采取何种源代码组织结构，清晰和解耦是一个通用原则，我们应该让自己的代码结构清晰，以便交流和维护。

15.3 Model 类定义

在本节我们先梳理一下 APP 中将要用到的数据，然后生成相应的 Dart Model 类。将 JSON 文件转化成 Dart Model 的方案，可以采用前面介绍过的 json_model 包方案。

GitHub 账号信息

登录 GitHub 之后，我们需要获取当前登录者的 GitHub 账号信息，GitHub API 接口返回 JSON 结构的代码如下：

```
{
  "login": "octocat", //用户登录名
  "avatar_url": "https://github.com/images/error/octocat_happy.gif", //用户头像地址
  "type": "User", //用户类型，可能是组织
  "name": "monalisa octocat", //用户名字
  "company": "GitHub", //公司
  "blog": "https://github.com/blog", //博客地址
  "location": "San Francisco", //用户所处的地理位置
  "email": "octocat@github.com", //邮箱
  "hireable": false,
  "bio": "There once was...", //用户简介
  "public_repos": 2, //公开项目数
  "followers": 20, //关注该用户的人数
  "following": 0, //该用户关注的人数
  "created_at": "2008-01-14T04:33:35Z", //账号创建时间
  "updated_at": "2008-01-14T04:33:35Z", //账号信息更新时间
  "total_private_repos": 100, //该用户总的私有项目数(包括参与的其他组织的私有项目)
  "owned_private_repos": 100 //该用户自己的私有项目数
```

```
  ... //省略其他字段
}
```

我们在“jsons”目录下创建一个“user.json”文件以保存上述信息。

API 缓存策略信息

由于 GitHub 服务器在国内访问速度较慢，因此我们对 GitHub API 应用一些简单的缓存策略。我们在“jsons”目录下创建一个“cacheConfig.json”文件缓存策略信息，定义如下：

```
{
  "enable":true, //是否启用缓存
  "maxAge":1000, //缓存的最长时间，单位(秒)
  "maxCount":100 //最大缓存数
}
```

用户信息

用户信息（Profile）应包括如下信息。

1）GitHub 账号信息。由于我们的 APP 可以切换账号登录，并且登录后再次打开时不需要再登录，所以我们需要对用户账号信息和登录状态进行持久化。

2）应用使用配置信息。每一个用户都应有自己的 APP 配置信息，如主题、语言，以及数据缓存策略等。

3）用户注销登录后，为了便于用户在退出 APP 之前再次登录，我们需要记住上次登录的用户名。

需要注意的是，目前 GitHub 有三种登录方式，分别是账号密码登录、oauth 授权登录、二次认证登录；这三种登录方式的安全性依次加强，但是在本示例中，为了简单起见，我们使用账号密码登录，因此我们需要保存用户的密码。

注意 在这里需要提醒读者的是，在登录场景中，保护用户账号安全是一个非常重要且永恒的话题，在实际开发中应杜绝直接明文存储用户账号密码的行为。

我们在“jsons”目录下创建了一个“profile.json”文件，结构定义代码如下：

```
{
  "user":"$user", //GitHub 账号信息，结构见 "user.json"
  "token":"", //登录用户的 token(oauth) 或密码
  "theme":5678, //主题色值
  "cache":"$cacheConfig", //缓存策略信息，结构见 "cacheConfig.json"
  "lastLogin":"", //最近一次注销登录的用户名
  "locale":"" // APP 语言信息
}
```

项目信息

由于 APP 主页要显示其所有的项目信息，因此我们在“jsons”目录下创建一个“repo.json”文件用于保存项目信息。通过参考 GitHub 可以获取项目信息的 API 文档，从而定义

出最终的“repo.json”文件结构，代码如下：

```
{
  "id": 1296269,
  "name": "Hello-World", //项目名称
  "full_name": "octocat/Hello-World", //项目完整名称
  "owner": "$user", //项目拥有者，结构见"user.json"
  "parent":"$repo", //如果是fork的项目，则此字段表示fork的父项目信息
  "private": false, //是否私有项目
  "description": "This your first repo!", //项目描述
  "fork": false, //该项目是否为fork的项目
  "language": "JavaScript",//该项目的主要编程语言
  "forks_count": 9, // fork该项目的数量
  "stargazers_count": 80, //该项目的star数量
  "size": 108, //项目占用的存储大小
  "default_branch": "master", //项目的默认分支
  "open_issues_count": 2, //该项目当前打开的issue数量
  "pushed_at": "2011-01-26T19:06:43Z",
  "created_at": "2011-01-26T19:01:12Z",
  "updated_at": "2011-01-26T19:14:43Z",
  "subscribers_count": 42, //订阅（关注）该项目的人数
  "license": { //该项目的开源许可证
    "key": "mit",
    "name": "MIT License",
    "spdx_id": "MIT",
    "url": "https://api.github.com/licenses/mit",
    "node_id": "MDc6TGljZW5zZW1pdA=="
  }
  ...//省略其他字段
}
```

生成Dart Model类

现在，我们需要的JSON数据已经定义完毕，接下来只需要运行json_model package提供的命令来通过JSON文件生成相应的Dart类即可：

```
flutter packages pub run json_model
```

命令执行成功后，可以看到lib/models文件夹下会生成相应的Dart Model类，如下：

```
├── models
│    ├── cacheConfig.dart
│    ├── cacheConfig.g.dart
│    ├── index.dart
│    ├── profile.dart
│    ├── profile.g.dart
│    ├── repo.dart
│    ├── repo.g.dart
│    ├── user.dart
│    └── user.g.dart
```

数据持久化

shared_preferences 包可用于对登录用户的 Profile 信息进行持久化。shared_preferences 是一个 Flutter 插件，其通过 Android 和 iOS 平台提供的机制来实现数据持久化。由于 shared_preferences 的使用非常简单，因此读者可以自行查看其文档，在此不再赘述。

15.4 全局变量及共享状态

在应用程序中通常会包含一些贯穿 APP 生命周期的变量信息，这些信息在 APP 中经常会被用到，比如当前用户信息、Local 信息等。在 Flutter 中，需要全局共享的信息可分为两类：全局变量和共享状态。全局变量单纯指会贯穿整个 APP 生命周期的变量，用于单纯地保存一些信息，或者封装一些全局工具和方法的对象。而共享状态则是指那些需要跨组件或跨路由共享的信息，这些信息通常也是全局变量，而共享状态和全局变量的不同之处在于前者发生改变时需要通知所有使用该状态的组件，而后者不需要。为此，我们需要将全局变量和共享状态分开单独管理。

15.4.1 全局变量：Global 类

首先在“lib/common”目录下创建一个 Global 类，其主要管理 APP 的全局变量，定义代码如下：

```
// 提供五套可选主题色
const _themes = <MaterialColor>[
  Colors.blue,
  Colors.cyan,
  Colors.teal,
  Colors.green,
  Colors.red,
];

class Global {
  static SharedPreferences _prefs;
  static Profile profile = Profile();
  // 网络缓存对象
  static NetCache netCache = NetCache();

  // 可选的主题列表
  static List<MaterialColor> get themes => _themes;

  // 是否为 release 版
  static bool get isRelease => bool.fromEnvironment("dart.vm.product");

  // 初始化全局信息，会在 APP 启动时执行
  static Future init() async {
    _prefs = await SharedPreferences.getInstance();
```

```
    var _profile = _prefs.getString("profile");
    if (_profile != null) {
      try {
        profile = Profile.fromJson(jsonDecode(_profile));
      } catch (e) {
        print(e);
      }
    }

    // 如果没有缓存策略，则设置默认缓存策略
    profile.cache = profile.cache ?? CacheConfig()
      ..enable = true
      ..maxAge = 3600
      ..maxCount = 100;

    // 初始化网络请求的相关配置
    Git.init();
  }

  // 持久化 Profile 信息
  static saveProfile() =>
      _prefs.setString("profile", jsonEncode(profile.toJson()));
}
```

Global 类中各个字段的意义都有注释，在此不再赘述，需要注意的是，init() 需要在 App 启动时就执行，所以应用的 main 方法如下：

```
void main() => Global.init().then((e) => runApp(MyApp()));
```

在此，一定要确保 Global.init() 方法不能抛出异常，否则 runApp(MyApp()) 根本就执行不到。

15.4.2 共享状态

有了全局变量，我们还需要考虑如何跨组件共享状态。当然，如果我们将需要共享的状态全部用全局变量替代也是可以的，但是这在 Flutter 开发中并不是一个好主意，因为组件的状态与 UI 相关，而在状态发生改变时，我们会期望依赖该状态的 UI 组件能够自动更新，如果使用全局变量，那么我们必须手动处理状态变动通知、接收机制以及变量和组件的依赖关系。因此，在本实例中，我们使用前面介绍过的 Provider 包来实现跨组件状态共享，因此我们需要定义相关的 Provider。在本实例中，需要共享的状态包含登录用户信息、APP 主题信息、APP 语言信息等。由于这些信息发生改变后都要立即通知该信息的其他依赖的 Widget 更新，所以我们应该使用 ChangeNotifierProvider，另外，这些信息发生改变后都是需要更新 Profile 信息并进行持久化的。综上所述，我们可以定义一个 ProfileChangeNotifier 基类，然后让需要共享的 Model 继承自该类即可，ProfileChangeNotifier 定义代码如下：

```
class ProfileChangeNotifier extends ChangeNotifier {
  Profile get _profile => Global.profile;

  @override
  void notifyListeners() {
    Global.saveProfile(); //保存Profile变更
    super.notifyListeners(); //通知依赖的Widget更新
  }
}
```

用户状态

用户状态在登录状态发生变化时更新并通知其依赖项，定义代码如下：

```
class UserModel extends ProfileChangeNotifier {
  User get user => _profile.user;

  // APP是否登录(如果有用户信息，则证明登录过)
  bool get isLogin => user != null;

  //若用户信息发生变化，则更新用户信息并通知依赖它的子孙Widgets更新
  set user(User user) {
    if (user?.login != _profile.user?.login) {
      _profile.lastLogin = _profile.user?.login;
      _profile.user = user;
      notifyListeners();
    }
  }
}
```

APP 主题状态

主题状态在用户更换 APP 主题时更新并通知其依赖项，定义代码如下：

```
class ThemeModel extends ProfileChangeNotifier {
  //获取当前主题，如果为设置主题，则默认使用蓝色主题
  ColorSwatch get theme => Global.themes
      .firstWhere((e) => e.value == _profile.theme, orElse: () => Colors.blue);

  //主题发生改变后，通知其依赖项，新主题会立即生效
  set theme(ColorSwatch color) {
    if (color != theme) {
      _profile.theme = color[500].value;
      notifyListeners();
    }
  }
}
```

APP 语言状态

当将 APP 语言选为跟随系统（Auto）时，在系统语言发生改变时，APP 语言会更新；当用户在 APP 中选定了具体语言时（美国英语或中文简体），APP 便会一直使用用户选定的

语言，而不会再随系统语言的改变而改变。语言状态类定义代码如下：

```
class LocaleModel extends ProfileChangeNotifier {
  // 获取当前用户的 APP 语言配置 Locale 类，如果为 null，则 APP 语言将跟随系统语言
  Locale getLocale() {
    if (_profile.locale == null) return null;
    var t = _profile.locale.split("_");
    return Locale(t[0], t[1]);
  }

  // 获取当前 Locale 的字符串表示
  String get locale => _profile.locale;

  // 用户改变 APP 语言之后，通知依赖项更新，新语言会立即生效
  set locale(String locale) {
    if (locale != _profile.locale) {
      _profile.locale = locale;
      notifyListeners();
    }
  }
}
```

15.5 网络请求封装

本节将基于前面介绍过的 dio 网络库封装 APP 中用到的网络请求接口，并且同时应用一个简单的缓存策略。下面我们先介绍一下网络接口的缓存原理，然后再封装 APP 的业务请求接口。

15.5.1 网络接口缓存

由于在国内访问 GitHub 服务器的速度较慢，所以我们推荐应用一些简单的缓存策略：将请求的 uri 作为 key，在一个指定的时间段内对请求的返回值进行缓存，另外设置一个最大缓存数，若超过最大缓存数则移除最早的一条缓存。同时，还需要提供一种针对特定接口或请求决定是否启用缓存的机制，这种机制的提供可以指定哪些接口或哪次请求不应用缓存，这种机制的提供是很有必要的，比如登录接口就不应该缓存，又比如用户在下拉刷新时就不应该再应用缓存。在实现缓存之前我们首先定义保存缓存信息的 CacheObject 类，代码如下：

```
class CacheObject {
  CacheObject(this.response)
      : timeStamp = DateTime.now().millisecondsSinceEpoch;
  Response response;
  int timeStamp; // 缓存创建时间

  @override
```

```
  bool operator ==(other) {
    return response.hashCode == other.hashCode;
  }

  // 将请求 uri 作为缓存的 key
  @override
  int get hashCode => response.realUri.hashCode;
}
```

接下来，我们需要实现具体的缓存策略，由于我们使用的是 dio package，所以我们可以通过拦截器直接实现缓存策略，代码如下：

```
import 'dart:collection';
import 'package:dio/dio.dart';
import '../index.dart';

class CacheObject {
  CacheObject(this.response)
      : timeStamp = DateTime.now().millisecondsSinceEpoch;
  Response response;
  int timeStamp;

  @override
  bool operator ==(other) {
    return response.hashCode == other.hashCode;
  }

  @override
  int get hashCode => response.realUri.hashCode;
}

class NetCache extends Interceptor {
  // 为确保迭代器顺序与对象插入时间的顺序一致，我们在此使用 LinkedHashMap
  var cache = LinkedHashMap<String, CacheObject>();

  @override
  onRequest(RequestOptions options) async {
    if (!Global.profile.cache.enable) return options;
    // refresh 标记是否“下拉刷新”
    bool refresh = options.extra["refresh"] == true;
    // 如果是下拉刷新，则先删除相关缓存
    if (refresh) {
      if (options.extra["list"] == true) {
        // 若是列表，则将 url 中包含当前 path 的缓存全部删除（简单实现，并不精准）
        cache.removeWhere((key, v) => key.contains(options.path));
      } else {
        // 如果不是列表，则只删除 uri 相同的缓存
        delete(options.uri.toString());
      }
      return options;
```

```
    }
    if (options.extra["noCache"] != true &&
        options.method.toLowerCase() == 'get') {
      String key = options.extra["cacheKey"] ?? options.uri.toString();
      var ob = cache[key];
      if (ob != null) {
        //若缓存未过期，则返回缓存内容
        if ((DateTime.now().millisecondsSinceEpoch - ob.timeStamp) / 1000 <
            Global.profile.cache.maxAge) {
          return cache[key].response;
        } else {
          //若已过期则删除缓存，继续向服务器请求
          cache.remove(key);
        }
      }
    }
  }

  @override
  onError(DioError err) async {
    // 错误状态不缓存
  }

  @override
  onResponse(Response response) async {
    // 如果启用缓存，则将返回结果保存到缓存
    if (Global.profile.cache.enable) {
      _saveCache(response);
    }
  }

  _saveCache(Response object) {
    RequestOptions options = object.request;
    if (options.extra["noCache"] != true &&
        options.method.toLowerCase() == "get") {
      // 如果缓存数量超过最大数量限制，则先移除最早的一条记录
      if (cache.length == Global.profile.cache.maxCount) {
        cache.remove(cache[cache.keys.first]);
      }
      String key = options.extra["cacheKey"] ?? options.uri.toString();
      cache[key] = CacheObject(object);
    }
  }

  void delete(String key) {
    cache.remove(key);
  }
}
```

关于代码的解释都在注释中，在此需要说明的是，dio 包的 option.extra 是专门用于扩

展请求参数的，代码中定义了“refresh”和“noCache”两个参数，用于实现“针对特定接口或请求决定是否启用缓存的机制”，这两个参数的含义具体如表15-2所示。

表 15-2　refresh 和 noCache 参数及含义

参数名	类型	解释
refresh	bool	如果为 true，则本次请求不使用缓存，但新的请求结果依然会被缓存
noCache	bool	本次请求禁用缓存，请求结果也不会被缓存

15.5.2　封装网络请求

一个完整的APP可能会涉及很多网络请求，为了便于管理、收敛请求入口，工程上最好的做法就是将所有网络请求都放到同一个源代码文件中。由于我们的接口都是请求的GitHub开发平台提供的API，所以需要定义一个Git类，专门用于GitHub API的调用。另外在调试过程中，我们通常需要一些工具来查看网络请求、响应报文，使用网络代理工具来调试网络数据问题是主流方式。配置代理需要在应用中指定代理服务器的地址和端口，另外GitHub API所用的协议是HTTPS，所以在配置完代理后还应该禁用证书校验，这些配置将在Git类初始化时执行（init()方法）。下面是Git类的源代码：

```
import 'dart:async';
import 'dart:convert';
import 'dart:io';
import 'package:flutter/material.dart';
import '../index.dart';

class Git {
  // 在网络请求过程中可能会需要使用当前的 context 信息，比如在请求失败时
  // 打开一个新路由，而打开新路由需要 context 信息
  Git([this.context]) {
    _options = Options(extra: {"context": context});
  }

  BuildContext context;
  Options _options;
  static Dio dio = new Dio(BaseOptions(
    baseUrl: 'https://api.github.com/',
    headers: {
      HttpHeaders.acceptHeader: "application/vnd.github.squirrel-girl-preview,"
          "application/vnd.github.symmetra-preview+json",
    },
  ));

  static void init() {
    // 添加缓存插件
    dio.interceptors.add(Global.netCache);
    // 设置用户 token（可能为 null，代表未登录）
    dio.options.headers[HttpHeaders.authorizationHeader] = Global.profile.token;
```

```
    // 在调试模式下需要抓包调试，所以我们使用代理，并禁用 HTTPS 证书校验
    if (!Global.isRelease) {
      (dio.httpClientAdapter as DefaultHttpClientAdapter).onHttpClientCreate =
          (client) {
        client.findProxy = (uri) {
          return "PROXY 10.1.10.250:8888";
        };
        // 代理工具会提供一个抓包的自签名证书，会无法通过证书校验，所以我们禁用证书校验
        client.badCertificateCallback =
            (X509Certificate cert, String host, int port) => true;
      };
    }
  }

  // 登录接口，登录成功后返回用户信息
  Future<User> login(String login, String pwd) async {
    String basic = 'Basic ' + base64.encode(utf8.encode('$login:$pwd'));
    var r = await dio.get(
      "/users/$login",
      options: _options.merge(headers: {
        HttpHeaders.authorizationHeader: basic
      }, extra: {
        "noCache": true, // 本接口禁用缓存
      }),
    );
    // 登录成功后更新公共头（authorization），此后的所有请求都会带上用户身份信息
    dio.options.headers[HttpHeaders.authorizationHeader] = basic;
    // 清空所有缓存
    Global.netCache.cache.clear();
    // 更新 profile 中的 token 信息
    Global.profile.token = basic;
    return User.fromJson(r.data);
  }

  // 获取用户项目列表
  Future<List<Repo>> getRepos(
      {Map<String, dynamic> queryParameters, //query 参数，用于接收分页信息
      refresh = false}) async {
    if (refresh) {
      // 列表下拉刷新，需要删除缓存（拦截器中会读取这些信息）
      _options.extra.addAll({"refresh": true, "list": true});
    }
    var r = await dio.get<List>(
      "user/repos",
      queryParameters: queryParameters,
      options: _options,
    );
    return r.data.map((e) => Repo.fromJson(e)).toList();
  }
}
```

可以看到在 init() 方法中，需要判断是否为调试环境，然后做了一些针对调试环境的网络配置（设置代理和禁用证书校验）。而 Git.init() 方法则是应用启动时被调用的（Global.init() 方法中会调用 Git.init()）。

另外需要注意的是，我们所有的网络请求都是通过同一个 dio 实例（静态变量）发出的，在创建该 dio 实例时我们将 GitHub API 的基地址和 API 支持的 Header 进行了全局配置，这样所有通过该 dio 实例发出的请求都会默认使用这些配置。

在本实例中，我们只用到了登录接口和获取用户项目的接口，所以在 Git 类中只定义了 login(…) 和 getRepos(…) 方法，如果读者要在本实例的基础上扩充功能，那么读者可以将其他的接口请求方法添加到 Git 类中，这样便实现了网络请求接口在代码层面的集中管理和维护。

15.6 APP 入口及主页

本节将主要介绍 APP 入口及主页。

15.6.1 APP 入口

main 函数为 APP 入口函数，实现代码如下：

```
void main() => Global.init().then((e) => runApp(MyApp()));
```

初始化完成后才会加载 UI(MyApp)，MyApp 是应用的入口 Widget，实现代码如下：

```
class MyApp extends StatelessWidget {
  // This widget is the root of your application.
  @override
  Widget build(BuildContext context) {
    return MultiProvider(
      providers: <SingleChildCloneableWidget>[
        ChangeNotifierProvider.value(value: ThemeModel()),
        ChangeNotifierProvider.value(value: UserModel()),
        ChangeNotifierProvider.value(value: LocaleModel()),
      ],
      child: Consumer2<ThemeModel, LocaleModel>(
        builder: (BuildContext context, themeModel, localeModel, Widget child) {
          return MaterialApp(
            theme: ThemeData(
              primarySwatch: themeModel.theme,
            ),
            onGenerateTitle: (context){
              return GmLocalizations.of(context).title;
            },
            home: HomeRoute(), // 应用主页
            locale: localeModel.getLocale(),
```

```
            //我们只支持美国英语和中文简体
            supportedLocales: [
              const Locale('en', 'US'), //美国英语
              const Locale('zh', 'CN'), //中文简体
              //其他Locales
            ],
            localizationsDelegates: [
              //本地化的代理类
              GlobalMaterialLocalizations.delegate,
              GlobalWidgetsLocalizations.delegate,
              GmLocalizationsDelegate()
            ],
            localeResolutionCallback:
                (Locale _locale, Iterable<Locale> supportedLocales) {
              if (localeModel.getLocale() != null) {
                //如果已经选定语言，则不跟随系统
                return localeModel.getLocale();
              } else {

                Locale locale;
                //APP语言跟随系统语言，如果系统语言不是中文简体或美国英语，
                //则默认使用美国英语
                if (supportedLocales.contains(_locale)) {
                  locale= _locale;
                } else {
                  locale= Locale('en', 'US');
                }
                return locale;
              }
            },
            //注册命名路由表
            routes: <String, WidgetBuilder>{
              "login": (context) => LoginRoute(),
              "themes": (context) => ThemeChangeRoute(),
              "language": (context) => LanguageRoute(),
            },
          );
        },
      ),
    );
  }
}
```

对上面的代码段说明如下。

1）我们的根 Widget 是 MultiProvider，其将主题、用户、语言三种状态绑定到了应用的根上，如此一来，任何路由中都可以通过 Provider.of() 来获取这些状态，也就是说这三种状态是全局共享的。

2）HomeRoute 是应用的主页。

3）在构建 MaterialApp 时，我们配置了 APP 支持的语言列表，以及监听了系统语言改变事件；另外 MaterialApp 消费（依赖）了 ThemeModel 和 LocaleModel，所以当 APP 主题或语言发生改变时 MaterialApp 会重新构建。

4）我们注册了命名路由表，以便在 APP 中可以直接通过路由名进行跳转。

5）为了支持多语言（本 APP 中我们支持美国英语和中文简体两种语言），我们实现了一个 GmLocalizationsDelegate，子 Widget 中都可以通过 GmLocalizations 来动态获取与 APP 当前语言对应的文案。关于 GmLocalizationsDelegate 和 GmLocalizations 的实现方式，读者可以参考第 13 章中的介绍，此处不再赘述。

15.6.2　主页

为了简单起见，当 APP 启动后，如果之前已登录了 APP，则显示该用户的项目列表；如果之前未登录，则显示一个登录按钮，点击后跳转到登录页。另外，我们实现了一个抽屉菜单，里面包含了当前用户的头像及 APP 的菜单。下面我们先看看要实现的效果，如图 15-1 和图 15-2 所示。

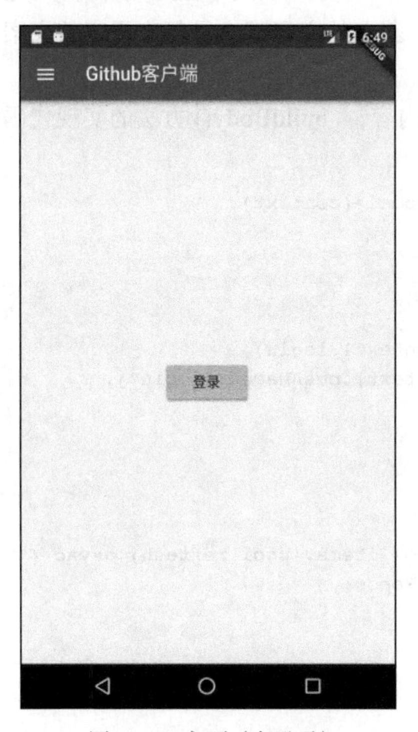

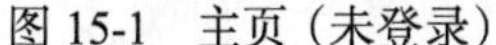
图 15-1　主页（未登录）

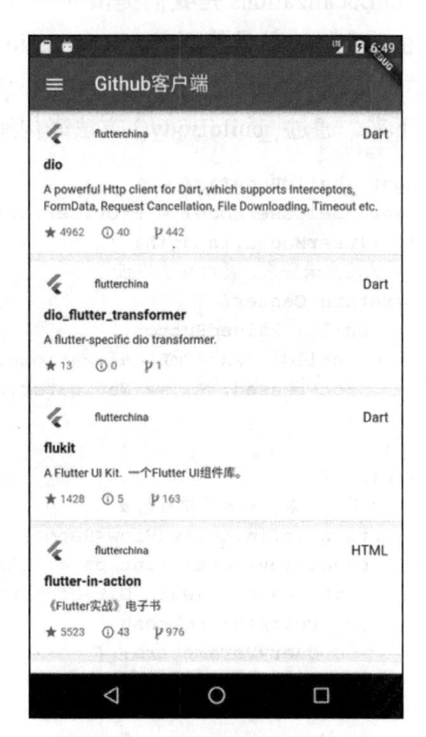

图 15-2　主页（已登录）

我们先在“lib/routes”下创建一个“home_page.dart”文件，实现代码如下：

```
class HomeRoute extends StatefulWidget {
```

```
  @override
  _HomeRouteState createState() => _HomeRouteState();
}

class _HomeRouteState extends State<HomeRoute> {
  @override
  Widget build(BuildContext context) {
    return Scaffold(
      appBar: AppBar(
        title: Text(GmLocalizations.of(context).home),
      ),
      body: _buildBody(), // 构建主页面
      drawer: MyDrawer(), // 抽屉菜单
    );
  }
  ...// 省略
}
```

在上面的代码段中，主页的标题（title）是通过 GmLocalizations.of(context).home 来获得的，GmLocalizations 是我们提供的一个 Localizations 类，用于支持多语言，因此当 APP 语言发生改变时，凡是使用 GmLocalizations 动态获取的文案都会是相应语言的文案，这在第 13 章中已经介绍过，读者可以查阅相应内容。

接下来，通过 _buildBody() 方法来构建主页内容，_buildBody() 方法的实现代码如下：

```
Widget _buildBody() {
  UserModel userModel = Provider.of<UserModel>(context);
  if (!userModel.isLogin) {
    //用户未登录，显示登录按钮
    return Center(
      child: RaisedButton(
        child: Text(GmLocalizations.of(context).login),
        onPressed: () => Navigator.of(context).pushNamed("login"),
      ),
    );
  } else {
    //若已登录，则展示项目列表
    return InfiniteListView<Repo>(
      onRetrieveData: (int page, List<Repo> items, bool refresh) async {
        var data = await Git(context).getRepos(
          refresh: refresh,
          queryParameters: {
            'page': page,
            'page_size': 20,
          },
        );
        //把请求到的新数据添加到 items 中
        items.addAll(data);
          // 如果接口返回的数量等于 'page_size'，则认为还有数据，反之则认为是最后一页
          return data.length==20;
```

```
        },
        itemBuilder: (List list, int index, BuildContext ctx) {
          //项目信息列表项
          return RepoItem(list[index]);
        },
      );
    }
  }
}
```

上面代码的注释很清楚：如果用户未登录，则显示登录按钮；如果用户已登录，则展示项目列表。这里的项目列表使用了 InfiniteListView Widget，它是在 flukit package 中提供的。InfiniteListView 同时支持了下拉刷新和上拉加载更多信息这两种功能。onRetrieveData 可用于为数据获取回调，该回调函数接收三个参数，具体如表 15-3 所示。

表 15-3　onRetrieveData 函数的参数及说明

参数名	类型	解释
page	int	当前页号
items	List	保存当前列表数据的 List
refresh	bool	是否触发下拉刷新

返回值类型为 bool，若返回值为 true 则表示还有数据，若为 false 则表示后续没有数据了。在 onRetrieveData 回调函数中，我们调用 Git(context).getRepos(...) 来获取用户项目列表，同时指定每次请求获取 20 条。当获取成功时，首先要将新获取的项目数据添加到 items 中，然后根据本次请求的项目条数是否等于期望的 20 条来判断还有没有更多的数据。在此需要注意，Git(context).getRepos(...) 方法中需要 refresh 参数来判断是否使用缓存。

itemBuilder 为列表项的 builder，我们需要在该回调函数中构建每一个列表项 Widget。由于列表项的构建逻辑比较复杂，因此我们单独封装一个 RepoItem Widget 专门用于构建列表项 UI。RepoItem 的实现代码如下：

```
import '../index.dart';

class RepoItem extends StatefulWidget {
  // 将 repo.id 作为 RepoItem 的默认 key
  RepoItem(this.repo) : super(key: ValueKey(repo.id));

  final Repo repo;

  @override
  _RepoItemState createState() => _RepoItemState();
}

class _RepoItemState extends State<RepoItem> {
  @override
  Widget build(BuildContext context) {
    var subtitle;
    return Padding(
```

```
padding: const EdgeInsets.only(top: 8.0),
child: Material(
  color: Colors.white,
  shape: BorderDirectional(
    bottom: BorderSide(
      color: Theme.of(context).dividerColor,
      width: .5,
    ),
  ),
  child: Padding(
    padding: const EdgeInsets.only(top: 0.0, bottom: 16),
    child: Column(
      crossAxisAlignment: CrossAxisAlignment.start,
      children: <Widget>[
        ListTile(
          dense: true,
          leading: gmAvatar(
            //项目 owner 头像
            widget.repo.owner.avatar_url,
            width: 24.0,
            borderRadius: BorderRadius.circular(12),
          ),
          title: Text(
            widget.repo.owner.login,
            textScaleFactor: .9,
          ),
          subtitle: subtitle,
          trailing: Text(widget.repo.language ?? ""),
        ),
        //构建项目标题和简介
        Padding(
          padding: const EdgeInsets.symmetric(horizontal: 16.0),
          child: Column(
            crossAxisAlignment: CrossAxisAlignment.start,
            children: <Widget>[
              Text(
                widget.repo.fork
                    ? widget.repo.full_name
                    : widget.repo.name,
                style: TextStyle(
                  fontSize: 15,
                  fontWeight: FontWeight.bold,
                  fontStyle: widget.repo.fork
                      ? FontStyle.italic
                      : FontStyle.normal,
                ),
              ),
              Padding(
                padding: const EdgeInsets.only(top: 8, bottom: 12),
                child: widget.repo.description == null
```

```
                          ? Text(
                              GmLocalizations.of(context).noDescription,
                              style: TextStyle(
                                  fontStyle: FontStyle.italic,
                                  color: Colors.grey[700]),
                            )
                          : Text(
                              widget.repo.description,
                              maxLines: 3,
                              style: TextStyle(
                                height: 1.15,
                                color: Colors.blueGrey[700],
                                fontSize: 13,
                              ),
                            ),
                    ),
                  ],
                ),
              ),
              //构建卡片底部信息
              _buildBottom()
            ],
          ),
        ),
      ),
    );
}

//构建卡片底部信息
Widget _buildBottom() {
  const paddingWidth = 10;
  return IconTheme(
    data: IconThemeData(
      color: Colors.grey,
      size: 15,
    ),
    child: DefaultTextStyle(
      style: TextStyle(color: Colors.grey, fontSize: 12),
      child: Padding(
        padding: const EdgeInsets.symmetric(horizontal: 16),
        child: Builder(builder: (context) {
          var children = <Widget>[
            Icon(Icons.star),
            Text(" " +
                widget.repo.stargazers_count
                    .toString()
                    .padRight(paddingWidth)),
            Icon(Icons.info_outline),
            Text(" " +
                widget.repo.open_issues_count
```

```
                .toString()
                .padRight(paddingWidth)),

          Icon(MyIcons.fork), //我们的自定义图标
          Text(widget.repo.forks_count.toString().padRight(paddingWidth)),
        ];

        if (widget.repo.fork) {
          children.add(Text("Forked".padRight(paddingWidth)));
        }

        if (widget.repo.private == true) {
          children.addAll(<Widget>[
            Icon(Icons.lock),
            Text(" private".padRight(paddingWidth))
          ]);
        }
        return Row(children: children);
      }),
    ),
  ),
);
}
}
```

上面代码段有两点需要注意，具体如下。

1）在构建项目拥有者头像时调用了 gmAvatar(...) 方法，该方法是一个全局工具函数，专门用于获取头像图片，实现代码如下：

```
Widget gmAvatar(String url, {
  double width = 30,
  double height,
  BoxFit fit,
  BorderRadius borderRadius,
}) {
  var placeholder = Image.asset(
      "imgs/avatar-default.png", //头像占位图，加载过程中显示
      width: width,
      height: height
  );
  return ClipRRect(
    borderRadius: borderRadius ?? BorderRadius.circular(2),
    child: CachedNetworkImage(
      imageUrl: url,
      width: width,
      height: height,
      fit: fit,
      placeholder: (context, url) =>placeholder,
      errorWidget: (context, url, error) =>placeholder,
    ),
```

```
  );
}
```

上述代码中调用了CachedNetworkImage，其是cached_network_image包中提供的一个Widget，它不仅可以在图片加载过程中指定一个占位图，而且还可以对网络请求的图片进行缓存，关于更多详情读者可以自行查阅其文档。

2）由于Flutter的Material图标库中没有fork图标，所以我们在iconfont.cn上寻找了一个fork图标，然后根据3.5节中介绍的使用自定义字体图标的方法将其集成到我们的项目中。

15.6.3　抽屉菜单

抽屉菜单分为两个部分：顶部头像和底部功能菜单项。若用户未登录，则抽屉菜单的顶部会显示一个默认的灰色占位图；若用户已登录，则会显示用户的头像。抽屉菜单底部有“换肤”和“语言”两个固定菜单，若用户已登录，则会多一个“注销”菜单。用户点击“换肤”和“语言”两个菜单项，会进入相应的设置页面。抽屉菜单的效果分别如图15-3和图15-4所示。

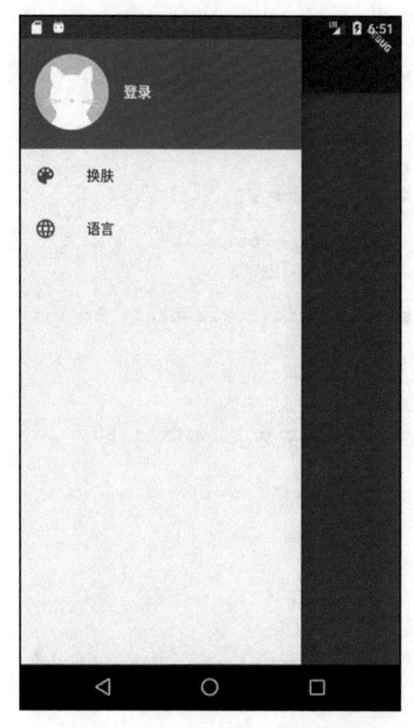

图15-3　抽屉菜单（未登录）

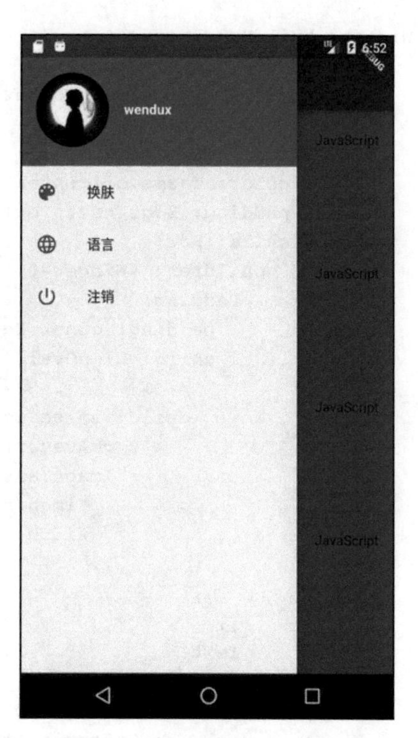

图15-4　抽屉菜单（已登录）

实现代码如下：

```
class MyDrawer extends StatelessWidget {
```

```
const MyDrawer({
  Key key,
}) : super(key: key);

@override
Widget build(BuildContext context) {
  return Drawer(
    //移除顶部padding
    child: MediaQuery.removePadding(
      context: context,
      removeTop: true,
      child: Column(
        crossAxisAlignment: CrossAxisAlignment.start,
        children: <Widget>[
          _buildHeader(), //构建抽屉菜单头部
          Expanded(child: _buildMenus()), //构建功能菜单
        ],
      ),
    ),
  );
}

Widget _buildHeader() {
  return Consumer<UserModel>(
    builder: (BuildContext context, UserModel value, Widget child) {
      return GestureDetector(
        child: Container(
          color: Theme.of(context).primaryColor,
          padding: EdgeInsets.only(top: 40, bottom: 20),
          child: Row(
            children: <Widget>[
              Padding(
                padding: const EdgeInsets.symmetric(horizontal: 16.0),
                child: ClipOval(
                  //如果已登录，则显示用户头像；若未登录，则显示默认头像
                  child: value.isLogin
                      ? gmAvatar(value.user.avatar_url, width: 80)
                      : Image.asset(
                          "imgs/avatar-default.png",
                          width: 80,
                        ),
                ),
              ),
              Text(
                value.isLogin
                    ? value.user.login
                    : GmLocalizations.of(context).login,
                style: TextStyle(
                  fontWeight: FontWeight.bold,
                  color: Colors.white,
```

```
                ),
              )
            ],
          ),
        ),
        onTap: () {
          if (!value.isLogin) Navigator.of(context).pushNamed("login");
        },
      );
    },
  );
}

// 构建菜单项
Widget _buildMenus() {
  return Consumer<UserModel>(
    builder: (BuildContext context, UserModel userModel, Widget child) {
      var gm = GmLocalizations.of(context);
      return ListView(
        children: <Widget>[
          ListTile(
            leading: const Icon(Icons.color_lens),
            title: Text(gm.theme),
            onTap: () => Navigator.pushNamed(context, "themes"),
          ),
          ListTile(
            leading: const Icon(Icons.language),
            title: Text(gm.language),
            onTap: () => Navigator.pushNamed(context, "language"),
          ),
          if(userModel.isLogin) ListTile(
            leading: const Icon(Icons.power_settings_new),
            title: Text(gm.logout),
            onTap: () {
              showDialog(
                context: context,
                builder: (ctx) {
                  //退出账号前先弹出二次确认窗口
                  return AlertDialog(
                    content: Text(gm.logoutTip),
                    actions: <Widget>[
                      FlatButton(
                        child: Text(gm.cancel),
                        onPressed: () => Navigator.pop(context),
                      ),
                      FlatButton(
                        child: Text(gm.yes),
                        onPressed: () {
                          //该赋值语句会触发MaterialApp rebuild
                          userModel.user = null;
```

```
                    Navigator.pop(context);
                  },
                ),
              ],
            );
          },
        );
      },
    ),
  ],
);
},
);
}
}
```

用户点击“注销”，userModel.user 会被置空，此时所有依赖 userModel 的组件都会被重建，如主页会恢复成未登录的状态。

本节我们介绍了 APP 入口 MaterialApp 的一些配置，然后实现了 APP 的首页。后面我们将展示登录页、换肤页、语言切换页的实现效果。

15.7 登录页

我们说过 GitHub 提供了多种登录方式，为了简单起见，我们在此只实现通过用户名和密码的登录方式。在实现登录页时需要注意如下四点。

1）可以自动填充上次登录的用户名（如果有）。

2）为了防止密码输入错误，密码框应该有开关可以查看明文。

3）用户名或密码字段在调用登录接口前应进行本地合法性校验（比如，不能为空）。

4）登录成功后需要更新用户信息。

实现代码如下：

```
import '../index.dart';

class LoginRoute extends StatefulWidget {
  @override
  _LoginRouteState createState() => _LoginRouteState();
}

class _LoginRouteState extends State<LoginRoute> {
  TextEditingController _unameController = new TextEditingController();
  TextEditingController _pwdController = new TextEditingController();
  bool pwdShow = false; // 密码是否显示明文
  GlobalKey _formKey = new GlobalKey<FormState>();
  bool _nameAutoFocus = true;
```

```
@override
void initState() {
  //自动填充上次登录的用户名，填充后将焦点定位到密码输入框
  _unameController.text = Global.profile.lastLogin;
  if (_unameController.text != null) {
    _nameAutoFocus = false;
  }
  super.initState();
}

@override
Widget build(BuildContext context) {
  var gm = GmLocalizations.of(context);
  return Scaffold(
    appBar: AppBar(title: Text(gm.login)),
    body: Padding(
      padding: const EdgeInsets.all(16.0),
      child: Form(
        key: _formKey,
        autovalidate: true,
        child: Column(
          children: <Widget>[
            TextFormField(
                autofocus: _nameAutoFocus,
                controller: _unameController,
                decoration: InputDecoration(
                  labelText: gm.userName,
                  hintText: gm.userNameOrEmail,
                  prefixIcon: Icon(Icons.person),
                ),
                //校验用户名（不能为空）
                validator: (v) {
                  return v.trim().isNotEmpty ? null : gm.userNameRequired;
                }),
            TextFormField(
              controller: _pwdController,
              autofocus: !_nameAutoFocus,
              decoration: InputDecoration(
                  labelText: gm.password,
                  hintText: gm.password,
                  prefixIcon: Icon(Icons.lock),
                  suffixIcon: IconButton(
                    icon: Icon(
                        pwdShow ? Icons.visibility_off : Icons.visibility),
                    onPressed: () {
                      setState(() {
                        pwdShow = !pwdShow;
                      });
                    },
                  )),
              obscureText: !pwdShow,
```

```
                //校验密码(不能为空)
                validator: (v) {
                  return v.trim().isNotEmpty ? null : gm.passwordRequired;
                },
              ),
              Padding(
                padding: const EdgeInsets.only(top: 25),
                child: ConstrainedBox(
                  constraints: BoxConstraints.expand(height: 55.0),
                  child: RaisedButton(
                    color: Theme.of(context).primaryColor,
                    onPressed: _onLogin,
                    textColor: Colors.white,
                    child: Text(gm.login),
                  ),
                ),
              ),
            ],
          ),
        ),
      ),
    );
  }

  void _onLogin() async {
    // 提交前，首先验证各个表单字段是否合法
    if ((_formKey.currentState as FormState).validate()) {
      showLoading(context);
      User user;
      try {
        user = await Git(context).login(_unameController.text, _pwdController.text);
        // 因为登录页返回后，首页会被创建，所以我们传 false，更新 user 后不会触发更新
        Provider.of<UserModel>(context, listen: false).user = user;
      } catch (e) {
        //若登录失败则提示错误
        if (e.response?.statusCode == 401) {
          showToast(GmLocalizations.of(context).userNameOrPasswordWrong);
        } else {
          showToast(e.toString());
        }
      } finally {
        // 隐藏 loading 框
        Navigator.of(context).pop();
      }
      if (user != null) {
        // 返回
        Navigator.of(context).pop();
      }
    }
  }
}
```

代码很简单，关键地方都有注释，此处不再赘述，下面我们看一下运行效果，如图 15-5 所示。

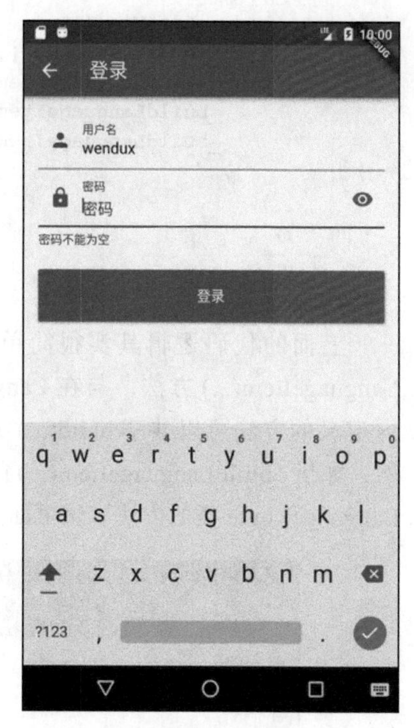

图 15-5　登录页

15.8　多语言和多主题

本实例 APP 中语言和主题都是可以设置的，这两者都是通过 ChangeNotifierProvider 来实现的：我们在 main 函数中使用了 Consumer2，依赖了 ThemeModel 和 LocaleModel，因此，当我们在语言和主题设置页更改当前的配置后，Consumer2 的 builder 都会重新执行，构建一个新的 MaterialApp，所以修改会立即生效。下面我们看一下语言和主题设置页的实现。

15.8.1　语言选择页

APP 语言选择页提供了三个选项：中文简体、美国英语、跟随系统。我们将当前 APP 使用的语言高亮显示，并且在后面添加一个"对号"图标，实现代码如下：

```
class LanguageRoute extends StatelessWidget {
  @override
  Widget build(BuildContext context) {
    var color = Theme.of(context).primaryColor;
    var localeModel = Provider.of<LocaleModel>(context);
    var gm = GmLocalizations.of(context);
    //构建语言选择项
    Widget _buildLanguageItem(String lan, value) {
      return ListTile(
        title: Text(
          lan,
          //对 APP 当前语言进行高亮显示
          style: TextStyle(color: localeModel.locale == value ? color : null),
        ),
        trailing:
            localeModel.locale == value ? Icon(Icons.done, color: color) : null,
        onTap: () {
          //更新 locale 后 MaterialApp 会重新构建
          localeModel.locale = value;
        },
      );
    }

    return Scaffold(
```

```
        appBar: AppBar(
          title: Text(gm.language),
        ),
        body: ListView(
          children: <Widget>[
            _buildLanguageItem(" 中文简体 ", "zh_CN"),
            _buildLanguageItem("English", "en_US"),
            _buildLanguageItem(gm.auto, null),
          ],
        ),
      );
    }
  }
```

上面的代码逻辑其实很简单，唯一需要注意的是，build(…) 方法中定义了 _buildLanguageItem(...) 方法，与在 LanguageRoute 类中定义该方法的区别就在于：在 build(...) 内定义的方法可以共享 build(...) 方法上下文中的变量，本例中是共享了 localeModel。当然，如果 _buildLanguageItem(...) 的实现比较复杂，则不建议这样做，此时最好是将其作为 LanguageRoute 类的方法。该页面的运行效果分别如图 15-6 和图 15-7 所示。

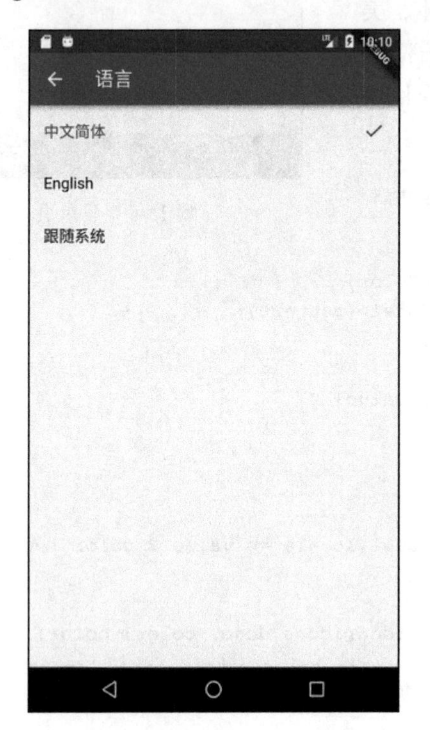

图 15-6 语言选择页（中文简体）

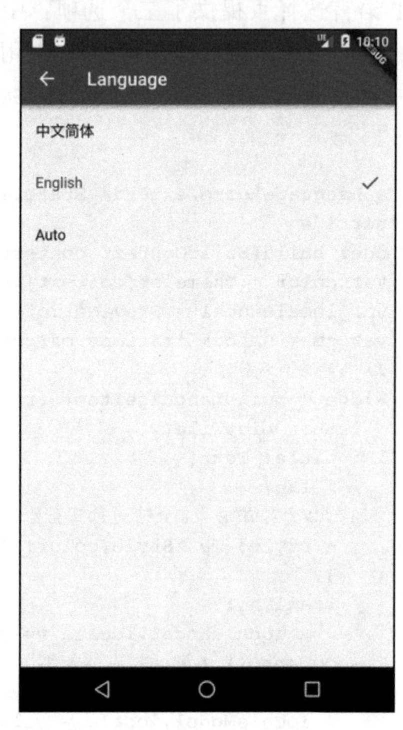

图 15-7 语言选择页（英文）

切换语言后立即生效。

15.8.2 主题选择页

一个完整的主题 Theme 包括很多选项，这些选项定义在 ThemeData 中。本实例为了简单起见，我们只配置主题颜色。我们提供几种默认的预定义的主题色供用户选择，用户点击一种色块后就会更新相应主题。主题选择页的实现代码如下：

```
class ThemeChangeRoute extends StatelessWidget{
  @override
  Widget build(BuildContext context) {
    return Scaffold(
      appBar: AppBar(
        title: Text(GmLocalizations.of(context).theme),
      ),
      body: ListView( //显示主题色块
        children: Global.themes.map<Widget>((e) {
          return GestureDetector(
            child: Padding(
              padding: const EdgeInsets.
                symmetric(vertical: 5,
                horizontal: 16),
              child: Container(
                color: e,
                height: 40,
              ),
            ),
            onTap: () {
              //主题更新后，MaterialApp会重新构建
              Provider.of<ThemeModel>(context).
                theme = e;
            },
          );
        }).toList(),
      ),
    );
  }
}
```

运行效果如图 15-8 所示。

点击其他主题色块后，APP 主题色将立即切换生效。

图 15-8 主题切换页

参考文献

[1]　React Native 官网 [EB/OL].https://facebook.github.io/react-native/.

[2]　Weex[EB/OL].https://weex.apache.org/zh/guide/introduction.html.

[3]　快应用 [EB/OL].https://www.quickapp.cn/.

[4]　QT for mobile[EB/OL].https://www.qt.io/mobile-app-development/.

[5]　Flutter 官网 [EB/OL].https://flutter.dev/.

[6]　Flutter 中文网社区 [EB/OL].https://flutterchina.club/docs/.

[7]　Dart Packages 官网 [EB/OL].https://pub.dev/.

[8]　Flutter 中文开发者社区开源项目 [EB/OL].https://github.com/flutterchina.

[9]　Material Design[EB/OL].https://material.io/.

[10]　GitHub 开发者中心官网 [EB/OL].https://developer.github.com/v3/.

[11]　Android 开发者中心官网 [EB/OL].https://developer.android.google.cn/.

[12]　Apple 开发者中心官网 [EB/OL].https://developer.apple.com/.